KB262960

인공지능시스템

최규석·박종진 공저

머리말

미국의 저명한 미래학자인 토플러의 저서 '제3의 물결'에 의하면 인류의 문명발전에는 크게 3번 물결의 도래(coming) 있었다고 말하고 있다. 제1의 물결(The first wave)은 수렵, 채집 등 원시적 유목생활에서 벗어나 한군데 정착하여 안정된 식량을 확보함으로써 농경시대에 이르게 되는 농업 혁명이고 제2의 물결(The second wave)은 방적기계, 증기기관, 자동차 등 각종 기계의 발명으로 인간의 육체노동의 생산성을 증대시켜 공업시대에 이르게 되는 산업혁명이다. 제3의 물결(The third wave)은 컴퓨터와 통신의 발달에 힘입어서 인간의 정신노동의 생산성을 증대시켜 탈공업시대에 이르게 되는 정보혁명이다. 이러한 정보혁명은 인간의 정보처리 능력을 더욱 향상시키고 기계의 생산성을 비약적으로 증대시킴으로써 인간 생활에 새로운 풍요 및 변화를 가져오게 되었으며 이를 계기로 인류 사회는 기계가 중심이 되는 산업 사회에서 컴퓨터가 중심이 되는 정보화 사회로 이행(moving)하게 되었다.

우리는 현재 급변하는 21세기 고도정보화 사회에서 하루가 다르게 새로운 정보가 생성, 유통되는 가히 정보의 홍수 속에서 살고 있으며, 컴퓨터와 인터넷은 이제 생활필수품이 되었다. 그동안의 기술적 진보에도 불구하고 이제까지 컴퓨터의 능력은 인간을 완전하게 대신할 만큼 단순한 정보처리 이상의 복잡한 문제를 지능적으로 풀거나 인간처럼 융통성 있게 복잡한 상황에 대처하는 데는 역부족인 상태이다. 1950년대 중반에 과학자들은 '사람처럼 경험과 지식으로부터 스스로 학습하고 사고할 수 있는 컴퓨터를 만들 수 없을까?' 하는 새로운 염원을 갖게 되었는데, 이것이 인공지능의 탄생 배경이다. "인공지능(Artificial Intelligence: AI)"이라는 용어자체는 1956년에 미국의 다트머스(Dartmouth) 대학에서 열렸던 세미나에서 유래하였다. 인공지능은 컴퓨터에 지능을 부여하여 보다 더 인간에 가까운 컴퓨터의 구현에 목표를 두고 있는 최첨단 컴퓨터 응용 분야이다. 초기의 인공지능시스템은 퍼지, 신경망, 유전자 알고리즘 등 하나의 인공지능 기법만을 기초로 해서 독립적으로 발전해 오다가 현재의 인공지능 시스템은 뉴로-퍼지, 유전-뉴로 등 인공지능 기법 상호간에 융합하는 형태뿐만이 아니라 인터넷(지능 에이전트), 멀티미디어, 통계학 등 다른 분야와 연합하는 형태로 발전해 나가는 추세이다.

　본서에서는 그동안의 저자의 수년간의 다양한 강의 경험을 바탕으로 하여 인공지능이란 무엇이며 어떠한 기법이 인공지능시스템을 구현하는데 이용되는지에 대한 내용을 체계적으로 정리하여 알기 쉽게 설명하고자 노력하였다. 또한 인공지능에 관한 기초 이론뿐만이 아니라 퍼지 세탁기, 퍼지 밥솥, 자동차 핸들제어, 상수처리시스템에의 응용 등 인공지능 기술을 응용한 실제 지능시스템의 예를 자세히 기술함으로써 졸업 후 현장 실무에도 도움이 되도록 하였다.

　본서는 인공지능시스템과 관련된 주제들을 바탕으로 총 6부로 구성하였으며 대략적인 내용은 다음과 같다. 제1부는 인공지능의 기본개념 및 발전역사, 인공지능 언어 및 인공지능의 연구 분야에 대해서 다루었고 제2부는 인공지능의 기본인 여러 가지 탐색방법에 대해 설명하였고, 제3부는 퍼지이론 및 그 응용, 제4부는 신경회로망 및 그 응용, 제5부는 유전자 알고리즘 및 그 응용, 제6부는 앞에서 언급된 여러 가지 인공지능 기법들의 합성을 다루는 하이브리드 지능시스템, 그리고 부록으로 인공지능기법과 관련된 다양한 실제 프로그램들을 기술하였다. 본서의 특징은 학습자의 이해를 최대한 돕기 위해 복잡한 수식을 가능한 배제하고 다양한 참고 그림 및 실제 응용시스템(예)을 삽입하여 흥미를 유발하고 기초 개념에서부터, 이론 및 그 응용에 이르기까지 전체적으로 알기 쉽게 설명하고자 노력한 것이다. 끝으로 본서가 나오기까지 도움을 주었던 컴퓨터학과 관련 여러 교수님들 및 학생들, 그리고 도서출판 21세기사 대표님 및 출판부 여러분께 감사를 드립니다.

2008년 칠월에

저자 일동

Contents

제 1 부
인공지능시스템 개요

제 2 부
기본적인 탐색기법

제 3 부
퍼지이론 및 응용

제1장 퍼지이론이란? • 145

제2장 퍼지집합론 • 150

제3장 퍼지관계 • 176

제4장 퍼지논리와 퍼지추론 • 189

제5장 퍼지이론의 응용 • 215

제 4 부
신경 회로망 및 응용

제 5 부
유전자 알고리즘 및 응용

제 6 부
하이브리드 지능시스템

부 록

인공지능시스템 개요

Artificial Intelligence

인공지능의 기본 개념

1.1 학습, 지능과 지식의 개념

■ 학습(Learning)

우리는 보거나 듣거나 하는 일, 또는 행동한 일의 노하우나 경험을 기억하고 있다. 타인이 찾아낸 정리나 발견 등의 지식을 기억한다. 사전적 의미에서 학습이란 배워서(學) 익히는 것(習), 개인의 경험의 결과로 나타나는 행동의 변화, 즉, 하나의 유기체가 자신의 행동을 지각하고 변화시킬 수 있을 때 그것을 학습(learning)이라고 일컫는다.

즉, 학습이란 본능적인 변화인 성숙과는 달리, 직간접적 경험이나 훈련에 의해 지속적으로 지각하고, 인지하며, 변화시키는 행동 변화이다. E. R. 거스리(1886~1959)는 반응(지각이나 마음상태가 아닌)이 학습에서 궁극적이고 가장 중요한 기초단위라고 주장했다. 클라크 L. 헐(1884~1952)은 보상으로 고무되는 훈련된 자극-반응(S-R) 활동의 결과인 '습관의 힘'이 학습의 본질적 양상이라고 주장했으며, 그는 이것을 학습의 점진적 과정으로 보았다. E. C. 톨먼은 학습이란 행동에서 추론되는 일종의 과정이라고 역설했다.

학습된 행동에는 연상적 또는 조건부 학습, 주체가 어떤 특정한 색조처럼 한정된 감각적 특질에 응답하는 변별학습, 반복되는 자극에 더이상 반응하지 않는 습관화, 관련된 특질에 따른 경험분류 과정인 개념형성, 문제해결, 감각적 지각에 대한 과거의 경험의 효과인 지각학습, 감각적 신호에 대한 신경근(神經筋) 반응 유형의 발달인 정신운동학습 등이 있다. 학습이란 무엇인지를 정확히 정의하기는 어렵지만, 일반적 관점에서 학습은 "경험이나 노하우라고 하는 것을 지식으로서 사용할 수 있는 형식(개념화)으로 기억하는 것"이라고 정의할 수 있다.

인간은 이러한 학습능력이 있기 때문에 방대한 지식이나 상식과 같은 정보를 기억하여 새로운 사태가 발생하여도 이것을 사용하여 문제를 해결할 수 있다. 즉, 인간의 놀라운 환경적응능력의 원천은 지식의 학습능력에 있다고 봐도 과언이 아니며, 학습된 지식은 이해의 범위를 넓혀준다. 인공지능의 중심적 테마는 처리속도가 빠르고 기억용량이 큰 고성능의 컴퓨터를 만드는 것이 아니라 기계 자체의 경험에 의해 스스로 학습이 가능한 컴퓨터를 만드는 것이다. 이러한 스스로 사고하고 학습할 수 있는 컴퓨터의 구현이 가능할 때, 인간에게 상당히 근접한 인지시스템을 실현하는 것이 될 것이다.

■ 지능(Intelligence)

새로운 아이디어를 적용하고 학습하기 위한 더 나은 정신적 능력을 갖추고 있는 사람일수록 지능이 높다. 지능(知能)이란 무엇인가? 생각할 수 있는 능력인가? 학습하기 위한 능력인가? 지식을 획득하고 이용할 수 있는 능력인가? 또는 실세계의 물질을 인식하고 조작할 수 있는 능력인가? 이러한 모든 것들이 지능의 일부분임에 틀림이 없지만, 이것들이 지능의 전부라고 할 수는 없다. "지능에 대한 정의는 다양하나, 이론가들은 지능이 완전히 발달한 성취물이기보다는 일종의 능력 또는 잠재력이며 생물학적 근거를 가지고 있다는 것에 의견을 같이하고 있다. 지능은 유전적으로 부여된 인간의 중추신경계의 특징들과 경험·학습·환경요인에 의해 만들어진 발달된 지능의 복합물로 여겨진다. Webster's New World Dictionary에 의하면, 지능을 "배우고 이해할 수 있는 능력, 새로운 상황에 대처할 수 있는 능력"으로 정의하고 있다. 이와 같은 관점에서 일반적으로 지능을 정의하면, "새로운 상황이나 환경에 대처하기 위하여 배우고 이해할 수 있는 능력"이라고 할 수 있다.

실제로 지능(intelligence)은 더 많은 의미를 포함하고 있다. 과거의 경험과 새로운 상황사이에 관련성을 짓거나 시스템적으로 결론을 유추하고, 문제 해결을 위한 새로운 방법을 시도하거나 문제해결에 있어서 중요한 것과 중요하지 않은 것을 구분하며, 복잡한 문제를 다루기 위한 도구를 선택하는 등이 바로 그러한 일들이다. 이와 같은 맥락에서 보자면, 지능이란 학습하고 생각할 수 있는 능력이라고 할 수 있다. 지능이 좋다는 것은 같은 정보를 접하더라도 정보 처리 속도와 이해력이 빠르고 이에 대한 응용력이 뛰어나다는 것을 의미한다.

이러한 지능은 불완전하기는 하지만 지능검사를 통해 측정할 수 있는데 이런 검사로는 스탠퍼드-비네 지능검사와 웩슬러 검사 등이 있다. 이 검사들은 한 개인의 지능지수(IQ)를 측정하는 것을 목적으로 하며 원래는 정신연령과 신체연령의 관계에 따라 계산했지만,

지금은 IQ 평가에 있어서 정신연령 개념을 사용하지 않고 있다. 현재 IQ는 보통 통계적 점수분포를 근거로 평가된다(지능검사). 지능이 높으면 사회적 성취도도 높을 것처럼 보이지만 사회적 성취도를 판단하는 데는 다른 많은 요인이 있기 때문에 지능을 통한 장기적인 예측은 신뢰할 만한 것이 못된다. 지능을 사회적 성취로 바꾸어나가는 기제는 완전히 파악되지 않고 있다. 학교 성적평가는 같은 시기의 IQ검사와 확실한 상관관계에 있지만 그 결과를 놓고 학창시절 이후의 성취도를 예측할 수는 없다.

■ 지식(Knowledge)

지식이란 마치 사랑이 무엇인가라고 물을 때 여러 가지 차원과 수준에서 답할 수 있듯이 지식도 여러 가지 차원과 수준에서 정의내릴 수 있다. 지식(知識)은 교육, 학습, 숙련 등을 통해 사람이 재활용할 수 있는 정보와 기술등을 포괄하는 의미로서, 이 외에도 많은 의미를 내포하는 광범위한 용어이다. 최근에는 한 사람뿐만 아니라 집단의 사람이 재활용할 수 있는 정보와 기술도 지식이라고 부른다. 이러한 지식의 사전적 정의는 국어사전에 의하면 ① 어떤 대상에 대하여 배우거나 실천을 통하여 알게 된 명확한 인식이나 이해 ② 알고 있는 내용이나 사물을 말하는 것으로 정의된다.

일반적으로 지식이란 데이터 (Data), 정보 (Information), 사실 (Facts) 들과 같은 의미로 사용되기도 하지만 엄밀히 말하면 차이가 있다. 데이터란 눈, 귀 등과 같은 감각기관을 통해 외부 세계의 사실을 그대로 잡은 것이기 때문에 잡음이나 불필요한 데이터가 많이 포함될 수 있다. 정보란 데이터에서 불필요한 잡음과 데이터를 제거하여 소유하고 있는 사람에게 의미가 있도록 조직화된 데이터를 말한다. 지식이란 "정보를 보다 체계화하고 개념화한 것"으로 볼 수 있다. 여기서 개념화란, 정보를 구조화함으로써 사람으로 하여금 보다 쉽게 이용할 수 있게 하고 이해 가능하도록 하는 것을 말한다. 또 다른 측면에서 지식을 정의하면, "컴퓨터가 지능적으로 작동하는 데 필요한 정보로서 사실, 믿음, 문제를 해결하는 방법, 절차, 개념의 정의 등을 포함하며 또한 이것들 간의 관계 (Relationships)"를 말한다.

이러한 지식은 단순한 정보 (information) 와는 구분된다. 지식과 정보는 모두 사실 진술(true statements)로 구성되지만, 지식은 목적이나 용도를 가지고 있는 정보이다. 철학자들은 그것을 지향성과 관련된 정보라고 묘사하였으며, 지식에 대한 학문을 인식론이라고 부른다.

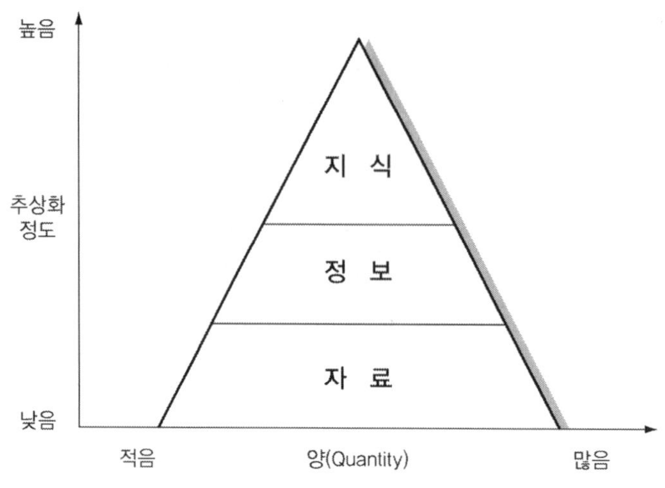

〈그림 1.1〉 자료, 정보, 지식의 비교

컴퓨터의 지능은 지식(knowledge)의 개념과 밀접하게 연관되어 있다. 컴퓨터는 인간의 마음이나 정신세계처럼 경험하거나 연구할 수는 없지만, 전문가에 의하여 주어진 지식을 활용할 수는 있다. 일반적으로 지식을 그 특성에 따라 분류하면 어떤 개념에 의해 표현되고 축약된 내부 지식(intentional knowledge)과 외부 지식(external knowledge), 지식의 지식(meta knowledge), 도메인 지식(domain knowledge), 여러 엔티티간에 복잡한 관계를 갖는 계층적 지식(hierarchical knowledge) 등으로 분류할 수 있다. 또한, 지식은 사물이나 사실에 대한 서술문으로 표현되는 선언적 지식(declarative knowledge)과 어떤 일의 수행과 관련된 절차적 지식(procedural knowledge)으로 구분될 수 있다.

1.2 생각하는 컴퓨터

"기계가 생각할 수 있는가?"하는 문제는 오래 전 부터 여러 관점에서 많은 사람들에 의해 논의되어 왔다. 컴퓨터가 처음 출현했을 당시에는 컴퓨터가 인간의 두뇌를 대신할 수 있을 것이라는 희망적인 생각이 지배적이었다. 그러나 이와 같은 낙관적인 견해는 컴퓨터의 눈부신 발전에도 불구하고 점차적으로 많은 문제를 제기해왔고, 현재에도 이 문제에 대해서는 명확한 해답이 주어지지 않고 있다. 그것은 "생각이란 무엇인가?"를 정확히 정의내리고 이해하기가 매우 힘들기 때문이다. "생각한다"는 것이 "계산한다"는 것은 아니다. 컴퓨터는 계산능력에 있어서는 사람의 능력을 훨씬 능가한다. 초기의 컴퓨터는 인간의 손으로는 계산 불가능한 천문학적 수치를 취급하는 과학계산을 하기위하여 만들어졌다. 컴퓨터의 계산능력은 우수하지만 인간이 생각해서 만든 프로그램이 사전에 기억장치에 기억되어있고, 이 프로그램에 의해서 기계적으로 계산하는 것이므로 컴퓨터 스스로 생각해서 일을 수행한다고 볼 수 없다. 즉, 현재의 범용 컴퓨터는 인간이 사고해서 만든 프로그램으로 준비된 것 이외에는 아무것도 할 수 없으므로 이러한 컴퓨터를 "사고하는 기계" 또는 "생각하는 컴퓨터"라고 할 수 없다.

일반적으로 인간이 갖고 있는 사고력을 정보처리의 능력이라고 하지만, 컴퓨터는 확실히 정보처리를 위한 기계라고는 할 수 있어도 "생각하는 기계"라고는 할 수 없다. 인공지능분야에서 목표로 하는 "생각하는 컴퓨터"란 보다 인간과 유사한 지능을 가진 컴퓨터, 즉 자연지능(Natural Intelligence)이 아닌 인공지능(Artificial Intelligence)을 가진 컴퓨터를 의미한다.

1.3 인공 지능(AI)의 유래

"인공지능(artificial intelligence : AI)"이라는 용어자체는 1956년에 미국의 다트머스(Dartmouth) 대학에서 열렸던 세미나에서 유래하였다. 1956년 여름 다트머스대학의 캠퍼스에 지적인 행동을 하는 컴퓨터에 관해 토론하기 위하여 많은 사람이 모였다. 기업에 몸담은 사람도 있었고 수학자, 심리학자, 전기기술자, 대학의 연구자도 있었다. 이들은 모두가 디지털 계산기를 "생각하는 기계"로 만들 수 있다는 신념에 차있었다. 이날 모인 사람들 속에는 록펠러 재단에 "생각하는 기계"를 만들 연구자금에 관한 제안서를 공동으로 제출한 학자 네 사람이 있었는데, 이들은 각각 민스키, 맥카시, 로체스터, 샤논이며 이 네 사람의 인공지능 연구에 대해서 록펠러 재단은 7,500만 달러를 제공했다. 이날 모인 학술세미나에서 다트머스 대학의 수학과 조교수였던 John McCarthy가 인공지능이라는 용어를 공식적으로 최초로 사용하였다. 이 세미나는 공식적으로는 "다트머스 하기 인공지능 연구계획"이라 불리었고, 그 뒤 10년간을 지배한 여러 연구 성과를 내었다. 이것이 최초의 인공시능 연구의 시작이었다. 또한, 이 학술세미나에는 McCarthy와 Minsky이외에도 Newell과 Simon 등이 참여하였는데, 이들은 이후에 각각 Stanford와 MIT, 그리고 Carnegie Mellon 대학에서 인공지능 연구그룹을 창설하여 인공지능 분야의 발전에 기여하게 된다.

당시 세미나의 참석자들은 향후 약 25년 내에 "지능"을 가진 기계가 인간을 위해서 모든 물리적이고 지적인 작업을 할 수 있을 것이며, 사람들은 나머지 시간을 여가활동에 좀 더 많은 시간을 보내게 될 것이라고 예언하였다. 그러한 예언이 (아직은) 완전히 적중한 것은 아니지만, 이후 인공지능이라는 영역은 컴퓨터 과학자, 인지과학자, 그리고 경영학자들에게 있어 하나의 새로운 연구 분야로 자리 잡게 되었다.

1.4 Levy challenge

인간이 즐기는 대부분의 게임은 그리 복잡하지 않은 규칙을 사용함에도 엄청나게 큰 탐색영역을 가지므로 프로그램하기가 쉽지 않고 탐색과 지식의 활용을 필요로 한다. 컴퓨터를 통한 체스 게임은 인공지능 분야가 본격적으로 대두되기 이전부터 연구되어왔다. McCarthy와 스코틀랜드 출신의 체스기사인 Levy사이에 시작된 이른바 "Levy challenge"는 인공지능 연구 분야의 발전을 보여주는 단적인 예로 볼 수 있다. 1968년 McCarthy는 당시 세계 체스계의 2인자였던 David Levy와의 체스게임에서 진 후, 자신은 Levy를 이길 수 없을테지만 적어도 10년 안에 Levy를 이길 수 있는 수준의 컴퓨터 프로그램이 만들어질 수 잇을 것이라고 예언하고 250파운드의 내기를 하게 된다. 이것을 "Levy challenge"라고 불리었으며 Levy challenge가 시작된 이후 전 세계적으로 인공지능 분야에 종사하는 학자들이 McCarthy편에 합류하여 연구하게 되었다.

그러나, 1977년의 경기에서 Levy는 미국의 Northwestern 대학의 프로그램인 Chess 4.5와 구 소련의 프로그램인 Kaissa를 차례로 격파하였다. 1978년 즉, 내기가 시작된 후 10년째 되던 해 Levy는 Chess 4.7과 6차전을 치렀는데, Levy는 첫 번째에서 비겼고 4번째에서는 졌으나 나머지에서 이겼다. 결국 Levy challenge의 승자는 인간이 되었지만 그 사이 프로그램은 인간과 선전을 펼치는 수준에 이르렀다. 체스를 둘러싼 인간과 컴퓨터 지능과의 대결은 상징적인 의미를 가지고 이후에도 많은 학자들의 관심을 끌어왔는데, 1996년에는 초고속 병렬회로를 갖추고 있는 IBM의 슈퍼컴퓨터인 Deep Blue가 85년 이래 세계 최고수의 자리를 지켜온 러시아 출신의 Kasparov와 체스경기를 벌려 첫 판을 승리로 장식함으로써 이를 인터넷을 통해 지켜본 전세계 사람들을 놀라게 하였다. 이는 Deep Blue의 전신인 Deep Thought가 1989년 Kasparov와 체스경기에서 두 번이나 진 후 6년 사이에 약 200배 성능이 강화된 결과였다. 이에 반해 바둑 프로그램은 인간 전문가와의 대결에서 아직 만족할만한 수준을 보여주지 못하고 있는데, 이는 바둑의 탐색영역이 체스보다 훨씬 크다는 이유와 미국과 유럽을 중심으로 체스를 대상으로 하는 인공지능 연구가 바둑을 대상으로 하는 연구와 비교가 안될 만큼 큰 저변을 갖고 있다는데 그 원인이 있다.

1.5 인공 지능(AI)의 의미

인공지능이란 인간이 갖고 있는 추론, 인식, 판단, 학습 등의 사고기능을 컴퓨터에 의해 모델화하여 인간의 사고활동을 정보처리의 입장에서 규명함과 동시에 컴퓨터상에서 인간의 사고과정 일부를 실현하는 것이다. 즉, 본다, 듣는다, 말한다, 이해한다, 사고한다 등과 같은 인간의 지적인 행동을 컴퓨터상에서 실현하고자 하는 것이 인공지능(artificial intelligence)의 의미이다. 인공지능은 인간의 인지(認知) 즉, 지각, 판단, 기억, 학습, 이해와 같은 마음의 작용을 정보처리라는 관점에서 컴퓨터를 이용하여 시뮬레이션하기 위한 여러 가지 시도라고 볼 수 있다. 인간을 정보처리시스템 관점에서 바라보면 육체는 하드웨어이고 마음은 소프트웨어로서 하나의 인공지능이라고 간주할 수 있다. 인공지능과 관련하여 여러 학자들이 정의한 내용은 다음과 같다.

- "Artificial intelligence is the study of ideas which enable computers to do things which make people seem intelligent" (Winston)
- "Artificial intelligence is the study of intelligence using the ideas and methods of computation" (Fahlman)
- "Artificial intelligence is the part of computer science concerned with designing intelligent human behavior – understanding language, learning, reasoning, solving problems, and so on" (Barr)
- "Artificial intelligence is a field of study that seeks to explain and emulate intelligent behavior in terms of computational processes" (Schalkoff)

대부분의 전문가들은 공통적으로 AI가 두 가지의 기본적인 아이디어와 관련되어 있다고 생각하는데, 첫째는, AI는 인간의 사고과정을 연구하고 있다는 점이며(인지과학적 측면), 둘째는, AI에서 그러한 프로세스를 컴퓨터나 로봇과 같은 기계를 통하여 처리한다는 점이다(공학적 측면).

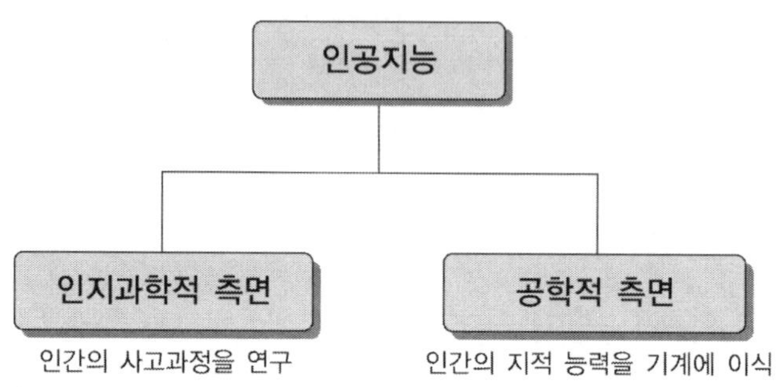

〈그림 1.2〉 인공지능의 두 가지 측면

가장 널리 받아들여지고 있는 정의에 의하면, 인공지능이란 '기계가 인간의 지능적인 행위(intelligent behavior)를 수행하는 것'을 말한다. 여기서, 지능적인 행위의 의미는 다음과 같은 점들을 포함한다.

- 경험으로부터의 학습 또는 이해
- 모호하거나 상충되는 의미의 해결
- 새로운 상황으로의 민첩하고 효과적인 대응
- 문제를 해결하고 효과적으로 수행하기위한 지성 및 합리성의 활용
- 난처하고 당황스러운 상황의 처리
- 정상적이고 합리적인 방법으로의 이해와 추론
- 환경을 다루기 위한 지식의 적용
- 상황내의 상이한 요소의 상대적 중요성 인식

현재의 컴퓨터는 인간이 사고해서 만든 프로그램으로 결정된 것 이외에는 아무것도 할 수 없고, 인간에게 순종하는 지적인 노예이고, 고속 연산의 산술기계에 불과하다. "사고하는 컴퓨터"란 문제를 해결하는 컴퓨터이며, 문제를 해결하기 위해서는 문제를 이해해야

만 한다. 현재의 컴퓨터는 문제의 해결방법 즉, 프로그램밖에 기억할 수 없다. 문제를 이해하여 그 문제를 해결할 수 있는 능력은 전혀 갖고 있지 않다고 할 수 있다. 인공지능에서 목표로 하는 "사고하는 컴퓨터"는 보다 인간에 유사한 지능을 가진 컴퓨터이다.

인간은 환경의 변화에 적응하며 살기 위해여 매일 새롭게 발생하는 문제들을 해결하고 자기에게 유리한 행동을 수행하며 생활하고 있다. 또한 인간은 이와 같이 매일 발생하는 문제들을 인식하고 이해하며 그것에 의하여 얻어진 경험이나 지식을 학습하고 기억함으로써 나날이 성장한다. 이 때문에 새로운 사태가 발생한 경우에는 축적·기억하고 있던 과거의 경험과 지식을 토대로 하여 문제를 추론하고 해결할 수 있다. 인공지능에 대한 연구는 컴퓨터가 이와 같은 기능을 할 수 있도록 하는 것을 목표로 하고 있다. 인간의 지능과 유사한 인공지능을 실현하기 위해서는 보통 다음의 세 가지 능력이 필요하다.

① 학습에 의한 지식의 축적(지식의 획득능력)
② 문제(새로운 사태)를 판별하는 능력(패턴 인식능력)
③ 축적한 지식을 토대로 하여 추론에 의해 문제를 해결하는 능력
　　(지식을 이용한 추론 능력)

인간이 갖고 있는 지능은 이 3가지 능력을 포함하고 있으며, 이 지능을 인공적으로 구현하기 위해서는 기계가 이 세 가지 능력을 갖추도록 해야 한다. 현재의 인공지능은 이 세 가지 능력을 완벽하게 결합한 수준까지는 아직 이르지 못하고 있다.

① 학습(learning)은 문제에 관련된 사실과 규칙 등 관련 지식을 일련의 과정을 통해 습득하는 것을 의미하며 지식베이스, 신경망을 통한 학습 등이 이에 해당한다.

② 인식(recognition)이란 인간의 눈, 귀에 해당되는 능력을 말한다. 즉 인간의 소리를 인식하는 음성인식, 기록된 문자를 인식하는 문자인식 및 문서인식, 이미지를 인식하는 화상인식 등이 포함된다. 이러한 것을 통틀어서 패턴인식이라고 한다. 패턴 인식은 데이터로부터 중요한 특징이나 속성을 추출하여 입력 데이터를 식별할 수 있는 부류로 분류(classification)하는 것으로 정의될 수 있다. 일기 예보를 패턴 인식 문제로 다룰 수 있는데, 인식 시스템은 입력으로 받아들인 천기도에서 중요한 특징을 추출하여 천기도를 해석한 다음, 추출된 특징을 바탕으로 일기 예보를 하게 된다. 의료 진단(diagnosis) 역시 패턴 인식 문제로 다룰 수 있다. 어떤 증상이 인식

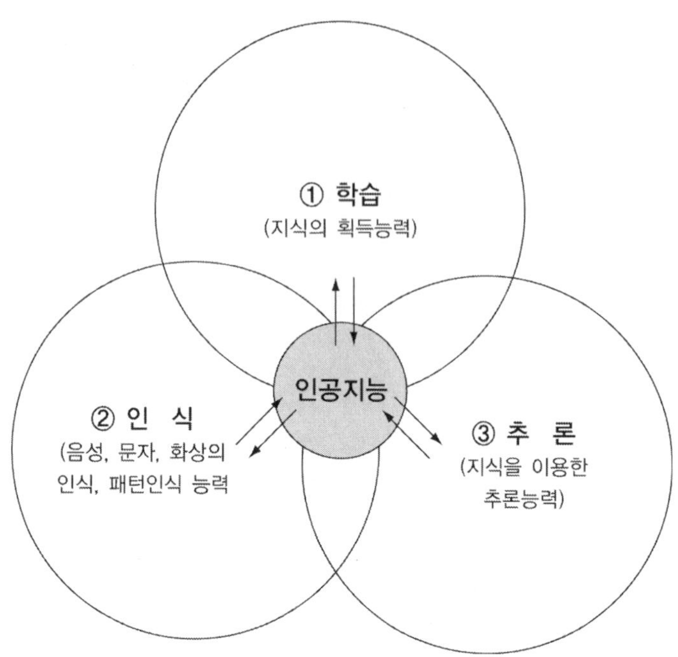

〈그림 1.3〉 인공지능에 필요한 3 가지 능력

시스템의 입력 데이터 역할을 하는데, 이 때 인식 시스템은 입력 데이터인 증상을
분석하여 질병을 구별해 낸다. 문자인식시스템은 광학 신호를 입력 데이터로 받아
들여 그 문자의 이름을 식별하는 패턴 인식 시스템이다. 음성인식시스템에서는 입
력 데이터로 받아들인 음향의 파형에 바탕을 두고 발음된 단어의 이름을 식별해낸다.
단순히 패턴을 인식하는데 그치지 않고 의미를 파악하여 행동할 수 있다면 이것을
패턴이해라고 한다. 예컨대, 인간이 중지하라고 말했을 때, 인공지능을 갖춘 시스템
이 그 소리를 듣고 중지하라고 화면에 표시하거나 그것을 출력할 뿐이라면 패턴인
식이 속하지만 그 의미를 이해해서 실제로 동작을 중지하거나 하는 반응을 보인다
면 그것은 패턴 이해에 속한다고 할 수 있다. 인공지능기술의 발전에 의해 패턴인식
을 넘어서서 패턴이해가 없이는 인간지능에 접근할 수 없다는 것을 알게 되었다. 인
간인 우리는 군중 속에서 친구를 찾아낼 수 있고, 그 친구가 말하는 것을 인식할 수
있다. 아는 사람의 음성을 알아차릴 수 있다. 또한, 필기된 문자나 기호, 그리고 그
림 등을 보고 인식뿐만 아니라 이해(understanding)를 할 수 있으며, 지문을 분석
할 수도 있다. 화난 몸짓과 미소 짓는 표정을 서로 확실하게 구별할 수 있다. 인간

이 매우 복잡한 정보 시스템이라 할 수 있는 부분적인 이유는 월등한 패턴인식 및 이해능력을 보유하고 있기 때문이다. 현재 실용적으로 많이 사용되고 있는 자연어 처리 시스템은 ①의 능력과 ②의 능력이 결합된 형태이다.

③ 추론(inference)은 주어진 사실과 규칙으로부터 결론을 얻는 과정으로 예컨대, 삼단 논법이 추론의 한 예이다. 추론은 정리의 증명, 게임, 프로그램의 자동 생성, 일반적인 문제의 해결을 포함한다. 최근 인공지능의 경향은 애매한 표현으로 부터도 추론을 할 수 있는 퍼지추론 방법을 사용하고 있으며, 이러한 방식을 이용하면 매우 지능적인 시스템을 구현할 수 있다. 현재 인공지능분야에서 실용적으로 많이 사용되고 있는 전문가시스템(expert system)은 ②의 능력과 ③의 능력이 결합된 형태이다. 여기에 패턴이해시스템이 결합하여 인간의 손발을 대신하는 조작기(manipulator)가 붙어있는 것이 지능 로봇이다.

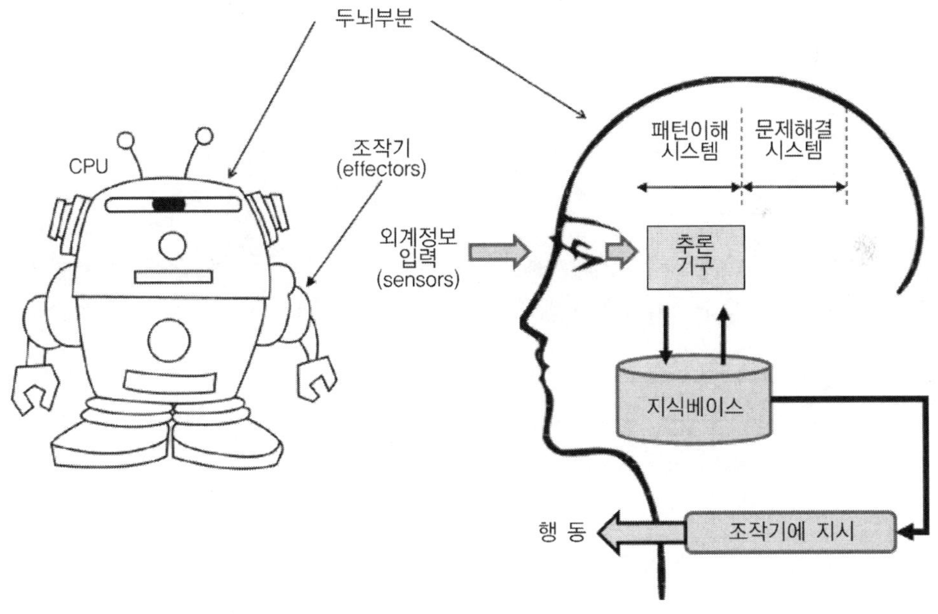

〈그림 1.4〉 지능로봇의 구조

지능 로봇은 인공지능의 명령으로 기능을 수행하는 로봇으로, 손목·발목·손가락과 같은 관절운동기능 외에도 시각·촉각·청각 등의 감각기능과 학습·연상·기억·추론 등 인간의 두뇌작용의 일부인 사고 기능까지 갖추고 있다. 또한 자율적으로 이동할 수도 있으며, 감각 및 사고 기능에 의해 주위환경과 물체의 인식, 그리고 인간-로봇 간의 정보 교환이 보다 고도화되어 있다. 기존의 로봇은 모두 각각의 동작을 인간이 자세하게 프로그램 해야 했지만, 지능 로봇은 작업의 개요만 지시하면 스스로 판단하여 숙련공 수준의 작업을 할 수 있다.

1.6 알고리즘과 휴리스틱

지금까지의 논의된 AI의 정의는 '지능' 자체에 대한 인식을 강조하고 있는 반면, 또 다른 정의에 따르면, 인공지능은 정보처리를 위한 알고리즘보다는 휴리스틱이나 숫자, 그리고 이보다는 '상징'을 통하여 지식을 표현하는 방법을 다루는 컴퓨터 과학의 하위분야로 보고 있다. 이러한 정의에 대한 알고리즘과 휴리스틱의 의미를 살펴보면 다음과 같다.

■ 알고리즘

만일 가로 곱하기 세로의 공식을 사용한다면 사각형의 면적을 얻게 될 것이다. 수학적 공식은 알고리즘이라고 부르는 문제 해결 전략의 한 예가 된다.

알고리즘이라는 용어의 의미는 문제를 해결하기 위한 절차나 방법을 말하며, 경험적 지식인 휴리스틱(heuristic)과 반대되는 용어이다. 컴퓨터 프로그램은 정교한 알고리즘들의 집합이라고 간주할 수 있다.

'알고리즘 (algorithm)'이라는 단어는 AD 825 년에 'Kitab al jabr w' almuqabala'라는 영향력 있는 수학 교과서를 저술한 9 세기 페르시아 수학자 알코와리즘(Abu Ja'far Mohammed ibn Mûsâ *al-Khowârizm*)의 이름에서 유래하였다. 그러나 알고리즘의 예는 알코와리즘의 책보다 훨씬 이전부터 알려져 왔다. 가장 잘 알려진 예로서 고대 그리스(기원전 300년경) 시대에 만들어진 두 수의 최대 공약수를 구하는 유클리드(Euclid) 알고리즘을 들 수 있다. 알고리즘은 수학용어와 컴퓨터 용어 두 가지로 나누어 설명할 수 있다. 수학용어로서 알고리즘은 잘 정의되고 명백한 규칙들의 집합 또는 유한 번의 단계 내에서 문제를 풀기 위한 과정이다. 예를 들면, 주어진 정확도에 맞도록 코사인 x의 값을 계산하기 위한 대수적인 과정도 알고리즘에 해당된다. 컴퓨터용어로서 알고리즘은 어떤 문제의 해결을 위해 컴퓨터가 사용 가능한 정확한 방법을 말한다. 알고리즘은 여러 단계의 유한한 집합으로 구성되는데, 여기서 각 단계는 하나 또는 그 이상의 연산을 필요로 한다. 컴퓨터에서 사용하는 모든 알고리즘은 다음의 기준을 만족해야 한다.

① 입력(Input) : 0개 이상의 입력이 외부로부터 주어진다.
② 출력(Output) : 적어도 한 개 이상의 출력을 만들어 낸다.
③ 명확성(Definiteness) : 각 명령어들은 분명하고 명확해야 한다.
④ 유한성(Finiteness or Termination) : 어떤 알고리즘이라도 유한 번의 단계(finite stage)를 거친 후에 종료해야 한다. 즉, 무한 루프(loop)가 있어서는 안 된다.
⑤ 유효성(Effectiveness) : 알고리즘을 구성하는 각 명령어들은 컴퓨터 하드웨어에서 수행 가능한 것들이어야 한다.

커피를 파는 자동판매기의 내부에도 간단한 알고리즘이 있어서, 적합한 금액이 들어오면 프림/설탕의 선택에 따라 따끈한 커피를 내놓고 거스름돈도 정산하여 준다. 높은 아파트에 사는 사람이 출근하려고 엘리베이터 단추를 누르면, 엘리베이터를 작동시키는 알고리즘은 다른 층에 사는 사람이 부르는 지 등을 판정하여 적절한 움직임을 한다. 사람들은 대부분의 경우에 알고리즘 없이 사고하는 경향이 있다. 정확한 수치값을 판단하는 경우엔 알고리즘을 사용하지만, 비행기나 코끼리 등을 판단할 경우엔 느낌과 직관을 사용한다. 다시 말해서, 우리의 정신적 활동은 단순히 논리적이고 단계적인 절차를 따르는 것 이상으로 구성되어 있는 것이다. AI가 비알고리즘적인 접근방식을 주로 이용하지만, 물론, 경우에 따라서는 알고리즘을 사용할 수도 있다.

※ 몬테칼로 알고리즘

몬테칼로(Monte Carlo)는 프랑스의 남쪽 지중해를 마주 보는 이태리와의 국경지대에 모나코라는 작은 나라의 수도로서 카지노로 유명한 도시이다. 모나코는 바티칸 다음으로 작은 독립국으로 국가 재정은 거의 이 카지노 영업에서 생기는 수입으로 꾸려 나간다. 모나코 왕비로 유명한 여배우인 그레이스켈리가 있다.

〈그림 1.5〉 몬테칼로 시의 실제 전경

몬테칼로 알고리즘은 통계적 시뮬레이션을 이용한 문제풀이방법이다. 이 알고리즘은 어떠한 시스템이 있고, 그 시스템의 수학적묘사가 어려울 때, 이 방법은 그 수학적 묘사 없이도 해를 얻어낼 수 있도록 하는 다분히 블랙박스적인 방법이다. 이러한 몬테칼로 알고리즘의 가장 유명한 예제는 원주율을 계산하는 방법이다. 가로 2, 세로 2인 정사각형을 그리고, 그 안에 꽉 차는 원을 그린다면, 정사각형의 넓이는 4이고, 원의 넓이는 Πr^2, 즉 $\Pi(\Pi*1*1)$이다. 사각형내 원의 넓이의 비율은 $\Pi/4$가 된다. 이 사각형에 랜덤하게 화살을 쏜다면, 그리고 사각형 내에 화살이 균일하게 퍼져있다면, 원 내의 화살수를 사각형전체의 화살수로 나눠 주게 되면 이것이 바로 넓이의 비율이고, 이를 통해 파이의 값을 알아낼 수 있다.

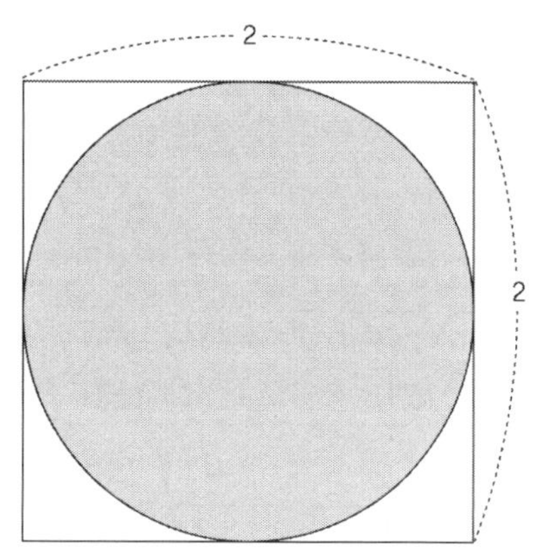

〈그림 1.6〉 몬테칼로 알고리즘에서
원과 사각형

```
/* 몬테칼로 알고리즘을 이용하여 원주율(Ⅱ) 구하는 프로그램 */

#include <stdio.h>
#include <stdlib.h>
#include <time.h>
main( )
{
  float x, y, pi ;
  int a, n, i ;
  for (n=100; n<=2000; n+=100)
  //  n = 정사각형안의 화살 수
  {
   for(a=0, i=0; i<= n; i++)
     {
       x = 1.0*(rand()%1000)/1000;
       y = 1.0*(rand()%1000)/1000;
       if (x*x + y*y <= 1.0)
         a++;  //  a = 원안의 화살 수
     }
   pi = 1.0*(4*a)/n;
   printf("when n=%d,  pi = %f \n", n, pi) ;
  }
}
```

■ 휴리스틱(heuristic)

휴리스틱이란 "찾다(to find)"라는 의미를 가진 희랍어 "Heuristikein"에서 유래한 말로서 평범하고 검증된 지식의 결과로서보다는, 오직 경험에 의해서 만들어진 규칙들을 말한다. 다시 말해서 휴리스틱이란 주어진 문제의 해결을 결정적인 연산 방식에 의하지 않고 시행착오를 통해 축적된 경험적인 지식을 동원하여 구하는 것, 또는 그 경험적인 지식을 뜻한다.

영어 백과사전 Wikipedia에 의한 휴리스틱의 정의는 다음과 같다.

> A **heuristic** is a method for helping in the solving of a problem, commonly informal. It is particularly used for a method that often rapidly leads to a solution that is usually reasonably close to the best possible answer. Heuristics are "**rules of thumb**", educated guesses, intuitive judgments or simply *common sense*.

여기서, "rules of thumb(엄지손가락 규칙)"은 어떤 값의 근사치를 계산하거나 생각해 내기 위해 또는 어떤 결정을 내리기 위해, 쉽게 배우고 쉽게 응용하는 하나의 과정을 의미하며, 목수, 재봉사 등등이 대강 의 길이를 재기위해 엄지손가락 (thumb)을 사용한 이 용어의 유래이다. 실제로 1 inch 의 길이는 엄지손가락 끝에서 첫 번째 관절 사이의 거리 로부터 유래된 것이다. 즉 휴리스틱이란 이미 정립된 공식에 의해서가 아니라, 정보가 완 전하지 않은 상황에서 많은 시행착오(trial and error)를 거쳐서 축적된 경험(Rules of Thumb)을 통해서 지식을 알게 되는 과정을 의미한다.

따라서, 휴리스틱은 결정적인 연산 방식이 없거나, 있더라도 계산 시간이 너무 많이 걸 려 현실적으로 사용할 수 없을 때 쓰인다. 경험적 지식은 문제 자체에 내포된 정보를 유 도하여 문제 풀이에 응용하는 것으로, 결정적인 연산과는 달리 꼭 그 문제의 해답을 이끌 어 낸다고 보장할 수는 없으나 아무런 정보도 없이 문제를 푸는 것보다는 훨씬 노력을 줄 여 준다.

알고리즘과는 달리 휴리스틱은 해결책의 발견을 보장하지 않는다. 그러나 휴리스틱은 알고리즘보다 효율적이다. 왜냐하면 많은 쓸모없는 대안 책들을 실제 시도하지 않고도 배 제시킬 수 있기 때문이다. 알고리즘처럼 휴리스틱은 전략들을 무조건적으로 주사(scan) 해 보는 방식에서 탈피하게 해 준다. 그러나 알고리즘과는 달리 이것들은 정확하거나 공 식적이지 않으며 은유(metaphor), 비유, 그리고 다른 객관적인 기법들을 이용할 수 있다.

이러한 휴리스틱은 경험으로 컴파일된 지혜라고도 할 수 있으며, 세상에 존재하는 수 많은 유형의 연속성과 법칙들로부터 특수화, 일반화, 그리고 유사성 등의 규칙의 사례를 경험함으로써 생성된다. 예컨대, 당신의 자동차에서 이상한 소리가 난다고 가정해 보자. 당신은 자동차를 정비회사로 가져가게 될 것이다. 정비사는 소음을 들어보고, 본네트를 열어서 내부를 살펴본 뒤, 워터펌프가 고장났다고 판단한다. 수년간 이러한 문제와 소음 을 다루게 되면서, 이 전문 정비사는 무엇이 잘못된 진단인지를 파악하고, 그 동안 수많 은 시행착오를 반복함으로써 얻어진 경험을 통하여 최종적인 진단을 결정하도록 유도한 마음속의 휴리스틱을 떠올리게 되는 것이다.

명의라고 소문난 대부분의 의사가 진단을 할 때 몇 가지 핵심이 되는 내용에 대한 문진과 병리 자료로서 진단을 한다. 그리고 대부분 정확하다. 그가 진단할 때 매번 의학도 시절부터 배운 엄청난 양의 지식을 되새기지 않아도 그는 그동안의 진료 경험으로 진단을 수행한다. 그러나 간혹 조기 진단해야 할 암을 발견해 내지 못해 곤란을 겪기도 한다. 초보 운전자가 가장 어려움을 겪는 것은 좁은 주차장에서의 주차이다. 숙련된 운전사는 경험적 감각으로 정확하게 주차시킨다. 알고리즘에 의해 제어되는 무인 자동차가 그렇게 쉽게 주차시킬 수 있을 것인가? 그러나, 무인 자동차는 시간이 걸리더라도 실수가 없겠지만, 숙련된 운전사도 가끔은 실수할 때가 있다. 휴리스틱이 항상 완전한 해를 보장하지는 않는 다는 것이다. 즉, 휴리스틱은 단지 지침에 불과하기 때문에 알고리즘과는 달리 문제가 해결되는 것을 보장해 주지 못한다.

체스 게임에서 말의 가능한 움직임을 전체 tree 구조로 개발한다면 말 위치의 전체수는 10^{120}이 된다. 수십억 개의 태양계로 구성된 수십억 개의 은하계가 모이는 그 우주의 전체의 원자의 수보다 더 큰 수이다. 체스 전문가는 전체 탐색영역을 모두 탐색하는 것이 아니라, 휴리스틱을 사용하여 제한된 탐색영역에서 사고함으로써 게임을 우승으로 이끈다. Chess 프로그램은 현재 상급 선수수준이지만 인간과 비교했을 때는 제한된 지능 메커니즘만을 가진다. 체스 게임을 수행하는 인공지능 컴퓨터가 세계 챔피언을 깨기 위해서는 초당 2억 개의 position을 파악할 수 있는 능력과 믿을 만한 휴리스틱을 필요로 한다. 이러한 체스 게임의 메커니즘을 더 잘 이해하면 현재의 프로그램이 하는 것보다 훨씬 더 적은 계산을 하고서도 인간수준의 프로그램을 만들 수 있을 것이다.

의사결정에 있어 사람들은 일반적으로 반복적인 시행착오와 경험을 통한 휴리스틱을 빈번하게 사용한다. 휴리스틱을 사용함으로써 사람들은 과거에 이미 경험하였던 유사한 문제에 직면했을 때마다 해야 할 일에 대해서 완전히 처음부터 다시 생각할 필요가 없어지는 것이다.

■ 전문지식과 휴리스틱

전문지식(expertise)이란 프로세스에 대한 입력으로부터 바람직한 목표나 기준을 월등하게 앞지르는 성과를 내는 사람의 경험으로부터 획득된 기술과 지식을 말한다. 전문지식은 전문가가 나름대로 특정한 유형의 문제를 효율적으로 분석하기 위한 형식으로 변환된 경험, 간결한 논리, 희귀한 사실, 현명한 절차 등 방대한 양의 사실적 정보로 구성되어 있다. 어떤 의미에서 본다면, 전문지식은 시행착오를 경험함으로써 얻을 수 있다. 그러한 경험을 통하여 전문가들은 문제해결에 있어서 이미 불필요한 선택대안들이라고 알고 있는 것들은 건너뛰고 실속 있는 해결안을 곧바로 선택할 수 있다.

이러한 전문지식은 기업이나 조직 내에 균등하게 분산되어 있는 것은 아니다. 대개 상급 경영자(전문가)들은 신입사원에 비해 더 많은 지식을 소유하고 있다. 그런데, 전문가들이 오랜 시간을 통하여 축적하는 지식이나 규칙들의 대부분은 휴리스틱을 통해서 얻어진다.

1.7 지식표현 및 지식베이스, 지식공학

지식은 인공지능에 있어서 가장 핵심이 되는 부분이며, 컴퓨터에서 쉽게 이용할 수 있도록 전문가의 지식을 어떻게 효과적으로 표현하는 가에 대한 연구가 활발히 연구되어왔는데 이것이 지식표현(knowledge representation) 방법에 대한 연구이다. 현재 많이 사용되고 있는 지식 표현 방법으로는 생성규칙(production rule), 의미 망(semantic network), 프레임(frame), 논리, 객체 지향(object oriented) 등 이 있다. 생성 규칙은 "조건－행동" 또는 "전제－결론"의 규칙(rule) 형태로 나타내는 지식표현 방식으로 'IF A THEN B' 형식의 추론 규칙을 의미한다. 여기서, A 부분을 조건부라고 하고 B 부분을 결론부라 한다. 전문가 시스템에서는 지식을 사실(fact)과 생성 규칙(rule)의 집합으로 전문가의 지식을 표현하여 지식베이스를 구축한다. 의미망은 모든 지식을 이항관계의 집합, 즉 그래프로 표현하는 것을 말한다. 이러한 의미망은 노드와 노드간의 관계를 잘 표현할 수 있고 지식이 어떻게 조직 되어 있는지를 그래프 형태로 보여주어 사람이 쉽게 알아 볼 수 있다. 여기서 그래프는 노드와 방향성 아크로 구성되고 노드에는 대상이나 개념, 사상, 행위, 상태, 주장 등이 대응하고, 아크에는 노드 사이의 관계가 대응한다.

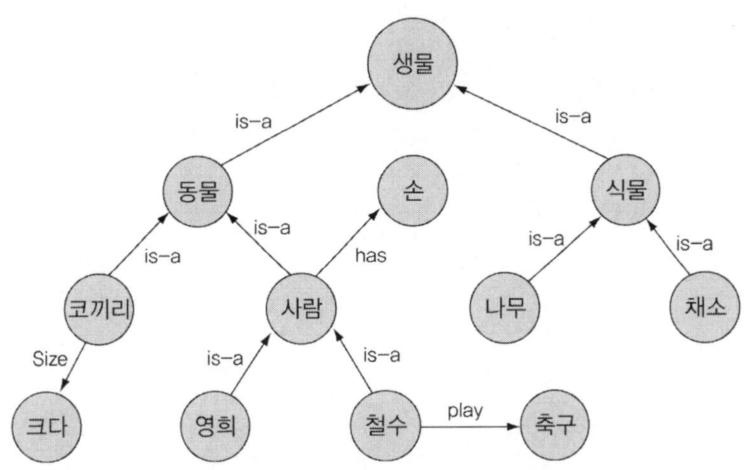

〈그림 1.7〉 의미망에 의한 지식표현(예)

논리는 명제 논리와 술어 논리로 나눌 수 있다. 명제란 하나의 판단을 포함하는 문장이나 정보를 말하며, 명제가 참 또는 거짓의 진리 값을 가지게 된다. 명제논리는 참이나 거짓중의 하나를 값으로 가질 수 있는 명제문장을 기반으로 추론을 수행할 수 있도록 하는 형식적 논리 체계를 의미한다. 이에 반해 술어 논리는 문의 참과 거짓만을 따지는 것이 아니고, 문의 문법적 구조와 의미도 포함하는 논리적인 지식표현 방법을 말한다. 또한 술어논리는 변수와 한정자(Quantifier)를 사용할 수 있다. 아래 내용은 술어논리에 지식 표현(예)을 나타내고 있다.

Day(x) : x는 날이다.
Sunny(x) : x는 맑은 날이다.
Rainy(x) : x는 비오는 날이다.
매일 맑다. $(\forall x)(Day(x) \rightarrow Sunny(x))$
어떤 날은 비가오지 않는다. $(\exists x)[Day(x) \bigwedge (Ranny(x))']$
어떤 날은 맑고 비가 온다. $(\exists x)[Day(x) \bigwedge Sunny(x) \bigwedge Rainny(x)]$
맑고 비오는 날은 없다. $(\forall x)[Day(x) \bigwedge Sunny(x) \bigwedge Rainny(x)]'$

프레임은 프레임 이름과 슬롯의 집합으로 구성된다. 슬롯은 슬롯 명과 슬롯 값으로 구성되고, 슬롯 값은 수치, 기호, 절차 등으로 이루어진다.

내 자동차	
제작사	기아
승차인원	7
색 상	검정색
바퀴수	4
배기량	2,700

〈그림 1.8〉 프레임에 의한 지식표현(예)

이러한 지식 표현방법은 지식을 어떻게 체계적으로 저장하고 효율적으로 사용할 수 있는가에 관한 연구에 있어서 매우 중요하다.

지식베이스(knowledge base)는 이러한 지식들이 문제해결이나 의사결정에 적용되고, 이해하기 쉽도록 분석되어 DB형태로 조직된 것을 의미한다. 인공지능에 있어서 지식의 역할이 매우 중요한데, 이 지식 베이스에 기억되어 있는 지식의 양이 커지고, 그 질이 향상되면 될수록 인간의 두뇌에 접근된다. 이에 따라 지식공학(knowledge engineering)이 대두되게 되었다. 지식공학이란 지식이란 무엇이며 지식을 어떻게 체계화하고, 지식 베이스에 축적하며, 축적된 지식을 어떻게 이용하는가를 연구하는 학문이다. 지식공학의 목표는 컴퓨터를 보다 인간의 두뇌에 가까이 하고자 하는 것으로, 최종 목표는 인간과 마찬가지로 "창조할 수 있는 컴퓨터", "학습하는 컴퓨터"를 실현시키는 것이다. 전문가들의 지식은 보통 사실, 개념, 이론, 휴리스틱 방법, 절차, 그리고 관계들로 이루어져 있다. 전문가 시스템에서는 문제와 관련되어 사용될 지식의 집합들이 지식베이스 형태로 조직화되어 컴퓨터 메모리에 저장된다. 지식베이스와 추론기능이 합쳐져서 전문가시스템이 만들어진다고 할 만큼 지식이란 전문가시스템의 가장 중요한 요소이며, 획득된 지식을 어떻게 효율적이면서 효과적으로 표현·저장하는가 하는 것은 바로 전문가시스템의 성능과 직결되는 문제이다. 전문가시스템에서의 지식은 그저 저장되어 있는 것이 아닌 해결하고자 하는 목적을 이루도록 사용될 수 있어야 한다.

1.8 인공지능의 장점

칼팬(Kalpan, 1984)에 따르면, 인공지능은 자연지능(natural intelligence)에 비해서 몇 가지 상업적으로 의미 있는 장점을 다음과 같이 가지고 있다.

① AI는 보다 영구적이다

작업자는 그들이 퇴직 등의 사유로 업무를 떠나게 되면 지식을 함께 가져갈 뿐 아니라, 지식이 잊어질 수도 있기 때문에 상업적인 관점에서 볼 때, 자연지식은 소멸될 수 있는 것이다. 그러나 AI는 컴퓨터시스템과 프로그램만 변함없는 한, 비교적 영구적이라고 할 수 있다.

② AI는 복제와 유포가 용이하다

한사람의 지식을 다른 사람에게 전달하기 위해서는 보통 수습이라는 짧지 않은 기간과 과정이 필요하다. 경우에 따라, 어떤 전문지식은 완전히 복제하는 것이 불가능할 수도 있다. 그러나 지식이 컴퓨터 시스템에 내장된다면, 하나의 컴퓨터에서 다른 컴퓨터로 복사하는 것은 그리 어렵지 않다.

③ AI는 자연지능보다 저렴할 수 있다.

경우에 따라서, 컴퓨터 서비스를 구입하는 것이 동일한 작업을 수행하는 해당인력을 채용하는 것보다 비용을 더 적게 들일 수도 있다.

④ 컴퓨터 기술로서의 AI는 일관되고 완전하다.

사람은 정신세계가 불규칙할 수 있기 때문에, 자연지능도 일관되게 수행되지 못할 수 있다.

⑤ AI는 문서화될 수 있다.

컴퓨터에 의한 의사결정은 시스템 활동을 추적함으로써 쉽게 문서화될 수 있는 반면, 자연지능은 문서화가 어렵다. 예를 들어, 사람이 어떠한 결론에 도달하였다 할지라도 며칠이 지난 후에 동일한 결론을 유도한 추론과정을 다시 떠올리려하는 경우엔 어려움을 겪곤 한다.

1.9 튜링 테스트(Turing test)

인공지능의 선구자인 영국의 수학자인 앨런 튜링(Alan Turing)은 그의 논고인 "Computing Machinery and Intelligence"에서 컴퓨터가 지능적인 행위를 수행하는지를 판단하기 위해 재미있는 테스트(1950년)를 소개한 바 있다. 튜링 테스트라고 알려진 그의 테스트를 따르자면, 대상과 면담자 사이에 서로가 보이지 않는 벽을 만들어서, 질문과 대화 도중에 면담자가 상대가 기계(전문가시스템)인지 사람인지 분간할 수 없을 때 비로소 "컴퓨터가 영리하다"고 표현한다는 것이다. 튜링 테스트는 지능의 작용과정에 대해서 매우 만족스럽게 설계한 최초의 프로그램이다. 튜링은 이러한 테스트를 통하여 기계의 지능적인 행동이란 질문자를 바보로 만들 정도로 모든 인지적인 작업에 있어서 인간과 같은 성능을 이루어내는 능력이라고 정의하였다.

〈그림 1.9〉 튜링 테스트의 개념도

튜링 테스트는 이후에 자연어 번역 및 처리, 지식 표현 및 저장, 내장된 지식으로부터의 자동화된 추론, 패턴 인식, 기계학습 등의 분야에 널리 응용되게 되었고, 또한 튜링 테스트는 테스트한 내용을 좀 더 정확히 전달하기 위해 컴퓨터 비젼, 로보틱스 등의 발전을 필요로 하는 계기가 되었다. 이러한 튜링 테스트의 실험조건은 다음과 같다.

① 차단된 2개의 방에 한 쪽에는 텔레타이프(teletype)와 피실험자 A가 있고, 다른 한 쪽의 방에는 텔레타이프와 피실험자 B 및 자연 언어 시스템이 놓여있다.

② 피실험자 A는 텔레타이프를 통하여 다른 방의 피실험자 B 혹은 시스템 중 어느 쪽과도 대화가 가능하다.

③ 피실험자 A에게는 대화의 상대가 피실험자 B인지 시스템인지 모르도록 한다.

④ 피실험자 A와 피실험자 B 사이에는 서로를 알리는 어떠한 방법도 없다고 한다.

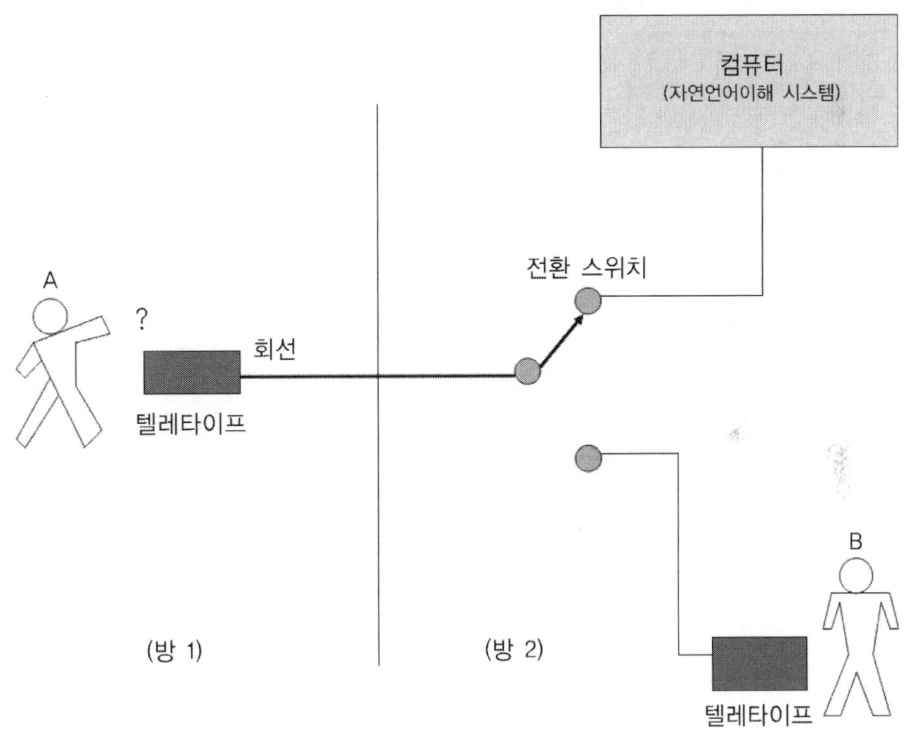

<그림 1.10> 튜링 테스트 시스템의 구조

1.10 전통적 컴퓨팅과 AI 컴퓨팅

전통적인 컴퓨터 프로그램은 알고리즘에 기초하고 있다. 알고리즘은 해결안을 도출하는 수학적인 공식 또는 일련의 절차를 말한다. 알고리즘은 컴퓨터가 수행해야 할 일을 정확히 명령하는 컴퓨터 프로그램으로 변환된다. 그리고나서 알고리즘은 문제를 풀기 위한 숫자, 문자 또는 단어와 같은 데이터를 사용하게 된다. AI 소프트웨어는 주로 상징적 표현과 조작에 기초하고 있다. AI에서 심벌(symbol)은 객체, 프로세스, 그리고 그들의 관계를 나타내는 문자, 단어, 또는 숫자 등이 될 수 있다. 여기서 객체란 사람, 사물, 아이디어, 개념, 사실, 또는 사건 등이 될 수 있으며, 심벌을 사용하면, 사실, 개념, 그리고 그들 사이의 관계를 포함하고 있는 지식베이스를 생성할 수 있다. 이후 다양한 프로세스들은 문제 해결을 위해 조언, 또는 추천 등을 생성하기 위한 상징을 다루는데 사용된다. AI 컴퓨팅과 전통적인 컴퓨팅간의 주요한 차이점들은 〈표 1.1〉에서와 같다.

〈표 1.1〉 전통적 컴퓨팅과 AI 컴퓨팅의 비교

구 분	인공지능	전통적 프로그래밍
처 리	주로 상징적	주로 알고리즘 이용
입력물의 성질	불완전할 수 있음.	반드시 완전해야 함.
탐색방법	(대부분)휴리스틱	알고리즘
설 명	제공됨.	일반적으로 제공되지 않음.
초 점	지 식	데이터, 정보
유지보수와 갱신	모듈화로 인하여 비교적 용이함.	어려운 편임.
추론능력	있음.	없음.

1.11 인공지능의 목표

윈스턴과 프랜더개스트(Winston & Prendergast, 1984)는 인공지능의 세 가지 목표를 다음과 같이 이야기하고 있다.

① 기계를 보다 영리하게 만들고(주된 목적),
② 지능이 무엇인지 이해하며(귀중하고 영예로운 목적)
③ 기계를 보다 유용하도록 만드는 것(기업가적인 목적)

인공지능의 궁극적 목표는 인간의 지능을 모방한 기계를 만드는 것이다. 현재의 상업적인 인공지능 제품들은 인간의 지적 능력들과 비교했을 때 아직 거리가 멀지만, 인공지능 시스템은 계속적으로 개선되고 있으며 인간의 지능을 요구하는 여러 곳에서 효과를 보고 있다.

21세기의 인류 생활에 대한 시나리오는 마치 꿈같은 얘기로 들리지만, 오히려 문제는 이들이 현실화되기까지 얼마나 많은 시간이 필요한가이다. 전세계 곳곳의 기관과 기업체들에 의해서 다른 많은 시나리오들이 구상되고 있지만, 이 모든 시나리오들은 각기 지능컴퓨터시스템을 포함하고 있다. 지능시스템(intelligent systems)이란 인간의 정신적인 모델을 실세계로 모델로 구현한 시스템을 말한다. 구체적으로 지능시스템은 인공지능(artificial intelligence : AI)의 다양한 기법 및 컴퓨터 시스템에의 적용을 총체적으로 가리키는 말이다. 오늘날 지식베이스시스템이라고도 알려진 지능시스템 분야는 급속히 확장되고 있으며, 많은 전문가들은 향후 기존 컴퓨터 시스템의 많은 부분이 스마트 컴퓨터(smart computer)라고 불리는 지능시스템이 보급될 것으로 예상하고 있다. AI의 궁극적인 목표가 인간의 지능을 모방할 수 있는 기계를 만드는 것임에도 불구하고 현재 지능시스템이 갖추고 있는 능력이 그리 썩 만족할 만한 수준은 아니지만, 그 기능은 점차 나아지고 있으며, 오늘날 인간의 지능이 필요한 많은 작업에 유용하게 활용되고 있다.

인공지능의 발전 역사

인공 지능에 대한 연구는 컴퓨터의 탄생과 거의 같은 시기에 시작되었으며 컴퓨터와 함께 발전해 왔다. 초창기의 인공 지능 연구를 위하여 컴퓨터나 통신, 심리학 등의 분야의 유명한 연구자가 크게 공헌하였으며, Turing은 간단한 구성의 계산 기구(Turing Machine : 1936년)에서 여러 종류의 정보 처리가 가능하다는 것을 이론적으로 보였고 그와 같은 기구가 인간의 질문에 대답하거나 게임이 가능하다는 것을 예측하였다. Wiener는 Cybernetics(인공두뇌학)를 제창하고, 제어나 통신에 있어서의 정보 처리는 그것이 기계에서 행해지든 생체내에서 행해지든 본질적으로 동일한 것임을 보였다(1947년). 통신 이론으로 유명한 Shannon은 체스 게임을 할 수 있는 컴퓨터의 아이디어를 발표했으며 Newell은 심리학의 입장에서 인간이 문제를 해결하는 모델을 연구하여, 간단한 이론적인 추론을 하는 모델을 컴퓨터에 구현하였다. MIT의 Minsky 교수는 신경 세포(Neuron)를 조합하여 논리 연산을 하거나 생물의 정보 처리를 모델화하는 시도를 하였으며, 이는 신경회로망(Neural Network) 연구로 발전하게 되었다. 이러한 인공 지능 역사의 시대별 분류하면 다음과 같다.

2.1 태동기(1940년대 초반~1950년대 초반)

인공지능이란 분야를 처음으로 인식하기 시작한 것은 1943년 McCulloch와 Pitts에 의해서이다. 이들은 인공지능의 모델로서 뉴런이 서로 시냅스에 의해서 연결되어 있는 모델을 제안하였다. 한 뉴런이 다른 연결된 뉴런으로부터 자극을 받으면 "on" 또는 "off"로 표시하여 뉴런간의 작용 관계를 모델링하였다. 이때의 뉴런은 '충분한 자극을 제공하는 하나의 명제'라고 개념적으로 정의하였다. 또한, 이들은 뉴런으로 연결된 네트워크에 학습

개념이 필요함을 주장하였고, 1949년 Hebb는 뉴런간의 연결정도를 변화시킬 수 있는 학습규칙을 제안하여 "Hebb의 학습규칙(Hebbian learning rule)"이라 정의하기도 하였다. McCulloch과 Pitts의 주장은 과거 심리학자나 철학자들의 전유물이었던 인간의 사고 과정을 최초로 연결망을 통해 모델화했다는 점에서 인공지능 역사상 매우 의의가 크다고 본다. 1950년대 초반 Channon과 Turing은 폰노이만형 컴퓨터에서 사용가능한 체스 프로그램을 개발하였다. 이 무렵 프린스턴대 대학원생이었던 Minsky와 Edmond는 3000여개의 진공관과 40개의 뉴런으로 구성된 SNARC라는 신경회로망 컴퓨터를 최초로 개발하는 데 성공하였다. 이때 Minsky의 스승은 이 컴퓨터에 대해 회의적이었으나 폰 노이만은 매우 진보적이며 언젠가는 매우 유용할 것이라며 칭찬을 아끼지 않았다고 한다.

2.2 개척 시대(1950년대 중반~1960년대 중반)

록펠러 재단의 지원을 받아 Dartmouth 대학에서 인공지능 워크숍이 최초로 개최되어 Shannon, Minsky, Newell, Simon, Samuel 등 당시의 인공지능 분야의 석학들이 참가하였는데, 이때 정식으로 인공 지능(Artificial Intelligence)이라는 용어가 사용되었다. 워크숍 기간 중에 당시 Carnegie Tech에 있던 Nowell과 Simon은 자신들이 개발한 추론 프로그램인 Logic Theorist(LT)를 선보였는데, 비수치적으로 사고하는 컴퓨터 프로그램이라고 소개하였는데 이 프로그램은 여러 방송 매체를 통해 소개되기도 하였다. MIT의 McCarthy는 1960년에 LISP라는 인공지능용 프로그래밍 언어를 완성하였다. LISP은 수치와 기호를 자유롭게 처리할 수 있고 프로그램과 데이터를 통일적으로 다룰 수 있는 우수한 언어로서, 이를 사용하여 질의응답이나 수식 처리, 지능 로보트 등의 프로그램을 쉽게 작성할 수 있다.

인공 지능이라는 용어가 널리 알려진 것은 1961년 Minsky의 논문이 발표된 이후의 일이며, 이 논문에서 Minsky는 인공 지능에서 다루어야 할 다음과 같은 4가지 과제를 언급하였다.

(1) 탐 색

주어진 문제에 대한 해답을 얻기 위한 방법이 여러 가지 있는 경우, 그것을 전부 시험하는 것은 현명하지 않다. 시행착오를 가능한 줄이는 탐색을 하지 않으면 안된다.

(2) 패턴 인식

사물을 인식하는 경우, 보는 방향이 다르거나 노이즈가 있어도 정확하게 인식할 수 있어야 한다.

(3) 학 습

새로운 문제를 해결하는 경우, 기존의 유사한 문제의 해법을 이용하는 것이 도움이 된다. 과거의 경험을 어떻게 일반화하여 이용할 수 있는가가 중요하다.

(4) 문제 해결과 계획

복잡한 문제를 푸는 경우, 이것을 간단한 문제로 분할하거나 문제를 풀기 위한 전체적인 순서를 만들거나 한다.

Newell이나 Simon과 같은 학자는 인간이 문제를 해결하는 과정의 모델로서 GPS(General Problem Solver)를 제안하고, 이것을 컴퓨터에 구현하여 퍼즐 게임 등 몇 가지 간단한 문제를 풀어 보았다. GPS는 인간과 같은 사고시스템이라는 인공지능의 첫 번째 목표를 달성하고자 인간의 문제해결과정을 모델화한 프로그램으로서 문제를 분할하고, 그 중에서 가장 중요한 부 문제(sub problem)를 먼저 해결하는 방식으로 문제를 해결한다. 이러한 인공지능과 인지 과학적인 접근 방법과의 융합 연구는 Carnegie Mellon university에서 시작되어 오늘날에도 생물학, 언어학, 심리학, 컴퓨터 등이 함께 연구하는 인지과학의 근간이 되고 있다. 이 시기에 인공지능 학자인 Simon은 앞으로 10년간에 걸쳐 인공지능은 비약적으로 발전할 것이라고 예측하였다.

2.3 요람 시대(1960년 중반~1970년대 초반)

1965년부터 5,6년 사이에 인공지능의 기초가 공고하게 되었다. 적절하게 제한된 영어로 질문하면 답할 수 있는 자연언어 시스템이 몇 개 만들어졌고, 자연 언어를 처리하는 어려움도 알게 되었다. 지식 표현 방법이 제안되었고 (프로덕션 시스템, 1967년), MIT나 Stanford 대학 등에서는 인공지능의 총체적인 연구로 지능 로봇 프로젝트를 개시하였다. 이 프로젝트의 목표는 로봇이 블록을 카메라로 잡고, 인식한 결과에 따라 로봇 손으로 잡거나, 장애물을 피하면서 움직이는 로봇을 제작하는 것이다. 주어진 논리식을 기계적으로 증명하는 방법(도출 원리)이 Robinson에 의하여 연구되었는데, 이러한 도출 원리에 의해 다수의 정리 증명 프로그램이 작성되었다. 도출원리는 이 후에 발표된 인공지능용 언어나 프로그램의 자동 합성, 계획 등과 같은 많은 연구에 영향을 끼쳤다. 화학식과 질량 스펙트럼 분석이 주어지면 유기분자의 구조를 예측하는 DENDRAL 시스템이 개발되었는데, 이것은 특정 문제 영역에 대한 방대한 지식의 중요성을 처음으로 제시한 시스템으로 알려져 있다. DENDRAL은 LISP언어로 작성되었으며, 최초의 지식기반 전문가 시스템이다. 1969년 Minsky와 Papert는 공동으로 발표한 "Perceptrons"란 논고에서 뉴런 시스템이 불확실한 사실을 학습하려고 한다는 문제점을 지적하여, 신경회로망은 한동안 침체기에 맞이하게 되었다. 또한, 이 무렵 최초의 인공지능 회의가 미국 워싱턴에서 개최되었다. 인공지능은 착실하게 발전하였지만 Simon이 10년 전에 예언한 대로는 되지 않았다.

2.4 발전기(1970년대 초반~1970년대 말)

로봇의 물체를 인식하는 능력, 지능적인 행동, 계획적인 능력이 충분하지 않다는 것을 알게 됨으로 해서 70년대 초반에 로봇 관련 프로젝트는 침체에 빠지게 되었으며, 이후로는 종합적인 로봇을 만드는 것 보다 시각 연구, 로봇 제어, 로봇 작업계획 등 각각의 연구를 진행하는 것에 중점을 두게 되었다. 또한 이 시기에 로봇 세계에 관한 질의 응답을 영어로 하는 SHRDLU라는 프로그램이 Winograd에 의해 구현되었는데, 이 프로그램은 영어를 문법적으로 해석할 뿐만 아니라, 의미를 고려하여 애매한 문장을 해석하고 질의문으로부터 답을 얻기 위하여 탐색 프로그램을 사용하며, 구해진 답으로부터 출력 문을 합성

하는 기능을 수행한다. 이때까지 자연 언어 처리가 문법적인 해석만이거나, 제한된 문장에서 키워드를 추출하는 것뿐이었던 것에 비교하면 획기적인 성과였다. 이것에 자극 받아 자연 언어 처리에 관한 연구는 이후 급속도로 진전되어 논리적 추론에 중점을 두는 인공지능 언어인 PROLOG 언어가 프랑스 Marseilles대학의 Alain Colmerauer에 의해 1973년에 개발되었다. 1975년 홀란드(John Holland)는 다윈의 적자생존 이론 등 자연생태계에서 관찰된 진화 방법 및 유전학 원리를 컴퓨터 알고리즘과 결합시켜 유전자 알고리즘을 처음으로 제안하였다. 이후 유전자 알고리즘은 광범위한 응용 분야에서 최적화 문제 해결에 사용되고 있다. 1977년에는 지식 공학(knowledge engineering) 제창되었으며, 이를 바탕으로 전문가의 지식을 컴퓨터에 적용하여 특정 분야의 문제를 해결하는 전문가 시스템의 개발에 보다 많은 관심을 갖게 되었다. 이후, 의학진단 시스템이나 황금의 잠재적 매장량을 평가하는 시스템 등의 전문가 시스템이 출현하였다.

2.5 융성기(1980년 초반~현재)

Minsky와 Papert의 문제점 지적으로 그 동안 침체기에 있었던 신경회로망 연구는 1980년대 다층 신경회로망이 도입되어 이 문제를 해결함으로써 다시 활기를 띠게 되었다. 최근에는 여러 분야에 신경회로망을 응용하려는 경향을 보이고 있다. 예를 들면 신경회로망을 네트워크에 적용하여 문제해결을 하려는 연구가 진행 중에 있다. 즉, 신경회로망을 이용해 네트워크의 통신량을 미리 예측함으로써 통신 부하를 최소화하여 통신망을 효율적으로 운영하려는 연구가 진행 중이다.

로봇 분야에서는 로봇의 실용화 및 보다 유연한 로봇을 만들기 위해 환경을 인식하고 적응하는 연구 등이 진행되었다. 1980년대에 들어서면서 전문가 시스템에 대한 관심이 더욱 고조되어, 1982년에는 DEC사에서 R1이라는 전문가시스템을 개발, 상용화하였다. 이후, 고 기능의 전문가 시스템 개발 툴을 이용하여 여러 분야의 전문가 시스템이 개발되어 사용되게 되었다. 인공지능에 대한 선진 각국의 관심이 더욱 고조되었는데, 1980년대 초 일본은 정부와 기업체가 협력, 거액을 투자하여 "제5세대 컴퓨터 개발"이라는 대대적인 인공지능연구 프로젝트를 출범시켜 지능적인 컴퓨터를 만들고자 노력하고 있다. 여기서 지능적인 컴퓨터는 자연어를 통하여 컴퓨터와 대화하고 음성과 시각정보를 이해하며 학습이 가능하고 지식을 계속 확대하고 의사결정을 내릴 수 있는 컴퓨터를 의미한다.

자연언어 처리분야에서는 1990년대에 들어와 상용화된 번역 시스템이 개발되어 상용화되었으며, 문서를 번역하거나 인터넷 홈페이지를 번역하는 분야 등에서 실용화가 가능하게 되었고, 제한된 분야의 통역 시스템도 활발하게 연구되고 있다. 1990년대 이후 인공지능 연구의 특징은 독립적으로 연구 발전되는 것이 아니라 다른 분야와의 융합을 통해 상호 보완적으로 발전되고 있다는 점이다. 애매한 지식을 다루는 Fuzzy 이론도 전문가 시스템과 결합되어 많은 연구 성과를 거두고 있다. 또한, 신경회로망에 대한 연구가 다시 활발하게 진행되어 네트워크의 통신량 예측 등 여러 분야에 응용되게 되었다. 1997년에는 IBM에서 제작한 DEEP BLUE 라는 프로그램이 당시 세계 체스 챔피언이었던 Kasparov를 상대로 여섯 차례에 걸친 시합에서 3.5 : 2.5로 승리한 사건이 있었다. 챔피언 결정전은 매우 복잡한 탐색 알고리즘과 고성능 컴퓨터, 체스 경기를 위한 하드웨어를 사용하여 진행되었다.

인공 지능이 보다 넓은 세계를 대상으로 하게 됨에 따라 문제 해결을 위하여 요구되는 지식도 증가하게 된다. 따라서, 방대한 지식의 축적, 적절한 이용, 효율적인 지식의 입력 등 지식처리가 오늘날 중요한 과제로 등장하고 있다. 또한, 인간이 갖는 상식, 애매한 추론, 학습 등이 주요한 연구 과제로 부각되게 되었으며, 이에 따라 유전자 알고리즘, 신경회로망 등이 활발하게 연구되어 현재 패턴 인식, 의사 결정 등에 적용되어 많은 성과를 거두고 있다. 또한 에이전트 이론이 1990년대에 등장하여 인공지능의 주류를 형성하고 있다. 최근에는 에이전트 이론에 지능이 부여된 지능적인 에이전트에 관한 연구들이 상당히 많이 진행되고 있다. 인터넷과 로봇 분야의 결합으로 통합적 자율로봇 시스템인 소프트봇(softbot)에 관심이 최근에 고조되고 있다. 소프트봇은 사용자들에게 흥미로울 것이라고 생각되는 정보를 찾아 인터넷을 돌아다니는 소프트웨어 에이전트로서 인공지능 연구에 활력을 불어넣는 미래의 주도적 연구 분야로 전망되고 있다. 이와 같이 1990년대 이후 인공지능의 특징은 인공지능이 독립적으로 연구 발전되는 것이 아니라 다른 분야와의 융합을 통해 상호 보완적인 방향으로 발전되고 있다는 점이다.

<표 1.2> 인공 지능의 대략적 역사

연 대	주요 관심사	주요한 일
1947년~1959년	퍼즐과 게임	• 사이버네틱스 제창(1947년) • 튜링 테스트(1950년) • Dartmouth 국제회의(1956년) • 인공지능의 제창(1956년)
1960년~1964년	탐색과 문제 해결	• LISP(1960년) • GPS(1963년)
1965년~1969년	정리 증명과 계획	• 도출 원리(1965년) • DENDRAL(1965년) • 프로덕션 시스템(1967년) • 의미네트워크(1968년)
1970년~1974년	지식 표현	• Prolog(1973년) • 프레임(1974년) • MYCIN(1974년) • 퍼지제어 제창(1974년)
1975년~1979년	전문가 시스템	• 지식공학의 제창(1977년) • 시스템 구축 언어와 툴 • 인공지능 산업의 활성화 • 유전자 알고리즘의 제안(1975년)
1980년~현 재	지식 정보 처리	• 인공지능 제품의 판매 • 제5세대 컴퓨터 개발 • 퍼지제어 및 유전자 알고리즘의 활용 및 실용화 • 인공지능과 다른 분야와 융합한 시스템 등(softbot)

3장 인공지능 언어

3.1 인공지능 언어 개요

인공지능 언어는 전문가시스템과 같은 인공지능 프로그램 개발에 주로 사용되는 프로그래밍 언어를 말한다. 물론 인공지능 프로그램을 구현하는 데 PASCAL, C언어 등의 일반적인 프로그래밍 언어를 사용할 수도 있지만, 이러한 언어로 인공지능시스템에 필수적인 기호처리나 추론엔진을 구현하는 데는 어려움이 있다. 인공지능 프로그램에서는 문자열과 수식이라고 하는 기호 간의 상호 관련을 처리하는 기호처리가 처리의 중심이 되지만 기호 간의 관련은 리스트라고 불리는 데이터 조에서 취급된다. 따라서 인공지능언어는 강력한 리스트 처리기능 및 자연어에 가까운 기호처리 기능을 가지고 있어야 한다. 이러한 기능을 지원하는 현재까지 개발된 인공지능언어로서 LISP와 PLOROG가 있다. 이러한 언어들은 여러 개의 명제를 모아서 하나의 지식데이터를 형성하고 필요한 지식을 찾아서 필요한 일에 쉽게 적용할 수 있도록 설계되었으며, 비수치형 연산에 적합한 언어라고 할 수 있다.

LISP는 'LISt Programming'의 약자로서 미국 MIT의 매카시(J.McCarthy) 교수 연구팀이 개발하여 1960년에 발표한 것으로서 리스트 형태로 된 데이터를 쉽게 처리하도록 설계되었다. 즉, LISP는 자료 리스트에서 특정 원소부터 특정 원소까지 선택하거나, 다음 원소에서 마지막 원소까지 선택하거나, 모든 원소들의 순서를 뒤집어 놓는 일들을 쉽게 할 수 있다. 또한 원소들을 반복적으로 분석하기 위해 자기 자신을 호출할 수 있는 서브루틴을 허용하는 기능을 제공하기도 한다. LISP에서는 데이터와 프로그램이 모두 S-식(S-expression)이라고 하는 일반화된 리스트 형태로 기술되므로 프로그램이 데이터처럼 취급되는 것이 특징이다.

PROLOG는 'PROgramming in LOGic'의 약자로서 프랑스 Marseilles대학의 Alain Colmerauer에 의해 1973년에 개발된 것으로서 인공지능 연구분야에서 가장 주목받고 있는 AI 프로그래밍 언어이다. 특히 1983년 일본에서 발표된 대규모 프로젝트인 제5세대 컴퓨터개발 프로젝트에 PROLOG가 기본 시스템 언어로서 채택됨으로서 인공지능 연구분야에서 더욱 각광을 받게되었다. PROLOG는 다른 언어가 지니지 못한 강력한 추론 기능을 자체적으로 가지고 있기 때문에 전문가 시스템 및 자연어처리 시스템 개발에 매우 적합할 뿐만 아니라 추론에 의한 작업처리를 원하는 지능 로봇 시스템 개발에도 유용하게 사용될 수 있다. 이 언어는 자연적이고 논리적인 구성으로 되어있기 때문에 초보 프로그래머나 전문 프로그래머 모두에게 각종 응용 프로그램을 작성할 수 있는 강력한 기능을 제공해준다. 따라서, 본 장에서는 주로 PROLOG에 대해서 간략히 기술하고자 한다. PASCAL, BASIC, C 등과 같은 종래의 언어는 프로그래머가 그 실행과정을 단계적으로 기술하는 절차적 언어(procedural language)인 반면에, PROLOG는 문제에 필요한 사실(fact)와 규칙(rule)의 나열만으로서 프로그램이 성립하는 선언적 언어(declarative language)이다. PROLOG에서는 프로그래머가 문제의 목표(goal)와 문제를 해결하기 위한 사실과 규칙을 기술하면 PROLOG 시스템이 자동적으로 연역적 추리를 수행하여 주어진 목표를 해결한다.

3.2 PROLOG 프로그램 구조

전술한 바와 같이 컴퓨터가 문제를 풀 수 있도록 일련의 절차를 기술하는 기존 언어와는 달리 PROLOG 프로그램은 문제에 필요한 사항들을 기술하기만 하면 된다. 문제의 기술은 다음과 같이 3개의 부분으로 구성된다.

① 문제에 관련된 대상(object)의 이름과 구조
② 각 대상간에 존재하는 관계(relation)의 이름
③ 이들 관계를 기술하는 사실(fact)와 규칙

PROLOG 프로그램의 기술 방식은 주어진 입력 데이터와 그 입력으로부터 얻어질 목표 간에 요구되는 관계가 성립되도록 하는 것이다. 초기 선언문을 제외하고는 사실과 규칙의

형식으로 기술되는 일련의 논리적 문장으로 구성된다. 예를 들면 "비가 오고 있다", "사자는 동물이다"와 같은 문장은 사실의 형식이고 "비가 오면 우산이 필요하다", "남성이며 머리가 좋으면 Mary는 그와 데이트를 할 수 있다"와 같은 문장은 규칙의 형식이다. 구체적으로 PROLOG 프로그램에서 "철수는 영희를 좋아한다"와 같은 문장을 다음과 같이 기술한다.

좋아한다(철수, 영희)

이와 같은 표현은 PROLOG에서는 사실이라고 한다. 여기서 '좋아한다'는 하나의 술어라고 하며 괄호 속의 요소를 대상(object)이라고 한다. 술어는 대상과의 관계를 의미하며 술어와 관계는 PROLOG에서 가장 기본적인 단어이다. 술어는 사실의 집합에서 이들 사실(규칙)이 성립할 때는 성공(yes), 성립하지 않을 때는 실패(no)라는 성질을 갖는다. 예를 들면 다음과 같은 사실들이 데이터베이스에 저장되어 있다고 가정하였을 때,

좋아한다(철수, 영희)
좋아한다(순희, 영철)
좋아한다(혜선, 철수)

"철수는 영희를 좋아하는가?"와 같은 질문(일종의 goal)을 시스템에 던지려면 prolog에서는 사실과 구분하여 다음과 같이 표현한다.

?-좋아한다(철수, 영희)

이러한 질문에 대해서 시스템은 데이터베이스를 탐색하여서 이러한 사실이 존재하므로 'yes'라고 답한다. 반대로 존재하지 않으면 'no'라고 답한다. 이와 같이 질문에 대응하여 그 사실이 데이터베이스에 등록되어 있는가를 조사하는 것이 PROLOG 추론의 일부이다. IBM PC에서 구동되는 Turbo PROLOG를 사용할 경우 PROLOG 프로그램은 domains부, predicates부, goal부, clauses부로 구성된다. domains는 대상이 속하는 영역을 기술한다. predicates는 프로그램에 나타나 있는 모든 술어에 대한 대상의 형을 선언한다. goal은 문제에 대한 목표(질문) 혹은 요구사항을 기술하며 이 부분은 나중(질문할 때)에 기술

할 수도 있다. clause는 문제에 대한 각종 사실 혹은 관계, 규칙들을 기술하는 부분이다. 남자의 명단과 담배를 피우는 사람의 명단, 그리고 Miss Kim은 담배를 피우지 않는 사람이나 채식가를 원한다는 규칙을 가지고 데이트 상대를 구하는 PROLOG 프로그램을 작성해보면 다음과 같다.

```
domains
    person = symbol
 predicates
    male(person)
    smoker(person)
    vegetarian(person)
    miss_kim_could_date(person)
goal
    miss_kim_could_date(X) and
    write("a possible date for miss_kim is ", X ) and nl.
 clauses
    male(cho). male(choi). male(lee).
    smoker(cho). smoker(lee).
    vegetarian(lee). vegetarian(choi).
    miss_kim_could_date(X) if male(X) and not( smoker(X)).
    miss_kim_could_date(X) if male(X) and vegetarian(X)).
```

3.3 PROLOG 응용 예

본 절에서는 Turbo PROLOG 프로그램을 이용하여 논리회로 시뮬레이션을 실행하는 예를 기술하고자 한다. 모든 논리회로는 PROLOG의 술어를 이용하여 표현할 수 있다. 구체적으로 술어 and_, or_, not_,과 이들에 대한 대상(object)인 진리값 표(D)를 이용하여 회로 소자의 입출력 단자간의 신호관계를 나타낸다.

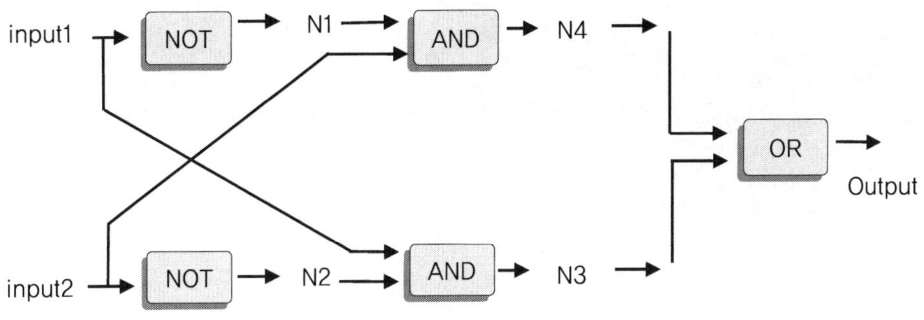

〈그림 1.11〉 XOR를 위한 논리회로 구성

회로 소자간의 접속 관계는 규칙을 이용하여 표현한다. 그림 1.2와 같은 기본적인 XOR 게이트를 논리회로로서 구성하였다고 하였을 때, 이것이 제대로 동작하는지 하드웨어 시뮬레이션을 위한 PROLOG 프로그램은 다음과 같다.

```
domains
    D = integer
predicates
    not_(D,D)
    and_(D,D,D)
    or_(D,D,D)
    xor_(D,D,D)

clauses
    not_(1,0). not_(0,1).
    and_(0,0,0). and_(0,1,0). and_(1,0,0). and_(1,1,1),
    or_(0,0,0). or_(0,1,1). or_(1,0,1). or_(1,1,1).
    xor(input1, input2, Output) if
        not_(input1, N1) and not_(input2, N2) and
        and_(input1, N2, N3) and and_(input2, N1, N4) and
        or_(N3, N4, Output).
```

이러한 PROLOG 프로그램에 대한 실행하여, ?-xor(input1, input2, Output) 을 질문하면 PRPLOG 시스템은 다음과 같이 답한다.

```
input1=1, input2=1, Output=0
input1=1, input2=0, Output=1
input1=0, input2=1, Output=1
input1=0, input2=0, Output=0
4 Solutions
```

이 결과로부터 XOR 회로가 제대로 구현이 되었으며 정상적으로 동작함을 알 수 있다.

■ 범인 찾기

전술한 바와 같이 PROLOG의 장점은 거의 자연어에 가깝게 문제에 관련된 사항(사실, 규칙)들을 기술할 수가 있으며, 자체적으로 강력한 추론기능을 가지고 있기 때문에 나열된 사실과 규칙으로부터 연역적 추리를 수행하여 문제를 해결할 수 있다. 본 예제 프로그램에서는 치정관계에 의한 피살(여성) 사건에 있어서 사건 용의자들과 여러 가지 단서들로부터 살인범을 찾아내는 과정에 대한 것이다. 살인 사건을 해결하기 위해 clauses부에서는 살인 사건에 대한 각종 사실 및 관계, 문제 해결 규칙들을 나열 한다. 구체적으로 용의자들의 인적 사항(이름, 나이, 성별, 직업), 관련된 용의자와의 내연 관계들, 살인 동기 및 각종 단서들, 사건 해결을 위한 규칙들에 대해서 나열한다.

```
domains
    name, sex, occupation, object, vice, substance = symbol
    age=integer

predicates
    person(name, age, sex, occupation)
    had_affair(name, name)
    killed_with(name, object)
    killed(name)
    killer(name,name)
    motive(vice)
    smeared_in(name, substance)
    owns(name, object)
    operates_identically(object, object)
    owns_probably(name, object)
    suspect(name,name)
```

```
goal
    killer(X, sujeng) and
    write("Sujeng was killed by", X ) and nl.

clauses
/* * * 용의자들의 인적사항 * * */
    person(tom, 55, m, carpenter).
    person(yongsu, 25, m, baseball_player).
    person(john, 25, m, pickpocket).
    person(barbara, 22, f, hairdresser).
    person(jenifer,20,f,actress).
    person(chulsu,24,m,student).

/* * * 내연 관계 * * */
    had_affair(barbara, tom).
    had_affair(sujeng, yongsu).
    had_affair(barbara, john).
    had_affair(kyunghee, chulsu).
    had_affair(jenifer,john).
    had_affair(mira,john).

/* * * 피살자 관련사항 * * */
    killed_with(sujeng, club).
    killed_with(kyunghee,knife).
    killed_with(mira,knife).
    killed(sujeng).
    killed(kyunghee).
    killed(mira).

/* * * 살인 동기 * * */
    motive(money).
    motive(jealousy).
    motive(righteousness).

/* * * 사건에 대한 단서들 * * */
    smeared_in(tom, blood).
    smeared_in(sujeng, blood).
    smeared_in(kyunghee,chocolate).
    smeared_in(yongsu, chocolate).
    smeared_in(john, wine).
```

```prolog
    smeared_in(barbara, chocolate).
    smeared_in(mira, blood).
    smeared_in(jenifer,blood).

    owns(tom, wooden_leg).
    owns(john, pistol).

    operates_identically(wooden_leg, club).
    operates_identically(bar, club).
    operates_identically(pair_of_scissors, knife).
    operates_identically(baseball_boot, club).

/* * * * * * * * * * * * * * * * * * * * *
 * 피살자를 살해할 수 있는 무기를 가진      *
 * 모든 사람들을 의심해본다.               *
 * * * * * * * * * * * * * * * * * * * * */
    owns_probably(X, baseball_boot) :-
       person(X, _, _, baseball_player).
    owns_probably(X, pair_of_scissors) :-
       person(X, _, _, hairdresser).
    owns_probably(X, Object) :-
       owns(X, Object).

/* * * * * * * * * * * * * * * * * * * * *
 * 피살자와 관련된 무기를 가진             *
 * 사람들을 의심해본다.                   *
 * * * * * * * * * * * * * * * * * * * * */
    suspect(X,Killed) :-
       killed_with(Killed, Weapon) ,
       operates_identically(Object, Weapon) ,
       owns_probably(X, Object).

/* * * * * * * * * * * * * * * * * * * * *
 * 피살자와 내연관계에 있는                *
 * 남자들을 의심해본다.                   *
 * * * * * * * * * * * * * * * * * * * * */
    suspect(X,Killed) :-
       motive(jealousy) ,
       person(X, _, m, _) ,
       had_affair(Killed, X).
```

```prolog
/* * * * * * * * * * * * * * * * * * * * * * * * *
 * 피살자가 아는 남자와 내연관계에 있는              *
 * 여자를 의심해본다.                             *
 * * * * * * * * * * * * * * * * * * * * * * * */
    suspect(X,Killed) :-
       motive(jealousy) ,
       person(X, _, f, _) ,
       had_affair(X, Man) ,
       had_affair(Killed, Man).

/* * * * * * * * * * * * * * * * * * * * * * * * *
 * 살인동기가 돈이라면 소매치기를 의심해본다.          *
 * * * * * * * * * * * * * * * * * * * * * * * */
    suspect(X,_):-
       motive(money), person(X, _, _, pickpocket).

/* * * * * * * * * * * * * * * * * * * * * * * * *
 * 피살자와 살인자간의 성립되는 사항들.              *
 * * * * * * * * * * * * * * * * * * * * * * * */
    killer(Killer,Killed) :-
       person(Killer, _, _, _) ,
       killed(Killed),
       Killed<> Killer , /* 자살이 아닌 타살임. */
       suspect(Killer,Killed) ,
       smeared_in(Killer, Smell),
       smeared_in(Killed, Smell).
```

이러한 PROLOG 프로그램을 실행하여, ?-killer(X, sujeng)을 질문하면 PROLOG 시스템은 사건에 관련된 사실과 규칙으로부터 연역적 추리를 행하여 피살자인 수정이를 살해한 범인을 찾아내서 나타낼 것이다. 독자 여러분들 각자가 실행해 보길 바란다.

인공지능의 연구 분야

    인공지능 시스템이 긍정적인 영향을 미친 분야 중 하나가 바로 비즈니스이다. 인공지능의 원리를 활용한 정보시스템과 데이터베이스 관리시스템이 결합된 프로그램은 비즈니스에 있어서 고급 수준의 의사결정을 위한 뛰어난 지원을 제공할 수 있다. 인공지능 분야는 다양한 비즈니스 상황과 이로 인해 비롯되는 광범위한 기회에 적용하고, 비즈니스 요인들 간에 적용될 수 있는 서로 다른 관계들을 제시할 수 있는 프로그램으로 통합될 수 있다. 따라서 이들 시스템의 능력은 경영에 있어 사업과 업무에 여러 가지 고려사항을 만들어내고 있으며, 인공지능의 비즈니스에의 응용을 위한 지금까지의 노력들을 바탕으로 인공지능 시스템의 연구분야는 대체로 〈그림 1.12〉와 같이 몇 개의 범주로 분류할 수 있다.

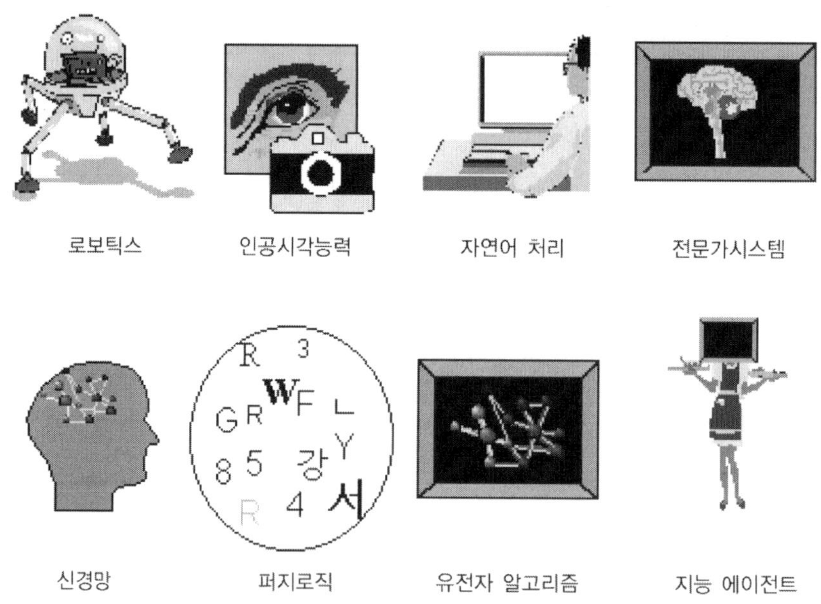

〈그림 1.12〉 인공지능시스템의 여러 가지 유형

4.1 로보틱스(robotics)

Robot이라는 말은 체코어의 일한다(Robota)라는 말에서 유래하였으며, 1920년 체코슬로바키아의 작가 차페크 희곡 속에서 '임금없는 노동자'라는 의미로 사용되었다. 즉 미래의 산업 사회는 Robot이라고 불리 우는 자동화된 기계 장치에 의해 모든 제품의 생산이 이루어지는데 이러한 장치는 임금을 지불할 필요가 없기 때문에 자본가들에 의하여 선호가 되지만 궁극적으로 수많은 노동자들로부터 일자리를 빼앗아 간다는 내용으로 희곡 속에 등장하고 있다. 오늘날에는 자동화된 동작 기계를 Robot이라는 이름으로 부르고 있는데, 외부로부터 정보와 신호를 입력받아 정의된 절차에 따라 작업을 수행하는 기계 장치를 의미한다.

인간이 로봇이나 인조인간, 인조동물에 대하여 품고 있는 꿈과 공상은 크게 나누어서 다음 두 종류로 볼 수 있다. 우선 첫째로 거대한 힘, 하늘을 나는 능력, 물이나 땅속으로 들어갈 수 있는 능력등 실제 인간에게는 없는 뛰어난 능력을 가진 생물에 대한 동경이며, 다른 하나는 인간대신에 힘든 작업을 행하며 인간이 말하는 것은 무엇이든지 들어주는 하인과 같은 인조물을 소유하고 싶다는 욕망이다(박민용 1990). MIT 인공지능연구소의 소장인 로봇공학자 Rodney Brooks에 따르면, 인공지능의 도전 과제는, 로봇들에게 10세 수준의 사회적 소양과 6세 수준의 손재주, 4세 수준의 언어 기술, 그리고 2세 수준의 시각적 물체인식 능력을 부여하는 것이다.

사람의 눈과 손 등의 기능을 가진 로봇(robot)에 대한 연구는 1960년대 말부터 시작되어, 간단한 물체를 이동시키는 작업 로봇 등은 이미 실용화되고 있다. 이러한 로봇에 대한 연구 결과 움직이는 로봇의 실제 행동을 제어하는 문제 등은 높은 지능을 필요로 한다는 것을 알게 되었다. 로봇은 보통 감각장치(sensor)와 동작부(effector or actuator)로 구성된다. 감각장치는 대상이 어느 곳에 있는지를 인지하는 부분이고 동작부는 대상을 이동시키는 부분이다. 로봇은 개념상으로는 피드백을 이용한다. 예컨대, 로봇이 물체를 30cm 이동시키는 것은 로봇을 거치면서 감각장치가 정확하게 30cm에 도달했음을 알리는 순간에 동작을 멈추는 것이다.

로보틱스(robotics) 엔지니어들은 비즈니스에 유용한 작업을 수행하기 위하여 설계된 기계를 만든다. 일반적으로 알려진 것과는 반대로, 산업 내에서 활용되고 있는 대부분의 로봇(robot)들은 인간과는 다른 모양새를 지니고 있다. 로봇들은 인간이 할 수 있는 일을

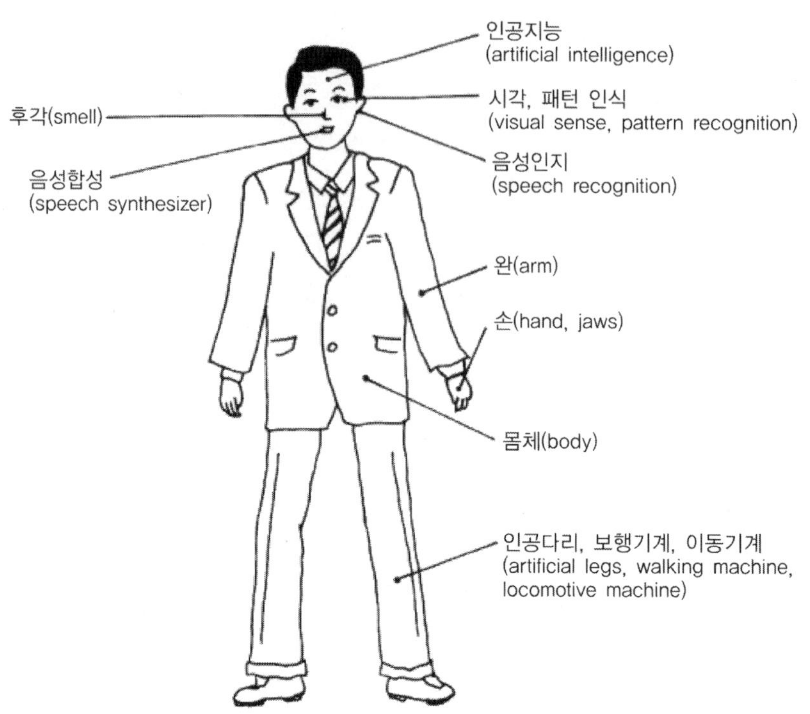

〈그림 1.13〉 로봇과 인간과의 관계 묘사도

인간을 대신해서 단지 효율적이고 효과적으로 수행한다. 예를 들어, 자동차 산업에서 로봇은 용접, 도색, 나사 조이기 등에 사용된다. 1980년대 초반까지만 해도 사람이 직접 수행하던 자동차, 및 기타제조 작업의 많은 부분이 이제는 로봇에 의하여 수행되고 있다.

로봇은 또한 사람이 쉽게 수행할 수 없거나 또는 크게 다칠 가능성이 있는 환경에도 유용하게 사용되고 있다. 예를 들어, 경찰들은 폭탄제거를 위해 로봇을 안내하는데 원격조정기와 텔레비전 모니터를 사용한다. 심지어 더욱 발전된 형태의 로봇은 폭탄으로 추정되는 물체의 냄새를 맡아(공기 중의 특정 요소의 분자구조를 감지) 폭발물을 탐지하는 능력을 가지고 있다. 또한, 어떤 로봇은 핵발전소에서 인체에 유해한 영향을 줄 수 있는 위험한 작업을 대신 수행하기 위해 사용되기도 하며, 아직은 대중들에게 상업적으로 팔리지는 않고 있지만, 청소, 걸레질, 심지어는 테이블로부터 접시를 치우는 등의 일과 같은 집안일을 수행하는 로봇이 개발된 적도 있다.

모든 로봇들은 컴퓨터를 내장하고 있거나, 최소한 컴퓨터와 연결되어 있다. 일반적으로 로봇들은 그들의 위치와 주변을 감지할 수 있어야 하고, 프로그램을 수행하며, 필요할 경우 피드백을 제공한다. 음성인식 기술의 발전으로 음성명령을 인식하고 실행하는 로봇도 있다. 로보틱스 분야의 전문 엔지니어들은 로봇의 운영과 상호작용 모드를 개선하는 작업을 하는데, 특히 이동, 공간 인식, 인공 수족을 갖춘 장치들이 연구되고 있다. 로봇 개발 초기에는 자동차 조립공정에서 쓰이는 로봇 아암(ARM)과 같은 산업용 로봇의 개발이 주종을 이루었으나 최근에는 청소로봇이나 홈 로봇 등 가정용 로봇과 인간과 유사한 구조의 휴머노이드 로봇 개발이 대세이다.

홈로봇은 사람과 비슷한 모습을 가지고 있으며 인터넷, 전화, 경비, 청소, 심부름 등 가정부와 비슷한 역할을 수행한다. 또한 노래방, 게임, 앨범, 동화 읽기와 같은 멀티미디어 기능과 휴대폰, 홈모니터링도 가능하다. 이러한 홈로봇은 주로 집안에서 활동하기 때문에 관절로 움직이는 것이 아니라 주로 바퀴를 이용하는데, 이동속도가 빠를 뿐 아니라 여러 명령을 수행하기에도 편리하다. 최근 홈로봇은 유비쿼터스 환경에 발맞춰 다양한 네트워크

〈그림 1.14〉 유진로봇에서 개발한 홈로봇 '아이로비Q'의 실제 모습

기술을 접목중이다. 따라서 뉴스, 날씨, 요리와 같은 일상 정보를 굳이 PC가 아니더라도 홈로봇을 통해서도 손쉽게 찾아볼 수 있다. 홈로봇은 주로 전면에 LCD 터치스크린을 사용해 누구나 간편하게 사용할 수 있도록 배려한 것이 많고 집안을 원활하게 이동하기 위해 본체 이곳저곳에 센서를 달았다. 초음파, 적외선, 접촉 등의 센서를 장착해 주변 환경에 적절하게 대응하도록 했다.

지능형 로봇이 실제 인간 생활에 응용된 대표적 예로 1999년 일본 소니사에서 발표한 아이보(AIBO)를 들 수 있다. 아이보는 인공 지능을 뜻하는 AI와 로봇의 BO를 뽑아 만든 합성어를 의미하며, 세계 최초의 본격적인 감성 지능형 애완견 로봇이다. 아이보는 애완동물을 대체하는 개념으로 시작되었으며, 현재 다양한 옵션과 지속적인 제품 개발에 의해

인간과 친구가 될 수 있는 하나의 새로운 개체로서 인정받고 있다. 기쁨, 슬픔, 성냄, 놀람, 공포, 혐오 등의 6가지 감성과 성애욕, 탐색욕, 운동욕, 충전욕 등의 4가지 본능이 구현되어 외부의 자극과 자신의 행동으로 인하여 감성과 본능 수치가 항상 변화한다. 특히 감정의 정도를 수치화해 표현하도록 설계됐는데 이를테면 기쁨 수치가 50%면 약간 기쁘다고 표현하며 70%를 넘어가면 굉장히 기쁘다고 생각한다. 아이보는 성장 단계가 4가지로 나눠져 구현되어 있다. 초기 단계에서는 공을 인식하거나 이름을 부르면 따라오는 등 기본적인 동작을 취하며 일정 수준 이상 학습 되면 사람에게 먼저 말을 걸거나 혼자 노는 등 행동이 더욱 자연스러워 진다. 이 외에도 블루투스 무선통신도 가능해 머리에 달려 있는 카메라로 촬영한 이미지를 PSP(플레이스테이션)로 받아 볼 수도 있다.

〈그림 1.15〉 소니의 애완견 로봇 '아이보'의 실제 모습

인공지능과 관련하여 특별히 인간친화적인 로봇을 휴머노이드(humanoid)로봇이라고 하는데 이러한 휴머노이드 로봇이 갖출 기능은 크게 ① 인간처럼 움직이는 운동기관, ② 인간의 감각을 닮은 감각기관, 그리고 ③ 인간처럼 판단하고 사고하고 느낄 수 있는 지능으로 나눌 수 있다. 이 지능이 휴머노이드 로봇의 수준을 가늠하는 기준이다. 이와 관련하여 지금까지 로봇 강국이라 할 수 있는 일본 및 한국에서 와봇, 큐리오, 아시모, 아미, 휴보 등 여러 가지 휴머노이드 로봇들이 개발되어 왔다.

와봇-1(WABOT-1)은 일본 와세다대 가토이치로 교수팀이 1973년 에 개발한 두 발로 걷는 세계 최초의 인간형 로봇이다. 와봇-1은 팔과 다리, 그리고 인공 눈과 입을 가져 두 발로 걷거나 사물을 인식할 수 있으며 미리 입력되어 있는 간단한 질문에 대답할 수 있었다. 이를 개량하여 1984년에는 악보를 읽어 페달을 밟으며 피아노 건반을 치는 로봇인 와봇-2가 개발되었다. 와봇-2는 악보를 읽어 페달을 밟으며 피아노 건반을 칠 수 있는 로봇이었다. 물론 와봇 시리즈를 완전한 인간형 로봇이라고 부르기에는 무리가 있었다. 걸을 수 있지만 매우 부자연스러웠고 말할 수는 있지만 미리 입력되어 있는 극히 제한된 질문에만 반응할 수 있었기 때문이었다.

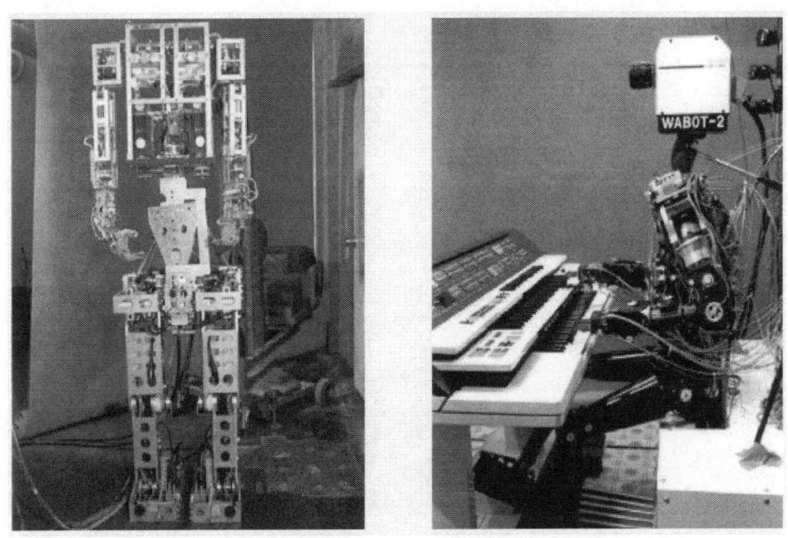

〈그림 1.16〉 'WABOT-1'과 'WABOT-2'의 실제 모습

혼다(HONDA) 자동차는 1986년부터 휴머노이드 로봇을 연구하다 1996년 2족 보행이 가능한 P2를 개발하였으며, 이후 개량형인 P3을 거쳐서 2000년에 더 개량된 아시모(ASIMO)를 선보였다. 아시모는 사람과 친숙해 지도록 키 120cm로 더욱 작아지고 몸무게는 43kg으로 경량화 되었으며 더욱 세련된 보행과 손가락 동작을 할 수 있으며 간단한 단어를 인식하는 것이 가능하였다. 아시모의 보행 능력도 P3보다 좋아져 요청에 의해 움직이거나 멈추는 것이 가능했으며 인간이 다가오면 충돌하지 않기 위해 다른 곳으로 피해 가는 지능적인 모습도 보여줬다. 아시모는 최대 속도 1.6km/h 정도로 걸을 수 있고 시속

6km로 달리는 것과 물건운반이 가능하다. 또한 계단을 오르내리기도 하고 사람이 앞에서 밀면 넘어지지 않고 뒤로 주춤 물러서기도 한다. 혼다는 2007년 말에 인공지능기술이 탑재되어 더욱 첨단화된 신형 아시모를 공개하였다. 신형 아시모는 자신이 상황에 따라 판단·행동하는 것은 물론 다른 아시모와 작업을 분담하는 인공지능 기술이 더해졌다. 신형 아시모의 가장 돋보이는 능력은 자가 충전기능이다. 아시모는 등에 백팩처럼 배터리를 내장하고 다니는데 이 배터리의 잔량을 체크하여 충전이 필요할 시에는 스스로 충전기로 걸어가 충전기를 등에 대고 재충전을 시도한다. 이 재충전하는 시간에는 다른 아시모 로봇이 전에 하던 일을 대신하는 등 작업분담이 가능하게 된다.

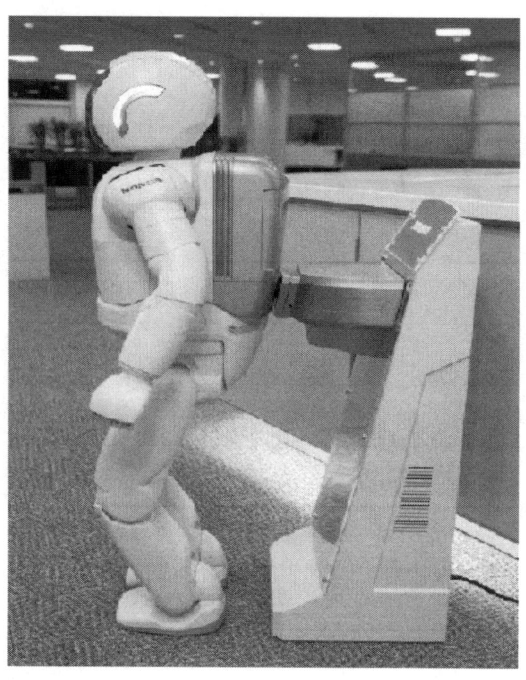

〈그림 1.17〉 혼다에서 개발한 '아시모'의 실제 모습

워크맨으로 잘 알려진 전자제품 제조업체인 소니도 키 60cm, 무게 7kg 정도의 엔터테인먼트용 휴머노이드 로봇인 큐리오를 2003년에 개발하여 2004 세빗에서 선보인 바 있다. 큐리오는 시속 2.4km로 달릴 수 있는 로봇으로 춤을 추거나 공을 찰 수 있는 등 보다 활발한 움직임이 가능했다. 이 로봇은 인식 가능한 단어 수가 5만~6만개 정도이며 사람의 얼굴도 10명 정도까지는 인식 가능하며 자신을 부르는 사람에게 간단한 대답도 할 수

있고 노래도 부를 수 있다. 전신 38곳의 관절부위를 리얼타임으로 제어하는 '실시간 통합 적응제어시스템'을 적용, 고르지 못한 지면이나 경사면에서 유연한 2족 보행을 할 수 있을 뿐만 아니라 눈에 해당하는 소형 카메라 2대와 귀 역할을 하는 7개의 마이크를 장착해서 장애물에 부딪히지 않고 보행할 수 있고 계단이나 경사면도 자유자재로 오르내릴 수 있다. 특히 신형 큐리오는 춤이나 태극권 등도 구사하며 넘어지더라도 자신의 힘으로 일어날 수 있는 등 보다 기능화 된 모습을 선보였다. 악보나 가사를 입력하여 음성합성에 의한 비브라토(vibrato, 진동)를 포함한 가성을 생성, 감정이나 동작에 맞춘 노래 부르기 등 엔터테인먼트 기능도 가능하다.

〈그림 1.18〉 소니에서 개발한 '큐리오'의 실제 모습

한국에서 개발한 휴머노이드 로봇으로는 아미(AMI)와 휴보(HUBO)가 있다. 아미는 주인을 알아보고 대화할 수 있는 능력을 갖춘 로봇으로 2001년 KAIST 전자전산학과 양현승 교수팀이 개발하여 공개한 휴머노이드 로봇이다. 실제로는 아미는 상체만 인간형이고 하체는 치마를 두른 것 같은 원통형이고 바퀴로 움직인다. 양 교수는 "아미의 목표는 인간의 지능을 닮은 똑똑한 로봇"이라며 "넘어지지 않는 안정된 움직임이 필수이므로 다리가 없는 것이 결코 핸디캡이 아니다"라고 설명하였다. 아미는 사람 얼굴 인식 능력이 있어 200여 명을 구별해 낸다. 초면이면 "누구십니까", 구면이면 "안녕 하세요"라고 얘기한다. 심지어 얼굴을 보고 상대의 감정 (무덤덤, 기쁨, 슬픔)을 구별해 내며 인간의 명령어 70개를 인식할 수 있다.

〈그림 1.19〉 KAIST에서 개발한 로봇 '아미'의 실제모습

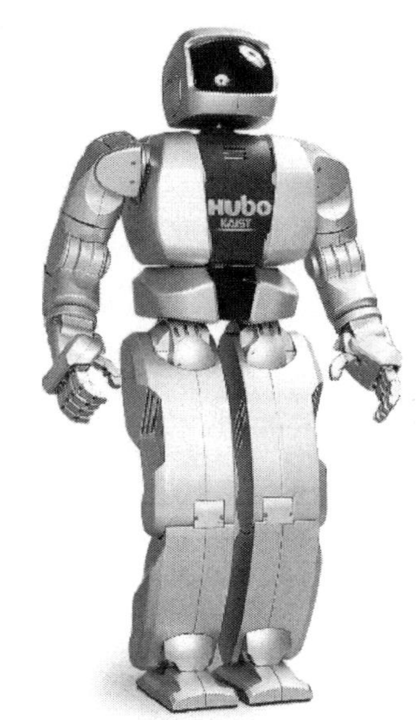

'휴보(HUBO)'는 휴머노이드(Humanoid)와 로봇(Robot)의 합성어로, 2004년 KAIST 기계공학과 오준호 교수팀이 개발한 휴머노이드 로봇이다. 이 로봇은 2002년에 KAIST에서 개발된 휴머노이드 로봇 'KHR-1'을 개량한 것으로 키 120cm, 몸무게 55kg이고, 35cm의 보폭으로 1분에 65걸음(시속 1.25km)을 걸을 수 있다. 휴보는 41개의 전동기(모터)를 갖고 있어 몸을 자연스럽게 움직일 수 있으며, 따로 움직이는 손가락으로'가위 바위 보'도 할 수 있다. 인간과 블루스도 출 수 있으며, 손목에 실리는 힘을 감지하여 악수할 때 적당한 힘으로 손을 아래, 위로 흔들기도 한다.

생산 현장에서 용접과 조립을 맡는 산업용 로봇을 시작으로 최근에 인간의 모습과 움직임을 재현한 휴머노이드 로봇까지 로봇에 관한 연구는 그야말로 발전에 발전을 거듭해왔으나, 아직 로봇의 뇌라 할 수 있는 인공지능에 관한 기술

〈그림 1.20〉 KAIST에서 개발한
로봇 '휴보'의 실제 모습

수준은 인간의 뇌와 비교할 때 매우 초보적인 단계에 머무르고 있다. 로봇산업은 2000년부터 매년 10%씩의 고도성장을 거듭하는 차세대 고부가가치 산업이며 앞으로 IT, BT 기술발달로 개인용 로봇중심의 로봇 산업이 팽창될 것으로 예상되고 있다. 로봇은 앞으로 많은 부문에서 인간생활의 혁신적인 변화를 가져 올 것이며, 미래에는 마이크로 로봇, 서

비스 로봇, 농업용 로봇, 우주공간 로봇, 자동운송 로봇, 오락용 로봇 등이 실용화되어 활용될 것으로 예상된다.

4.2 인공 시각(artificial vision)

시각(vision)은 인간이 지니고 있는 지적 감각능력 중에서 아마도 가장 뛰어난 것이라고 할 수 있을 것이다. 인간은 사물과 직접 접촉하지 않고서도 시각시스템을 통하여 주변 환경에 대한 정보를 얻을 수 있다. 또한, 인간의 시각은 다른 어느 시스템보다도 경이적인 속도와 가장 높은 해상도(resolution)로써 정보를 얻을 수 있다. 그 차이를 알기 위해서는, TV 카메라와 인간의 해상도를 비교하는 것만으로도 충분하다. 대략적으로 TV 카메라는 1cm² 당 500 점의 해상도를 지닌데 비하여, 인간의 눈은 1cm² 당 거의 25×106 점의 해상도를 지니고 있다. 따라서, 인간의 눈은 TV 카메라보다 적어도 10,000 배 이상의 정밀한 시각 해상도를 지니고 있다. 더욱 주목할 만한 사실은, 인간은 힘들이지 않고 다양한 영상을 느끼고 인지할 수 있다는 점이다. 이러한 행동은 거의 노력을 기울이지 않고 이루어지기 때문에, 우리가 그것을 인식하는 일은 거의 없다.

인공시각은 컴퓨터에 시각적 정보를 인식, 이해시키는 것을 목표로 하는 연구 분야이다. 즉, 인공시각은 컴퓨터에 눈을 달아주는 것을 의미하는데, 여기서, 눈이란 주위 환경의 이미지를 감지하여 컴퓨터에 자동적으로 입력시키는 시각 부분을 의미한다. 즉, 주위 환경의 이미지에서 중요한 특징을 검출하는 방법으로 이미지의 패턴을 인식한다.

인간에게 있어서 시각(Vision)능력이란 태어날 때부터 주어지는 것이지만 기계(컴퓨터 또는 로봇)에게 시각 능력을 부여하는 것은 상당히 어려운 문제이다. 왜냐하면 변화가 심하고 제어되지 않는 조명, 그림자, 복잡하고 기술하기 어려운 풍경이나 다른 물체를 포함하고 있는 물체 등은 기계가 인식하기 어렵기 때문이다. 이러한 문제점들 때문에 인공시각은 건물 내부 등과 같이 인위적으로 만들어진 환경에서만 성공적으로 작동하고 있다.

인공 시각은 컴퓨터비전(Computer Vision)이라고도 하며 인공지능의 한 분야로 매우 실용적이며 이것의 목표는 다음과 같다.

- 영상에서 물체의 detection, segmentation, location, recognition(예를 들면 인간의 얼굴인식)

- 결과의 평가(예를 들면 segmentation, registration)
- 같은 장면이나 물체에 대한 다른 관점(view)의 등록
- 연속 영상에서 물체를 추적
- 어떤 장면을 3차원 모델로 mapping
- 인간의 자세와 팔다리 움직임을 3차원으로 추정
- 콘텐츠에 따라 디지털 영상을 탐색

이러한 목표들은 패턴인식(Pattern Recognition), 통계적 학습(statistical learning), 영상처리(image processing), 그래프 이론 (Graph Theory) 등 에 의해 성취될 수 있다. 컴퓨터비전 기술의 흥미로운 응용분야는 영화와 방송, 즉 camera tracking 또는 match moving 으로 시각 효과를 만드는데 흔히 사용된다는 것이다. 컴퓨터비전은 학, 군사, 보안과 감시, 품질검사, 로봇, 자동차산업 등 여러 분야에서 많이 응용된다.

인공 시각에서 시각처리 과정은 화상처리 단계(image processing stage) 와 배경 분석 단계(scene analysis stage)의 두 단계 나눌 수 있다. 화상처리 단계는 원래의 화상을 배경 분석 단계에서 이용하기 쉬운 형태로 변형시키는 단계이다. 다양한 필터링(filtering)을 이용해서 노이즈를 줄이고, 간선을 강조하기도 하며, 영역을 발견해내는 등의 여러 가지 작업을 한다. 배경 분석 단계는 한 단계 처리된 화상으로부터 에이전트가 임무 수행에 필요로 하는 정보 형태를 생성해내는 단계이다. 로봇 시각 분야를 여기서처럼 두 단계로 나누는 것은 단지 설명을 위하여 단순화시킨 것이고, 실제 응용에서는 보다 많은 단계를 거치며 단계간의 상호작용도 훨씬 활발하다.

인공시각은 이차원의 도형정보의 인식뿐만이 아니라 3차원 물체의 인식까지를 목표로 하고 있다. 3차원 물체의 인식은 시각장면을 통해서 입력된 2차원의 환경자극에서 원래의 3차원의 세계를 재구성하고 여기에 어떠한 물체가 있는 가를 이해하는 것을 말한다. 로봇이 주변환경 내에서 성공적으로 기능을 수행하기 위해서 필요한 중요한 기능 중 하나가 인공시각능력(artificial vision)이다. 인공시각능력은 인간의 시각을 흉내내기 위하여 사용되는데, 주위의 환경을 볼 수 있고, 보이는 것을 토대로 취해야 할 반응을 선택하며, 종합적인 패턴을 따라 시각적인 입력물(수기로 작성된 글자와 같은)을 인식하는 기계적 능력을 말한다. 예를 들면, 로봇은 공간에서 위치를 인식하여야만 장애물과 충돌하지 않으며, 그들이 붙잡거나 밀어야할 물체와 관련한 위치를 인식할 수 있다. 최근엔 다양한 필체로 작성된 우편물의 주소를 인식하는 실험 장치들이 개발되고 있다.

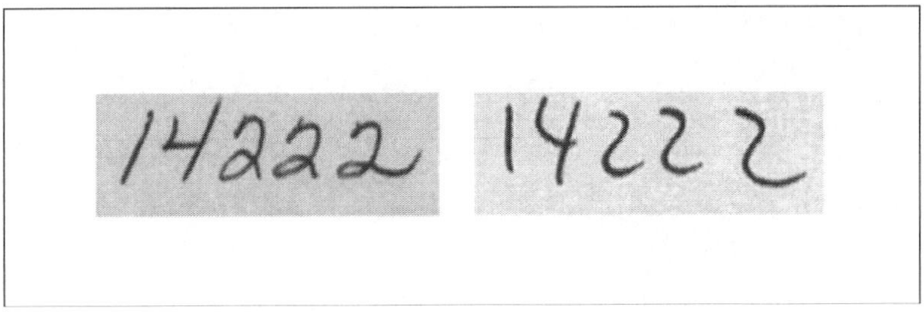

〈그림 1.21〉 다양한 필체의 인식(예)

4.3 자연어 처리기(Natural language processor)

　한국어, 영어 등과 같이 인간사회의 형성과 함께 자연발생적으로 생겨나고 진화하고 의사소통을　행하기 위한 수단으로서 사용되고 있는 언어를 자연어(Natural Language)라고 말한다. 컴퓨터의 세계에서 "언어(Language)"라는 것은 거의 프로그래밍 언어, 즉 FORTRAN, COBOL등의 인공어(Artificial Language)를 가리킨다. 그래서 이 인공어와는 다른 언어라는 의미로 자연어라는 말을 사용한다. 즉, 자연 언어란 인공 언어에 대응되는 개념으로, 인간이 일상적으로 사용하고 있는 언어 그 자체를 의미하며 자연 언어는 인간이 가진 가장 자연스러운 정보 전달 방법이다.

　한국어에는 한국어 고유의 법칙, 영어에는 영어 고유의 법칙이 존재하고 있다. 모든 언어에 공통이면서 보편적으로 존재하고 있는 법칙도 있다고 생각할 수 있다. 자연어에 포함할 수 있는 이들 법칙을 주로 연구하는 학문을 언어학(Linguistics)이라고 부르고 있다. 그리고 그 법칙을 문법(Grammar)이라고 부른다. 전산언어학(Computational Linguistics)은 인간의 언어 능력을 컴퓨터 관점에서 바라보는 학문분야로 언어학과 컴퓨터과학의 중간쯤에 있는 학문이다.

　컴퓨터는 누구나 자유롭게 사용할 수 있어야만 그것에 대한 진가가 비로소 나타나게 되는데, 이러한 문제의 해결을 위한 노력 중의 하나로서, 컴퓨터에 우리가 일상생활에서 사용하는 언어인 자연어를 이해시키려는 것이 자연어 처리 시스템(natural language processing system)의 개발이다. 그렇다고 해서 자연언어처리가 컴퓨터에게 인간과 같이 언어행위를 하도록 하는 것을 목표로 하는 것은 아니다. 단지, 자연언어처리는 인간이 사용하는 언어, 즉 한국어, 영어, 불어, 일본어 등으로 표시된 자료를 컴퓨터가 처리할 수 있도록 하는 것이다. 대표적인 자연어처리 시스템으로 질의-응답 시스템을 들 수 있다

자연 언어 처리는 컴퓨터로 언어를 분석, 처리하기 위해서 각 언어가 가진 특성을 파악하고, 공학적인 측면에서 언어처리를 위한 알고리즘 개발과, 이를 위한 언어 지식을 분석하는 연구 분야이다. 이러한 자연어 처리는 크게 두 가지 작업으로 나눌 수 있다. 첫째는 실세계의 필요한 정보뿐만 아니라 언어에 있어서의 어휘, 구문, 의미에 관한 지식(lexical, syntactic, semantic knowledge)을 사용해서 문어(written language)를 처리하는 것이다. 둘째는 이에 더하여 음성에서 발생되는 애매함을 비롯한 음성학(Phonology)에 대한 부가적인 지식을 필요로 하는 구어(spoken language)를 처리하는 것이다. 구어를 이해하는 것은 문어를 이해하는 것보다 훨씬 어렵다. 자연어 처리에서는 구어 및 문어를 동시에 이해하는 것이 필요하다. 어떤 것을 이해한다는 것은 하나의 표현에서 다른 표현으로 변형시키는 것을 의미한다. 컴퓨터가 언어를 이해할 수 있다는 것은 입력문(자연어)을 응용시스템이 조작 가능한 표현형(의미표현)으로 컴퓨터가 변환할 수 있음을 의미한다.

자연어 처리는 자연 언어를 대상으로 한다는 측면에서 언어학과 밀접한 관련을 가지지만, 언어학은 언어의 보편성에 대한 탐구를 목표로 한다는 측면에서 차이가 있다. 자연어 처리를 용이하게 하기 위한 인공지능 언어로서 프롤로그(prolog)가 개발되어 있다. 자연어 처리기(NLP)는 입력으로서의 인간의 언어를 받아들인 후 이를 컴퓨터가 실행하기 위한 표준화된 문장형식으로 번역하도록 설계된 프로그램을 말한다. 자연어 처리프로그램은 문장을 분해하고, 주어진 문맥상의 모호함을 제거함으로써 작동된다. 이와 같은 고급 프로그램의 목적은 사람이 DBMS나 DSS 등과 같은 프로그램을 사용할 때, 프로그램 언어를 직접 배워서 사용하는 대신, 인간이 사용하는 언어자체를 그대로 이용하기 위함이다. 자연어 응용 프로그램은 여러 가지 문장들 중에서 어느 한 가지를 받아들이면, 먼저 구문들을 분해한 다음, 이를 구조적 질의어(SQL) 문장으로 다시 한 번 분해하여 그 의미를 파악한다. 자연어처리와 관련하여 1966년 MIT 대학에서 컴퓨터과학을 연구하던 Joseph Weizenbaum이 ELIZA라는 아주 재미있는 프로그램을 만들었다. ELIZA는 최초의 대화형 컴퓨터 프로그램으로 정신병환자 진단 프로그램이다. 이 프로그램을 이용하여 정신병 환자는 의사 없이도 컴퓨터 화면을 통해 능숙하게 대화를 주고받을 수 있었다. 물론 진짜 말을 하는 것은 아니고 키보드를 이용해 질문을 입력하면 화면에 대답이 나오는

식이었다. 그렇지만 컴퓨터와 말을 주고받는다는 호기심 때문에 많은 사람들이 그 프로그램을 이용했다. 이것은 어드바이스를 하기보다는 주로 질문에 답변을 하는 정신치료사(psychotherapist) 역할을 하도록 설계되었다. 비록 어리석은 넌센스의 대답을 하는 실수를 하기는 하지만, 대화를 통해서 답변을 하도록 되어있다.

자연어처리시스템의 최초의 성공적인 예는 1971년 MIT의 Terry Winograd가 개발한 유명한 SHRDLU이다. SHRDLU는 자연어이해 프로그램으로 컴퓨터 화면상의 블록 쌓기를 자연어인 영어로 조작하는 질의응답 시스템이다. 이것은 DEC PDP-6 컴퓨터와 DEC graphics terminal 상에서 Lisp 언어로 작성되었다. Winograd는 1971년 그의 MIT 박사 논문에서 어린이의 제한된 블록 세계에서 컴퓨터가 영어 문장을 이해하는 것을 보여주었다. SHRDLU는 영어로 문서화된 명령을 수행하는 로봇 팔을 가지고 있으며, 다음 그림은 SHRDLU 시스템에서 "Pick up a big red block"이라는 지시를 받고 커다란 빨간 나무토막을 팔로 들어 올리는 화면이다.

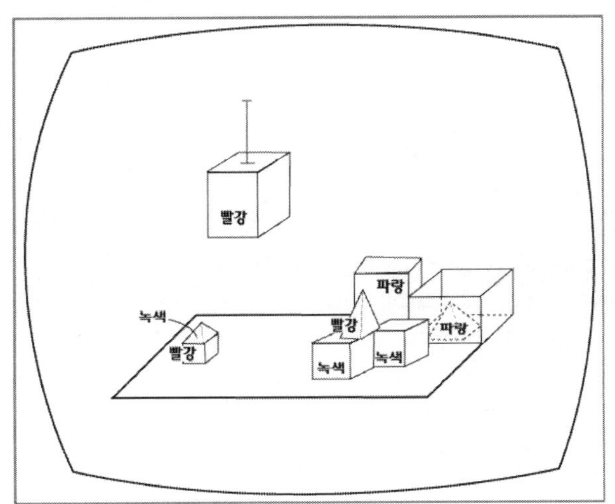

〈그림 1.22〉 SHRDLU 시스템의 블록세계의 화면

SHRDLU는 영어로 사용자와 대화하도록 만들어 졌다. 사용자는 다양한 블록, 원뿔, 볼 등을 가지고 있는 작은 "블록 세계"에서 SHRDLU(컴퓨터)에게 명령하여 그 물체들을 움직인다. SHRDLU를 독특하게 만든 것은 간단한 아이디어를 결합하여 "이해(understanding)"의 시뮬레이션을 훨씬 더 확실하게 하였다는 것이다.

첫째는 SHRDLU 세계가 매우 단순해서 물체와 위치의 전체 집합이 약 50개의 단어들, 예를 들면 명사 "block"과 "cone", 동사 "place on"과 "move to" 형용사 "big"과 "blue" 등 등의 단어만을 사용하여 묘사될 수 있다. 이러한 기본적인 언어의 가능한 조합은 아주 단순해서, 사용자가 의미하는 바를 쉽게 형상화하고 이해할 수 있다.

둘째는 맥락(문장의 전후관계)를 알려주는 기본적인 메모리가 포함된다. SHRDLU는 부가적인 형용사가 주어지면 대부분의 경우에 적절한 맥락을 찾기 위해 후진하여 탐색할 수 있다. 마지막으로 SHRDLU 는 물체의 이름들을 기억하고, 배열시킬 수 있다는 것이다. 예를들면 "뾰족탑(steeple)은 길다란 사각뿔 위에 작은 삼각뿔이다"라고 사람이 말한다. 이때 SHRDLU는 그 블록 세계에서 뾰족탑에 대한 질문에 답변을 하고 새로운 뾰족탑을 만들 수도 있다. 다음의 영어 문장은 SHRDLU demo에서 사용된 대화의 일부를 나타낸다.

Person : PICK UP A BIG RED BLOCK.
Computer : OK. (does it)
Person : GRASP THE PYRAMID.
Computer : I DON'T UNDERSTAND WHICH PYRAMID YOU MEAN.
Person : FIND A BLOCK WHICH IS TALLER THAN THE ONE YOU ARE HOLDING AND PUT IT INTO THE BOX.
Computer : BY "IT", I ASSUME YOU MEAN THE BLOCK WHICH IS TALLER THAN THE ONE I AM HOLDING.
Computer : OK. (does it)
Person : WHAT DOES THE BOX CONTAIN?
Computer : THE BLUE PYRAMID AND THE BLUE BLOCK.
Person : WHAT IS THE PYRAMID SUPPORTED BY?
Computer : THE BOX.
Person : HOW MANY BLOCKS ARE NOT IN THE BOX?
Computer : FOUR OF THEM.
Person : IS AT LEAST ONE OF THEM NARROWER THAN THE ONE WHICH I TOLD YOU TO PICK UP?
Computer : YES, THE RED CUBE.
Person : IS IT SUPPORTED?
Computer : YES, BY THE TABLE.
Person : CAN THE TABLE PICK UP BLOCKS?
Computer : NO.
....
....
....

이러한 SHRDLU는 AI의 매우 성공적인 결과를 보여주었다. 이것은 초기의 AI 연구자들을 지나치게 낙관하게 만들었으나, 실제 상황에서는 실세계의 애매모호함과 복잡성을 다루려 시도한 시스템에서 곧 한계에 부딪혔다. 그 이후 여행계획의 질의응답 시스템인 GUS, 영문해석 시스템인 MARGIE, 대화해석 시스템인 TOPLE 등 여러 가지 자연어처리 시스템이 개발되었다.

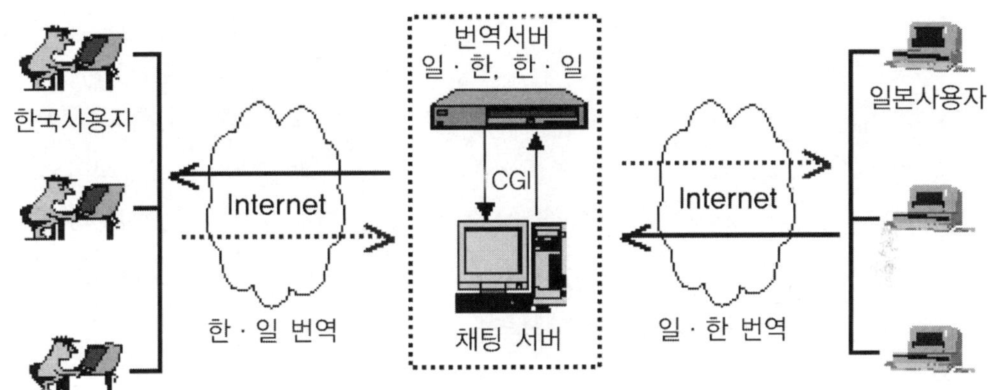

〈그림 1.23〉 한·일/일·한 번역을 통한 채팅시스템(예)

이러한 자연어 처리기의 목표는 컴퓨터가 이해하도록 하기 위해 사람이 프로그램 언어 또는 개별명령을 직접 배워야하는 번거로움을 없애고자 하는 것이다. 이러한 장치의 최대 장점은 사용자가 컴퓨터에게 작업 수행을 명령하기 위해, 키보드 또는 기타 입력장치를 이용하는 대신, 음성인식 장치를 이용하여 사용될 수 있다는 점이다. 반면, 자연어 처리의 가장 취약한 점은 동일한 발음이 나지만 사용되는 문맥에 따라 의미가 전혀 다른 이른바 동음이의어(homonym)가 존재하기 때문에, 기계로 하여금 문맥에 따라서 단어를 정확하게 번역할 수 있도록 가르쳐야 한다는 점이다.

4.4 전문가시스템(Expert system)

1950년대 후반과 1960년대 초반의 컴퓨터 과학자들은 지능적인 작업을 수행할 수 있는 컴퓨터 개발을 시도하였다. 당시 이들의 목표는 컴퓨터가 인간이 수행하는 사고와 절차를 그대로 모방해서 인간이 풀 수 있는 어떠한 문제도 풀어낼 수 있는 종합적 문제 해결기 (general program solver)를 개발하는 것이었다. 그러나, 이러한 작업에 필요한 프로그램의 양이 비현실적일 정도로 방대하였기 때문에 이들의 노력은 실패로 돌아갔다. 결국, 과학자들은 종합적인 일반문제보다는 좀더 세분화된 유형의 문제를 풀기 위한 시스템의 설계에 관심을 가지게 되었다. 이러한 노력은 전문가의 지식과 이성을 실용화함으로써 특정한 분야의 문제를 해결할 수 있는 프로그램을 설계하는 쪽으로 결국 방향을 맞추게 되었고, 이러한 프로그램들을 전문가시스템(expert systems)이라고 부른다. 즉 전문가 시스템은 컴퓨터에 지식을 직접 만들어 넣고 컴퓨터로 하여금 인간 전문가의 지적인 능력을 시뮬레이션 하려는 연구이다. 이에 따라 '지식을 컴퓨터 내에 어떻게 표현하는가'라는 '지식 표현(Knowledge Representation)' 분야가 인공지능의 연구에 큰 기둥이 되어 지식의 활용을 전면적으로 내세우는 지식공학(Knowledge Engineering)이 등장하게 되었다. 지식공학이란 지식베이스 시스템(Knowledge Based System), 즉 지식 베이스(Knowledge Base)와 추론엔진(Inference Engine)으로 이루어진 문제 해결지원 시스템을 구현하는 기술을 말하는데, 전문가시스템은 특히 대상영역에 대한 전문가의 지식을 지식베이스로 축적하여 상당히 고도의 문제를 취급하는 시스템을 말한다. 이에 따라 탐색과 추론 중심의 연구로부터 지식의 이용법에 대한 연구 쪽으로 중점을 두게 되었는데, 이것이 지식공학이며 전문가 시스템의 출발점이다.

초기 전문가시스템의 개발은 미국의 학술연구센터를 중심으로 이루어졌다. 예를 들어, 덴드럴(DENDRAL)이라는 프로그램은 분광(spectroscopic) 데이터로부터 분자를 분석해 내는 프로그램이었는데, 1965년도에 미국의 스탠포드 대학에서 개발된 바 있다. 1969년도에는 미국의 MIT 대학에서 대단히 복잡한 수학문제를 자동으로 풀어내는 맥시마(MACSYMA)가 개발되었으며, 1973년도엔 스탠포드 대학에서는 혈액 감염증을 진단, 처방, 조언을 해 주는 진단시스템인 마이신(MYCIN)이 개발되었다. 이밖에도 석유광맥 시굴 데이터를 분석하는 LOGIN, VAX 컴퓨터 조립시스템인 R1, 그리고 R1의 후속 시스템인 XCON 등이 개발되었다. SRI 인터내셔널사에서는 프로스펙터(PROSPECTOR)를 개발하였는데. 로스펙터는 지질학 데이터 입력에 기초한 몰리브덴(molybdenum) 탐사 회사들을 목표시장으로 삼았다. 1980년도를 기점으로 상용 AI 프로그램의 본격적인 대량 판매가 시작되었다. 뒤이어 다른 많은 상용프로그램들이 선보였으며, 오늘날의 전문가시스템은 이제 의학, 공학, 재무분석, 보험, 자료분석, 분류, 설계, 의사결정, 자료검색, 예측,

상담 및 교육, 그리고 그 밖의 다양한 사업과 산업분야에서 도움을 주기 위해 설계되고 있다. 이러한 전문가시스템의 특징은 다음과 같다.

- 전문가의 지식으로 구성된 지식 베이스(Knowledge Base)를 사용한다.
- 추론엔진(Inference Engine)이 추론을 수행한다.
- 실용성이 크다.

전문가시스템의 목적은 소수 전문가의 비 구조적이고 문서화되어 있지 않은 지식을 복제하고 축적함으로써, 결국은 이를 다른 사람도 사용할 수 있도록 하고자 하는 것이다. 하지만, 전문가시스템은 전문가의 경험에 기초하여 만들어지기 때문에, 전문가시스템이 개발되는 동안 전문가가 고려하지 않은 문제까지 다룰 수는 없다. 그러나, 뒤에 설명할 신경망(neural network)이라고 불리는 더욱 진보된 프로그램은 이전에 경험하지 않은 새로운 상황으로부터도 학습할 수 있으며, 개발과정에서 애초에 고려되었던 사건을 넘어선 지식기반의 새로운 규칙들을 형성할 수 있다.

전문가시스템 연구자들은 지식을 획득하고 표현하는데 있어 더 나은 방법을 찾기 위한 노력을 계속하고 있는데, 게임과 같은 고도의 비구조적 문제해결분야에서도 그러한 노력을 시도하고 있다. 연구원들과 일반인들 모두가 관심을 가질 수 있는 게임 중 하나가 체스(chess)다. 체스는 가능한 위치의 조합이 수없이 많은 대단히 고난도의 비구조적 환경이며, 따라서, 경기에 참가한 선수는 모든 가능한 위치 중에서 최적의 위치를 판단할 수 있는 전문가이어야 한다. 1993년도에 메피스토(Mephisto)라는 이름의 컴퓨터 프로그램이 전 해의 세계 챔피언이었던 아나톨리 까르포프(Anatoly Karpov)를 물리쳤다. 1996년에는 딥블루(Deep Blue)라는 이름의 프로그램이 세계 챔피언인 개리 카스파로프(Gary Kasparov)와의 대전에서 첫판을 승리하였지만, 전체 게임에서는 인간 챔피언에게 패한바 있다. 그러나 1997년 보다 진보된 버전의 프로그램을 적재한 딥블루가 카스파로프와의 재대전에서 몇 게임을 패한 뒤, 전체 게임수에서는 한 게임차로 승리하였다.

전문가시스템을 구축하기 위해서는, "지식엔지니어(knowledge engineer)"라고 불리는 컴퓨터전문가가 지식전문가에게 질문을 하고 그들의 지식을 프로그램 코드로 번역을 하게 된다. 대부분의 시스템에서 지식을 표현하는 방법에는 몇 가지 방법이 있다. 가장 대중적인 형식은 '만일-그렇다면' 규칙(IF-THEN rule)이다. 예를 들면, "만일 환자가 여성이고, 환자의 체온이 38° 이상이며, 발진 증상을 나타낸다면, 환자는 H라는 질병을 가지고 있는 것이다."와 같은 경우다. 컴퓨터 프로그램 내에서 지식을 표현하기 위한 또 다른 방법으로는 일종의 표(table)에 개체(entity)와 속성(attribute)의 목록을 보여주는 의미틀(semantic frame)과 개체 및 개체와 관련한 속성을 지도처럼 표현하는 의미망(semantic network)이 있다. 강력한 추론엔진을 자체적으로 보유하여 보다 적은 노력으로 전문가시스템을 개발할 수 있도록 설계된 프로그램을 전문가시스템 셸(expert system shell : ES shell)이라고 부르는데, 대표적인 전문가시스템 셸로는 VP-EXPERT, NEXTPERT, EXSYS, INSIGHT, M1 등이 있다.

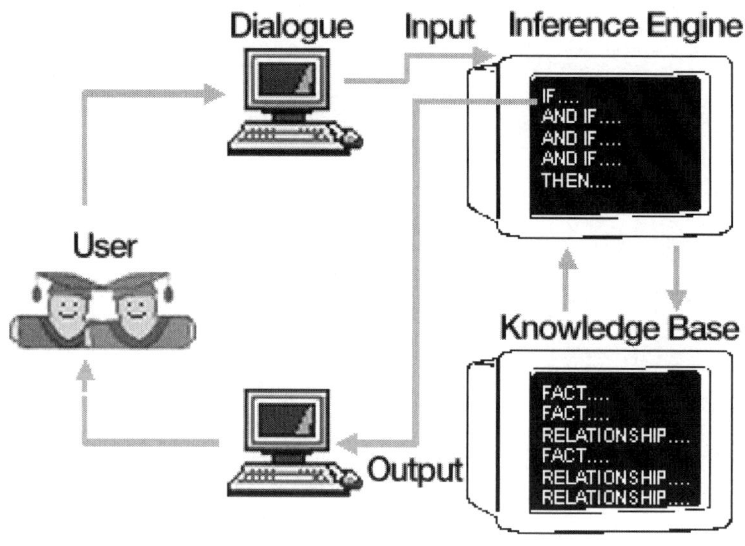

〈그림 1.24〉 전문가 시스템의 일반적 구조

1980년대에 들어서는 전문가 시스템에 대한 연구가 다각도에서 이루어지기 시작하였으며, 많은 기업들이 좀 더 세분화된 분야에 전문가시스템을 적용하고자 시도하기 시작하였다. 최근엔, 전문가시스템에 대한 관심이 침체기를 맞고 있는 듯 하지만, 초기 대부분의 전문가시스템이 과잉 판매되었던 이유에 기인할 수 있으며, 정보시스템분야의 많은 경영자들은 아직도 전문가시스템을 떠오르는 기술로 여기고 있다. 따라서, 전문가 시스템은 앞으로의 정보시스템 활용에 있어서 지배적인 유형으로 자리잡을 것으로 예상된다.

〈그림 1.25〉 체스경기를 위한 전문가 시스템(예)

4.5 인공신경망(artificial neural network)

인간의 뇌신경에 존재하고 있는 뉴런(neuron)의 수는 약 10억 개에 이르며, 뉴런의 종류만 해도 약 100 여종에 달한다. 뉴런은 네트워크라고 부르는 일종의 그룹으로 나뉘어질 수 있으며, 각 네트워크는 서로 복잡하게 얽혀있는 수천 개의 뉴런으로 구성되어 있기 때문에, 뇌신경은 일종의 신경망의 집합으로 볼 수 있다. 일상 환경에서 학습하고 변화에 반응하기 위한 능력은 지능을 필요로 하게 되며, 사고와 지능적 행위는 인간의 뇌와 중앙 신경 시스템에 의하여 제어되는 것이다.

인공신경망(artificial neural network : ANN)은 생물의 신경망을 모방한 모델이라고 할 수 있으며, 오늘날의 신경 컴퓨팅은 생물의 뉴런시스템의 개념 중 일부를 사용하고 있다. 이러한 개념은 네트워크 구조 내에 서로 연결된 처리항목을 가진 대량의 병렬처리소프트웨어 시뮬레이션의 수행에 사용된다. 오늘날 비교적 고급 전문가시스템들은 생성규칙의 집합을 단순히 보관하기보다는 사실들을 연관시키고, 결론을 도출하며, 새로운 사실들간에 관련된 방식을 이해하기 위해 경험적 학습을 활용하는 등 인간의 뇌신경이 사고하는 방식을 그대로 모방한 인공신경망 프로그램을 사용하고 있다. 인공신경망은 기계적 학습(machine learning)이 가능한데, 기계적 학습이란, 시스템이 자신의 경험으로부터 동적으로 지식을 갱신하고 미래의 상황에 그러한 지식을 적용할 수 있는 능력을 말한다. 결국, 신경망이란 인간의 뇌세포들이 서로 엮여져(wiring) 있는 형태를 본떠서 프로그램한 소프트웨어 응용프로그램을 말하며, 신경망의 "세포(cell)"소프트웨어 또는 노드(node)들은 네트워크의 형태로 다른 "세포"나 노드들과 연결되어 있다. 신경망은 아래 그림과 같이 몇 계층의 노드들로 구성되어 있다. 그림에서처럼 소프트웨어 노드의 네트워크는 인간의 뇌에 존재하는 뉴런들의 물리적인 네트워크를 모방하고 있으며, 소프트웨어 노드들은 물리적이기보다는 논리적으로 연결되어 있는데, 이들은 서로 다른 위치에서 서로 다른 프로세스를 발생시키는 동시에, 산출물을 생성하기 위하여 프로세스들을 융합함으로써 인

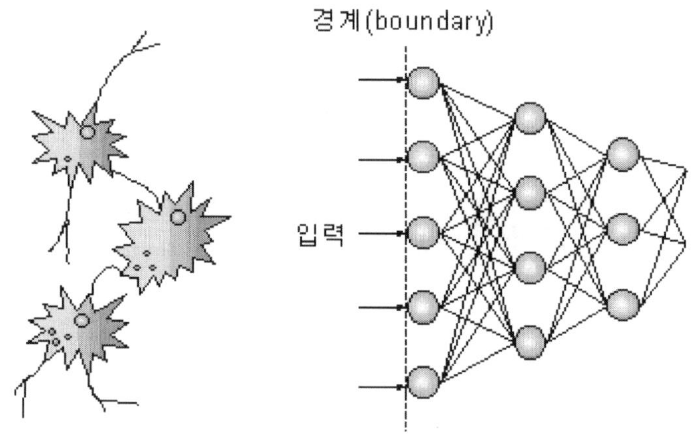

〈그림 1.26〉 뉴런 시스템의 구성

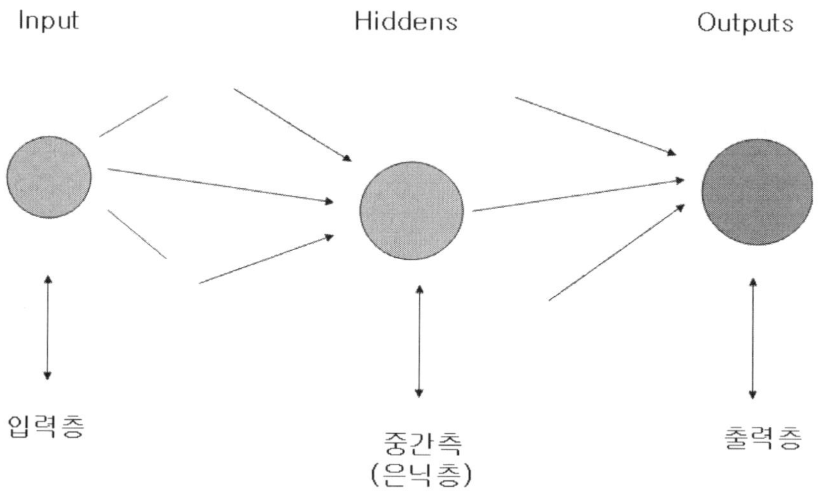

〈그림 1.27〉 다층 신경회로망의 구조

간의 뇌 활동을 흉내낸다.

우리가 사고할 때, 뇌 속의 뉴런들은 전기 펄스 방식으로 상호 교신함으로써 서로 다른 사실과 아이디어 사이의 관련성을 생성한다. 신경망 응용프로그램에서 각 소프트웨어 노드는 뇌에 있어서 각 뉴런에 해당한다. 시스템 경계부근에 있는 노드들은 신호 또는 입력을 접수하여 다음 계층으로 전달하며, 내부 계층에서 처리한 다음, 문제에 대한 해결안인 출력을 생성하게 된다. 예를 들어, X-선 사진을 통해 환자의 종양여부를 판단하는 신경망 프로그램을 생각해 보자. 신경망 시스템이 X-선을 검사하는 과정을 보면, 신경망 노드들의 첫 번째 계층은 시스템과 입력(X-선) 사이에 하나의 경계선을 형성하게 되는데, 이는 마치 의사가 X-선을 검사할 때, 의사의 뇌와 X-선 필름 사이에 의사의 안구가 "첫 번째 계층"이 되는 것에 비유할 수 있다.

전문가시스템과 달리, 신경망 시스템은 반복적인 시행착오(trial and error)에 의하여 학습을 하는데, 시행착오의 수만큼의 피드백이 발생함에 따라, 시스템은 측정과 산출에 대하여 점차 정확성을 기해간다. 많은 신경망 시스템들은 '와이어(wire)'라고 불리는 노드 사이의 연결을 사용자가 직접 모니터화면으로 볼 수 있게 하고 있다. 시스템이 점차 학습해 나감에 따라, 사용자는 노드의 시리즈 형식으로 문제해결안까지의 원하는 경로를 볼 수 있다. 자체적으로 학습할 수 있는 인공신경망의 놀라운 능력은 몇 년간 과학자들을 유혹하였지만, 비즈니스 세계의 기술 구현은 비교적 느린 속도로 진보하고 있는데, 시스템을 이해하기 어렵고, 사용하는 것도 쉽지 않다는 것이 주요 원인이라고 할 수 있다. 그럼에도 불구하고 최근에는 브레인메이커(Brainmaker), 뉴럴프레임(Neuralframe), 데이터엔진(DataEngine) 등과 같이 더욱 사용하기 쉬운 인터페이스로 설계된 신경망 패키지들이 지속적으로 개발되어 소개되고 있다.

4.6 퍼지로직(fuzzy logic)

퍼지로직(fuzzy logic)은 퍼지집합론에 기초하여 1964년 미국 버클리 대학의 자데(Lofti A. Zadeh) 교수에 의해 처음 제안된 것으로서 종래의 크리스프 집합론에서는 어떤 요소가 그 집합에 속하는지의 여부를 토대로 논리를 전개시켜 나가는 반면, 퍼지집합론에서는 어떤 요소가 그 집합에 속하는 정도(grade)를 평가하여 이를 통해 이론을 전개한다. 즉, 컴퓨터의 논리회로가 0과 1이라는 절대적인 기준에 의해 움직이는 것에 비해, 퍼지로직은 확률을 포함하는 비결정적인 것, 정확한 판단이 아닌 애매한 정보 등을 퍼지집합론에 의해 효과적으로 처리한다. 예를 들면, 이전에는 '아침 8시가 되면 형광등을 끄고 저녁 7시가 되면 켜라'는 식으로 명령을 내렸으나 퍼지이론을 도입하면 '날이 밝으면 형광등을 끄고 어두워지면 켜라'는 식으로 우리가 일상적으로 말을 하듯 명령을 내리면 되는 것이다. 퍼지이론은 이처럼 가장 인간다운 감정을 기계에 접목시킴으로써 효용성이 뛰어난 더욱 편리한 제품을 만들 수 있도록 해 준다. 이러한 퍼지이론은 인간의 형태를 이분법에 의해 양분할 수 없다고 단정짓고 확률적인 이론을 도입하여 인간의 말이나 행동, 사고 등의 애매하고 불분명한 기준과 표현까지도 수용하여 파악할 수 있도록 하는데 그 특징이 있다. 1970년대 후반부터 일본에서는 퍼지개념을 전자제품에 적용하기 시작했으며, 1985년 벨연구소에서는 퍼지추론 전용IC칩을 개발하여 이를 계기로 퍼지로직은 실용화의 길을 걷게 되었다.

퍼지로직은 구분이 모호한 개념들에 0에서 1사이의 확률을 할당하여 불분명한 경계에 대한 개념을 정의하는데. 이 확률값을 멤버십 함수(membership function)라고 부른다. 예를 들어서 "사과 두어 개 사오너라"라고 할 때, 우리는 사과를 몇 개 사야 할지 잠시 망설이게 된다.

아마 세 개를 사도 되지만 두 개를 샀을 때 더욱 만족할 것이다. 이것은 우리가 일상적으로 사용하는 "두어"란 말이 "2 또는 3이지만 2를 강조하는 말"이기 때문이다. 대체로 사람들은 단정적인 관점보다는 상대적인 관점에서 생각하는 경향이 있기 때문에, 퍼지로직은 컴퓨터 응용프로그램이 좀 더 인간과 유사한 태도로 문제해결을 할 수 있도록 지원하고 있다. 퍼지로직은 전문가시스템으로 통합된 결과, 시스템이 실제로 인간 전문가가 문제해결을 하는 방식에 보다 가깝고 자연스럽게 모방할 수 있게 되었다.

앞서 언급하였듯이 퍼지로직은 불연속적인 경계보다는 연속 상에 놓여진 개념에 대한 분류이론이라고 할 수 있다. 퍼지로직의 응용프로그램 안에서 중심적 역할을 하는 또 다른 개념은 언어변수(linguistic variable)인데, 언어변수란, 수학적 변수의 언어적인 표현이라고 할 수 있으며, 언어변수의 값은 숫자형식보다는 단어의 형식으로 표현된다. 예를 들어, 언어변수 '나이'를 생각해보자, 나이의 언어변수는 '초년', '중년', '노년'이며, '초년'은 〈그림 1.28〉에서 보여주듯이 멤버십 함수에 의해 규정될 수 있다. 경계를 정확히 구분하는 규칙베이스시스템 같으면 20살까지의 나이는 초년으로 구분하고, 20 이상의 나이는 그렇지 않은 것으로 구분하는 반면에, 이 그래프에서는 초년인지를 단정적으로 결정하기보다는 이 사람이 '초년'일 확률을 참조하여 20살에서 40살 사이의 사람도 여전히 '초년'으로 가리키게 되는 것이다.

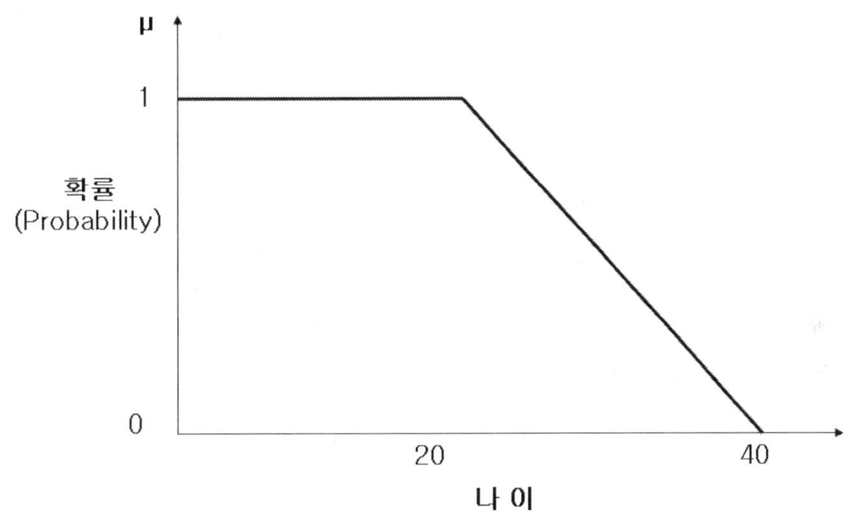

〈그림 1.28〉 초년을 표현한 멤버십 함수의 그래프

목표시장을 계획하고 있는데, 잠재고객을 '초년'으로 생각하는 상황을 가정해보자. 기존의 데이터베이스 방법을 이용하면 "20살 이하의 모든 고객을 보여주시오"라는 질의에는 대답할 수 있지만, '초년'의 고객을 선택하라는 질의에는 대답할 수 없을 것이다. 즉, 20에서 40 사이의 나이를 가진 후보를 보여주지 않을 것이다. 이러한 경우에 퍼지로직의 멤버십 함수를 이용하여 이를 효과적으로 해결할 수 있다. 예를 들어, 나이가 20인 고객은 '초년' 고객의 집합에서 멤버십 함수가 1이고, 나이가 40인 고객은 멤버십 함수가 0이라면, 20과 40 사이의 고객들은 30살은 0.5, 35살은 0.25 등 각각 멤버십 함수를 갖게 된다. 이때, 최저값(40)과 최고값(20)은 주관적 가치에 의해 결정되는데, 이 주관적 가치를 자데 교수는 '퍼지집합(S 함수)'에 의해서 결정한다고 하였다. 따라서 퍼지로직을 이용하면 "모든 초년의 후보를 보여주시오"와 같은 데이터베이스로부터 "지능적인" 정보조회를 가능하게 된다.

일본 기업들은 냉장고와 세탁기에서부터 캠코더, 자동차, 그리고 지하철에 이르는 모든 제품의 작동에 사용되는 마이크로프로세서에 퍼지로직의 개념을 도입하였다. 퍼지로직은 소비자의 환경 조건을 유연하게 취급함으로써 이들 전자제품의 기능을 개선하는 데 사용되어 오고 있다. 퍼지로직은 부정확한 데이터 환경에서의 의사결정을 지원할 수 있으며, 재무, 보험, 제약 등과 같은 보다 정보중심적인 산업에 적용가능성이 많다고 할 수 있다. 재무분야의 좋은 예로서는 전환사채율을 예측하기 위하여 사용되는 하이브리드 뉴로퍼지(hybrid neuro-fuzzy)를 들 수 있다. 이 시스템은 1992년도부터 니코 증권(Nikko Securities Co.)에서 사용되어 왔으며, 니코사에 의하면 이러한 시스템의 조언을 활용 결과 92%의 경우에 적중했다고 한다.

4.7 유전자 알고리즘(genetic algorithm)

유전자 알고리즘은 다윈의 적자생존 이론 등 자연생태계에서 관찰된 진화 방법 및 유전학 원리를 컴퓨터 알고리즘과 결합시켜 정립된 최적화 알고리즘으로서 1975년 홀란드(John Holland)에 의해 처음으로 제안된 이후 많은 발전을 거듭해 왔으며, 광범위한 응용 분야에서 최적화 문제 해결에 사용되고 있다. 유전자 알고리즘은 고등 생물이 염색체(chromosome)내의 유전인자 교배(crossover) 및 돌연변이(mutation)를 이용, 세대(generation)를 거듭함에 따라 최적 상태로 진화해 나가는 데서 힌트를 얻어 이를 견고한(robust) 최적해 탐색에 이용하려는 노력의 일환으로 탄생하게 되었다. 유전자 알고리즘은 해 공간에서 단일 해가 아닌 해집합을 이용하기 때문에 전역적 해(Global Optimization)의 발견을 가능케 하고, 최적화 함수 정보(미분가능, 연속성)를 필요치 않으므로 성능지표 또는 평가함수를 설계자의 의도에 부합하도록 용이하게 정의할 수 있는 장점을 가지고 있다.

이러한 유전자알고리즘은 수백만 년 동안에 걸쳐 자연환경에서 일어나는 일을 소프트웨어 환경에서 불과 몇 분 또는 몇 초안에 흉내내어 최적 해를 찾아내도록 설계된 기능이다. 나비의 색깔이나 기린의 목과 같이 자연에서의 생물체 조직은 물리적 환경내에서 생존과 소멸에 기초한 자연선택(도태)과 변이를 반복함으로써 지속적으로 개선되고 진화해 나아간다. 유전자 알고리즘에서는 최적으로 적합한 것을 만들어내기 위하여 엄청나게 짧은 시간 내에 소프트웨어가 이러한 과정을 흉내내게 된다. 유전자 알고리즘은 응용프로그램의 구성요소를 염색체(chromosome)라고 부르는 세그먼트로 나누게 되는데, 이 때, 염색체란 프로그램을 형성하기 위하여 임의적인 형식으로 서로 간에 연결되어 있다. 이 프로그램은 출력을 만들어내고, 이러한 구성요소들은 보다 속성이 개선된 조합을 만들어내기 위하여 지속적으로 개선된다. 이러한 프로그램의 대부분은 사라지지만, 이들 중 바라는 작업을 제대로 수행하는 프로그램은 다른 생존자와 결합하고 자손 프로그램을 생성한다. 이러한 프로세스는 컴퓨터의 능력 덕분에 그렇게 짧은 시간에 이처럼 많은 구성요소가 조합되고 사라짐을 반복하여 인간에 의하여 만들어진 어떤 것보다도 우위의 결과를 생성할 수 있다. 피드백의 분석을 통하여 아무런 기록도 없는 상태에서 시작하여 패턴을 학습하는 신경망과는 달리, 유전자 알고리즘은 많은 수의 빌딩 블록으로부터 작업을 시작한다. 수없이 많은 시행착오를 통하여 그들은 인간의 힘으로는 수년이 지나야 얻을 수 있는 실행 가능한 최적 해를 생성할 수 있다.

예를 들어, 제너럴일렉트릭(General Electric)사의 엔지니어들이 보잉 777기의 제트엔진에 들어가는 팬(fan)의 날개를 더욱 효율적으로 만들기 위하여 설계에 전념하고 있을 때, 그들은 엄청난 작업에 직면하게 되었는데, 제트 팬의 성능과 비용에 영향을 줄 수 있는 요인의 수가 381 자릿수의 숫자가 되었던 것이다. 초당 수백만 개의 계산을 수행하는

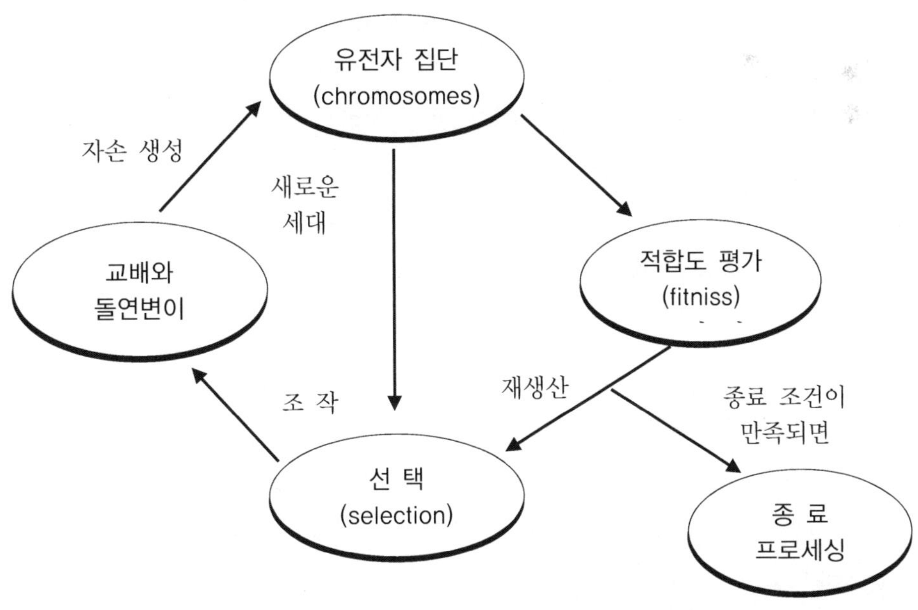

〈그림 1.29〉 유전알고리즘의 처리 사이클

수퍼 컴퓨터로 가능한 모든 조합을 테스트한다 하더라도, 수십억 년의 세월이 걸릴 수도 있었다. GE는 유전자 알고리즘에 의해 가능한 규칙기반의 전문가시스템의 혼성 시스템을 사용한 결과, 1주일이 채 걸리지 않아서 최적의 해결안에 도달하게 되었다.

4.8 지능 에이전트(intelligent agent)

에이전트(Agent)란 사전적으로 '대행자', '대리인'이란 뜻이며 Computer 분야에서는 '작업을 대행해 주는 Program'으로 이해하면 된다. 좀 더 구체적으로 말하면 사용자와 Computer 사이의 원활한 정보 교환을 위해 중간에 사용되는 장치, 또는 Software로서 일반적으로 지능을 갖추지 못한 것들은 단순히 안내자(Guide)라고 하지만, 지능을 갖춘 경우에는 에이전트 또는 지능 에이전트(Intelligent Agent)라고 한다. 즉, 사용자가 Keyboard, Mouse와 같은 입력 장치를 사용하거나 목소리로 입력한 것을 단순히 Computer에 전달하기만 한다면, 이것은 안내자라고 한다. 하지만 중간에 인공지능을 발휘해 사용자의 의도를 분석 파악하고, 이런 가공된 내용을 전달한다면, 이것은 안내자가 아니라 지능 에이전트가 된다. 에이전트는 사용자의 개입이 없어도 정해진 스케줄에 따라 인터넷상에서 정보를 수집하거나 몇몇 다른 서비스를 수행하는 프로그램으로 하나의 소프트웨어 로봇이라 할 수 있다.

1990년대에 들어서서 인터넷 사용이 일반화되면서 정보의 양이 폭주하게 되는 정보범람(information overload) 현상이 발생하게 되었다. 정보의 양이 많아질수록 필요한 정보를 발견하려면 더 많은 노력이 필요하게 되었고, 이러한 노력의 결과로 Yahoo 등과 같은 검색엔진이 만들어지게 된다. 검색엔진이 수천만 페이지에 이르는 웹 문서들을 검색하는 것을 보조하고 있지만, 과다한 정보를 사람이 직접 검색하는 데는 한계가 존재하게 됨에 따라, 웹 서비스들을 사용자들이 쉽게 접근할 수 있도록 하는 새로운 도구들을 개발할 필요성이 대두되게 되는데 이것이 지능 에이전트의 출현배경이 된다. 지능 에이전트(intelligent agent)는 인공지능 분야에서 가장 최근 개발된 분야로 특정한 요구에 따라 엄청난 양의 데이터를 자동으로 돌아다니면서, 사용자에게 가장 적합한 정보를 선택하여 전해준다.

(1) 에이전트의 개념

Stuart Russell과 Peter Norvig가 1995년에 출간한 "Artificial Intelligent – A model approach"란 책에서 에이전트에 대해서 정의한 바는 다음과 같다.

"An agent is anything that can be viewed as perceiving its environment through sensors and acting upon that environment through effectors."

에이전트를 개념적으로 정의해보면, 복잡한 유동적인 실세계 환경에서 목표를 달성하려고 센서를 통해서 외부 환경을 인지하고 행위자(effector)를 사용하여 환경에 영향을 미치는 상호작용 개체로 볼 수 있다. 즉 에이전트는 인터넷이라는 가상공간 환경에 위치하여 특별한 응용 프로그램을 다루는 사용자를 도와서 반복적인 작업을 자동화시켜주는 컴퓨터 프로그램을 의미한다.

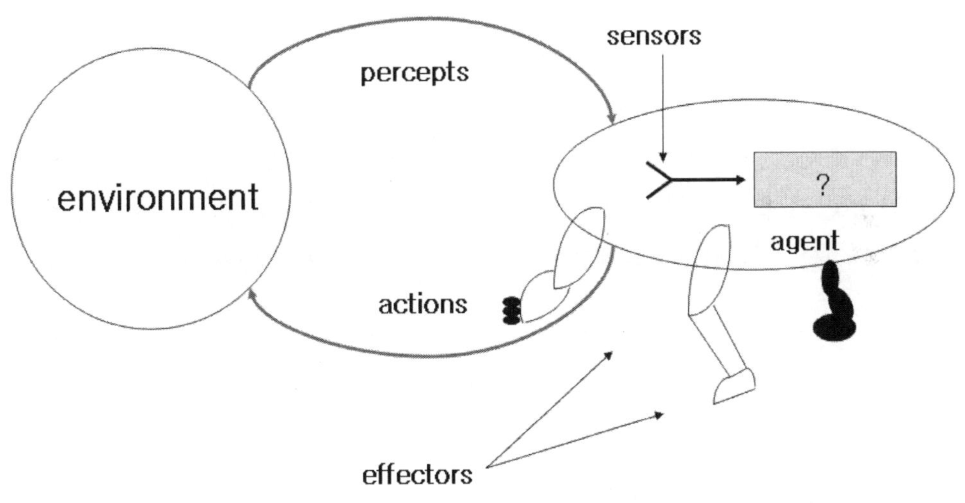

〈그림 1.30〉 에이전트의 개념도

이러한 에이전트는 외부 환경에 따라서 사용자 의도를 이해하고 자립적인 판단에 의해 처리를 실행하는 기능, 즉 목적하는 웹 페이지를 찾아내면 특정 목적을 실행하는 프로그램으로서 에이전트는 차세대 인간·컴퓨터 간 인터페이스로 제안되고 있는 개념이다. 전형적인 에이전트 프로그램은 사용자가 제공한 매개변수를 사용하여, 인터넷의 전부 또는

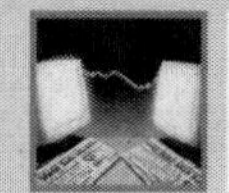

일부를 검색하여 사용자가 관심을 가지고 있는 분야의 정보를 수집하고, 이것을 매일 또는 정해진 주기로 제공한다. 에이전트 프로그램의 일반적 예로서 URL-minder가 있는데, 이것은 미리 설정해 놓은 웹페이지가 변경되면 그 사실을 사용자에게 알려준다. URL-minder 사이트에 가서 어떤 웹페이지의 URL을 지정하면, URL-minder는 그 페이지가 변경되었는지를 주기적으로 확인하여, 변경된 경우 전자우편으로 알려준다.

다른 에이전트 프로그램들은 특정 웹사이트에 등록된 정보나 사용실적 분석 등을 토대로, 개별적인 정보를 제공할 수 있도록 개발되어 왔다. 또 다른 형태의 에이전트들로는 특정 사이트가 갱신되었거나 또는 기다리고 있는 어떤 이벤트가 나타났을 때 알려주는 사이트 감시자의 역할과, 사용자를 위해 데이터를 모으는 것 뿐 아니라, 조직화하고 정보를 해석해주는 분석 에이전트 등이 있다.

에이전트에 의해 수집된 정보를 사용자에게 배달하는 기술로 푸시(server-push)기술이 있다. 푸시는 사용자의 요청에 의해서가 아니라, 웹상의 정보 배달이 서버에 의해 개시되는 것을 의미한다. 이러한 푸시기술을 이용하여 웹상의 정보를 받으려면, 사용자는 이에 필요한 클라이언트 프로그램을 다운로드해야한다. 이 프로그램이 사용자의 프로필을 확인하고는, 그 사용자 대신에 주기적으로 서버에 정보요청을 하는 것이다. 정보를 푸시하는 또 다른 형태가 전자우편이다. 비록 사용자 컴퓨터 내의 메일 클라이언트가 자신의 메일을 가져오기 위해 때때로 이메일 서버에 가야하지만, 사용자의 요청 없이도 누군가가 그것을 보냈기 때문에(푸시했기 때문에) 메일이 도착해 있는 것이다.

에이전트를 다른 말로 소프트웨어형태의 로봇이라는 의미로 소프트봇(softbot) 또는 줄여서 봇(bot)이라고 부르기도 한다. 인터넷상에서, 가장 보편적으로 존재하는 봇들은 스파이더(spider), 크로울러(crawler)라고도 불리는 프로그램들로서, 웹사이트들에 주기적으로 방문하여 검색엔진의 색인을 위한 콘텐츠를 모아오는 일을 한다. 챗봇(chatbot)은 사람의 대화를 흉내낼 수 있는 프로그램이다. 가장 먼저 나온 그리고 가장 유명한 챗봇 중의 하나는 엘리자였는데, 이것은 정신과의사를 대신해서 질문과 대답을 하는 프로그램이다. 샵봇(shopbot)은 사용자가 찾는 상품을 웹상에서 가장 싼값에 파는 사이트를 찾아주는 프로그램이다. 웹사이트를 항해하는 사용자의 패턴을 관찰하고, 그러한 사용자들을 위해 사이트를 맞추는 OpenSesame와 같은 봇들도 있다. 노우봇(knowbot)은 자동적으로 인터넷 사이트를 방문하여 어떤 특정 기준에 맞는 정보를 모음으로써 그들의 사용자에 대한 지식을 수집하는 프로그램이다.

사용자의 작업을 대신해주는 이러한 에이전트의 필요성은 우리 일상생활 도처에서 찾아볼 수 있다. 일상생활에서 복잡도와 정보화의 비중이 증가함에 따라 에이전트의 비중이 더욱 더 커질 것이다. 에이전트가 응용되는 분야는 매우 넓지만 대표적으로 인터넷 정보 검색, 전자 상거래, 메시징 등이다. 메시징에 있어서 에이전트의 역할은 문자 메시지, 전자 우편 등과 같은 온라인 메시지에 대하여 지능적인 메시지 여과작업을 수행함을 의미한다.

(2) 에이전트의 주요특성

지금까지 이용자의 지시에 따라 일률적으로 작업을 수행했던 프로그램이 에이전트로 변하면서 이용자가 원하는 것이 무엇인지 알아서 판단하고, 필요한 지능형 에이전트를 찾아 네트웍을 여행하기도 하는 의인화된 프로그램이 지능형 에이전트이다. 진정한 지능형 에이전트는 다양한 요구사항, 특히 웹사이트의 검색과 데이터 조회를 위해 "학습"능력을 갖고 있는 독립형(Stand Alone)프로그램을 의미한다. 이러한 요구에 따르기 위해서는 에이전트는 다음과 같은 몇 가지의 주요 특성을 포함하여야 한다.

■ 자율성(Autonomy & Intelligence)

에이전트는 최종 이용자로부터 지시를 받거나 간섭 없이, 어떤 업무의 목적을 완성하도록 작용할 수 있는 능력을 가져야만 하며 독립적으로 작업하는 요소가 있어야 한다. 때로는 인간의 대리인들이 우리의 명령(Direction), 흥미(Interest), 요구(Wants)와 욕구(Desires)등을 대신하도록 바라는 것과 마찬가지로, 지능형 에이전트는 스스로가 기대되는 업무를 수행하기 위해 입력하고 작동을 멈추기도 하며 사람이나 다른 시스템의 간섭 없이 동작하고 자신의 내부행동이나 상태를 제어하는 자율성을 갖는다. 또한, 지능 에이전트가 활동하기 위해서는 사전에 에이전트의 목표와 수행업무 등이 포함된 지식이 입력되어야 하며, 이러한 지식을 이용하여 에이전트는 광대한 인터넷 공간에서 지능적으로 그 역할을 수행한다.

■ 대화 능력(Communication Ability)

지능형 에이전트는 목표를 달성하는 과정에서 외부환경의 현재 '상황'에 대한 제3의 자료들로부터 정보에 접근하고, 제3의 정보저장소들과 대화할 수 있는 능력을 요구받게 된다. 대화 상대자는 정보저장소의 또 다른 지능형 에이전트이거나 감시자일 것이다. 이 대화능력은 단순하며 간결한 응답을 하는 단일의 요구/응답의 형태이거나 여러 다양한 반응을 하는 복잡한 통신이다.

■ 협동성(Capacity for Cooperation)

대화능력(Communication Ability)의 본질은 협동이며, 그 요점은 지능형 에이전트가 복잡한 업무를 수행하도록 함께 작동한다는 것이다.

■ 추론능력(Capacity for Reasoning)

추론능력은 지능형 에이전트를 구별하는 중요한 특성으로 현재의 지식과 경험을 바탕으로 한 추론과 추정으로 합리적인 재생산 능력을 갖게 됨을 의미한다. 지능형 에이전트는 지식에 근거하고 규모가 큰 집합의 사니리오들을 바탕으로 미래의 움직임을 추론한다.

■ 적응력(Adaptive Behavior)

지능형 에이전트가 자율적으로 행동하고 추론할 수 있기 위해선 외부 환경의 현재 상태를 평가할 수 있어야 하고, 미래행동에 대한 "결정(Decision)"을 적절히 할 수 있어야 한다. 지능형 에이전트는 외부적 환경과 비슷한 조건에서 거두었던 성공요인을 연구하여 처음 접하는 환경에서도 그들의 목표들을 성공적으로 달성할 수 있는 적응력을 갖추어야 한다.

■ 신뢰성(Trustworthiness)

지능형 에이전트에 있어 필수적인 것은 고객인 이용자들을 명확하게 대표할 수 있다는 강력한 신뢰감이다. 즉, 사용자는 그의 지능형 에이전트가 신뢰가 가도록 운영되고 신뢰성 있는 보고를 해야 하며 이용자의 이익을 위해 작동할 것이라는 깊은 신뢰를 가져야만 한다.

■ 이동성(Mobility)

이동성은 사용자가 요구한 작업을 현재의 호스트에서 수행하지 않고 실제 그 작업을 처리하는 호스트로 이동시켜 수행함을 의미한다. 즉, 클라이언트가 필요로하는 작업을 위해 에이전트를 서버로 보내어 작업을 수행시킴을 의미한다. 이동성을 통해서 에이전트의 수행 효율을 높이고 네트워크의 부하를 줄이는 효과를 가져온다. 이동성은 특히 인터넷의 보급으로 컴퓨터 네트워크를 통해 제공되는 정보의 양이 급증하면서 그 중요성이 강조되고 있으며 원격 통신 시에도 통신 라인이 항상 접속되어 잇을 필요가 없기 때문에 무선 이동통신을 위한 작업 수행환경에서는 더욱 큰 효과를 낼 수 있다.

(3) 에이전트의 종류

■ 사용 환경에 따라 분류

① 데스크 탑 에이전트
운영 체제나 기타 응용 프로그램을 사용하는 데 도움을 주는 인터페이스 에이전트이다.

② 인터넷 에이전트
인터넷 환경에서 동작하는 에이전트로서 사용자에게 웹 탐색 서비스를 제공하는 웹 서버 에이전트, 사용자의 선호도에 따라 정보를 여과해 주는 정보 여과 에이전트, 사용자가 원하는 문서들만을 데스크 탑에 배송해 주는 정보 검색 에이전트, 특별한 행사나 사건 등에 대해 사용자에게 통보를 해주는 통보 에이전트, 전자 상거래 환경에서 사용자를 대신하여 물건을 구매해 주는 전자 상거래 에이전트, 그 밖에 사용자가 원하는 특별한 서비스를 제공해 주는 서비스 에이전트 등이 있다.

③ 인트라넷 에이전트
인트라넷 환경에서 동작하는 에이전트로서 회사 업무를 자동화하고 원활한 업무 철리를 가능하게 하는 업무 자동화 에이전트, 여러 사람의 팀웍을 가능하게 하는 협조 작업 에이전트, 회사 내의 데이터베이스의 사용자에게 데이터베이스 검색 서비스를 제공하는 데이터베이스 에이전트, 클라이언트 서버 환경에서 컴퓨터 자원을 효율적으로 할당하는 일을 담당하는 자원 분배 에이전트 등이 있다.

■ 작업방식에 따른 분류

① 다중 에이전트(Multi-Agent)
다중 에이전트 시스템이란 분산 환경에서 여러 에이전트가 상호 협력을 통해 작업을 수행하는 컴퓨터 프로그램을 말한다. 즉 다중 에이전트는 서로 다른 작업을 할 응용 에이전트를 각각 만들어 서로 통신하며 서로 필요한 S서비스를 다른 에이전트에게 요청하고 도움 받는 프로그램을 의미한다. 에이전트끼리 상호 대화한다는 것은 정해진 언어 규약에 따라 메시지를 주고 받음을 의미하며, 이러한 대화 기능은 다중 에이전트 시스템의 가장 큰 특징이다. 이 시스템에 사용되는 언어 규약으로 ACL(Agent Communication Language)이나 ICL(Inter-Agent Communication Language)등이 있다.

② 이동 에이전트(Mobile Agent)

이동 에이전트는 Network Agent라고도 하며 에이전트 자체가 네트워크를 돌아다니면서 수행하는 프로그램을 말한다. 이동 에이전트와 유사한 예로 자바 애플릿(Java Applet)을 들 수 있다. 자바는 웹브라우저에서 요구할 때 서버에 있는 애플릿이 브라우저로 이동하는 반면이동 에이전트는 자신의 판단에 의해 이동하는 것이 다르다. 이동 에이전트가 특정 컴퓨터에서 수행되려면 이동 에이전트 서버가 필요하다. 에이전트 구현 언어가 스크립트로 작성되고 인터프리터로 수행된다는 것이 특징이다. 또한 자신을 다른 컴퓨터로 이동시키는 명령이 있으므로 그 명령을 만나면 다른 서버로 이동할 수 있다. 그 외에도 자신의 판단에 따라 이동하는 능력뿐 아니라, 동일한 에이전트를 복제해 다른 컴퓨터로 보내고 그들이 가져온 결과를 모아 복합적인 결과를 만들기도 한다. 이러한 이동 에이전트의 응용 분야로는 전자 상거래, 정보 검색, 네트워크 관리 등이 있다.

③ 보조 에이전트(Assistant Agent)

보조 에이전트는 사용자의 작업을 돕는 프로그램으로 단지 기존 프로그램과 같이 사용자의 작업을 대신하기 보다는 능동적인 특성을 갖고 사용자의 작업을 대행하는 프로그램이다. 몇몇 사람은 보조 에이전트의 능동적인 특성을 반영하기 위해 로봇이라 부르기도 한다. 로봇에 대한 사용 예로 사용자의 지식을 기반으로 전자우편을 정리해 주고 자동으로 답장해 주는 메일봇, 웹에 있는 정보를 찾아주는 웹 에이전트(Web Robot) 등이 있다.

④ 사용자접속 에이전트(User Interface Agent)

사용자접속에 있어서 예를 들면 모니터에서 사람이나 동물이 나타나 사람에게 말로 묻고 말로 지시한 내용을 인식해 처리한 후 수행 결과를 말이나 영상으로 제시해 준다면 편리할 것이다. 사용자접속 에이전트는 사용자가 컴퓨터를 사용하기 편리하도록 지원하는 에이전트로서 기술적으로 3차원 애니메이션, 음성인식, 자연어 처리, 음성합성, 멀티미디어 출력 등 사용자접속 기술과 인공지능 기술이 융합된 분야이다.

⑤ 지능형 에이전트(Intelligent Agent)

지능형 에이전트는 에이전트 중에서 학습 능력이나 추론 능력, 계획 능력과 같은 지능적인 특성을 갖는 지능적인 에이전트를 말하며 다음과 같이 크게 3가지로 분류할 수 있다.

- 학습 Agent : 사용자의 Program 사용 경향을 파악해 같은 작업을 반복하지 않도록 지원한다.
- 추론 Agent : 사용자가 원하는 작업에 대한 기존 처리 방법이나 다른 시스템에 있는 에이전트의 경험과 지식을 바탕으로 작업 처리 방법을 파악하고 그에 따라 문제를 해결한다.
- 계획 Agent : 여러 에이전트들이 협력해 하나의 작업을 처리하기 전에 에이전트간의 통신과 에이전트의 작업 수행을 어떤 방식으로 진행할 것인가에 대해 미리 계획하고 그 계획에 따라 통신, 작업을 수행한다.

■ 역할에 따른 분류

① 감시자 에이전트

감시자 에이전트란 사용자가 원하는 정보나 사건을 자율적으로 검색하여 그 정보를 사용자의 이메일 등으로 전달해주는 역할을 하는 에이전트를 말한다. 감시자 에이전트의 사례로 아이서퍼, 과외 복덕방, 알바몬, Travelocity 등이 있다.

아이서퍼는 신문, 뉴스, 보도자료 등을 검색하고 이를 스크랩 까지 해주는 에이전트이다. 우선 사용자가 환경설정에서 관심 그룹을 설정해 놓으면 그 관심그룹과 그룹에 포함되는 키워드를 중심으로 뉴스를 검색해 사용자가 관심뉴스라는 버튼을 클릭만 하면 볼 수 있도록 제공한다. 또한 기자별로 뉴스를 볼 수 있으며, 요약보기라는 버튼을 누르면 화면에 보이는 기사들이 요약문 형태로 제공이 된다. 또한 스크랩한 기사들을 출력하거나 MS Word 파일이나 엑셀로 저장하는 기능도 편리하게 이용이 가능하다.

'과외 복덕방(www.headbank.co.kr)'은 (주)네오티처의 공식 사이트로서 1996년 과외 중개 서비스로부터 시작해 2004년 온라인 교육 사업으로까지 확장한 인터넷 교육업체이다. '과외 복덕방'은 선생님 회원이 등록해 놓은 이력서와 희망 사항 등을 토대로 선생님의 needs에 가까운 조건을 가진 학생들의 정보를 실시간 제공한다는 점에서 감시자 에이전트라 할 수 있다. 감시자 에이전트로서 '알바몬'은 아르바이트 사이트로서, 다양한 조건의 검색 조건 도구를 사용하면, 그 조건에 맞추어 정보를 찾아올 수 있는 시스템을 갖추고 있다.

Travelocity는 네티즌들에게 값싼 티켓과 다양한 고객 서비스, 풍부한 여행정보를 고루 제공하는 최고의 온라인 여행사로 알려져 있다. 고객이 출발지와 목적지, 원하는 도착시간을 입력하면 여행 에이전트가 가장 저렴한 항공권을 찾아주며 5만5천여 개 호텔체인의 요금을 비교해 주고, 각 도시의 지도는 물론 날씨, 환율, 동영상 정보도 제공한다. 여행에 필요한 물건은 온라인 샵에 준비되어 있다. 뿐만 아니라 6,500개 이상의 Package 상품을 개발하여 판매하고 있으며, "Last Minute Deal"이라는 카테고리에서 출발이 얼마 남지 않은 상품을 빠르게 업데이트 하여 싼 값에 제공한다. 또한 '요금감시자'(Fare Watcher)를 클릭하면 자신의 목적지로 가는 데 드는 비용이 최저인 시기를 e메일로 알려준다. Travelocity는 상품을 개발하는 데 있어서 고객들의 선호도를 조사할 뿐만 아니라 다음 휴가철을 대비하여 온라인 설문조사를 실시하여 상품개발의 방향을 설정하고 그에 알맞은 상품을 개발하고 있다.

② 학습 에이전트

학습 에이전트란 사용자의 과거 기호를 학습하여 그 정보를 바탕으로 사용자 취향에 맞게 일을 처리하는 에이전트를 말한다. 즉, 관찰을 통해 사용자의 작업방식을 모방하고, 선호경향을 학습하는 지능형 에이전트이다. 그 예로 외국의 Firefly.com과 Lifestyle Finder 사이트를 들 수 있다. SK Telecom의 1mm 서비스도 감시자 에이전트의 예라 할 수 있다.

③ 쇼핑 에이전트(shopping agent)

쇼핑 에이전트란 판매자가 자신이 원하는 상품을 적시에 검색하고, 제품가격을 비교할 수 있도록 하는 에이전트로서 비교 쇼핑을 통해서 최적의 가격을 탐색하는 에이전트이다. 그 예로서 우리나라의 종합 상품 검색 및 가격 비교 사이트 enuri.com, yavis.com, Shopbinder.com이나 보험가격을 비교해주는 insleaders.co.kr, 디지털 카메라와 휴대폰의 성능과 가격을 비교해 주는 dcinside.com, cetizen.com이 있다. 샵바인더(Shopbinder)는 쇼핑몰을 오가며 가격비교를 해야 하는 번거로움을 해결하기 위해 쇼핑툴바 서비스를 제공하고 있다. 쇼핑툴바는 온라인 쇼핑몰에서 구매하려는 상품을 클릭하면 자동으로 해당 상품의 최저가, 관련 이벤트, 쿠폰 정보 등을 보여준다.

　최근에 쇼핑 에이전트 응용 시스템의 한 예로서 지능형 추천 시스템인 'SRS'(온빛시스템에서 개발)가 있다. SRS(Smart Recommendation System)는 최근 e-Business 분야의 화두로 떠오르고 있는 개인화와 e-CRM을 효과적인 방법으로 수행할 수 있게 해 주는 솔루션이다. 여기서, 웹 개인화는 고객의 성향이나 선호도에 알맞은 자료를 시스템에서 자동으로 선별하여 웹 사용자에게 전달하여 주는 것을 말하며 e-CRM은 새로운 마케팅 방법으로 대두되고 있는 고객관계관리(Customer Relationship Management)를 웹상에 도입한 것으로 웹에 접속한 고객들의 성향과 자료를 지속적으로 관리하고 고객 서비스에 활용함으로써 고객들에게 최상의 서비스를 제공하는 마케팅 방법을 말한다.

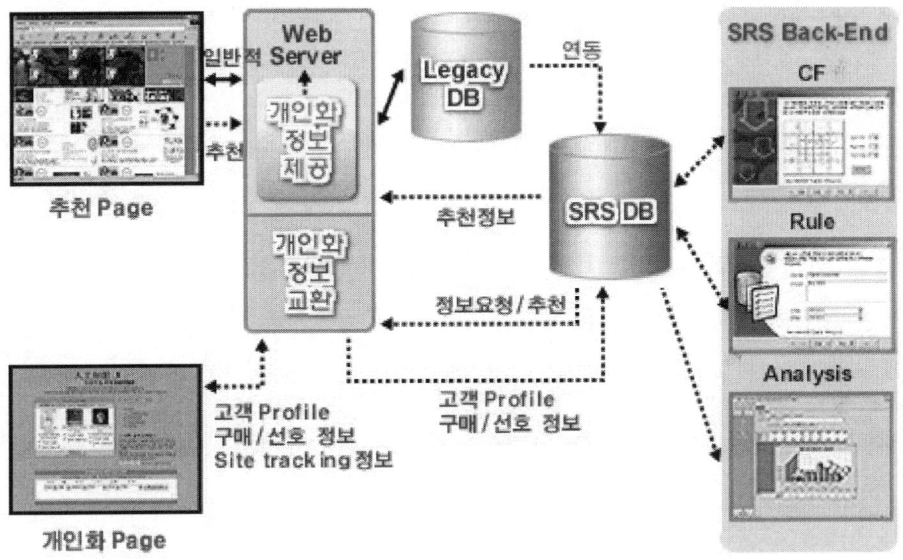

〈그림 1.31〉 지능형 에이전트 시스템의 예(SRS)

④ 정보검색 에이전트(information retrieval agent)

정보검색 에이전트란 지능적인 방법으로 정보를 검색하는 능력을 가진 에이전트를 말한다. 그 대표 사례로는 인터넷 검색엔진인 Naver나 Empas, Yahoo, atext.com, answerer 등이 있다.

⑤ 도우미 에이전트

도우미 에이전트란 주로 통신망의 오류를 발견하고 자율적으로 원인과 그 결과를 찾아 임무를 수행하는 에이전트를 의미한다. 그 예로 ftp.com를 들 수 있다.

■ 구매행동에 따른 분류

① 소비자 요구파악 에이전트

소비자 요구파악 에이전트는 소비자의 충족되지 않은 욕구를 파악하고 제품 정보의 필요성을 인식한다. 이와 관련된 대표적인 에이전트로는 아마존의 eyes , Firefly, 개인화 광고 에이전트, 역광고 에이전트가 있다. 역광고 에이전트는 고객이 여러 판매자들에게 일일이 자신이 원하는 상품에 대한 내용을 보낼 수 없는 것을 고려하여 이를 대행하는 소프트웨어를 말한다.

② 상품탐색 및 추천 에이전트

상품탐색 및 추천 에이전트는 무엇을 살 것인가를 결정하는데 도움이 되는 정보를 검색하고 구매할 제품 대안을 찾아 내어 평가한다. 그 예로서는 세일즈맨 전문가 시스템 UNIK-SES(상품에 대한 지식이 없는 고객을 지원)와 PersonaLogic(소비자가 명시한 특정 조건을 충족시키는 제품만 제공), Firefly 등이 있다.

③ 판매자 추천 에이전트

판매자 추천 에이전트는 상품을 어느 판매자로부터 구입할 것인가를 결정하기 위해 가격, 품질보증, 이용가능성, 배달기간 등의 기준에 따라 판매자를 평가한다. 그 예로는 앤더슨 컨설팅과 Bargin Finder, Jango 시스템(비교쇼핑 에이전트), ATA(Automated Travel Assistant)가 있다.

④ 협상 에이전트

협상 에이전트는 가격을 비롯한 기타 거래조건을 협상한다. 예로는 Kasbah, auction boat(판매자가 경매 종류와 거래조건을 제시하면 구매자의 입찰을 관리해 줌), Tete-a-Tete (상품 및 판매자 추천 지원), Fish Market project(경매를 java로 프로그래밍) 등이 있다.

⑤ 구매 및 배달 에이전트

구매 및 배달 에이전트는 제품이나 서비스의 구매나 전달을 통합적인 관점에서 바라보고 그 역할을 수행한다.

⑥ 서비스 및 평가단계 에이전트

서비스 및 평가단계 에이전트는 제품과 고객 서비스, 구매 경험과 구매결정의 전반에 대한 만족도를 평가한다.

참고문헌

[1] Zbigniew Michalewicz, Genetic Algorithms + Data Structures＝Evolution Programs, Berlin : Springer-Verlag, 1992.

[2] John R. Koza, Genetic Programming : On the programming of Computers Means of Natural Selection, The MIT Press, 1993.

[3] David E. Goldberg, Genetic Algorithms in Search, Optimization, and Machine Learning, New York : Addison-Wesley Publishing Co.Inc.,1989.

[4] Robert Sedgewick, Algorithms in C++, Addison-Wesley Publishing Co., Inc. 1992.

[5] J.H. Holland, Adaptation in Natural and Artificial Systems, Univ. of Michigan Press, 1975.

[6] Sara Baase, Computer Algorithms : Introductions to Design and Analysis(2nd edition), Addison-Wesley Pubulishing Co., Inc. 1992.

[7] Zbigniew Michalewicz,Genetic Algorithms＋Data Structures＝Evolution Programs, Berlin : Springer-Verlag, 1992.

[8] 김길순, 이순희, 장광훈, 프로로그와 자연어처리, 홍진출판사, 1996.

[9] Ivan Bratko, PROLOG Programing for Artificial Intelligence(second edition), Addison-Wesley Publishing co. 1991.

[10] 김희승, 인공지능과 그 응용, 생능출판사, 1994.

[11] 김기태, 인공지능의 기법과 응용, 기한재, 1998

[12] 정환묵 편저, 21세기를 지향한 지능정보시스템 원론, 21세기사, 1999.

[13] 조영임, 최신 인공지능, 학문사, 1999.

[14] 이광형, 조충호, 인공지능개론, 홍릉과학 출판사, 2000

[15] 최중민외 3인, 인공지능, 사이텍 미디어, 2000

[16] 도용태외 3인, 인공지능 개념 및 응용, 사이텍 미디어, 2001

PART 2

기본적인 탐색기법

Artificial Intelligence

탐색 기법 개요

컴퓨터가 문제를 자율적으로 해결하기 위해 해(solution) 또는 해에 이르기 위한 경로를 찾아가는 과정을 탐색(search)이라 하며, 탐색은 인공지능 시스템이 문제해결을 위해서 흔히 사용하는 기법이다. 만약 우리가 문제 해결을 위해서 취해야 할 행동들이 무엇인지 알고 있지만 어떤 순서로 행동을 취해야 문제가 해결되는지 알지 못한다면 가능한 모든 순서의 조합을 다 시도해 보아야 할 것이다. 탐색 알고리즘은 문제를 입력해서 그 문제에 대한 해(solution)를 얻는 알고리즘을 의미한다. 문제를 풀기위해 컴퓨터과학자가 연구하는 대부분의 알고리즘들은 일종의 탐색 알고리즘들이다. 인공지능에서 처리하는 대부분의 과제는 주어진 문제에 대해서 여러 가지 탐색기법을 이용하여 해결책을 찾아내는 것이다. 탐색은 단지 해를 찾는 것만의 문제가 아니라 해를 찾는 과정의 효율성뿐만이 아니라 찾은 해의 적합성까지를 포함한다. 문제가 주어졌을 때의 상황(state)은 풀이 과정에 의해 변화하게 되며, 이때의 각 과정은 문제해결 과정중의 고유한 요소로 '상태(state)'라고 불린다. 주어진 문제를 풀이하는 과정에서 여러 가지 가능한 상태가 나타날 수 있는데, 이 같은 상태들의 집합을 상태 공간(state space)이라 한다. 즉, 상태공간이란 문제에 대한 탐색공간(search space)으로 문제를 푸는 가능한 해를 모두 모아둔 집합을 의미한다. 문제해결(Problem solving)이란 여러 가지 기법들을 이용하여 문제에 대한 해(solution)를 찾는 것을 의미한다. 많이 사용되는 문제 해결 기법으로는 시행착오(Trial and Error), 통찰(Insight), 알고리즘(Algorithm), 휴리스틱(Heuristic)이 있다. 문제해결(Problem solving)은 일반적으로 다음의 세 가지 부분이 포함된다.

① **초기상태**(initial state) : 출발해야 하는 불확실한 정보로서 아마도 이 세상의 어떠한 불만족스러운 일련의 조건들이 여기에 해당될 것이다.

② **목표상태**(goal state) : 수행하기 바라는 일련의 정보들 또는 만족스런 상태를 의미
한다.

③ **일련의 조작들**(연산자, operator) : 초기 상태에서부터 목표에 이르기까지 취해야만
하는 단계들을 말한다.

즉, 임의의 문제는 상태 공간에서 초기상태(initial state)와 목표 상태(goal state), 그
리고 상태를 변화시키는 연산자(operator)로 정의될 수 있으며, 각 상태에서 연산자의 정
의는 문제의 규칙에 따른다. 문제 해결은 초기 상태에서 목표 상태에 이르는 경로를 상태
공간에서 탐색하는 것이라 할 수 있다. 이러한 상태공간에서 해결책을 탐색하는 개념과
효과적인 탐색기법을 연구하는 분야는 인공지능에 있어서 둘 다 핵심이 되는 부분이다.
예를 들어서, 거북이가 아래와 같은 바둑한 모양의 미로에서 입구로부터 출구를 찾아가는
문제를 생각해 보자.

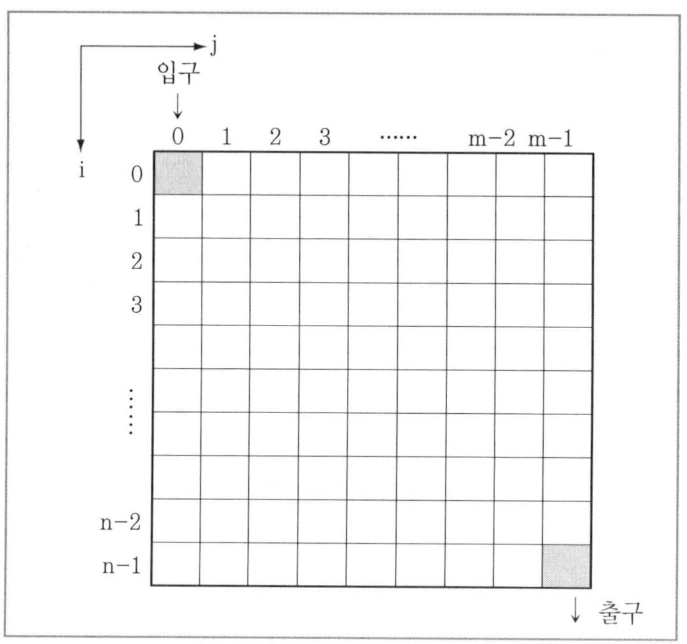

〈그림 2.1〉 거북이 미로문제

이 미로 문제를 상태 공간으로 표현하면 다음과 같다.

- 미로는 n X m의 행렬 M으로 표시
    M[i,j] = 1 (길이 없는 경우)
    M[i,j] = 0 (길이 있는 경우)
    $0 \leq i \leq n-1$, $0 \leq j \leq m-1$

- 미로의 입구는 M[0,0], 미로의 출구는 M[n-1, m-1]

- 거북이의 현재 위치
    $\{(x, y)| x = 0,1,\cdots,n-1, y = 0,1,\cdots,m-1\}$으로 표현 가능

- 초기 상태는 시작상태로서 $(x, y) = (0,0)$

- 목표 상태는 미로의 출구에 있는 상태로서
    $(x, y) = (n-1, m-1)$

- 연산자는 다음 표와 같이 정의할 수 있다.

<표 2.1> 거북이 미로문제의 연산자

연산자	전제 조건	다음 상태
위로 이동($\uparrow$)	$(x-1,y) = 0$ 위쪽으로 길이 있다.	$(x-1,y)$
아래로 이동($\downarrow$)	$(x+1,y) = 0$ 아래쪽으로 길이 있다.	$(x+1,y)$
우로 이동($\rightarrow$)	$(x, y+1) = 0$ 우측으로 길이 있다.	$(x, y+1)$
좌로 이동($\leftarrow$)	$(x, y-1) = 0$ 좌측으로 길이 있다.	$(x, y-1)$

　　이 미로문제를 풀어나가는 과정은 초기 상태로부터 적용 가능한 연산자들을 활용하여 다른 상태들을 생성하고, 그 상태가 목표상태가 될 때까지 상태공간에서 탐색해 나가는 과정으로 볼 수 있다. 즉, 여기서 탐색 전략은 탐색 트리나 탐색 그래프 상에서, 초기 상태로부터 목표 상태로 도달하는 경로(path)를 발견하는 방식으로 묘사할 수 있다.

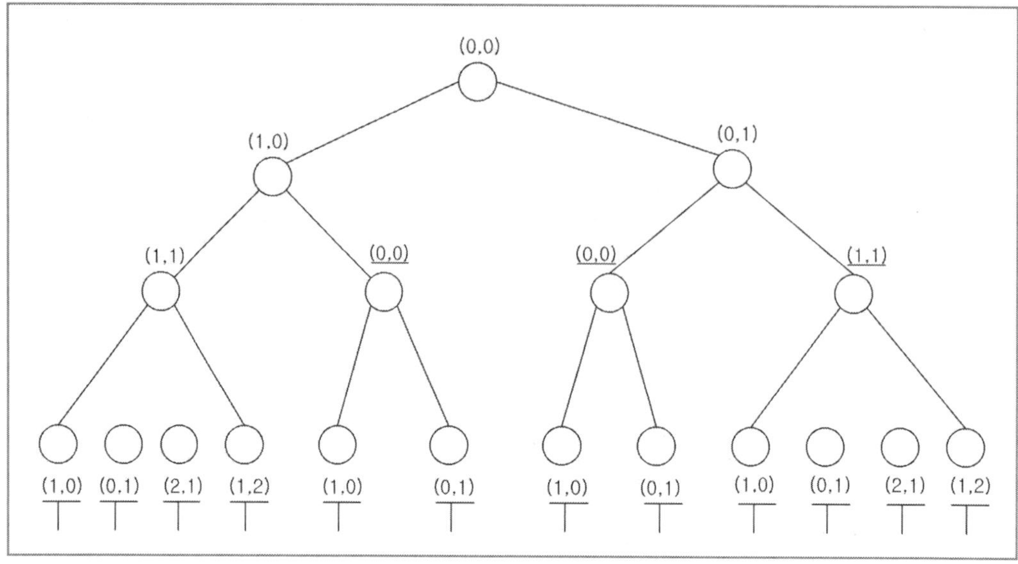

〈그림 2.2〉 거북이 미로의 탐색 트리

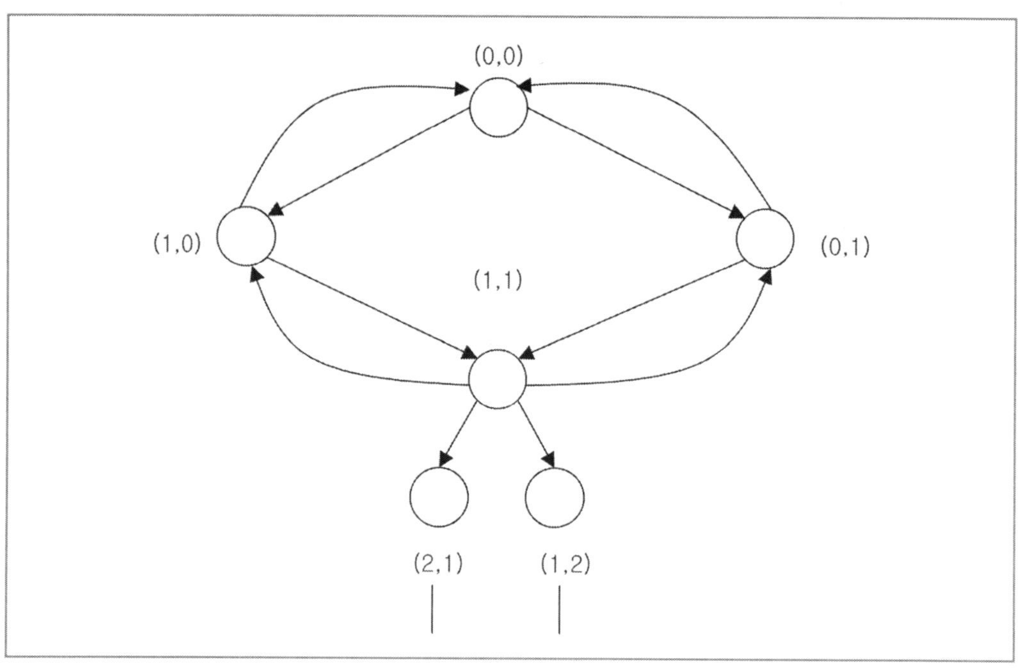

〈그림 2.3〉 거북이 미로의 탐색 그래프

인공지능에서 연구되는 탐색 문제의 중요한 속성은 이들 대부분이 지수적 폭발 문제라는 것이다. 즉, 시스템의 크기와 복잡도가 증가함에 따라 탐색해야할 상태공간의 수가 엄청난 비율로 증가되는 속성이 있다. 시스템의 크기가 어떤 파라미터 n으로 기술된다면 가능한 상태공간의 수는 보통 2^n 또는 $n!$이 된다. 지난 수년 동안에 걸쳐 효과적인 탐색기법에 대한 다양한 전략들이 수학과 컴퓨터과학 분야에서 등장하였다. 이러한 전략들은 탐색영역에 대한 지식이 없이 행해지는 무정보(uninformed) 탐색기법에서부터 탐색처리 속도를 높이기 위해 지식이 효과적으로 이용되는 휴리스틱 탐색기법에 까지 확대되었다. 즉, 탐색 기법은 모든 길을 다 찾아보는 방법인 무 정보 탐색과 가능성이 높은 곳만을 선별하여 찾아보는 방법인 휴리스틱 탐색으로 크게 구분할 수 있다. 많이 쓰이는 탐색 기법으로 깊이우선(Depth-first) 탐색, 너비우선 탐색(Breadth-first), 언덕등반(Hill climbing) 탐색기법, 최적우선(Best-first) 탐색, A* 알고리즘 등이 있다.

<표 34.2> 기본적 탐색 방법의 분류

	경로 탐색 기법
맹목적 탐색 (무정보 탐색)	깊이우선 탐색 너비우선 탐색
휴리스틱 탐색 (정보이용 탐색)	언덕등반 탐색 최적우선 탐색 A* 알고리즘

※ 쾨니히스베르크 다리 문제

옛 프러시아의 쾨니히스베르크를 흐르던 프레겔강에는 7개의 다리가 있다. 한 곳에서 출발해 7개의 다리를 한 번씩 모두 건너 제자리로 돌아올 수 있을까?

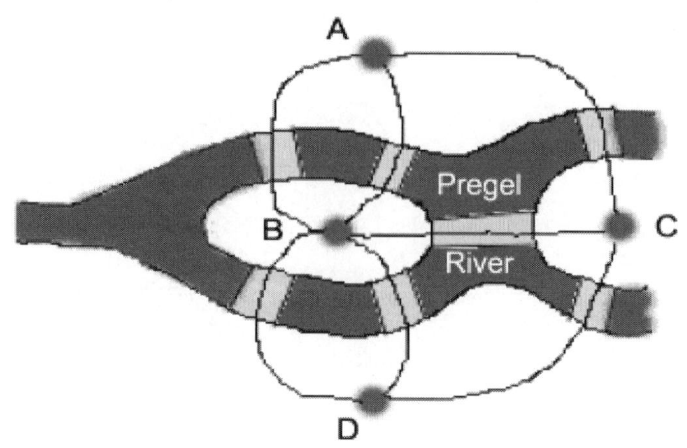

〈그림 2.4〉 쾨니히스베르크 다리

당시 사람들은 수많은 실제 경험을 통해 7개의 다리를 모두 건너 제자리로 돌아오는 것은 불가능하다고 믿게 됐다. 그런데 1736년 스위스의 수학자 오일러(Euler)가 각 지역을 점으로, 다리를 선으로 표현해 이 사실을 증명했다.

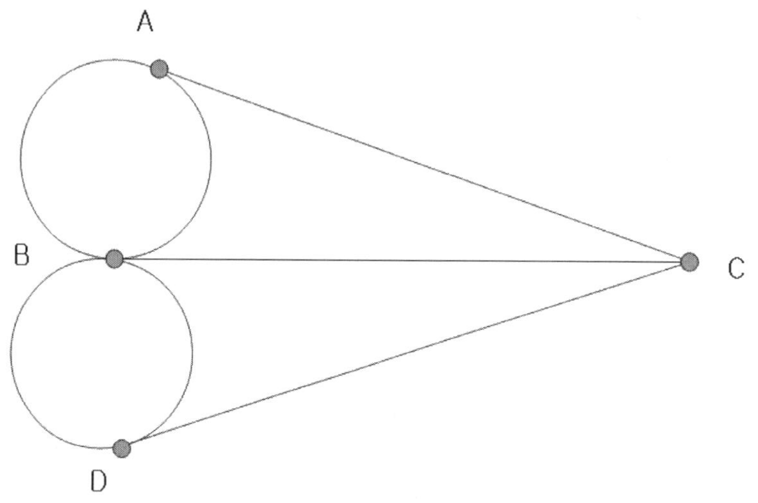

〈그림 2.5〉 쾨니히스베르크 다리의 그래프 모델

즉, 출발 지점으로 되돌아오려면 '나가는 길'과 '돌아오는 길'이 있어야 하므로 짝수개의 선이 연결된 점이 있어야 함을 증명하였다. 그래프에서 네 점 A, B, C, D는 모두 홀수

개의 변이 연결돼 있는 꼭지점이다. 따라서 어느 곳에서 출발하더라도 7개의 변(다리)을 지나 처음 위치로 돌아올 수 없다. 오일러 정리는 그래프 G가 오일러 사이클(Euler cycle)을 가지려면, G는 연결되어있고 각 정점(vertex)은 짝수차수를 가져야함을 말한다. 이와 관련하여 해밀턴 경로(Hamilton Path)라는 것이 있다. Hamilton(1805~1865)은 유명한 아일랜드 수학자이자 천문학자이며, 해밀턴 경로는 그래프 G 상에서 어떤 정점에서 출발하여 나머지 모든 정점을 한 번씩만 방문하여 처음 출발했던 정점으로 돌아하는 경로를 말한다. 또한 해밀턴 회로(Hamilton cycle)는 닫혀있는 해밀턴 경로를 말하며 해밀턴 회로는 여러 개가 있을 수 있다. 해밀턴 회로에 대한 대표적인 예는 순회판매원 문제(Travel Salesman Problem)이다. "세일즈맨이 모든 지점을 다 방문하고 회사로 돌아오기 위해서는 해밀턴 회로를 찾아야 한다."

맹목적 탐색(blind search)

맹목적 탐색기법은 목표 상태에 도달하기 위한 방법 중의 하나로 아무런 기준이나 목표에 대한 정보 없이 무작위로 탐색해나가는 방법으로 무정보 탐색(uninformed search) 또는 brute force search 라고도 한다. 이러한 방식을 사용하면 언젠가는 해를 찾게 되겠지만 체계적인 방법이 아니며 탐색의 효율이 떨어진다고 볼 수 있다. 이 방식은 마치 거대한 영국 박물관에서 특정 소장품을 이리저리 찾으러 다니는 것과 같다고 생각하여서 영국박물관 알고리즘(BMA : British Museum Algorithm)이라고도 부른다. BMA는 흔히 최악의 기법으로 알려져 있지만, 탐색 영역이 제한되어 있거나 적절히 축소될 수 있다면 간단하고도 유용한 알고리즘이 될 수도 있다.

2.1 깊이우선 탐색(DFS : Depth First Search)

깊이우선 탐색기법(DFS)은 트리의 전위 순회 방식을 일반화시킨 그래프 탐색기법으로 탐색트리의 수직방향으로 점차 깊은 곳까지 목표노드를 찾아 탐색해나가는 기법이다. 만약 목표 노드를 만나지 못하고 경로가 끝나게 되면 거꾸로 따라 올라가면서(backtracking) 탐사한 적이 없는 경로로 탐색을 계속 진행하게 된다. 즉, DFS는 탐색 트리의 최초 자식노드(child node)를 확장하여 목표상태(goal state)가 발견될 때까지 더 깊이 확장하는 탐색기법으로, 만일 자식노드를 갖지 않은 노드에 이르면 backtrack하여 다음 노드에서 다시 출발한다. 새로이 확장된 모든 노드들은 확장을 위해 LIFO 큐(stack)에 더해진다.

다음 그림은 전 탐색영역이 4 단계의 9개 노드로 구성되어 있고 5번 노드가 목표인 경우 깊이우선 탐색기법에 의해 탐색되는 순서를 보여준다. 그림에서와 같이 초기상태를 나타내는 1 번 노드에서 시작하여 먼저 종 방향으로 2, 3번 노드를 거치고 다음 단계에서

역 추적하여(backtracking) 4, 5번 노드를 차례로 거쳐서 최종 목표 노드인 5번 노드를 찾으면 탐색을 종료한다.

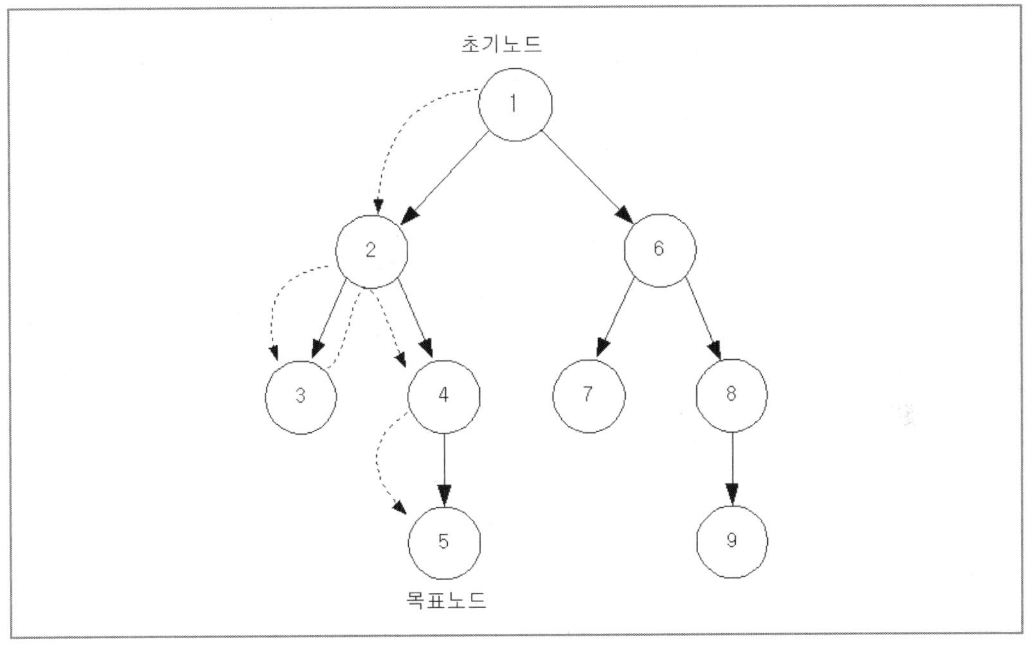

〈그림 2.6〉 깊이우선 탐색의 예

깊이우선 탐색에서는 탐색과정이 시작 노드에서부터 한없이 깊이 진행하는 것을 막기 위하여 보통 깊이 제한(depth bound)를 사용한다. 깊이 제한 보다 더 깊이 있는 노드는 탐색하지 않는다. 깊이우선 탐색에서는 현재 탐색중인 경로에 해당하는 부분과 그 경로 상에 있는 완전히 확장되지 않은 노드들에 대한 정보만을 정장하면 되므로 BFS에 비해서 메모리 필요량이 적을 수 있다. 물론 메모리 필요량은 깊이 제한에 비례한다. 깊이우선 탐색은 목표까지의 최단경로가 찾아진다는 것을 보장하지 않으며, 탐색과정에서 목표노드가 아주 가까이 있더라도 방대한 탐색공간을 방문해야 하는 문제점이 있다.

알고리즘의 관점에서 보면, 노드를 확장하여 얻어진 모든 자식 노드들이 LIFO큐(stack)에 더해진다. 실제로 구현 시, 이웃 노드들을 위해 아직 검사되지 않은 노드들은 "open" 상태라고 불리는 어떤 용기(리스트 A) 에 놓여지게되고, 일단 검사되면 "closed" 상태라고 불리는 용기(리스트 B)에 놓여진다. 이러한 깊이 우선 탐색기법의 알고리즘은 다음과 같다.

① 초기 노드를 노드들의 리스트인 리스트 A(Open list, 아직 조사하지 않은 상태들)에 저장

② 만일 리스트 A가 비었으면 해가 존재하지 않는다.

③ 리스트 A에 있는 첫 번째 노드 n을 탐색트리상의 노드들의 집합인 리스트 B(Closed list, 이미 조사한 상태들)로 옮기며, 탐색 트리 상에 노드 n을 첨가하고, 노드 n과 노드 n의 부모노드를 아크로 연결한다.

④ 노드 n이 목표노드이면 탐색이 종료된다. 목표노드가 아니고, 만일 노드 n의 깊이가 주어진 깊이 제한 T_1과 같다면, ②로 간다.

⑤ 노드 n의 모든 자식노드를 구한다. 만일 n이 아무런 자식 노드들을 가지지 않는다면 ②로 간다.

⑥ 노드 n의 모든 자식 노드들을 리스트 A의 처음 부분에 정해진 순서에 따라 위치시키고 ②로 간다.

앞의 거북이가 출구를 찾는 미로 문제의 예에서 DFS에 의한 탐색 과정은 다음 그림과 같다. 여기서 깊이 제한 $T_1 = 3$이 된다.

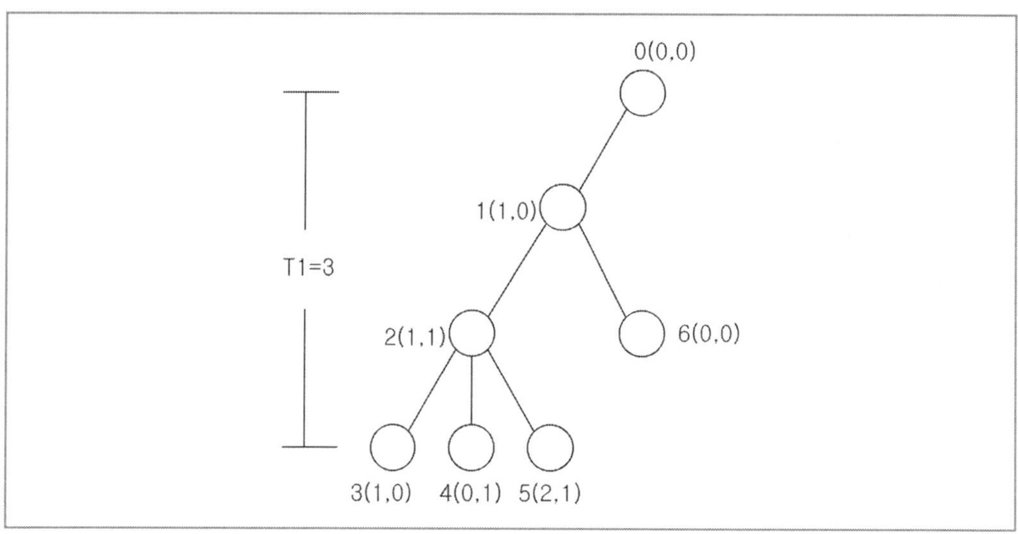

〈그림 2.7〉 거북이 미로 문제에서 깊이우선 탐색 과정의 예

이러한 깊이우선 탐색기법의 장점과 단점은 다음과 같다.

■ 장 점

① 단 현 경로상의 노드들만 기억하면 되므로 저장 공간의 수요가 비교적 적다.
② 목표 노드가 깊은 단계에 있을 경우에는 해를 빨리 구할 수 있다.

■ 단 점

① 해가 없는 경로에 깊이 빠질 위험성이 있다. 따라서 실제의 경우 미리 지정한 임의의 깊이까지만 탐색하고 목표노드를 발견하지 못하면 다음의 경로를 따라 탐색하는 방법이 유용할 수 있다.
② 얻어진 해가 최단 경로가 된다는 보장이 없다. 이는 목표에 이르는 경로가 다수인 경우에 깊이 우선 탐색에서는 해에 다다르면 탐색을 종료해버리므로 이때 얻어진 해는 최적이 아닐 수도 있다는 의미이다.

2.2 너비우선 탐색(BFS : Breadth First Search)

너비우선 탐색기법은 깊이우선 탐색기법과는 달리 뿌리노드의 모든 자녀 노드를 탐색한 후에 목표노드가 발견되지 않으면 다시 이들을 확장하고 새로이 생성된 노드를 모두 탐색하는 식으로 모표 노드를 만날 때까지 단계별로 횡방향의 탐색을 진행해나가는 방식이다. 너비우선 탐색은 목표노드가 찾아지면 목표노드까지의 최단 경로가 찾아진다는 특성이 있다. 반면에 저장해야할 트리의 크기가 크고 목표노드의 깊이에 따라 지수적으로 증가한다는 단점이 있다. 즉 메모리 용량이 BFS보다 더 커야 한다. 균일비용 탐색(uniform-cost search)은 너비우선 탐색의 변형으로, 노드들이 시작노드에서부터 같은 깊이의 등심선(contour)이 아닌 같은 비용(cost)의 등심선을 따라 확장되는 것을 의미하며, 만일 탐색 그래프의 모든 아크의 값이 동일하다면 너비우선 탐색과 같은 것이 된다. 이러한 균일비용 탐색은 휴리스틱 탐색의 특수한 경우라고 할 수도 있다.

다음 그림은 5번 노드가 목표 노드인 경우 너비우선 탐색기법에 의해 탐색되는 순서를 보여준다. 그림에서와 같이 초기상태를 나타내는 1번 노드에서 시작하여 먼저 횡 방향으로 2, 6번 노드를 거치고 다음 단계 에서 다시 횡 방향으로 3, 4, 7, 8번 노드를 차례로 거친 다음 목표노드인 5번 노드에 도달하면 탐색을 종료한다.

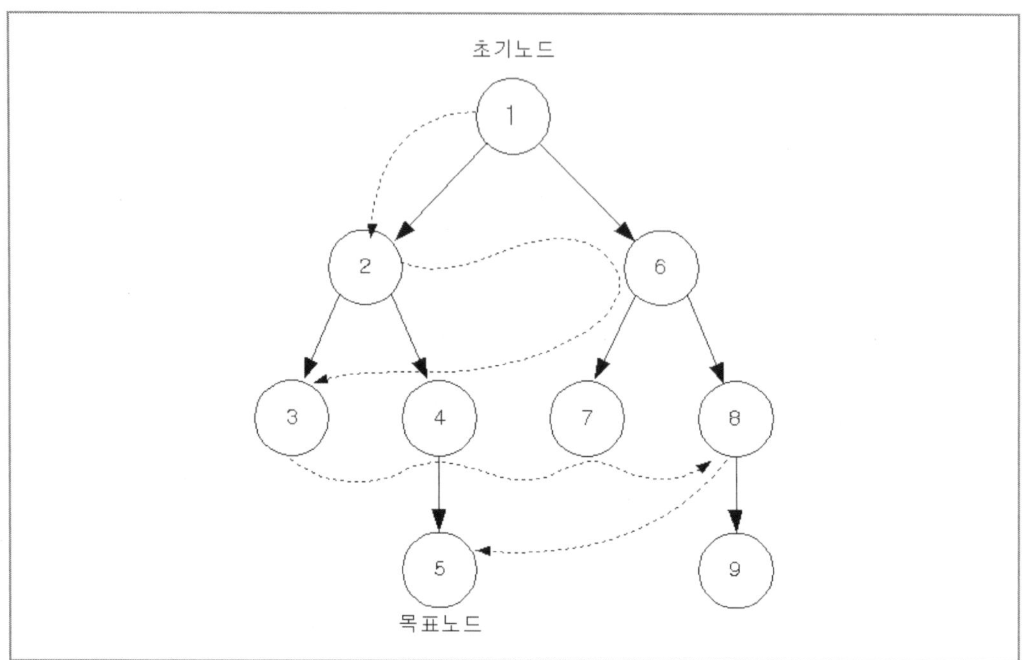

〈그림 2.8〉 너비우선 탐색의 예

알고리즘의 관점에서 보면, 노드를 확장하여 얻어진 모든 자식 노드들이 FIFO 큐(queue)에 더해진다. 실제로 구현 시, 이웃 노드들을 위해 아직 검사되지 않은 노드들은 "open" 상태라고 불리는 어떤 용기(리스트 A)에 놓여지게 되고, 일단 검사되면 "closed" 상태라고 불리는 용기(리스트 B)에 놓여진다. 이러한 너비 우선 탐색기법의 알고리즘은 다음과 같다.

① 초기노드를 트리 상에서 생성되지 않은 노드들의 리스트인 리스트 A에 둔다. 만일 이 노드가 목표노드이면 탐색이 종료된다.

② 만일 리스트 A가 비었으면, 아무런 해도 없다.

③ 리스트 A에 있는 첫 노드 n을 생성된 노드들의 리스트인 리스트 B로 옮긴다. 트리 상에 노드 n을 생성하고, 노드 n과 이의 부모노드와 아크로 연결한다.

④ 노드 n이 목표노드이면 탐색을 종료한다. 아니면 노드 n의 자식 노드들을 구한다. 만일 이 노드가 아무런 자식 노드들도 가지지 않는다면, ②로 간다.

⑤ 노드 n의 모든 자식 노드들을 리스트 A의 마지막 부분에 위치시키고 ②로 간다.

앞의 거북이가 출구를 찾는 미로 문제의 예에서 BFS에 의한 탐색 과정은 다음 그림과 같다.

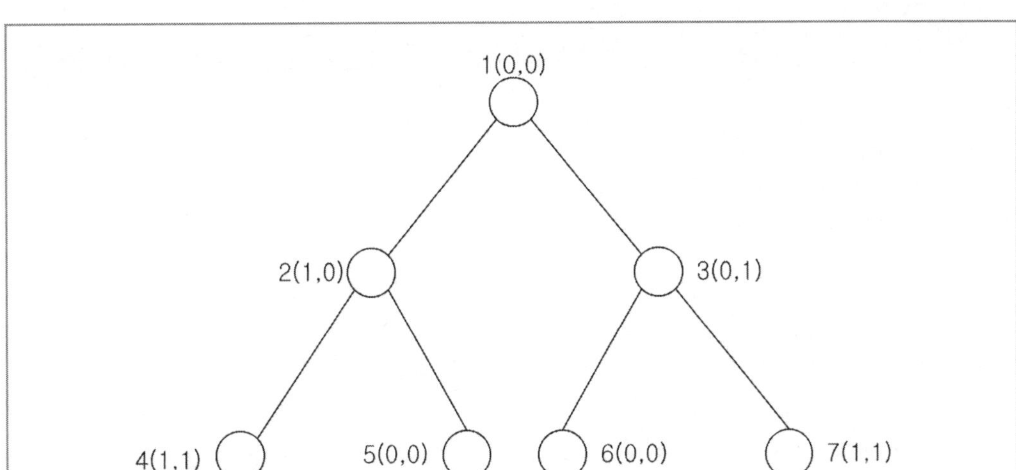

〈그림 2.9〉 미로 문제에서 너비우선 탐색 과정의 예

이러한 너비우선 탐색기법의 장점과 단점은 다음과 같다.

■ 장 점

① 목표에 이르는 최단 경로를 찾을 수 있다. 즉 목표에 이르는 경로가 다수 일 때 횡
   방향 우선 탐색기법에 의해 최초로 만나는 목표노드는 최저의 깊이에 있는 것이므
   로 당연히 초기 상태로부터 목표 상태에 이르는 최단 경로를 얻게 된다.
② 각 깊이 단계마다 존재하는 모든 노드를 차례로 점검해나가는 기법이므로 해가 존
   재한다면 반드시 찾을 수 있다.
③ 가지의 수가 많지 않고 얕은 깊이에 해가 존재할 때 유리하다.

■ 단 점

① 실제로 많은 문제들은 한 단계씩 깊이가 더해질수록 급격히 노드의 수가 늘어가는
   경향이 있음을 고려할 때 탐색시간이 비현실적으로 길어질 가능성이 있다.
② 너비우선 탐색의 경우 지나온 모든 노드들을 저장하게 되므로 기억 공간에 대한 요
   구가 과중할 수 있다.

휴리스틱 탐색(heuristic search)

휴리스틱 탐색은 목표 노드에 대한 정보가 없이 탐색을 행하는 맹목적 탐색방법과는 달리 목표노드에 대한 유용한 정보(휴리스틱)를 갖고서 탐색하는 방법으로 경험적 탐색 또는 유정보 탐색이라고도 이다. 휴리스틱 탐색은 논리적으로 혹은 수학적으로 증명할 수 없으나 경험이나 직관에 의해 효율적으로 해를 얻을 수 있으리라는 기대를 갖게 하는 어떤 정보에 의해서 탐색을 행함으로써 탐색공간을 줄이는 효율적인 탐색기법이다. 즉, 휴리스틱 탐색에서는 문제의 특성에 대한 정보인 휴리스틱에 따라 목표까지의 가장 좋은 경로 상에 있다고 판단되는 우선적으로 방문하도록 탐색이 진행된다. 이때, 휴리스틱은 탐색공간에 관한 정보를 탐색에 활용하여 탐색공간을 줄이거나, 최선의 해는 아닐지라도 해로 사용가능한 근사치를 빨리 찾을 수 있도록 하는 유용한 정보로 작용한다. 간단히 말해서 그 문제에만 독특한 어떤 휴리스틱이 탐색에 대한 하나의 가이드로서 사용된다. 이러한 휴리스틱 탐색의 기본적 아이디어는 다음과 같다.

- 다음에 어떤 노드를 확장하는 것이 최선인지를 결정하는데 도움이 되는 휴리스틱 평가함수를 $\hat{f}$이라고 명명하고 $\hat{f}$값이 작을수록 더 좋은 노드를 나타내는 것이라고 가정한다. 평가함수 $\hat{f}$은 특정 문제영역에 대한 정보를 기반으로 하며, 각 상태 표현에 대해 실수 값을 갖는다.
- $\hat{f}$값이 가장 작은 노드를 다음에 확장할 노드로 선택한다.
  $\hat{f}$값이 같은 값을 갖는 노드들은 무작위로 선택된다.
- 다음에 확장할 노드가 목표 노드이면 탐색을 종료한다.

대표적인 휴리스틱탐색 기법으로 언덕등반(Hill climbing) 탐색 기법, 최적우선(Best-first) 탐색기법, A* 알고리즘 등이 있다.

3.1 언덕등반 탐색(Hill Climbing Search)

언덕등반 또는 언덕오르기 탐색기법은 기본적으로는 아직 탐색하지 않은 노드에 대한 정보는 가지고 있지만 특정 노드에 대한 국지 지식(local knowledge)을 이용하여 탐색을 행한다. 이때, 국지지식은 현재 노드와 이전 노드간의 평가함수에 대한 경사도 형태로 나타난다.

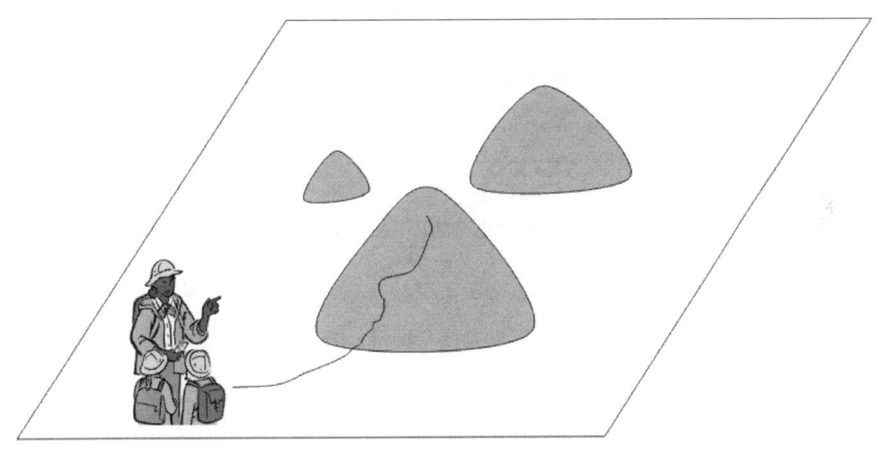

〈그림 2.10〉 언덕등반 탐색기법의 개념도

다시 말해서 언덕등반 기법은 차이 감소법(difference reduction)에 의한 탐색기법으로 현재 상태와 목표상태의 차이를 줄여서 목표에 접근하는 방법이다. 즉, 목표가 땅에서 가장 높은 지점(산 정상)이라고 상상할 때, 거기에 도달하는 방법은 항상 위로 올라가는 단계를 밟는 것이다. 목표와 현재 상태 간의 차이를 줄이면서 목표를 향해 '더 높은' 단계를 밟아가는 방식으로 등산가는 정상(목표 상태)에 도달하게 된다. 이러한 휴리스틱은 사람의 직관적인 문제해결 과정과 유사하며 기본 과정은 다음 예와 같다.

어떤 산악등반 팀이 짙은 안개 속에서 지도를 갖고 있지 않으며 그들의 위치를 파악하기 위한 장비로 오직 고도계와 나침반(compass)만을 갖고 있다고 할 때, 정상에 오르기 위한 최선의 전략은 고도계와 나침반을 이용해 언덕의 경사도를 계산하여 경사가 급한 쪽으로 먼저 올라가는 것이다.

109

이러한 언덕등반 탐색기법은 국지 영역에 대한 지식을 이용하여 비생산적인 탐색공간을 줄이는 매우 유용하고 효과적인 휴리스틱을 제공해준다. 즉, 언덕등반 탐색기법은 유정보 탐색기법으로 정상이 가지고 있는 특성-정상에 위치하지 않은 경우는 항상 높은 쪽으로 유도하고, 정상에 위치한 경우는 다른 모든 길은 낮은 쪽으로 가는 것-을 지식으로 이용하여 탐색을 수행한다. 이 기법은 일종의 깊이우선탐색의 변종인데 탐색방향은 국지 평가함수가 유도해준다. 언덕 오르기 방법은 보통 현재의 점보다 높은 고도를 가진 인접한 점이 없으면 탐색이 종료되는 특성을 가진다. 이런 특성으로 해서 실제 등반가들이 안개 속에서 엉뚱한 정상으로 가서 길을 잃어버리는 것과 마찬가지로 언덕등반 탐색기법에서도 작은 언덕(foothill, local maxima) 문제, 능선(ridge) 문제, 고원(plateau) 문제 등에 빠져서 목표 노드의 탐색에 실패할 수가 있다. 즉, 작은 언덕(지역 최대값)을 정상이라고 생각하여 탐색을 중단하여 목표에 이르지 못할 것이다. 또한 고원(plateau)과 같은 평탄한 곳에서는 비교할 대상을 찾지 못해 어떤 방향으로 가야할지를 결정 못해서 목적 없이 방황할 수 있다. 어느 완만한 산등성이(ridge)에서는 목표인지 알고 내려올 수도 있겠지만 그것이 정상은 아니다. 그러나 잘 정의된 문제영역에 있어서 언덕등반 기법의 성공적인 동작에서 오는 이점은 때때로 발생하는 실패를 보상하고도 남는다. 언덕등반 탐색기법의 알고리즘은 다음과 같다.

① 근 노드(root node)를 queue Q에 넣어 첫 번째 요소로 한다. 이후 깊이 우선 탐색을 수행한다.

② Q가 비어 있든가 목표에 이를 때까지 수행한다. Q에 있는 첫번째 요소가 목표(잔여 거리가 0인 상태)인지를 결정한다. 만일 목표가 아니라면 Q에서 첫 번째 요소를 제거하고, 그 자식노드들을 잔여 거리에 따라 정렬하고(sorting), 정렬된 리스트를 Q의 앞쪽에 배치한다. 목표가 아닌 상태에서 자식노드가 없으면 부모노드로 간다.

③ 만일 목표에 도달하면 성공이며, 그렇지 않으면 실패이다.

3.2 최적우선 탐색(Best-first search)

최적우선 탐색은 지역적으로 확장된 트리의 모든 노드 중에서 가장 좋은 노드부터 먼저(best-first) 탐색을 시작한다. 즉, 어떠한 휴리스틱에 따라서 최근의 모든 경로(path)

들을 순서화하여 깊이우선 탐색을 최적화하는 탐색 알고리즘이다. 이 때 사용되는 휴리스틱은 어떤 경로의 끝이 해(solution) 에 얼마나 근접한 것인지를 예측하기위한 것이며, 해에 더 가깝다고 판정되는 경로들을 먼저 확장한다.

최적우선 탐색에 대한 기본적인 알고리즘은 1971년 Nilsson이 처음 만들었다. 출발상태 S에서 후계 노드들이 생성되고 각각의 노드에 대해서 평가함수 을 계산하여 그 노드의 가능성을 평가한다. 최소의 $\hat{f}$값을 갖는 노드가 가장 높은 가능성을 가진 노드로 추정하여 그 노드가 먼저 확장이 되고 그 노드의 후계 노드들에 대해서도 평가함수 $\hat{f}$값이 적용된다. 후보 중에서 어떤 경로를 확장하는 것이 가장 좋은가 하는 효율적인 선택은 일반적으로는 우선순위 큐(priority queue)를 사용하여 구현된다. 우선순위 큐는 큐 내의 요소 중 우선순위가 가장 높은 것이 큐의 가장 앞에 놓이는 큐를 말한다. 최적우선 탐색에서는 이러한 우선순위 큐를 사용하여 언덕등반 탐색에서 생길 수 있는 지역 최고(local maxima)에 빠지지 않고 탐색을 수행 할 수 있게 한다. 이러한 최적우선 탐색기법의 알고리즘은 다음과 같다.

① 초기 노드를 노드들의 리스트인 리스트 A(Open list, 아직 조사하지 않은 상태들)에 저장

② 만일 리스트 A가 비었으면 해가 존재하지 않는다.

③ 리스트 A에 있는 첫 번째 노드 n을 탐색트리상의 노드들의 집합인 리스트 B(Closed list, 이미 조사한 상태들)로 옮기며, 탐색 트리 상에 노드 n을 첨가하고, 노드 n 과 노드 n의 부모노드를 아크로 연결한다.

④ 노드 n이 목표노드이면 탐색이 종료된다. 목표노드가 아니고, 만일 노드 n의 깊이가 주어진 깊이 제한 T_l과 같다면, ②로 간다.

⑤ 노드 n의 모든 자식노드를 구한다. 만일 n이 아무런 자식 노드들을 가지지 않는다면 ②로 간다.

⑥ 노드 n의 모든 자식 노드들을 리스트 A에 넣고 휴리스틱 값($\hat{f}$값)에 따라 리스트 A를 재 정렬하고 ②로 간다.

3.3 A* 알고리즘

A* 알고리즘은 초기 노드에서 목표 노드까지의 경로를 찾는 그래프 탐색 알고리즘으로 목표 노드까지의 가장 좋은 경로를 추정하기 위해 각 노드에 랭킹을 부여하는 "heuristic estimate"를 사용한다. 즉, 다른 그래프 탐색 알고리즘과 달리 A* 알고리즘은 목표에 얼마나 근접한 것인지를 평가하는 휴리스틱 함수를 사용하여 이 함수에 의해 먼저 가장 바람직한 방향을 탐색하게 된다. 그 방향이 실패하면 다른 경로를 찾게 된다. 따라서 A* 알고리즘은 최적우선 탐색(best-first search)의 한 예이다. 어떤 문제는 목적노드만을 찾는 것이 중요한 것이 아니고 시작노드에서 목적노드까지 최단경로를 찾아야 하는 경우도 있다. A* 알고리즘은 그래프에서 최단경로를 찾는 것을 보장하며 최소의 계산으로 수행하는 매우 우수한 탐색기법이다.

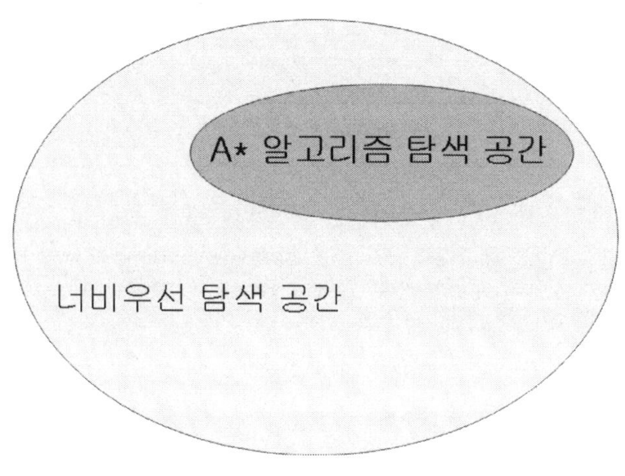

〈그림 2.11〉 탐색 공간의 비교

A* 알고리즘은 휴리스틱 방법과 형식적 방법(formal method)을 결합하기 위해 1968년에 개발되었다. A* 알고리즘은 많은 종류의 문제 해결에 이용되어 왔으며 특히 게임 개발에서 효율적인 경로 찾기(path finding)방법으로 많이 쓰인다. A* 알고리즘은 공간 안의 어떤 특정 상태(state)에서 인접한 상태를 조사해 나가면서 시작 상태에서 목표 상태까지 가장 싼 비용의 경로를 찾는 알고리즘이다. 최단경로를 찾는 문제에서 유명한 Dijkstra 알고리즘도 A* 알고리즘의 변형된 형태로 볼 수 있다.

이러한 A* 알고리즘의 탐색 기본전략은 아직 조사하지 않은 상태들 중 가장 유용할거 같은 상태를 먼저 조사하는 과정을 반복하는 것이다. 조사 중 목표된 상태라고 판단되면 탐색이 종료되고, 그렇지 않으면 목표에 도달할 때까지 계속 인접 상태를 조사해나간다. A* 알고리즘이 관리하는 상태 리스트(state list)는 두 종류이다. 하나는 아직 조사하지 않은 상태들이 담긴 'Open list'이고 다른 하나는 이미 조사한 상태들을 담은 'Closed list'이다. 알고리즘 관점에서 볼때, A*의 탐색 방법은 다음과 같다. 처음 탐색 알고리즘을 시작할 때 탐색된 곳이 없으므로 Closed list들은 비어 있고, Open list는 처음 위치, 즉 시작 상태만 갖고 있다. 탐색 알고리즘이 수행되면서 Open list 중 가장 유망한 것 하나를 가져와 다음 상태를 계산하고, 이들은 Open list에서는 삭제된다. 만일 그 상태가 목표 상태가 아니면 인접한 위치들을 정렬해서 아직 탐색되지 않은 곳이라면 Open list 에 넣고, 이미 Open list에 있는 것 일 때는 그 위치를 통하는 새로운 경로가 이전 보다 비용이 싸면 그 상태의 정보를 갱신해준다. 반대로 그 위치들이 Closed list에 있는 것이라면 이미 탐색한 것이므로 무시한다. 만일 목표에 도달하기 전에 Open list가 빈다면 이 것은 출발 지점에서 목표한 곳으로 가는 경로가 존재하지 않는다는 뜻이다.

이러한 A* 알고리즘의 특성은 다음과 같다.

- A*는 시작으로부터 목표에 이르는 하나의 경로를 찾는다.
- A*는 최적의 경로를 찾는다.
- A*는 휴리스틱을 가장 효율적으로 사용한다.

A* 알고리즘에서 목표 노드까지의 최단경로 탐색을 하기 위해서 평가함수는 다음의 두 가지 사항을 고려한다.

① $g(n)$을 시작노드(노드 n_0)에서 현재 노드(노드 n)까지의 최단 경로의 실제 값이라고 가정한다.

② $h(n)$을 현재 노드(노드 n)와 목표노드 사이의 최단 경로의 실제 값이라고 가정한다.

그러면 평가 함수 $f(n) = g(n) + h(n)$이 되고, 이것은 시작노드에서 목표 노드까지 노드 n을 통하여 갈 수 있는 모든 가능한 경로 중에서 최단경로의 비용을 의미한다. 그리고 $f(n_0) = g(n_0)$는 시작노드 n_0에서 목표 노드까지의 (조건 없는) 최단 경로의 값을 나타낸다. 여기에서 $g(n)$은 지금까지의 탐색 결과에 의하여 구할 수 있다. 즉, $g^*(n)$ (깊이 요소)를 A*에 의하여 지금까지 발견된 노드 n까지의 경로 중에서 최단 경로의 값이라고 하자. 하지만 h(n)은 아직 정확히 알지 못하는 거리이므로 h(n)은 휴리스틱 요소인 현재 노드 n에서 목표노드까지의 추정치(estimate value)를 사용하여 h*(n)으로 표시하면 평가함수 f(n)은 다음과 같은 f*(n)으로 표시할 수 있다. 이때, f*(n)은 초기 상태에서 노드 n을 거쳐 목표 상태에 도달하는 전체 경비의 추정치가 된다.

$$f^*(n) = g^*(n) + h^*(n)$$

이렇게 되면 A* 알고리즘은 f*(n)을 평가함수로 사용하고 최고우선 탐색을 수행하는 알고리즘으로 볼 수 있다. 최고우선 탐색 알고리즘에서는 현재노드에서 목표노드까지의 추정치 h*(n)만을 사용하지만 A* 알고리즘은 최고우선 탐색 알고리즘보다 더 많은 정보(깊이요소, g*(n))를 사용함을 알 수 있다.

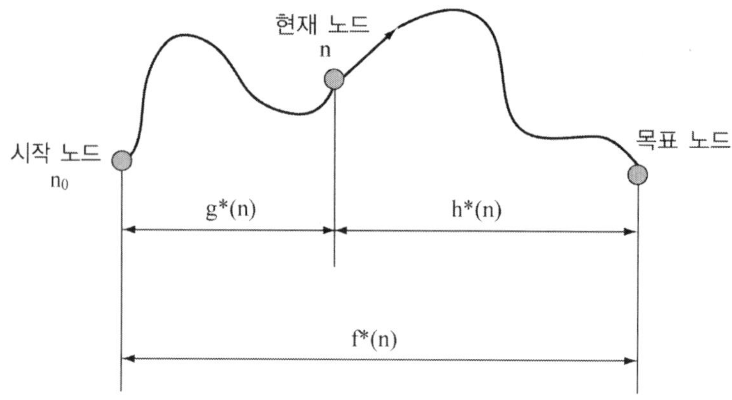

〈그림 2.12〉 A* 알고리즘의 개념도

만일 A* 알고리즘 에서 $h^*(n)=0$이면 너비우선 탐색과 같게 된다. A* 알고리즘이 항상 최단 경로를 찾는 것을 보장하는 그래프 G와 추정치 함수 $h^*(n)$에 대한 조건은 다음과 같다.

- G의 각 노드는 유한개의 자식 노드를 갖는다.
- 그래프의 모든 아크는 임의의 양수 ϵ 보다 큰 값을 갖는다.
- G의 모든 노드 n에 대하여 $h^*(n) \leq h(n)$이다.

즉, 추정치 $h^*(n)$는 실제 값 $h(n)$를 넘지 않아야 한다. 휴리스틱 탐색에서는 평가함수를 어떻게 만드느냐에 따라 탐색의 효율이 크게 달라진다. 예를 들면 8-퍼즐 문제(타일 맞추기 문제)에서 목적 상태와 일치하는 타일의 개수를 평가함수 값으로 사용함으로써 탐색공간을 효과적으로 줄일 수 있다.

전통적인 탐색문제들

4.1 하노이 탑 문제

하노이(베트남의 도시)탑에 관한 문제의 고안자로 Lucas(프랑스인, 1842년)라는 수학자가 알려져 있다. 1883년 Claus라는 이름으로 이 하노이 탑 문제가 처음 나타났다. 가만히 살펴보면, Claus라는 이름은 Lucas라는 이름의 철자를 뒤바꿔 놓은 것임을 알 수 있다. 하노이에는 세계의 중심이 있고 그곳에는 아주 큰 사원이 있다는 전설이다. 이 사원에는 높이 50cm 정도 되는 다이아몬드 막대가 3개 있다. 그 중 한 막대에는 천지 창조 때 신이 구멍을 뚫은 64장의 순금으로 된 원판을 크기가 큰 것부터 아래에 놓이도록 하면서 차례로 쌓아 놓았다. 그리고 신은 승려들에게 밤낮으로 쉬지 않고 한 장씩 원판을 옮겨 빈 다이아몬드 막대 중 어느 곳으로 모두 옮겨 놓도록 명령하였다. 원판은 한 번에 한 개씩 옮겨야 하고, 절대로 작은 원판 위에 큰 원판을 올려놓을 수 없다. 64개의 원판이 다른 한 막대로 모두 옮겨졌을 때에는 탑과 사원, 승려들은 모두 먼지가 되어 사라지면서 세상의 종말이 온다는 내용이다. 원판의 개수가 2인 경우를 살펴보자. 다음 그림과 같이 최소한 3번 이동하면 다른 막대로 옮겨짐을 알 수가 있다.

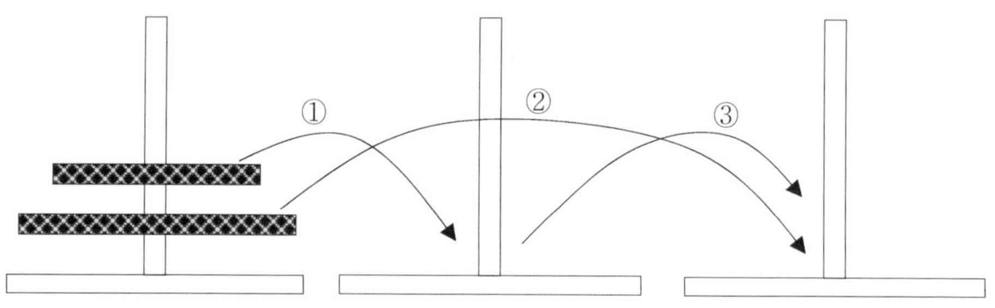

〈그림 2.13〉 원판이 두 개인 하노이 탑 문제

그리고 원판의 개수가 3이면, 최소이동 수는 7번이 됨을 알 수가 있다. 이와 같은 방식을 수학적으로 정리해보면, 원판의 개수를 n이라 하고 원판의 최소 이동수 $M=2^n-1$이 된다. $n=2$일 때 $M=2^2-1=3$, $n=3$일 때 $M=2^3-1=7$이다. 이러한 식으로부터 추측하면 64개의 원판을 옮기는 데는 $2^{64}-1$번이라는 것을 알 수가 있다. 전설에 의하면 한 번 옮기는 시간을 1초 걸린다고 가정하면 64개를 옮기는 데는 $2^{64}-1$초가 걸린다는 것을 알 수 있다. 이를 연수로 환산하면 대략 5833억년 정도라고 한다. 태양은 46억년 동안 활동해온 것으로 보이며 향후 50억년은 더 태울 연료가 남아 있다고 과학자들은 추정하고 있는데 하노이 탑을 옮기는 데 5833억년 정도가 걸리므로 그 안에 지구의 종말이 온다는 것은 과학적으로 어느 정도 타당성이 있다고도 볼 수 있다.

■ 상태공간과 연산자

하노이 탑 문제의 해를 얻는 가장 단순한 방법은 우연히 목표상태의 탑 모양을 얻을 때까지 원판들을 가능한 모든 방법으로 움직여 보는 것이다. 여기서는 문제를 간단히 하기 위해 원판이 3개인 하노이 탑 문제를 상태 공간 트리를 만들어 해결하는 방법에 대해서 기술한다. 이 문제는 3개의 기둥 1, 2, 3과 3개의 각기 크기가 다른 원판 A, B, C를 갖는 하노이 탑 문제이다. 초기 상태에서 기둥 1에 가장 큰 원 C는 가장 밑에 놓이고 가운데에 원판 B가 놓이고, 가장 작은 원판인 A는 제일 위에 놓여 있다. 항상 기둥의 제일 위에 있는 원판만을 움직일 수 있고, 어떤 경우에서도 큰 원판이 작은 원판위에 놓일 수 없다.

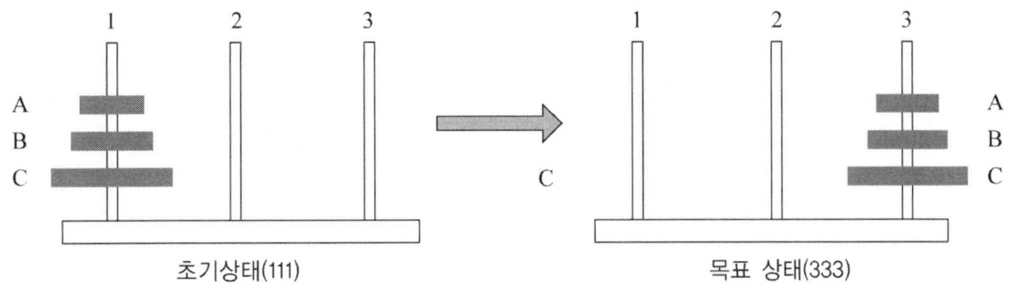

〈그림 2.14〉 원판이 3개인 하노이 탑 문제

이 문제를 풀려면 문제의 상태와 초기 상태, 목표 상태, 그리고 문제에 사용되는 연산자를 정의할 필요가 있다. 문제 상태는 임의의 하나의 판의 형태가 될 것이다. 위 그림의 예에서 문제의 상태와 초기 상태, 목표 상태를 정의하면 다음과 같다.

- 문제의 상태 공간(state) 정의 : $(x_C,\ x_B,\ x_A)$
  - x_A : 원판 A가 놓이는 기둥의 번호
  - x_B : 원판 B가 놓이는 기둥의 번호
  - x_C : 원판 C가 놓이는 기둥의 번호

- 초기상태(initial state) : (1 1 1)
- 목표상태(goal state) : (3 3 3)

연산자는 어느 한 상태에서 다른 상태로 바꿔주는 역할을 수행하며 이 문제에서는 원판의 움직임에 따라 정의된다. 이 문제에서 문제풀이 과정은 초기 상태를 목표 상태로 전환시키는 일련의 가해질 수 있는 연산자들의 집합을 찾아내는 것과 같다. 이 문제를 풀기 위한 연산자를 정의하면 다음과 같다.

move(원판 이름, from 기둥번호, to 기둥번호)

주어진 문제인 원판이 3개인 하노이 탑 문제를 풀기 위해서 정의된 각 상태들의 집합으로 구성된 문제의 해 탐색을 위한 상태 공간을 묘사하면 다음 그림과 같이 표현될 수 있다.

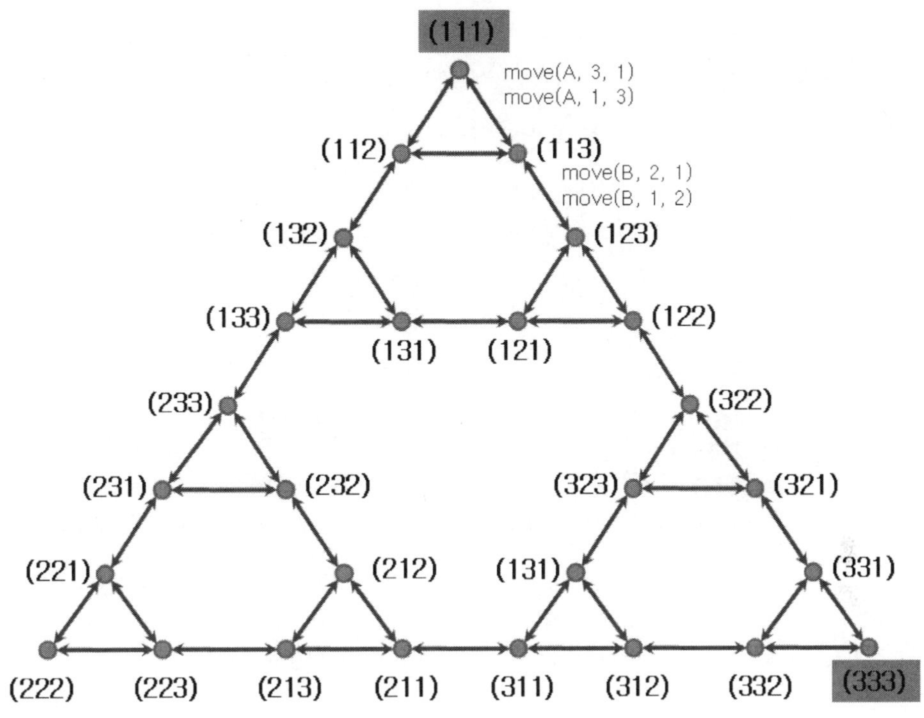

〈그림 2.15〉 하노이 탑 문제의 전체 상태공간(3개 원판의 경우)

■ 탐색공간의 축소에 의한 풀이

일반적으로 입력 n을 원판의 개수라고 하고 n개의 원판을 효과적으로 옮기는 방법은 다음과 같다. 위쪽에 있는 (n−1)개의 원판을 모두 다른 막대로 옮긴 후에 맨 아래 원판을 빈 막대로 옮기고, 다시 그 위에 (n−1)개의 원판을 옮겨 놓으면 된다.

{1→2로 (n-1)개 원판 이동}+{1→3으로 원판 1개 이동}+{2→3으로 (n-1)개 원판 이동}

이러한 방법을 적용하면 주어진 원래의 하노이 탑 문제는 다음과 같이 단순화시킬 수 있다.

① 1 → 2로 2개(A, B) 원판 이동
② 1 → 3으로 원판 C 이동
③ 2 → 3으로 2개(A, B) 원판 이동

　또한 휴리스틱을 적용하여 문제를 분석해보면 가장 작은 원판 A는 초기단계에서 기둥 3에 위치하는 것(x, y, 3)이 목표달성에 유리하며, 문제 풀이 중간과정에서 가장 큰 원판인 C가 기둥 3의 맨 밑바닥에 위치하여야(3, x, y) 한다는 것이다. 이러한 휴리스틱 정보를 적용하면 상태 공간은 아래 그림에 나타난 바와 같이 대폭적으로 축소될 것이다. 이에 따라 불필요한 탐색이 많이 배제되어 탐색 효율이 매우 높아질 것이다.

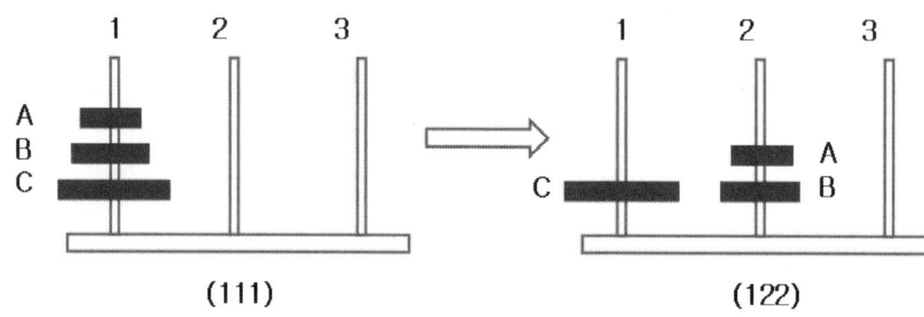

〈그림 2.16〉 원판 A와 B를 기둥 2로 옮기는 단계

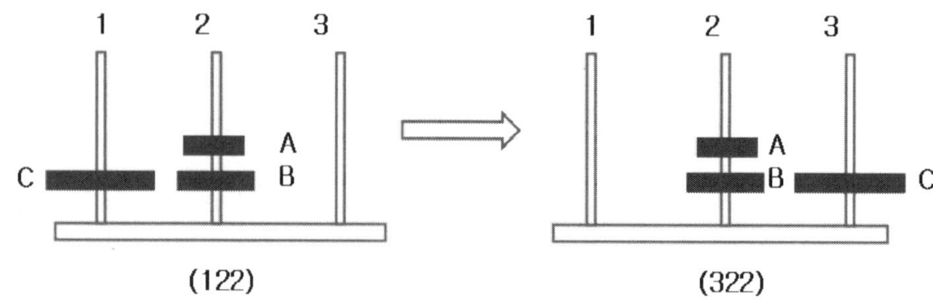

〈그림 2.17〉 원판 C를 기둥 3으로 옮기는 단계

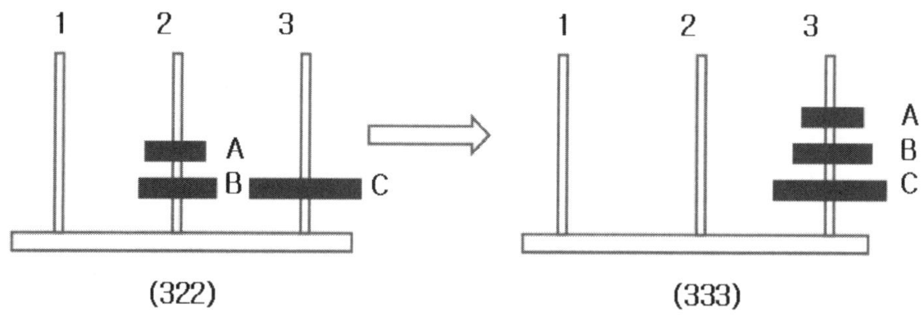

〈그림 2.18〉 원판 A와 B를 기둥 3으로 옮기는 단계

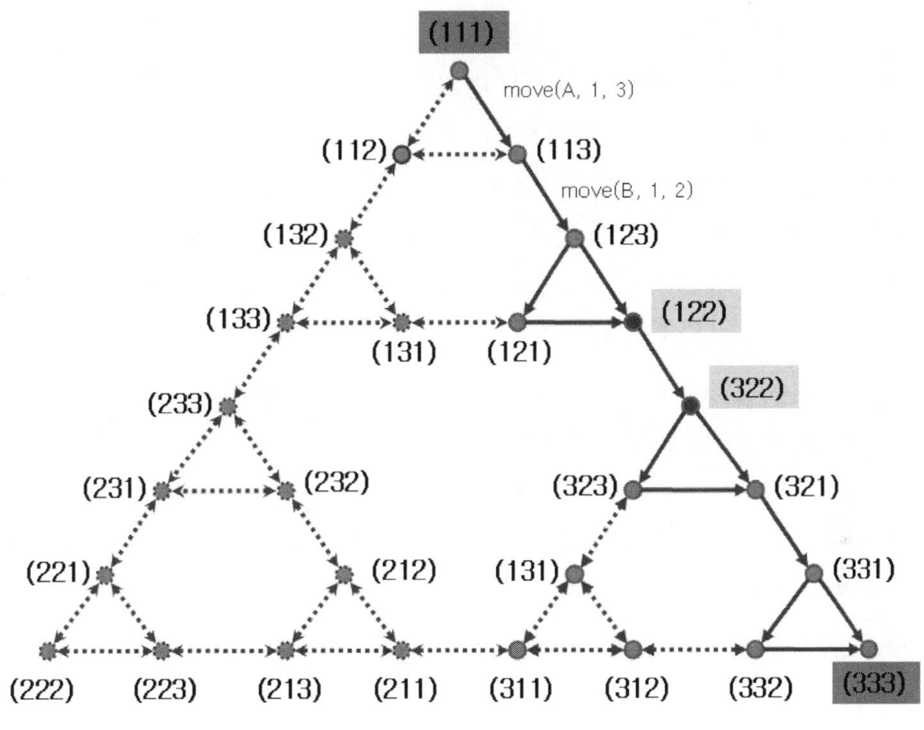

〈그림 2.19〉 휴리스틱에 의해 축소된 상태공간

4.2 순회판매원 문제(Travel Salesman Problem)

순회 판매원 문제는 조합최적화 (Combinatorial Optimization)) 에 속하는 문제이다. 이 문제는 풀기가 어려운 NP-Hard 문제의 전형적인 예로 사용된다. 많은 수의 도시가 있고, 한 도시에서 다른 도시로의 여행 경비를 알고 있을 때, 세일즈맨이 각 도시를 한번 만 방문하고 출발한 도시로 되돌아오는데 가장 비용이 적게 드는 여행경로는 무엇인가? 순회 판매원 문제는 N 개의 도시가 주어질 때 한 도시로부터 출발하여 모든 도시를 한 번 씩 방문한 다음 출발했던 도시로 돌아오는 가장 짧은 경로를 찾는 문제로 약어로 TSP(Traveling Salesman Problem)라 불린다.

TSP와 관련된 수학문제는 아일랜드의 수학자 William Rowan Hamilton 에 의해 1800 년대에 다루어졌다. Graph Theory에 의하면 TSP의 해를 구하는 것은 폐회로 그래프에 서 전체 가중치(total weight)가 최소가 되는 해밀턴 경로(Hamiltonian cycle)를 찾는 것이 된다. TSP의 일반적 형태에 대한 연구는 Karl Menger에 의해 1930년대에 처음 연구되기 시작했다. 이 문제는 그 유명도와 고 난이도로 인해 어떤 새로운 공간 탐색 기법이 고안되면 문제에 대한 실험이 이루어지지 않고는 제대로 평가받을 수 없을 정도로 큰 영향력을 가진 문제이다. 많은 연구자들이 몇 십 개에서 많게는 수백만 개의 도시를 가진 순회 판매원 문제들을 다양한 방법으로 근사 최적해(optimal solution)를 찾으려고 노력하고 있다. 예컨대 20개 도시를 순회한다고 할 때, 무려 60,822,550,204,416,000개(20!)의 경로가 가능하다. 이처럼 광범위한 분량의 모든 경로를 비교한 후 최전 경로(최적해)를 찾는 일은 컴퓨터를 이용한다 하더라도 결코 쉬운 일이 아니다. 이 TSP 문제는 일상생활에는 물론, 네트워크 설계나 VLSI 칲 설계 같은 분야에도 적용 될 만큼 일반적이고 중요한 문제이다.

TSP의 최적해를 구하기 위해 유전자 알고리즘(Genetic Algorithm)을 이용하여 접근하는 방법이 널리 알려져 있다. TSP는 일상생활에는 물론 물류, 택배, 네트워크 설계, 스쿨버스 등의 다양한 경로 배정(routing) 문제들의 원형이고 VLSI 칩의 공정, 컴퓨터 보드의 생산공정 등에서도 작업의 효율을 결정하는 데 중요한 역할을 한다. 또한 X선 결정학 문제 등 다양한 분야에서 순회 판매원 문제와 연관되어 있다. 이러한 TSP의 간단한 예로서 대전, 전주, 광주, 목포의 4개 도시를 순회하는 문제를 생각해보자. 이때 출발지를 광주로 고정하고 남은 3개 도시의 조합을 구하면 3!=6, 즉 6개의 순회경로가 존재함을 알 수 있다. 이 문제를 상태 공간 트리로 나타내면 아래 그림과 같이 표시할 수 있다. 여기서 깊이우선 탐색기법을 적용하면 가장 좌측의 순회경로(광주－대전－목포－전주－광주)가 문제의 해로서 구해짐을 알 수 있다. 실제로 이 순회경로는 총 길이 581km로 여러 경로 중 최장거리임을 알 수 있다.

<표 2.5> 4개의 도시와 이들 간의 대략적 직선거리

	대 전	전 주	광 주	목 포
대 전	0	65	150	208
전 주	65	0	80	143
광 주	150	80	0	68
목 포	208	143	68	0

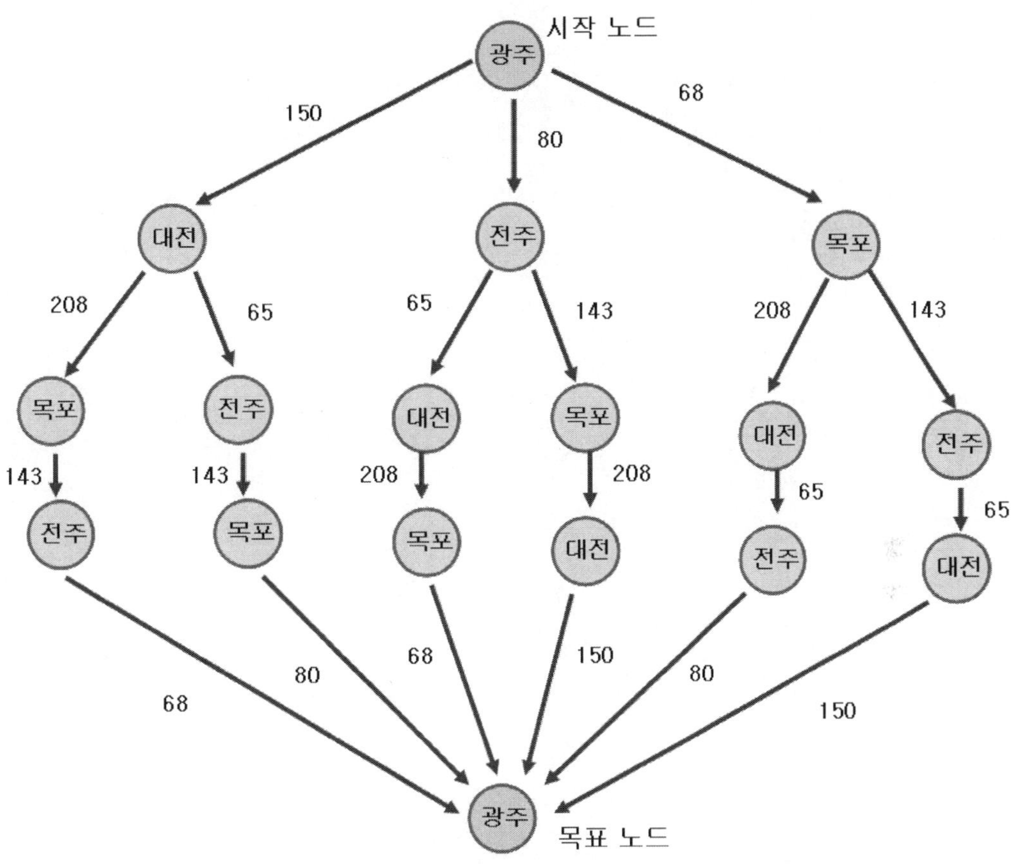

〈그림 2.20〉 순회 판매원 문제(예)의 상태공간 트리

순회판매원 문제에 휴리스틱 탐색 개념을 적용시켜본다면 쉽게 생각할 수 있는 방법은 출발지에서 가장 가까이에 있는 도시부터 먼저 방문을 해나가는 것이 경로의 총 여행거리를 줄일 수 있을 것이라는 직관을 적용하는 것이다. 이와 같은 휴리스틱 정보를 문제의 탐색영역에 적용시켜보면 해 탐색공간은 대폭적으로 줄어든다. 순회경로 A(광주-목포-대전-전주-광주)가 총 여행거리 421km로 전체 경로 중에서 최단거리이고 순회경로 B(광주-목포-전주-대전-광주)가 총 여행거리 426km로 비교적 짧은 거리임을 알 수 있다.

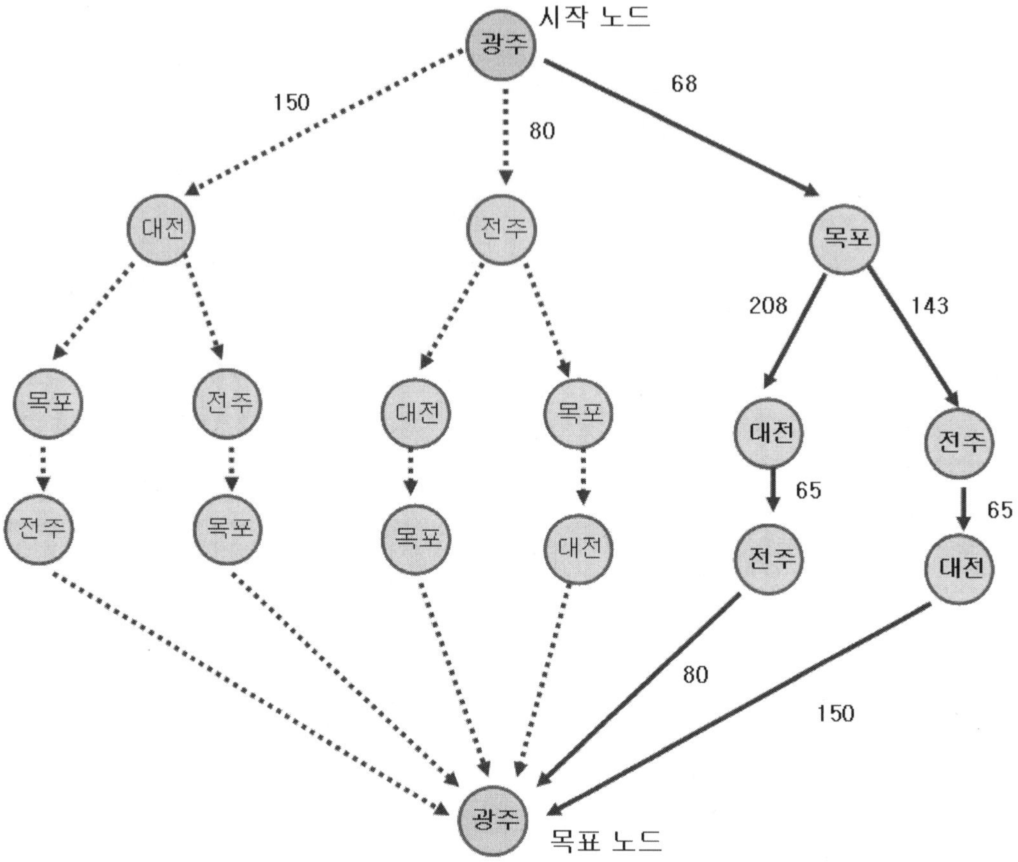

〈그림 2.21〉 휴리스틱에 의해 축소된 상태공간

4.3 8-퍼즐(8-puzzle) 문제

8-퍼즐(puzzle)문제는 문제풀이의 개념을 설명하기 위하여 자주 사용되는 예이다. 8-퍼즐은 9개의 구분된 칸을 갖는 판위에 1부터 8까지의 번호를 갖는 조각들이 놓여있는 문제이다. 한 칸은 항상 비어있고 조각은 바로 옆 칸이 비어있을 때만 항상 이동이 가능하다. 이것은 옆의 빈 칸이 반대 방향으로 이동한 것과 같다. 또한 빈칸의 위치 뿐 만이 아니라 각 번호의 위치도 목표에 있는 모양과 일치해야 한다. 아래 그림에서 두 가지 판의 형태가 나타나 있는데, 왼쪽의 초기 상태에서 오른 쪽의 목표 상태로 바꾸는 것이 8-퍼즐 문제의 핵심이다. 이 문제를 풀기 위해서는 적당한 순서로 조각들을 이동하는 것이 필

요한데, 예컨대 5번 조각을 왼쪽으로, 다음에 8번 조각을 위쪽으로... 등의 '문제풀이 (problem solving)'가 이루어진다. 8-퍼즐 문제에서 9! 정도의 조합이 가능하기 때문에 탐색공간이 엄청나게 크고 목표 상태로 도달하는 유일한 알고리즘을 기술하는 것은 불가능하다.

■ 상태공간과 연산자

8-퍼즐문제의 해를 얻는 가장 단순한 방법은 우연히 목표상태의 판 모양을 얻을 때까지 조각들을 가능한 모든 방법으로 움직여 보는 것이다. 이러한 방법을 시행착오(trial and error)에 의한 탐색방법이라 한다. 보다 지능적인 탐색은 초기 상태에서 시작하여 빈 칸의 가능한 모든 움직임을 생각하여 이들로부터 새로운 상태를 얻고, 이 새로운 상태에서 가능한 모든 움직임을 생각하여 또 다른 새로운 상태를 얻고, 이런 방식을 목표 상태가 될 때까지 전개해 나가는 것이며, 이를 컴퓨터를 이용하여 수행하는 것이다.

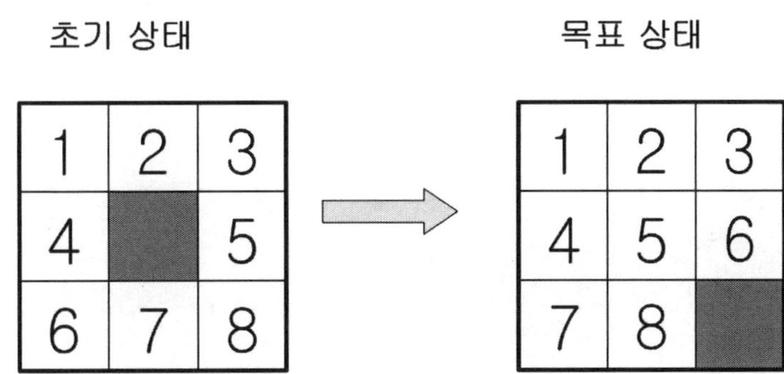

〈그림 2.22〉 8-퍼즐 문제(예1)

이러한 방식으로 문제를 풀려면 문제의 상태와 초기 상태, 목표 상태, 그리고 문제에 사용되는 연산자를 정의할 필요가 있다. 문제 상태는 임의의 하나의 판의 형태가 될 것이다. 위 그림에 나타난 8-퍼즐 문제의 예에서 문제의 상태와 초기 상태, 목표 상태를 정의하면 다음과 같다.

- 문제의 상태(state) 정의 : $(x_1,\ x_2,\ x_3,\ x_4,\ x_5,\ x_6,\ x_7,\ x_8,\ x_9)$
- 초기상태(initial state) : (1, 2, 3 ,4, 0, 5, 6, 7, 8)
- 목표상태(goal state) : (1, 2, 3, 4, 5, 6, 7, 8 ,0)

　　연산자는 어느 한 상태에서 다른 상태로 바꿔주는 역할을 수행하며 이 문제에서는 칸의 움직임에 따라 모두 4개의 연산자가 정의될 수 있다. 즉 빈칸의 좌로 이동(←), 우로 이동(→), 위로 이동(↑),아래로 이동(↓)이 있을 수 있다. 문제 풀이과정에서 빈칸의 위치에 따라서 이들 연산자를 모두 사용가능할 수도 있고 그 중 일부만을 사용해야 하는 경우도 있다. 예를 들면 빈칸의 위치가 한 가운데인 x5 의 위치에 있을 때는 4개의 연산자를 모두 사용가능하고, 빈칸의 위치가 우측 모서리인 x3의 위치에 있을 때는 좌로 이동(←) 연산자와 아래로 이동(↓) 연산자만이 사용가능하다. 즉, 어느 상태에서는 가해질 수 없는 연산자도 있다. 문제풀이 과정은 초기 상태를 목표 상태로 전환시키는 일련의 가해질 수 있는 연산자들의 집합을 찾아내는 것과 같다. 이 문제를 풀기 위한 연산자를 정의하면 다음과 같다.

- LEFT(←) : 왼쪽 타일과 빈 공간을 서로 바꾼다.
  전제조건 : 우측에 빈칸이 있다.
  if $(i \bmod 3 = 1$ and $x_{i+1} = 0)$ then swap(x_i, x_{i+1})

- RIGHT(→) : 오른쪽 타일과 빈 공간을 서로 바꾼다.
  전제조건 : 좌측에 빈칸이 있다.
  if $(i \bmod 3 = 0$ and $x_{i-1} = 0)$ then swap(x_i, x_{i-1})

- UP(↑) : 위쪽 타일과 빈 공간을 서로 바꾼다.
  전제조건 : 아래쪽에 빈칸이 있다.
  if $(i < 7$ and $x_{i+3} = 0)$ then swap(x_i, x_{i+3})

- DOWN(↓) : 아래쪽 타일과 빈 공간을 서로 바꾼다.
  전제조건 : 위쪽에 빈칸이 있다.
  if $(i > 3$ and $x_{i-3} = 0)$ then swap(x_i, x_{i-3})

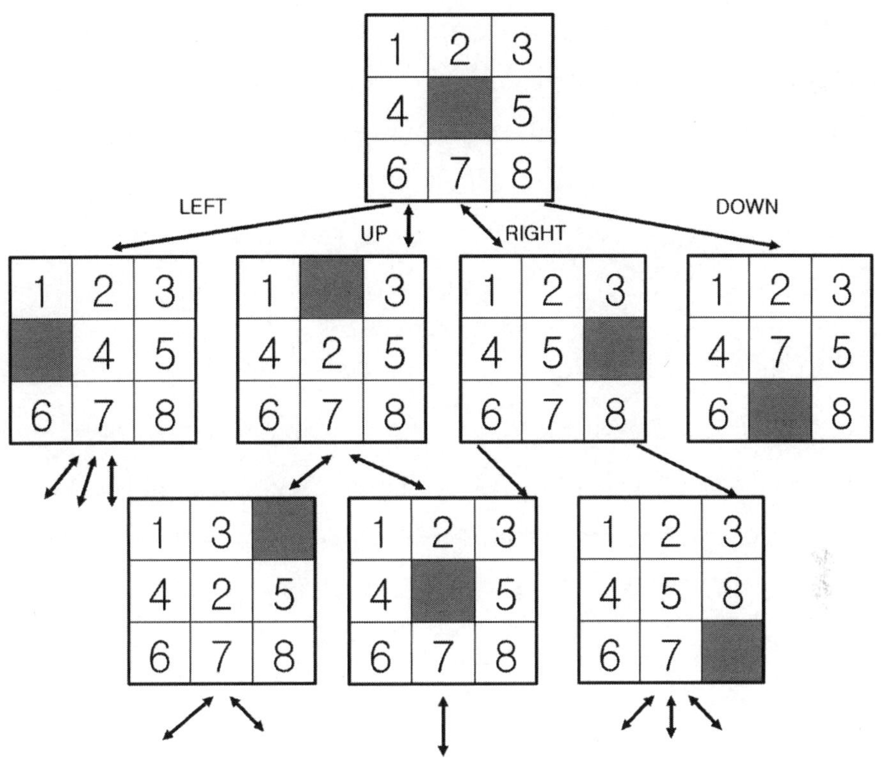

〈그림 2.23〉 8-퍼즐 문제(예1)의 상태 공간 트리의 일부

■ 휴리스틱 탐색의 적용(예)

본 절에서는 아래 그림에 나타난 8-퍼즐 문제에서 이를 해결하기 위한 휴리스틱 탐색 예를 기술한다. 먼저 최적 우선탐색 기법을 적용한 예가 〈그림 2.25〉에 나타나 있다.

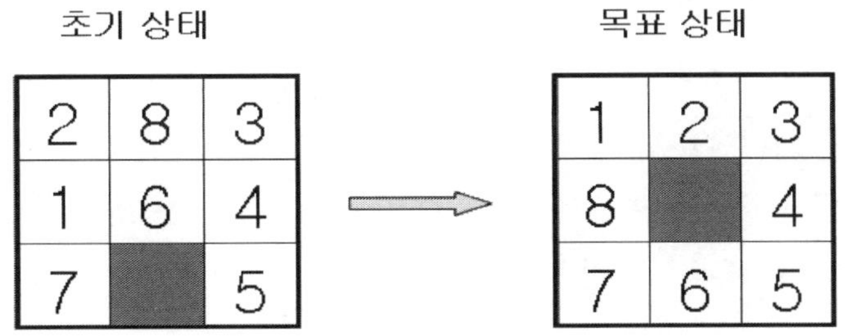

〈그림 2.24〉 8-퍼즐 문제(예2)

최적우선 탐색기법은 지역적으로 확장된 트리의 모든 노드 중에서 가장 좋은 노드부터 먼저(best-first) 탐색을 시작하는 휴리스틱 탐색방법이다. 최적우선 탐색을 위해서 좋은 평가함수를 정의해야 하는데, 여기서는 어떤 상태의 좋고 나쁨을 평가하기 위해서 제 자리에 있지 않은 타일의 개수를 이용한다.

$$\hat{f}(n) = \text{제 자리에 있지 않은 타일의 개수}$$
$$(\text{목표 상태와 비교했을 때})$$

〈그림 2.25〉에서 원안의 숫자는 평가함수 $\hat{f}(n)$ 값을 나타낸다. 최적우선 탐색의 원칙에 따라 $\hat{f}(n)$ 값이 작을수록 목표 노드에 가까운 노드이므로 $\hat{f}(n)$이 작은 노드가 먼저 선택되어 탐색이 수행된다. 이 그림의 예에서 보듯이 어느 탐색단계에서 평가함수 $\hat{f}(n)$ 값이 같을 때, 자칫 잘못된 방향으로 탐색이 시도될 가능성 또한 있다.

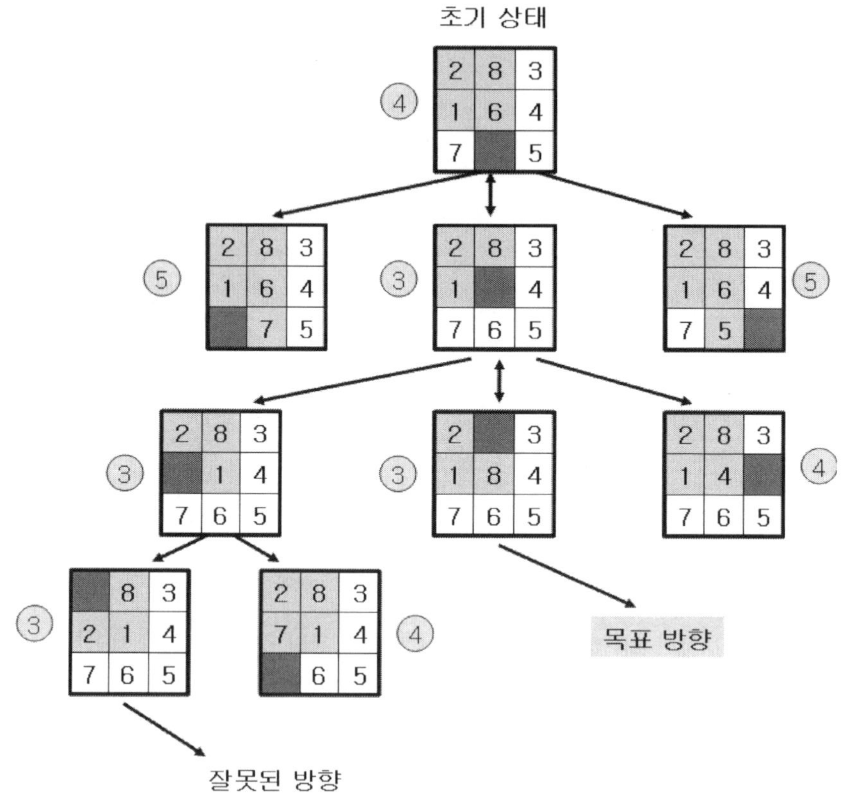

〈그림 2.25〉 8-퍼즐문제의 최적우선 탐색(예)

언덕등반 탐색기법을 8-퍼즐 문제에 적용한 예가 〈그림 2.26〉에 나타나 있다. 언덕등반 탐색을 위해서 좋은 평가함수를 정의해야 하는데, 여기서는 어떤 상태의 좋고 나쁨을 평가하기 위해서 목표 상태와 일치하는 타일의 개수를 이용한다.

$$\hat{f}(n) = \text{목표 상태와 일치하는 타일의 개수}$$

〈그림 2.26〉에서 마름모꼴 안의 숫자는 평가함수 $\hat{f}(n)$ 값을 나타낸다. 언덕등반 탐색의 원칙에 따라 $\hat{f}(n)$ 값이 클수록 목표 노드에 가까운 노드이므로 $\hat{f}(n)$ 값이 큰 노드가 먼저 선택되어 탐색이 수행된다. 이 그림의 예에서는 하나의 예외상황으로 두 번째 자식 노드(그래프 깊이=2일 때)에서 $\hat{f}(n)$ 값이 동점인 두 개의 노드가 나타난다. 그러나 이 두 개 노드에 대해서만 탐색을 한 단계 더 진행시켜보면 왼쪽의 원안에 들어있는 탐색 부분은 $\hat{f}(n)$값이 작아지므로 언덕 등반이 안 됨을 알 수 있다. 따라서 왼쪽 방향은 올바른 탐색 방향이 아님을 알 수 있고, 가운데 노드 부분으로 언덕 오르기를 계속하여 즉, 노드 확장을 계속 전개해나가서 목표 노드에 이르는 것을 볼 수 있다.

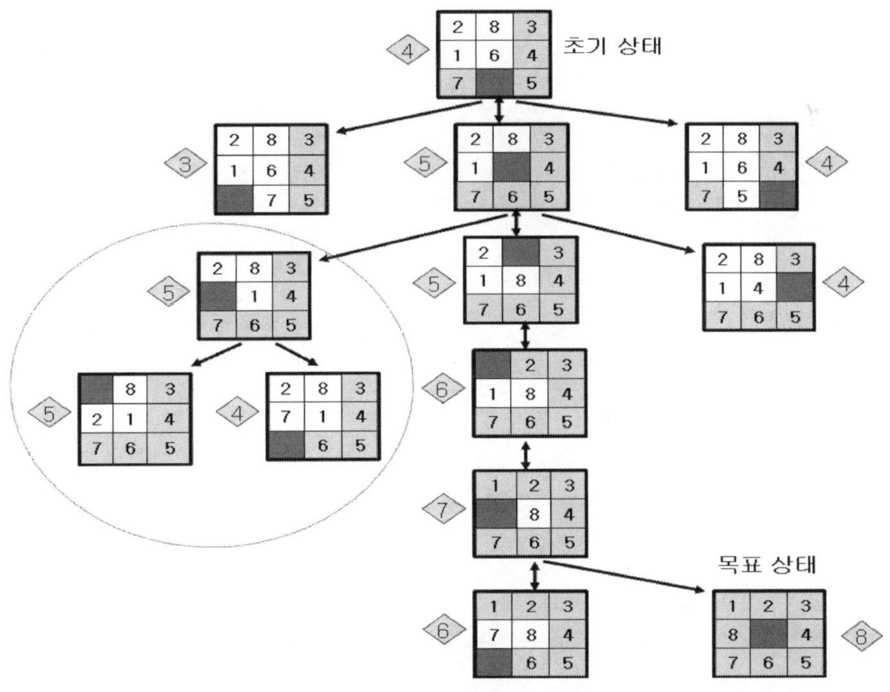

〈그림 2.26〉 8-퍼즐문제의 언덕등반 탐색(예)

A*알고리즘을 8-퍼즐 문제에 적용한 예가 〈그림 2.27〉에 나타나 있다. A* 알고리즘의 탐색 기본전략은 아직 조사하지 않은 상태들 중 가장 유용할거 같은 상태를 먼저 조사하는 탐색 방법으로 최적우선 탐색방법의 발전된 형태로 볼 수 있다. A* 알고리즘에서 사용되는 평가함수 f*(n)는 보다 최적우선 탐색의 평가함수 $\hat{f}(n)$ 보다 더 많은 정보를 포함하고 있으며 다음과 같이 정의된다.

$$f^*(n) = g^*(n) + h^*(n)$$

여기서 g*(n)은 탐색 그래프 상에서 n의 깊이(depth)에 대한 추정 값(estimate value)이다. h*(n)은 노드 n에 대한 휴리스틱 평가 값으로 여기서는 제 자리에 있지 않은 타일의 개수를 의미한다. 아래 그림에서 평가함수 f*(n)의 값이 각 노드 옆에 표시되어 있으며 이 값이 작은 쪽으로 먼저 탐색이 전개된다. 그래프 깊이=2일 때, 하나의 예외 상황으로 f*(n) 값이 동일한 두 개 노드가 나타난다. 깊이=3까지 f*(n) 값이 동점인 이 두 개 노드에 대해서만 노드 확장을 해서 평가함수 값을 비교해보면 왼쪽으로 동그라미 쳐진 부분보다 가운데 부분으로 탐색을 전개하는 것이 보다 유용함을 잘 알 수 있다. 즉, 최적우선 탐색보다 탐색이 더 곧바로 목표를 향해 진행하는 것을 볼 수 있다.

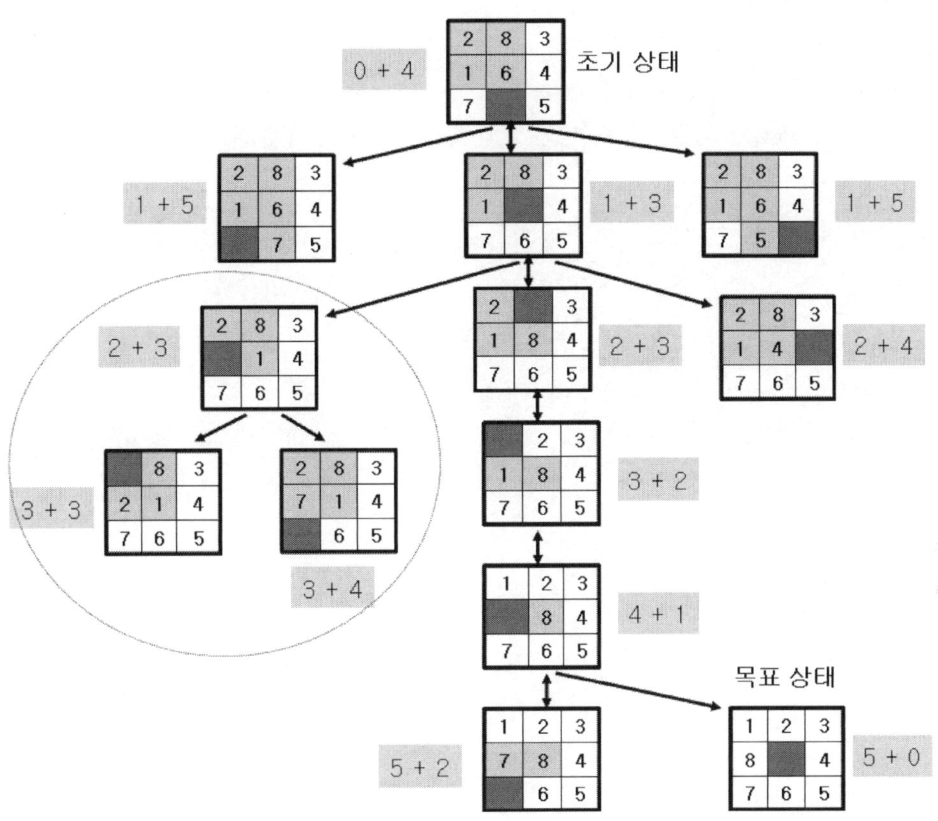

〈그림 2.27〉 8-퍼즐문제의 A* 알고리즘에 의한 탐색(예)

4.4 N-여왕 문제(N-Queens Problem)

서양장기(Chess)는 1,300년 전 인도로 거슬러 올라간다. 인도의 차트랑카(chartranga)라는 게임이 있었는데, 이 게임은 인도에 아직도 그 원형이 남아 있고, 이것이 동양의 장기와 서양의 체스에 원형이라는 것이 정설이다. 차투랑가는 인형으로 만들어진 코끼리를 탄 병사, 2륜 전차를 끄는 병사, 보병 등의 말을 가지고 벌이는 일종의 전쟁놀이다. 차투랑가는 불교의 전래와 함께 동아시아 지역으로 소개돼 중국의 장기, 한국의 민속장기, 일본의 쇼기로 분화되었다. 중동 지역으로 전파된 차투랑가는 페르시아 제국 시대에 유럽에 소개되고 11세기 경 유럽 전역으로 전파된다. 1470년경에는 이름도 체스(chess)로 바뀌었다. N-여왕문제는 체스의 여왕말(Queen)을 서로가 서로의 이동경로가 아닌 위치에 있도록 최대한 많은 퀸을 체스판 위에 놓는 문제이다. 즉, N개의 여왕말을 서로 상대방을 위협하지 않도록 N＊N 체스 판에 위치시키는 문제로서 각 여왕말이 서로 상대방을 위협하지 않기 위해서는 같은 행이나, 같은 열이나, 같은 대각선상에 위치하지 않아야 한다.

N-Queens problem

게임 규칙 : 어떤 여왕말끼리도 같은 행, 열, 대각선성에 위치할 수 없음.
        (어떤 두 여왕말도 서로 잡아먹히지 말아야 함.)
위치 집합 : 체스판에서 말을 둘 수 있는 N^2 개의 위치
문제 해법 : 여왕말을 두는 N 개의 위치($N=4$, 8, ...등)
해의 표현 : 순서리스트 $(x_1, x_2, x_3, \cdots , x_n)$
        여기서, x_i는 i-번째 행에 놓일 여왕의 위치(열번호)를 의미.

n-여왕 문제처럼 어떤 제한조건을 만족하는 해를 찾는 문제는 제한조건 그 자체가 한계 함수로 사용된다. 한계 함수는 "어떤 두 여왕말도 같은 행, 같은 열, 같은 대각선상에 놓일 수 없다."라는 조건을 만족하는 함수를 말한다. 체스판 위의 두 위치, $Q_1 =(a, b)$과 $Q_2(c, d)$가 있을 때, 이것은 다음과 같은 항목을 검사하는 것을 의미한다.

① 같은 행 검사는 "a＝c"를 검사
② 같은 열 검사는 "b＝d"를 검사
③ 같은 대각선 검사는 "|a−c|＝|b−d|"를 검사

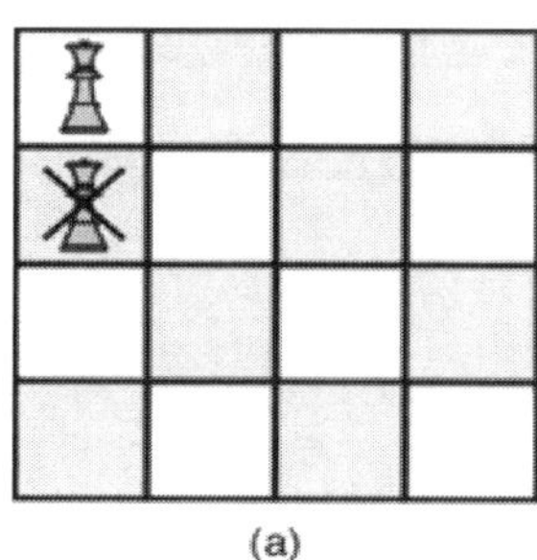
(a)

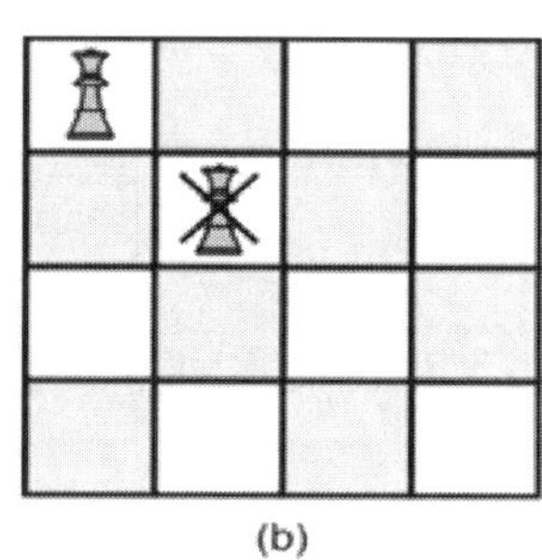
(b)

〈그림 2.37〉 여왕말이 잘못 놓인 경우(예)

N-여왕문제는 어떤 집합(set)에서 어떤 기준(criterion)을 만족하면서 그 집합에 속한 대상의 순서(sequence)를 선택하는 문제를 푸는데 사용된다. 이러한 N 여왕문제를 푸는데 백트래킹(Back tracking: 되추적 탐색방법)이 주로 사용된다. 일반적으로 N＝8인 경

우인 8-Queen 문제가 많이 쓰인다.

■ 백트래킹

백트래킹(backtracking)은 한정 조건을 가진 문제를 풀려는 전략이다. "백트랙(backtrack)" 이란 용어는 1950년대의 미국 수학자 D. H. 레머에 의해 만들어졌다. 이런 문제는 변수 집합으로 이뤄지는데, 한정 조건을 구성하려면 각각의 변수들은 값이 있어야 한다. 백트래킹은 가능한 모든 조합을 시도해서 문제의 해를 찾는다. 백트래킹의 주요 개념은 해를 얻을 때까지 모든 가능성을 시도한다는 점이다. 모든 가능성은 하나의 트리처럼 구성할 수 있으며, 트리를 검사하기 위해 깊이우선탐색을 사용한다. 탐색 중에 오답을 만나면 이전 분기점으로 돌아가서 시도해보지 않은 다른 해결 방법이 있으면 이를 시도한다. 해결 방법이 더 없으면 더 이전의 분기점으로 돌아간다. 모든 트리의 노드를 검사해도 답을 못 찾을 경우, 이 문제의 해결책은 없는 것으로 판단한다. 즉, 백트래킹 알고리즘은 상태 공간트리에서 깊이우선검색을 수행하면서 유망하지 않은 노드들은 가지 쳐서(pruning) 검색을 하지 않으며, 유망한 노드(promising node)에 대해서만 그 노드의 자식노드들 (children)을 검색하는 방법이다. 이러한 방법이 장점이 될 수 있는 이유는 백트래킹 구현 방법들이 많은 부분 조합들을 배제하기 때문에 결국 풀이 시간이 단축된다.

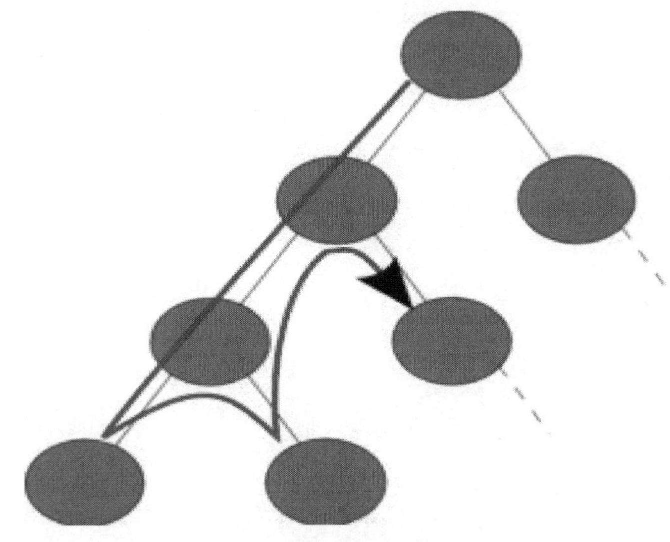

〈그림 2.38〉 백트래킹의 개념도

백트래킹은 보통 재귀 함수로 구현된다. 백트래킹은 깊이 우선 탐색과 대략 같으나 기억 공간은 덜 차지한다. 현재의 상태를 보관하고 바꾸는 동안만 기억공간을 차지하기 때문이다. 탐색 속도를 높이기 위해, 재귀 호출을 하기 전에 시도할 값을 정하고 조건(전진 탐색의 경우)을 벗어난 값은 지우는 알고리즘을 적용할 수 있다.

• 백트래킹과 깊이우선 탐색과의 차이

① 어떤 노드에서 출발하는 경로가 해결책으로 이어질 것 같지 않으면 더 이상 그 경로를 따라가지 않음으로서 시도의 횟수를 줄인다(pruning).

② 깊이우선 탐색이 모든 경로를 추적하는데 비해 백트래킹은 불필요한 경로를 조기에 차단한다.

③ 백 트래킹 알고리즘을 적용하면 일반적으로 경우의 수가 줄어들지만 이것 역시 최악의 경우에는 여전히 지수함수 시간(Exponential Time)을 요하므로 처리 불가능하다.

• 백트래킹 알고리즘의 수행 절차

① 상태공간트리의 깊이우선검색을 수행

② 각 노드가 유망한지(promising)를 점검

③ 만일 그 노드가 유망하지 않으면, 그 노드의 부모노드로 돌아가서 탐색을 계속한다 (pruning, backtracking).

```
void check_node(v)
{
        if (promising(v))
            if (there is a solution at node v)
              write the solution;
            else
              for (each child node u of node v)
                  check_node(u);

        else
            return;    //pruning, backtracking
}
```

이것을 좀 더 자세히 표현하면 다음과 같다. 먼저 알고리즘의 입력으로 양의 정수 n이 주어지고, 출력(해)은 각 행의 여왕말의 위치를 순서리스트를 표현한 배열 col[1..n]이라고 하자. 여기서 col[i]는 i번째 행에 위치하는 여왕말의 열 값을 저장하고 있다. 배열 col[1..n]은 알고리즘에서 전역 변수로 설정한다. N-여왕문제에서 해를 찾는 알고리즘은 queens( )와 promising( )으로 구성될 수 있다. queens( )는 앞에서 언급한 check_node( )와 구조가 같다. n-여왕말 문제를 풀기위해 우선 유망함수 promising( )는 두 여왕말이 같은 열이나 대각선에 있는지 검사해야 한다. 먼저 같은 열에 있는지를 확인하기 위해서 i번째의 행에서 여왕말과 k번째의 행의 여왕말의 검사라고 가정하면 다음과 같은 등식이 성립하는지 검사한다.

$$col[i] = col[k]$$

대각선을 검사하는 방법은 다음과 같다. 행 k 에 있는 여왕말은 행 i에 놓여 있는 여왕말에 의해서 어느 한쪽 대각선으로 위협받고 있으면, 다음과 같은 일반 등식이 성립한다.

$$col[i] - col[k] = i - k \text{ 또는 } col[i] - col[k] = k - i$$

```
void queens(int i)
{
   if (promising(i))         // i번째 행에 놓인 현재 여왕말의 위치가 유망하면

    if (i==n)                 // 마지막 행까지 여왕말의 위치가 결정되었으면
      count <<col[1..n];      // 해의 출력
    else
     for (j=1; j<=n; j++)     // i+1번째 행에서 모든 열번호를 차례로 검사
     {
        col[i+1]=j;
        queens(i+1);
     }

   else          // i번째 행에 놓인 현재 여왕말의 위치가
     return;      // 유망하지 않으면 백트래킹
}
```

```
bool promising(int i)
{
    int k;
    for (k=1; k<i; k++)
    // 이전에 위치한 모든 여왕말에 대해서 유망한지를 검사
        if (col[i]==col[k] || abs(col[i]-col[k]) == i-k)
            return false;
        else
            return true;
}
```

■ 4-여왕 문제

N-여왕 문제의 가장 간단한 예인 n=4일 때의 4-여왕 문제의 경우를 가지고 문제의 해답을 찾는 것을 생각해보자. 이것은 4개의 여왕을 서로 상대방을 위협하지 않도록 4 * 4 체스판에 위치시키는 문제로서 각 여왕이 서로 상대방을 위협하지 않기 위해서는 같은 행이나, 같은 열이나, 같은 대각선상에 위치하지 않아야 한다. 각 여왕을 각각 다른 행에 할당한 후에, 어떤 열에 위치하면 해답은 얻을 수 있는지를 차례대로 점검해 보면 된다. 이때, 각 여왕은 4개의 열중에서 한 열에 위치할 수 있기 때문에, 해답을 얻기 위해서 점검해 보아야 하는 모든 노드의 수는 4 * 4 * 4 * 4 = 256 노드가 된다. 4-여왕문제의 해를 순서리스트 (x_1, x_2, x_3, x_4)로 나타내면, 4-여왕문제의 해는 (2,4,1,3)과 (3,1,4,2) 두 가지가 있음을 알 수 있다.

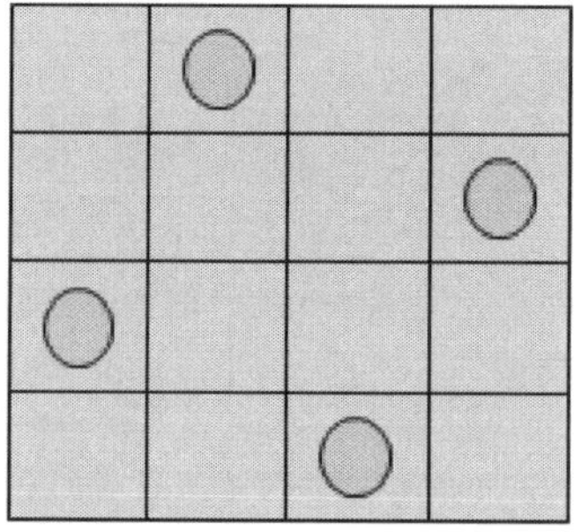

〈그림 2.39〉 4-여왕문제의 하나의 가능해

이 문제에 대한 상태공간 트리는 다음 그림과 같이 나타낼 수 있다.

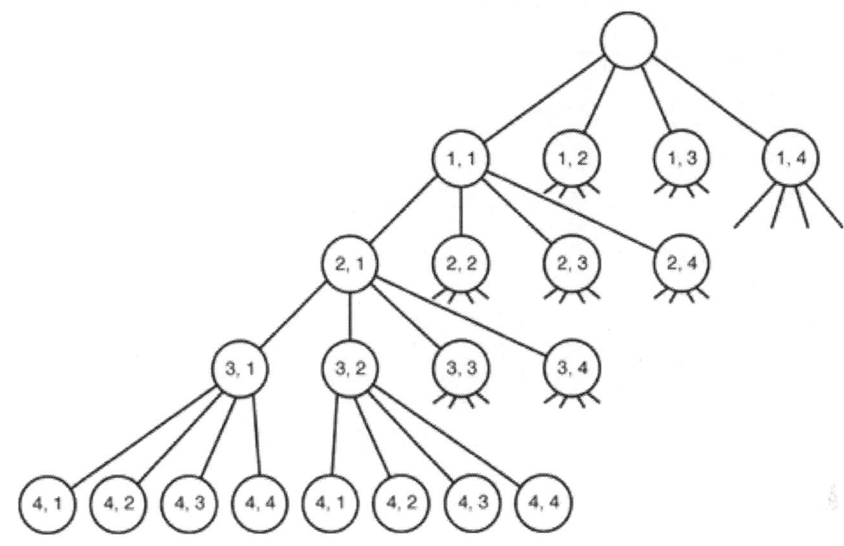

〈그림 2.40〉 4-여왕 문제의 상태공간 트리

위 그림을 보면 4-Queens 문제에 대한 상태공간 트리의 일부분이 나타나 있다. 여기서 튜플 〈i,j〉는 i번째 행 및 j번째 열에 놓여있는 여왕말을 의미한다.

(1,1)	(1,2)	(1,3)	(1,4)
(2,1)	(2,2)	(2,3)	(2,4)
(3,1)	(3,2)	(3,3)	(3,4)
(4,1)	(4,2)	(4,3)	(4,4)

〈그림 2.41〉 4-여왕 문제에서 각 여왕말의 위치표시

해답을 구하기 위해서, 먼저 깊이우선 탐색을 적용하여 각 해답후보를 왼쪽 끝에 있는 경로부터 순서대로 검사한다고 할 때, 처음 검사하는 몇 개의 경로는 다음과 같다.

$$[\langle\ 1,\ 1\ \rangle,\langle\ 2,\ 1\ \rangle,\langle\ 3,\ 1\ \rangle,\langle\ 4,\ 1\ \rangle]$$
$$[\langle\ 1,\ 1\ \rangle,\langle\ 2,\ 1\ \rangle,\langle\ 3,\ 1\ \rangle,\langle\ 4,\ 2\ \rangle]$$
$$[\langle\ 1,\ 1\ \rangle,\langle\ 2,\ 1\ \rangle,\langle\ 3,\ 1\ \rangle,\langle\ 4,\ 3\ \rangle]$$
$$[\langle\ 1,\ 1\ \rangle,\langle\ 2,\ 1\ \rangle,\langle\ 3,\ 1\ \rangle,\langle\ 4,\ 4\ \rangle]$$
$$[\langle\ 1,\ 1\ \rangle,\langle\ 2,\ 1\ \rangle,\langle\ 3,\ 2\ \rangle,\langle\ 4,\ 1\ \rangle]$$

그러나 이러한 깊이우선탐색 방법을 사용하면 해답이 될 가능성이 전혀 없는 노드의 후손 노드들(descendants)도 모두 검색해야 하므로 비효율적이다. 백트래킹 알고리즘을 적용하면 아래 그림에 나타난 바와 같이 유망하지 않은 노드는 탐색에서 제외되므로 탐색공간은 축소되고 탐색효율은 개선된다.

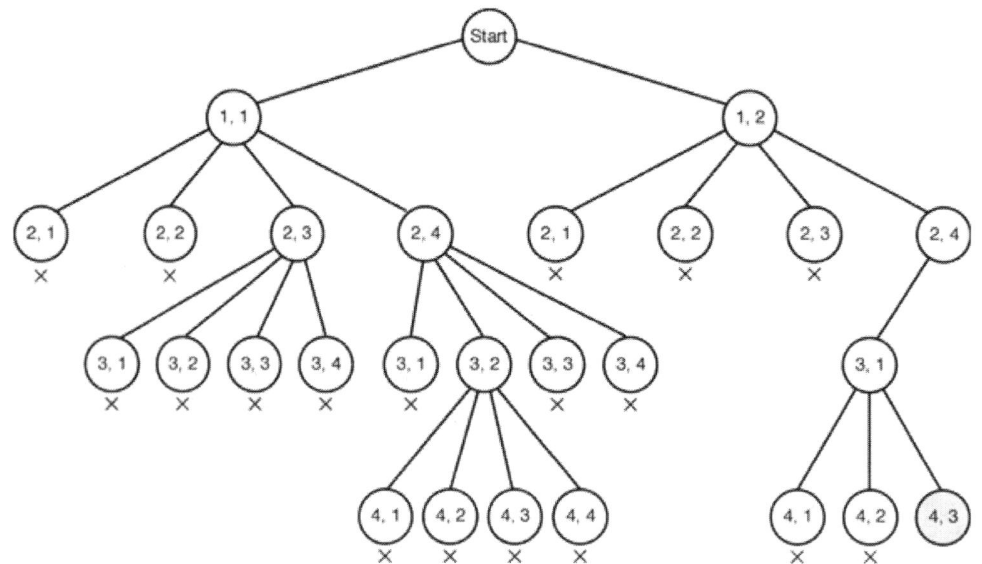

〈그림 2.42〉 백트래킹을 적용한 4-Queens 문제의 상태공간 트리

백트래킹 알고리즘은 노드가 유망한 경우에만 그 노드의 자식노드를 방문하는 것을 제외하고는 깊이우선탐색과 같다. 이러한 방식으로 4-여왕 문제의 해답을 구하는 과정을 살펴보면 다음과 같다.

(a)   〈1,1〉은 유망하다.   {여왕말 1이 놓는 첫 번째 말이기 때문}

(b)   〈2,1〉은 유망하지 않다. {여왕말 1이 열 1에 있기 때문}
        〈2,2〉는 유망하지 않다. {여왕말 1이 왼쪽 대각선에 있기 때문}
        〈2,3〉은 유망하다.

(c)   〈3,1〉은 유망하지 않다. {여왕말 1이 열 1에 있기 때문}
        〈3,2〉는 유망하지 않다.   {여왕말 2가 오른쪽 대각선에 있기 때문}
        〈3,3〉은 유망하지 않다. {여왕말 2가 열 3에 있기 때문}
        〈3,4〉는 유망하지 않다. {여왕말 2가 왼쪽 대각선에 있기 때문}

(d)   〈1,1〉로 백트래킹
        〈2,4〉는 유망하다.

(e)   〈3,1〉은 유망하지 않다. {여왕말 1이 열 1에 있기 때문}
        〈3,2〉는 유망하다 {〈3,2〉를 두 번째 검사함}

(f)   〈4,1〉은 유망하지 않다. {여왕말 1이 열 1에 있기 때문}
        〈4,2〉는 유망하지 않다.   {여왕말 3이 열 2에 있기 때문}
        〈4,3〉은 유망하지 않다. {여왕말 3이 왼쪽 대각선에 있기 때문}
        〈4,4〉는 유망하지 않다. {여왕말 2가 열 4에 있기 때문}

(g)   〈2,4〉로 되추적
        〈3,3〉은 유망하지 않다. {여왕말 2가 오른쪽 대각선에 있기 때문}
        〈3,4〉는 유망하지 않다. {여왕말 2가 열 4에 있기 때문}

(h)   루트 노드로 되추적
        〈1,2〉는 유망하다.   {여왕말 1이 놓는 첫 번째 말이기 때문}

(i)   〈2,1〉은 유망하지 않다. {여왕말 1이 오른쪽 대각선에 있기 때문}
        〈2,2〉는 유망하지 않다. {여왕말 1이 열 2에 있기 때문}
        〈2,3〉은 유망하지 않다. {여왕말 1이 왼쪽 대각선에 있기 때문}
        〈2,4〉는 유망하다.

(j)   〈3,1〉은 유망하다.   {〈3,1〉을 세 번째 검사함}

(k)   〈4,1〉은 유망하지 않다. {여왕말 3이 열 1에 있기 때문}
        〈4,2〉는 유망하지 않다. {여왕말 1이 열 2에 있기 때문}
        〈4,3〉은 유망하다.

이와 같은 과정을 통해 백트래킹을 이용하여 첫 번째 해답인 $Q_1(2,4,1,3)$를 얻을 수 있다.

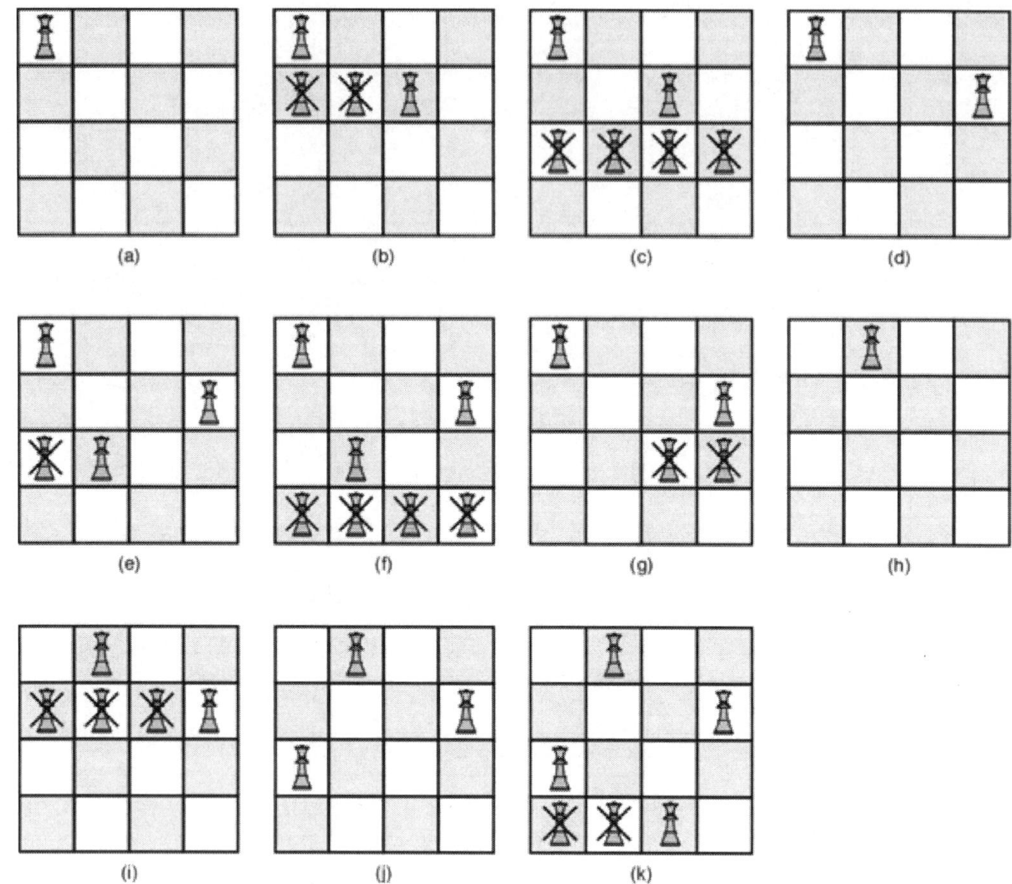

〈그림 2.43〉 백트래킹을 적용한 4-여왕 문제의 해를 찾는 과정

■ 8-여왕 문제

8-여왕 문제는 4-여왕 문제를 확장한 개념으로 8개의 여왕을 서로 상대방을 위협하지 않도록 8 * 8 체스판에 위치시키는 문제이다. 각 여왕이 서로 상대방을 위협하지 않기 위해서는 같은 행이나, 같은 열이나, 같은 대각선상에 위치하지 않아야 한다. 각 여왕을 각각 다른 행에 할당한 후에, 어떤 열에 위치하면 해답은 얻을 수 있는지를 차례대로 점검해 보면 된다. 이때, 각 여왕은 8개의 열중에서 한 열에 위치할 수 있기 때문에, 해답을 얻기 위해서 점검해 보아야 하는 모든 노드의 수는 8 * 8 * 8 * 8 * 8 * 8 * 8 * 8 = 16,777,216 노드가가 되며 탐색공간이 4-여왕 문제 보다 대폭적으로 증가됨을 알 수 있다. 이때 백트래킹을 이용한 가지치기(pruning)을 행하고 유망한 노드만을 검사하면 탐

색공간은 상당히 줄어든다. 이 8-여왕 문제의 해를 탐색해보면 모두 92 개의 가능 해 (possible solution)가 존재함을 알 수 있다. 대칭 작동(rotations and reflections)인 경우 하나의 해로 간주한다면 8-여왕 문제는 총 12개의 해답을 갖는다. 아래 그림은 8-여왕 문제의 하나의 가능 해를 보여주고 있다.

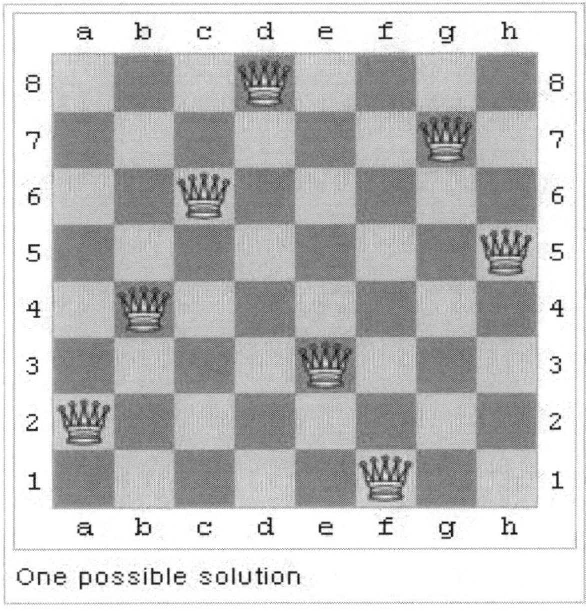

〈그림 2.44〉 8-여왕문제의 하나의 가능해

참고문헌

[1] 김희승, 인공지능과 그 응용, 생능출판사, 1994.

[2] 김기태, 인공지능의 기법과 응용, 기한재, 1998

[3] 정환묵 편저, 21세기를 지향한 지능정보시스템 원론, 21세기사, 1999.

[4] 조영임, 최신 인공지능, 학문사, 1999.

[5] 이광형, 조충호, 인공지능개론, 홍릉과학 출판사, 2000

[6] 최중민외 3인, 인공지능, 사이텍 미디어, 2000

[7] 도용태외 3인, 인공지능 개념 및 응용, 사이텍 미디어, 2001

[8] Oliver, I.M., Smith, D.J., and Holland, J.R.C., "A Study of Permutation Crossover Operators on the Traveling Salesman Problem", Proc. of The Second International Conference on Genetic Algorithms, 1987.

PART 3

퍼지이론 및 응용

Artificial Intelligence

퍼지이론이란?

1.1 퍼지이론의 개요

인간은 지능을 가지며 이것은 크게 학습 능력과 의사 결정 능력으로 특징지어진다. 이러한 지능은 학습을 통해 발전하게 된다. 퍼지이론은 이러한 인간 지능의 언어 및 사고에 관련된 애매함(fuzziness)을 수리적으로 취급이 가능하도록 한다. 이것은 전통적인 논리 시스템보다 실제 세계의 근사적(approximate)이고 부정확한(inexact) 성질(nature)을 표현하는데 더 효과적이다.

인간 지능에 의한 의사 결정은 주관적이고 애매하다. 목욕할 때의 예를 들자. 욕조 내에서 목욕하기에 적당한 물의 온도를 맞추는 경우, 온도계로 측정하여 45℃ 등 정량적인 값(Quantative)으로 정확히 온도를 맞추기보다 일상생활에서 물의 온도를 '매우 뜨겁다', '뜨겁다', '적당하다', '차다', '매우 차다'와 같은 질적이고(Qualatative), 언어적인 값으로 표현한다. 이때, '차다', '뜨겁다' 등은 다분히 주관적이고 애매하다. 45℃의 물을 A라는 사람은 '뜨겁다'라고 말하고 B라는 사람은 '적당하다'라고 말할 수 있다. 따라서 각각의 인식에 따라 찬물을 몇 분간 붓거나 뜨거운 물을 얼마만큼 붓는 등의 결정을 하게 된다. 이와 같이 인간의 사고과정은 애매함이 많으며 애매한 결정을 하게 된다. 이러한 인간의 지능을 인위적으로 구현하기 위해서는 인간의 학습과 의사 결정 메커니즘에 대한 이해가 필요하다.

또한, 빨래를 세탁하는 경우를 생각해 보자, 사람이 빨래 할 때 세탁물의 양, 세탁물의 오염정도, 세탁물의 종류 등의 질적인 정보를 고려하여 물의 양과 세제 량을 결정하게 된다. 그러나 일반세탁기는 여러 요인들을 고려하지 않고 설정된 시간과 절차에 따라 기계적으로 세탁하므로 물과 세제가 낭비될 수 있다. 퍼지이론을 이용하면 이 문제를 해결할 수 있다. 퍼지이론은 사람이 사용하는 언어적으로 애매한 표현을 효과적으로 처리할 수 있는 방법을 제공하기 때문이다.

부울(Boolean) 논리를 기반으로 하는 기존의 집합이론에서는 특정한 객체(object)가 어떤 집합 A에 속하거나(1, true) 속하지 않거나(0, false) 둘 중의 하나이다. 그러나 퍼지논리를 기반으로 하는 퍼지집합 이론에서는 이 객체가 구성원소로서 어떤 집합 A에 어느 정도로 속하는가 하는 것을 0(전혀 속하지 않음)에서 1(완전히 속함) 사이의 수치로 나타낸다. 예를 들어 기존의 집합 이론에서는 '장미꽃(R)이 예쁘다(A)'라는 문장을 제대로 처리하지 못하거나 '참'이나 '거짓' 둘 중에 하나로 나타내지만, 퍼지논리는 'R' 이 'A' 라는 집합에 속하는 정도(Degree of membership)를 0과 1사이의 값으로 나타내어 장미꽃이 예쁜 정도를 표현한다.

다음은 퍼지이론을 사용하는 이유들을 정리하였다.

- 퍼지이론은 개념적으로 이해하기가 쉽다. 퍼지이론의 배경이 되는 수학적인 개념이 매우 간단하다.
- 퍼지이론은 유연성(flexible)이 있다.
- 주어진 어떤 시스템에 대해서도 부가적인 기능을 추가하거나 문제를 해결하기가 쉽다.
- 퍼지이론은 부정확한 데이터에 대해 허용적(tolerant)이다. 즉, 강인(robust)하다.
- 퍼지이론은 임의의 복잡성(complexity)을 가지는 비선형 함수를 모델링할 수 있다.
- 퍼지이론은 전문가의 경험이나 지식을 사용하여 구현될 수 있다.
- 퍼지이론은 고전적인 제어 기법과 혼합되어 사용될 수 있다.
- 퍼지이론은 자연 언어에 기초한다.

퍼지이론과 확률 이론은 조금은 연관성이 있다고 볼 수 있다. 그러나 퍼지이론이 다루는 애매함은 확률론과는 구분이 된다. 확률론(probability)은 어떤 사건(event)이 일어나는지 일어나지 않는 지를 확실하게 알지 못할 때, 그 사건이 일어나는 확실성을 수량적으로 정하는 것으로 일어날 수 있는 모든 확률의 총합은 1이 되어야 한다. 퍼지이론은 일상 언어에서 부정확성을 확률적이기보다는 가능성 이론(possibility)에 기초를 두고 이해하며 명확한 판단을 내릴 수 없는 문제, 즉 주관에 바탕을 둔 애매함을 다룬다. 둘 사이의 관계는 다음과 같다.

가능성 없음　⇄　확률이 없음

　이 관계를 예를 들어 설명하면 내일 미인을 만날 수 있을까 하는 문제를 놓고 생각해 보자. 이에 대한 대답은 내일이 되지 않으면 알 수 없다. 여기까지는 확률론의 영역이다. 그런데 다음날이 되어 어떤 여성을 만났다 하자. 만난 여성이 미인인지 아닌지를 판단하는 문제는 애매하다. 퍼지이론은 실제로 만나도 명확한 판단을 내릴 수 없는 문제, 주관에 바탕을 둔 애매성을 대상으로 하고 있는 것이다.

　퍼지이론에서 취급하는 애매함(Fuzziness)은 여러 가지 애매함의 형태 가운데에서 특히, 인간의 언어 및 사고에 관련한 애매함이다. 확률론에서 취급하는 애매함과는 그 형태가 다르다. 확률적 의미에서의 애매함은 시행을 몇 회라도 중복하는 것에 의해 엄밀한 판단 기준을 내리는 것이 가능하다(일어날지도 모르는 애매성만을 취급하고 있으며 일어날 수 있는 모든 확률의 총합은 1이 되어야 한다). 예를 들어 주사위를 무한히 가깝게 던지면 3이 나올 확률은 1/6인 것을 안다. 이것에 비해 '미인', '젊다' 등의 언어 판단 기준은 사람마다 다르고, 죽을 때까지 실험 및 시행을 중복해도 엄밀한 기준을 내리는 것은 불가능하다. 이러한 언어의 의미는 지극히 주관적이고 유동적이다. 이와 같은 애매함을 수리적으로 취급하는 것이 가능한 이론이 퍼지이론이다.

1.2 퍼지이론의 역사 및 발전 전망

　퍼지이론은 미국 버클리 대학의 Zadeh 교수에 의해 제안되었는데 그는 "Fuzzy sets"(1965), "Fuzzy algorithm"(1968) 등의 논문을 잇달아 발표하면서 퍼지이론의 기초를 구축하였다. 이후 영국의 Mamdani 교수는 steam engine 의 pilot plant 에 최초로 퍼지이론을 적용하여 제어를 행하였고 독일의 H. Zimmermann 교수는 퍼지이론을 decision support systems에 이용하였다. 그 이후 네덜란드에서는 시멘트 킬른 공정의 제어에 퍼지이론을 적용하여 첫 상업화에 성공하였다.

　일본에서는 Sugeno 교수가 Fuzzy Integral, Fuzzy Modelling 등을 제안하여 Fuzzy Control System 의 체계적 구축에 많은 영향을 미쳤고 많은 연구자들의 영향을 받아 수많은 퍼지응용제품이 쏟아져 나왔다. 1983년에 Fuji Electric 사에서 정수장(water

treatment plant)에 퍼지이론을 처음으로 응용하였고, Hitachi 사는 일본 Sendai 시의 전철 자동 운전(Automatic Train Operation, 1987)에 퍼지이론을 적용하여 승차감을 향상 시켰다. 이후, 일본 등에서는 가전 제품, 전동차의 자동운전, 정수장의 약품 주입율 제어, 소각로의 연소제어, 헬리콥터의 제어 등 여러 분야에 퍼지이론이 적용되었고 국내에서는 90년 이후 붐이 일어 많은 연구가 진행되어 세탁기, 에어콘, 전기밥솥 등 가전 제품과 산업용 플랜트 등 많은 분야에서 응용되었다.

1984년에는 국제 퍼지시스템학회(IFSA : International Fuzzy System Association)이 설립되었고 한국에서는 1990년에 '한국 퍼지시스템 연구회'가 설립되었고 현재는 '한국 퍼지 및 지능 시스템 학회'로 발전되어 이르고 있으며 산·학·연의 많은 분야에서 퍼지이론이 연구, 응용되고 있다. 퍼지이론은 기존의 논리 시스템 보다 인간의 의사결정능력을 효과적으로 모사할 수 있으므로 공학분야(시스템제어, 정수장 제어, 소각로 제어,

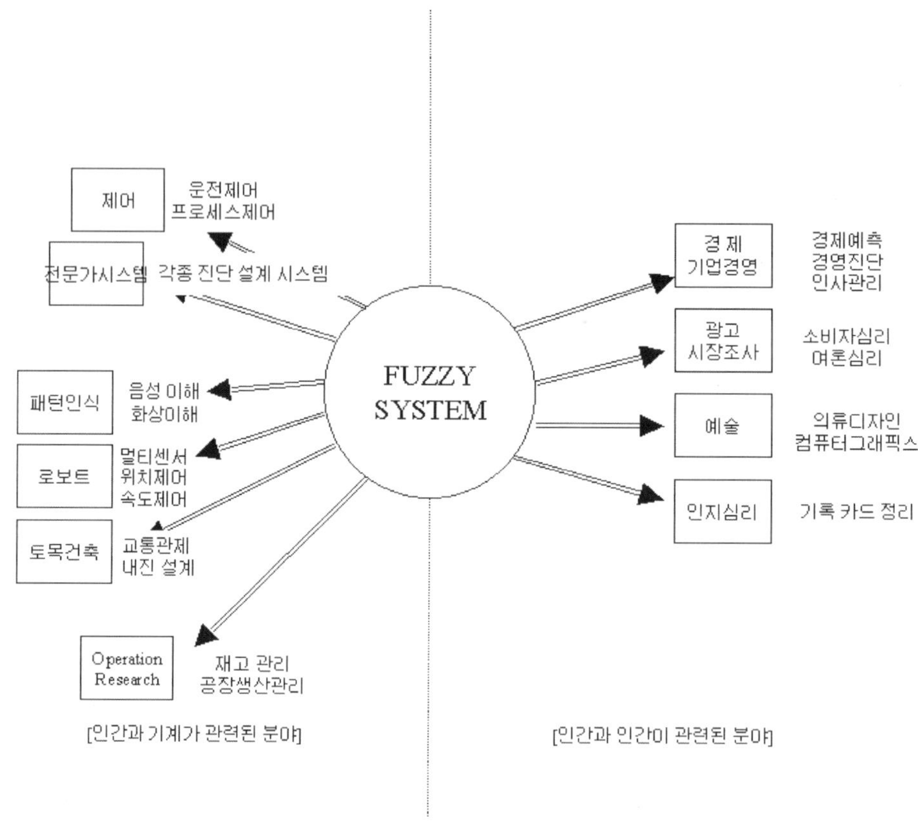

〈그림 3.1〉 퍼지이론의 응용분야

가전제품 응용 등) 뿐만 아니라, 사회과학(경영의사결정, 정책결정 등), 의학 등에 널리 이용될 수 있다. 또한 학습이 가능한 신경회로망과 결합되면 더욱 효과적인 인공지능시스템 구현이 가능하므로 이러한 연구가 진행되어 왔고 최근에는 비선형 최적화 기법인 유전자 알고리즘과 결합되어 최적의 퍼지시스템 구현을 위한 연구가 이루어지고 있다. 퍼지이론은 아직도 이론적으로 정립될 부분이 많고 응용 대상도 다양하므로 많은 연구가 이루어져야 하고 장래도 밝다고 할 수 있다. 〈그림 3.1〉은 다양한 퍼지이론의 응용분야를 나타낸다.

퍼지집합론

2.1 일반 집합(Crisp Set)

2.1.1 정 의

우리가 이제까지 배워온 집합이론은 부울(Boolean)논리를 기초로 하는 이진 집합 (Binary Set) 이론이다. 대상들을 순서 없이 모아 놓은 것을 집합이라 하고, 집합을 구성 하는 한 개의 객체(Object)를 원소(Element) 또는 멤버(member)라 부른다. 즉 기존의 집합이론에서 어떤 집합 A에 속하는 원소는 1의 소속값을 가지고 속하지 않는 원소는 0 의 소속값을 가진다.

예 3-1 집합 A＝{a, b, c, d, e, f, g}이고 B＝{b, c, f, g}일 때, A와 B는 다음과 같다.

$$
A = \begin{array}{|c|c|c|c|c|c|c|}
\hline
a & b & c & d & e & f & g \\
\hline
1 & 1 & 1 & 1 & 1 & 1 & 1 \\
\hline
\end{array}
$$

$$= 1/a + 1/b + 1/c + 1/d + 1/e + 1/f + 1/g$$

$$
B = \begin{array}{|c|c|c|c|c|c|c|}
\hline
a & b & c & d & e & f & g \\
\hline
0 & 1 & 1 & 0 & 0 & 1 & 1 \\
\hline
\end{array}
$$

$$= 0/a + 1/b + 1/c + 0/d + 0/e + 1/f + 1/g$$

일반적으로 소속값이 0인 경우는 표시하지 않으므로 B는 다음과 같이 쓸 수 있다.

$$B = 1/b + 1/c + 1/f + 1/g$$

2.1.2 일반 집합의 연산 및 대수적 특성

일반 집합에서의 연산을 설명하기 위해 특성 함수를 다음과 같이 정의한다.

■ 특성함수

$A \subseteq U$ 일 때 집합 A의 특성함수 μ_A는 다음과 같다.

$$\mu_A(x) = \begin{cases} 1, & \text{if } x \in A \\ 0, & \text{if } x \notin A, \end{cases} \quad \forall x \in U$$

그러면 전체 집합 U의 부분집합 A는 다음과 같다.

$$A = \{x \mid \mu_A(x) = 1, \ x \in U\}$$

(1) 합집합(union)

집합 A와 집합 B의 합집합은 집합 A 또는 집합 B에 속하는 원소들로 구성되는 집합으로 정의되며, 기호로는 다음과 같이 표기한다.

$$A \cup B = \{x \mid x \in A \text{ 또는 } x \in B\}$$
$$\text{또는 } \mu_{A \cup B}(x) = \max\{\mu_A(x), \ \mu_B(x)\} = \mu_A(x) \vee \mu_B(x)$$

(2) 교집합(intersection)

집합 A와 집합 B의 교집합은 집합 A와 집합 B에 공통으로 속하는 원소들로 이루어진 집합으로 정의되며, 기호로는 다음과 같이 표기한다.

$$A \cap B = \{x \mid x \in A \text{ 그리고 } x \in B\}$$
$$\text{또는 } \mu_{A \cap B}(x) = \min\{\mu_A(x), \ \mu_B(x)\} = \mu_A(x) \wedge \mu_B(x)$$

(3) 차집합(difference)

집합 A에는 소속하나 집합 B에는 속하지 않는 원소들로 이루어진 집합을 A와 B의 차집합이라 한다. 기호로는 다음과 같이 표기한다.

$$A - B = \{x \mid x \in A \text{ 그리고 } x \notin B\}$$
$$\text{또는 } \mu_{A-B}(x) = \min\{\mu_A, \ (1 - \mu_B(x))\} = \mu_A \wedge (1 - \mu_B(x))$$

(4) 여집합(complement)

B⊂A일 때 A−B를 'A에 대한 B의 여집합'이라 하고 기호로는 B^C_A으로 표기한다. 만일, A=U(전체집합)이면 U−B를 단순히 B의 여집합이라 부르고, 기호로는 B^C 또는 $\overline{B}$로 표기하며, 다음과 같다.

$$B^C = \{x \mid x \in U \text{ 그리고 } x \notin B\}$$
$$\text{또는 } \mu_B{}^c(x) = 1 - \mu_A(x)$$

예 3-2 전체 집합 U={a, b, c, d, e, f, g}이고 A와 B는 다음과 같다.

$$A = \begin{array}{|c|c|c|c|c|c|c|} a & b & c & d & e & f & g \\ \hline 0 & 0 & 1 & 0 & 1 & 0 & 1 \end{array} = \{c,\ e,\ g\}$$

$$B = \begin{array}{|c|c|c|c|c|c|c|} a & b & c & d & e & f & g \\ \hline 1 & 1 & 1 & 0 & 0 & 0 & 1 \end{array} = \{a,\ b,\ c,\ g\}$$

$$A \cap B(\text{intersection}) = \begin{array}{|c|c|c|c|c|c|c|} a & b & c & d & e & f & g \\ \hline 0 & 0 & 1 & 0 & 0 & 0 & 1 \end{array} = \{c,\ g\}$$

$$A \cup B(\text{union}) = \begin{array}{|c|c|c|c|c|c|c|} a & b & c & d & e & f & g \\ \hline 1 & 1 & 1 & 0 & 1 & 0 & 1 \end{array} = \{a,\ b,\ c,\ e,\ g\}$$

$$A^c = \begin{array}{|c|c|c|c|c|c|c|} a & b & c & d & e & f & g \\ \hline 1 & 1 & 0 & 1 & 0 & 1 & 0 \end{array} = \{a,\ b,\ d,\ f\}$$

$$B^c = \begin{array}{|c|c|c|c|c|c|c|} a & b & c & d & e & f & g \\ \hline 0 & 0 & 0 & 1 & 1 & 1 & 0 \end{array} = \{d,\ e,\ f\}$$

일반집합의 대수적 특성은 다음과 같다.

① 교환법칙(commutative laws)

$$A \cup B = B \cup A, \quad A \cap B = B \cap A$$

② 결합법칙(associative laws)

$$A \cup (B \cup C) = (A \cup B) \cup C = A \cup B \cup C$$
$$A \cap (B \cap C) = (A \cap B) \cap C = A \cap B \cap C$$

③ 분배법칙(distributive laws)

$$A \cap (B \cup C) = (A \cap B) \cup (A \cap C)$$
$$A \cup (B \cap C) = (A \cup B) \cap (A \cup C)$$

④ 멱등법칙(idempotency)

$$A \cup A = A, \quad A \cap A = A$$

⑤ 모순 법칙(Law of Contradiction)

$$A \cap \overline{A} = \phi$$

⑥ 배중 법칙(Law of excluded middle)

$$A \cup \overline{A} = U$$

⑦ 드로르간의 법칙(De Morgan's laws)

$$(A \cup B)^c = A^c \cap B^c, \quad (A \cap B)^c = A^c \cup B^c$$

2.1.3 Cartesian 곱(Cartesian Product)

두 집합 A, B가 있을 때 A에 있는 원소 a와 B에 있는 원소 b에 대하여 (a, b)를 순서쌍 (ordered pair)이라고 한다. 여기서 순서가 중요하며 따라서 (a, b)≠(b, a)이다. (a, b) =(c, d)이면 a=c이고 b=d이며 그 역도 성립한다.

■ Cartesian 곱(Cartesian Product)

두 집합 A, B가 있을 때, 모든 순서쌍의 집합 (a, b)를 집합 A, B의 cartesian 곱이라

하고 A×B로 표시한다.

$$A \times B = \{(a,\ b)\ |\ a \in A\ \text{and}\ b \in B)\}$$

예 3-3 A＝{1, 2}, B＝{a, b, c}라 하면 A×B와 B×A는 다음과 같다.

A×B＝{(1, a), (1, b), (1, c), (2, a), (2, b), (2, c)}
B×A＝{(a, 1), (a, 2), (b, 1), (b, 2), (c, 1), (c, 2)}

n개의 집합 A_1, A_2, …, A_n이 있을 때 Cartesian 곱 $A_1 \times A_2 \times \cdots \times A_n$은 순서를 고려한 모든 n-투플(n-tuple) $(a_1, a_2, \cdots, a_n)$ 여기서, $a_1 \in A_1$, $a_2 \in A_2$, …, $a_n \in A_n$이 된다. 즉 $A_1 \times A_2 \times \cdots \times A_n = \{\{a_1,\ a_2,\ \cdots,\ a_n)\ |\ a_k \in A_k,\ k=1 \cdots n\}$ 또한 $A_1 = A_2 = \cdots = A_n$이면 $A_1 \times A_2 \times \cdots \times A_n$은 A^n으로 표시한다.

예 3-4 A＝{1, 2}, B＝{a, b, c}일 때

$$A^2 = A \times A = \{(1,\ 1),\ (1,\ 2),\ (2,\ 1),\ (2,\ 2)\}$$

2.1.4 관계(Relation)

집합들의 원소들 사이의 연관성을 나타내는 방법은 연관된 원소들을 순서대로 나열하는 것이므로 관계는 순서쌍의 집합으로 표시된다.

■ n-항 관계(n-ary relation)

곱집합 $A_1 \times A_2 \times \cdots \times A_n$의 부분 집합 R을 집합 A_1, A_2, …, A_n에서의 n-항 관계라 한다. 즉, n-항 관계는 n-투플의 집합 $R = \{(a_1, a_2, \cdots, a_n)\ |\ a_i \in A_i\}$이다.

■ 이항 관계(binary relation)

n이 2인 경우, 즉 $R \subseteq A_1 \times A_2$일 때, R을 A_1에서의 A_2로의 이항 관계라 한다. 단, 순서쌍에서 모든 첫 번째 원소의 집합을 정의역(domain)이라 하고, 두 번째 원소의 집합을 치역(range)이라고 한다. 특히, $A_1 = A_2 = A$일 때 A에서 A로 가는 이항 관계를 집합 A에 대

한(on a set A)관계라고 한다.

예 3-5 두 집합 A＝{1,3}, B＝{3,4}일 때, A에서 B로의 모든 관계를 나타내어라.

풀 이 A×B의 모든 부분 집합이 A에서 B로의 관계이고, A×B＝{(1,3), (1,4), (2,3), (2,4)}이므로 모든 관계의 개수는 $2^4＝16$이다. 다음은 A에서 B로의 모든 관계를 나타낸 것이다.

$\varnothing$, {(1,3)}, {(1,4)},

{(2,3)}, {(2,4)}, {(1,3),(1,4)},

{(2,3),(2,4)}, {(1,3),(2,3)}, {(1,4), (2,4)},

{(1,3),(2,4)}, {(1,4),(2,3)}, {(1,3),(1,4),(2,3)},

{(1,3),(1,4),(2,4)}, {(1,3),(2,3),(2,4)}, {(1,4),(2,3),(2,4)},

{(1,3),(1,4),(2,3)(2,4)}

■ 역관계(inverse relation)

관계 R이 A로부터 B로의 관계일 때 역 관계 R^{-1}은 B로부터 A로의 관계로서 다음과 같이 정의된다.

$$R^{-1}＝\{(b,\ a) \mid (a,\ b)\in R\}$$

2.1.5 관계의 표현

(1) 화살표선도(arrow diagram)

집합 A, B가 있을 때, 원소들 사이의 관계를 화살표로 표현하는 방법이다.

예 3-6 A＝{1, 2, 3, 4}, B＝{a, b, c, d}이고 관계 R＝{(1,c), (1,d), (2,b), (3,a), (3,c), (4,a)}일 때, R을 화살표를 사용해서 나타내어라.

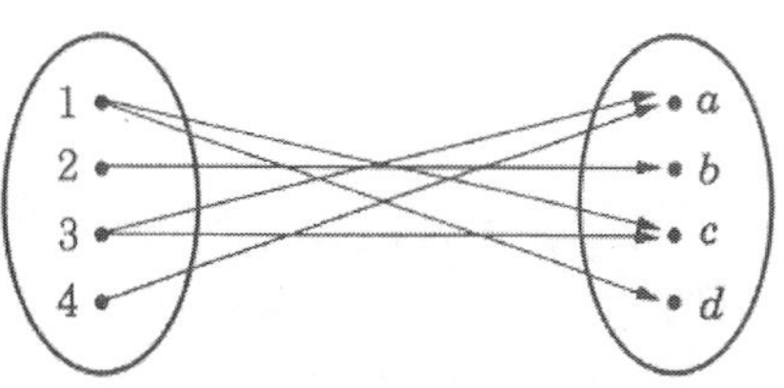

(2) 관계 행렬(relation Matrix)

R을 A = {a₁, a₂, ⋯, aₘ}에서 B = {b₁, b₂, ⋯, bₙ}으로의 관계라 가정하자. 관계 R은 행렬 $M_R = (m_{ij})$(단, $1 \le i \le m$, $1 \le j \le n$)로 표현할 수 있다.

$$m_{ij} = \begin{bmatrix} 1 : (a_i, \ b_j) \in R \\ 0 : (a_i, \ b_j) \notin R \end{bmatrix}$$

예 3-7 집합 A = {1, 2, 3}, B = {1, 2}에 대하여, A에서 B로의 관계 R이 "a∈A, b∈B일 때 a>b이다"로 주어진 경우 R을 관계 행렬(relation matrix)로 표현하라.

풀 이 R = {(2,1), (3,1), (3,2)}이므로, R의 관계 행렬은 다음과 같다.

$$M_R = \begin{array}{c} \\ 1 \\ 2 \\ 3 \end{array} \begin{array}{cc} 1 & 2 \\ \begin{bmatrix} 0 & 0 \\ 1 & 0 \\ 1 & 1 \end{bmatrix} \end{array}$$

(3) 방향 그래프(Directed graph)

이 방법은 A×A 에서의 관계를 나타낼 때 많이 사용되는데 집합의 원소들을 각 정점(Vertex)으로 하고 각 원소들 간의 관계를 방향 있는 연결선인 간선(edge)으로 연결하여 표현한다.

예 3-8 A = {1, 2, 3, 4}이고 R = {(1,1), (1,2), (1,3), (2,2), (2,3), (4,1), (4,3)}이면 관계 R의 방향 그래프는 다음 그림과 같다.

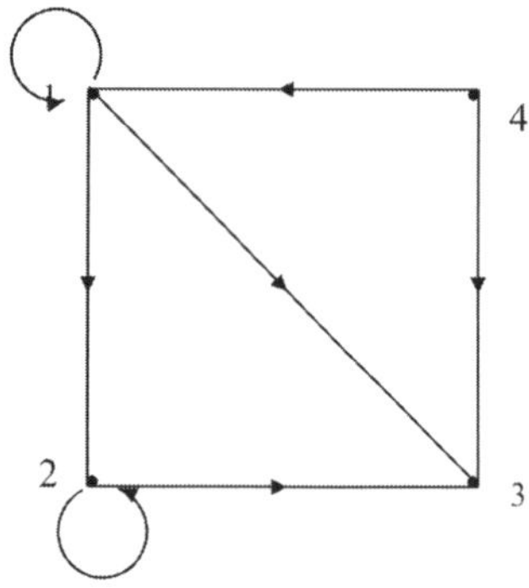

2.1.6 관계의 합성

■ 합성 관계(Composite relation)

A, B, C가 집합이고, A에서 B로의 관계 R과 B에서 C로의 관계 S가 있을 때, 합성 관계 R∘S는 다음과 같이 정의되는 A로부터 C로의 관계이다.

$$R \circ S = \{(a,c) \in A \times C \mid (a,b) \in R \text{ 이고 } (b,c) \in S\}$$

예 3-9 A = {2, 3, 8, 9}, B = {4, 6, 18}, C = {1, 4, 7, 9}이다. A에서 B로의 관계 R과 B에서 C로의 관계 S가 다음과 같이 주어졌을 때, R∘S를 구하라.

R = {(a,b) | a∈A, b∈B, mod(b,a) = 0}
S = {(b,c) | b∈B, c∈C, b≤c}

여기서, mod(b,a)는 $\dfrac{b}{a}$의 나머지를 구하는 연산

풀이 R = {(2,4), (2,6), (2,18), (3,6), (3,18), (9,18)}, S = {(4,4), (4,7), (4,9), (6,7), (6,9)}이므로, 이 관계를 그림으로 나타내면 다음과 같다.

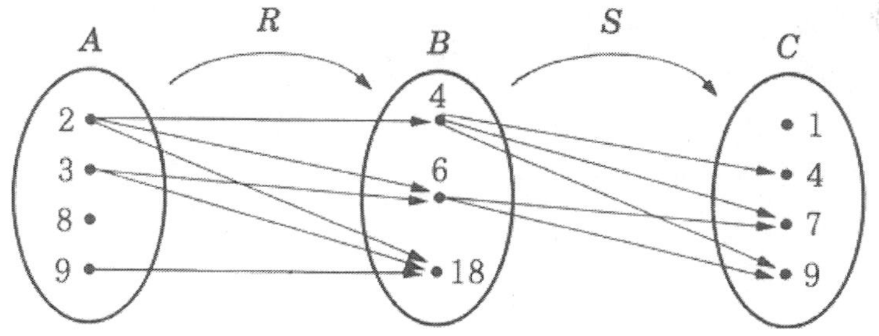

그러므로 R∘S = {(2, 4), (2, 7), (2, 9), (3, 7), (3, 9)}이다.

예 3-10 A = {1, 2}, B = {3, 4}, C = {5, 6}이고, 관계 R = {(1, 3), (1, 4)}, S = {(3, 5), (4, 5)}이다. 여기서, R∘S는?

풀이 B의 원소 중 (1, b)∈R과 (b, 5)∈S인 b는 3, 4이다.

그러므로 R∘S＝{(1, 5)}가 된다.

예 3-11 관계 R과 관계 S가 다음의 관계 행렬로 구성될 때, 합성 관계 R∘S를 구하여 관계 행렬로 표현하라.

$$
M_R = \begin{array}{c} \\ 1 \\ 2 \\ 3 \end{array}
\begin{array}{ccc} 1 & 2 & 3 \end{array}
\left[\begin{array}{ccc} 1 & 0 & 1 \\ 1 & 1 & 0 \\ 0 & 0 & 0 \end{array} \right]
\qquad
M_S = \begin{array}{c} \\ 1 \\ 2 \\ 3 \end{array}
\begin{array}{ccc} 1 & 2 & 3 \end{array}
\left[\begin{array}{ccc} 0 & 1 & 0 \\ 0 & 0 & 1 \\ 1 & 0 & 1 \end{array} \right]
$$

풀 이 관계 행렬 M_R로 부터 관계 R＝{(1,1), (1,3), (2,1), (2,2)}이고, 관계 행렬 M_S 로부터 관계 S＝{(1,2), (2,3), (3,1), (3,3)}이다. 따라서, 합성 관계 R∘S＝ {(1,1), (1,2), (1,3), (2,2), (2,3)}이므로, R∘S의 관계 행렬은

$$
M_{R∘S} = \begin{array}{c} \\ 1 \\ 2 \\ 3 \end{array}
\begin{array}{ccc} 1 & 2 & 3 \end{array}
\left[\begin{array}{ccc} 1 & 1 & 1 \\ 0 & 1 & 1 \\ 0 & 0 & 0 \end{array} \right]
$$

와 같다.

■ A, B, C, D 가 집합이고, R⊆A×B, S⊆B×C, T⊆C×D일 때, R∘(S∘T)＝(R∘S)∘T이다.

■ A, B, C, D 가 집합이고, R⊆A×B, S⊆B×C, $(R∘S)^{-1}=S^{-1}∘R^{-1}$이다. R이 A에 대한 관계일 때, $R∘R=R^2$, $R∘R∘R=R^3$, …으로 표시한다. 일반적으로 R^n은 $R^1=R$이고 $R^n=R^{n-1}∘R$을 이용하여 구한다.

2.2 퍼지집합(Fuzzy Set)

기존의 집합이론은 원소 x가 집합 A에 속할 때는 1의 값을 소속을 속하지 않을 때는 0의 값을 갖는 경계가 분명한 집합으로 구성된다. 이러한 집합의 예는 '정수의 집합', '키가 170cm 이상인 사람들의 집합' 등이다. 한편 '키가 큰 사람들의 집합', '예쁜 꽃들의 집합' 등은 0 또는 1로만 나타낼 수 없는 주관적이고 애매한 언어 표현을 사용하므로 기존의 집

합 개념으로 다룰 수 없는 집합개념이다. 따라서 원소가 집합에 속하는 정도를 0과 1 사이의 값, 즉 [0,1]로 나타내고 이를 소속함수(membership function)라 한다. 일반 집합과 퍼지집합의 개념을 그림으로 나타내면 다음과 같다.

예 3-12 '키가 170cm 이상인 사람의 집합'과 '키가 큰 사람의 집합'을 생각해 보자. 앞의 집합은 일반 집합으로 다음 그림 (a)와 같고 두 번째 집합은 퍼지집합으로 (b)와 같다.

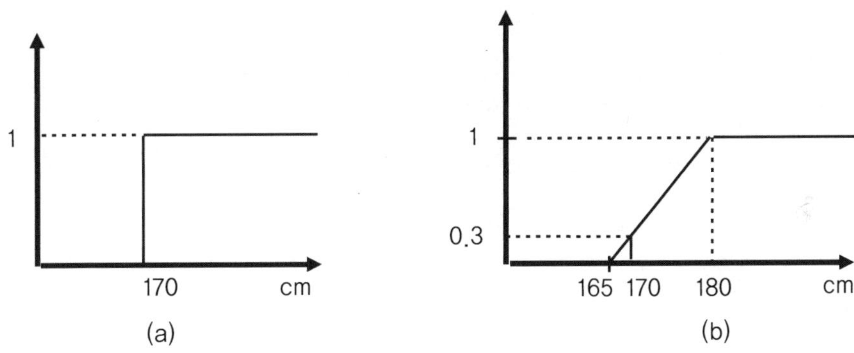

일반 집합은 소속함수가 0과 1로만 구성된 퍼지집합의 특수한 경우임을 알 수 있으며 퍼지집합은 기존의 집합 개념을 확장한 것으로 이해할 수 있다.

2.2.1 퍼지집합의 정의

■ 논의 집합(Universe of discourse)

X가 연속적(continuous) 또는 이산적(discrete)인 원소 x로 이루어진 객체들의 집합일 때, X＝{x}를 논의 집합이라 한다.

■ 퍼지집합(A fuzzy set)

논의 집합 X상의 퍼지집합 A란 $\mu_A : X \rightarrow [0,\ 1]$로 되는 소속함수(membership function) μ_A에 의해 특성화된 집합이다. 여기서 퍼지집합 A의 $\mu_A(x)$ 값을 $x \in X$에 있어서의 소속값(membership value) 또는 grade라 부른다. 이 소속값은 요소 x가 퍼지집합 A에 속하는 정도를 표시하고 0에서 1사이의 값을 갖는다. 따라서 논의 집합 X상의 퍼지집합 A는 원소 x와 그 원소의 소속함수 값의 쌍으로 나타낸다.

$$A = \{(x, \ \mu_A(x)) \mid x \in X\}$$

예 3-13 전체집합 X＝{－1, 1, 5, 8, 10, 100, 500}일 때, 퍼지집합 A는 "5보다 훨씬 큰 수들의 모임"이라 하면 소속함수와 퍼지집합 A는 다음과 같이 정의될 수 있다.

$\mu_A(-1) = 0$ ： 5보다 크지 않다.

$\mu_A(1) = 0$ ： 5보다 크지 않다.

$\mu_A(5) = 0$ ： 5보다 크지 않다.

$\mu_A(8) = 0.05$ ： 5보다 약간 크다

$\mu_A(10) = 0.1$ ： 5보다 조금 크다

$\mu_A(100) = 0.95$ ： 5보다 꽤나 많이 크다.

$\mu_A(500) = 1$ ： 5보다 훨씬 크다.

A＝{(－1, 0) (1, 0) (5, 0) (8, 0.05) (10, 0.1) (100, 0.95) (500, 1)}

■ 대(Support of a Fuzzy Set)

퍼지집합 A의 대(Support)는 $\mu_A(x) > 0$인 원소 x로 이루어진 크리스프 집합이다.

■ 퍼지싱글턴(Fuzzy Singleton)

퍼지싱글턴은 그것의 대(Support)가 $\mu_A(x) = 1.0$인 하나의 점(point)인 퍼지집합이다.

2.2.2 퍼지집합의 표현

논의 집합이 연속(continuous)일 때와 이산(discrete)인 경우, 퍼지집합 A는 다음과 같이 표현된다.

- 연속형(continuous type) : $A = \int_x (\mu_A(x) \, / \, x)$

- 이산형(discrete type) : $A = \sum_{i=1}^{n} (\mu_A(x_i) \, / \, x_i)$

퍼지집합은 삼각형, 사다리꼴, 범종형이 가장 많이 사용된다.

■ 삼각형(triangle)

- 연속형(continuous type) : $A = \int_{x_1}^{x_3} \dfrac{\left(\dfrac{-x_1 + x}{x_3 - x_1}\right)}{x} + \int_{x_3}^{x_5} \dfrac{\left(\dfrac{x_5 - x}{x_5 - x_3}\right)}{x}$

- 이산형(discrete type) : $A = \dfrac{c}{x_1} + \dfrac{b}{x_2} + \dfrac{a}{x_3} + \dfrac{b}{x_4} + \dfrac{c}{x_5}$

예) ① 연속 표현

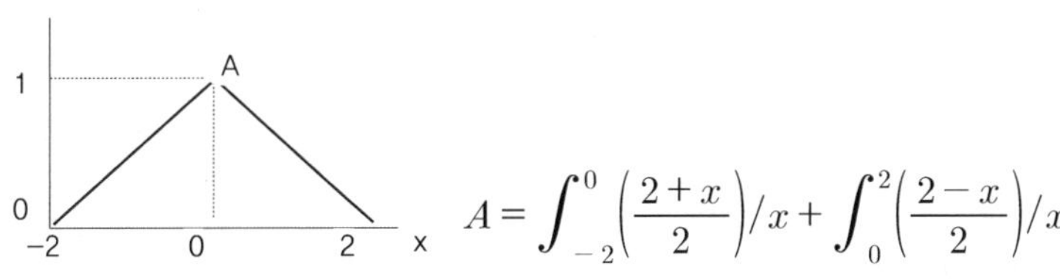

$$A = \int_{-2}^{0} \left(\frac{2+x}{2}\right)/x + \int_{0}^{2} \left(\frac{2-x}{2}\right)/x$$

② 이산 표현

　　전체집합 ㉠ $X = \{-2, \ -1, \ 0, \ 1, \ 2\}$

　　　　　　 ㉡ $X = \{-2, \ -1.5, \ -1, \ -0.5, \ 0, \ 0.5, \ 1, \ 1.5, \ 2\}$에서,

㉠

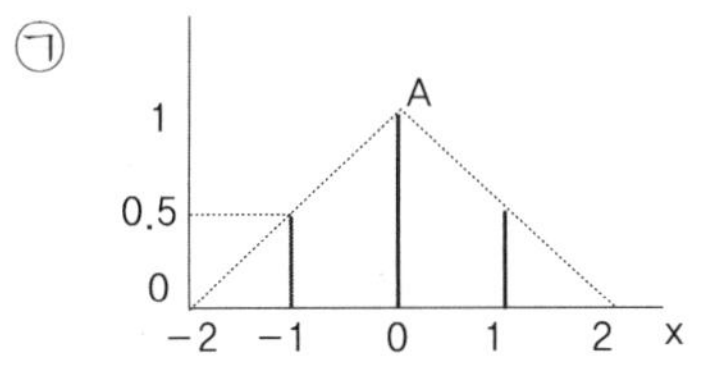

$$A = \frac{0}{-2} + \frac{0.5}{-1} + \frac{1.0}{0} + \frac{0.5}{1}$$

㉡

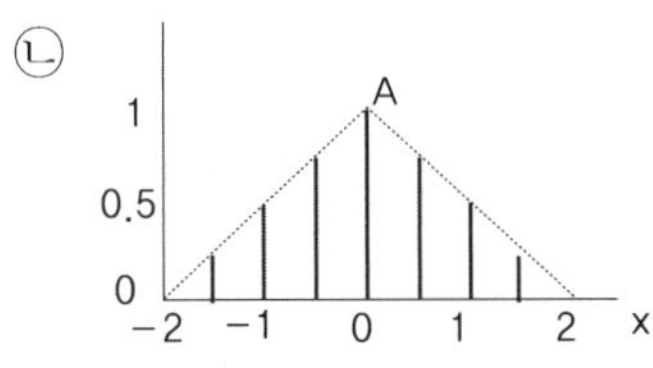

$$A = \frac{0.25}{-1.5} + \frac{0.5}{-1} + \frac{0.75}{-.0.5} + \frac{1.0}{0} + \frac{0.75}{0.5} + \frac{0.5}{1} + \frac{0.25}{1.5}$$

■ 사다리꼴형(trapezoid)

- 연속표현 : $A = \int_{x_1}^{x_3} \dfrac{\left(\dfrac{-x_1+x}{x_3-x_1}\right)}{x} + \int_{x_3}^{x_5} \dfrac{1}{x} + \int_{x_5}^{x_7} \dfrac{\left(\dfrac{x_7-x}{x_7-x_5}\right)}{x}$

- 이산표현 : $A = \dfrac{c}{x_1} + \dfrac{b}{x_2} + \dfrac{a}{x_3} + \dfrac{a}{x_4} + \dfrac{a}{x_5} + \dfrac{b}{x_6} + \dfrac{c}{x_7}$

예) ① 연속 표현

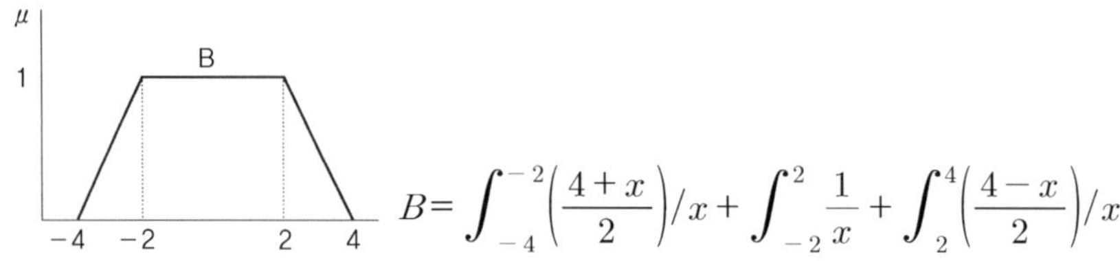

$$B = \int_{-4}^{-2}\left(\frac{4+x}{2}\right)/x + \int_{-2}^{2}\frac{1}{x} + \int_{2}^{4}\left(\frac{4-x}{2}\right)/x$$

② 이산 표현

$X = \{-5,\ -4,\ -3,\ -2,\ -1,\ 0,\ 1,\ 2,\ 3,\ 4,\ 5\}$

$$B = \frac{0.5}{-3} + \frac{1}{-2} + \frac{1}{-1} + \frac{1}{0} + \frac{1}{1} + \frac{1}{2} + \frac{0.5}{3}$$

■ 범종형(gaussian)

- 연속표현 : $A = \int_{x} \dfrac{e^{-a(x-b)^2}}{x}$ or $\int_{X} \dfrac{e^{\frac{-(x-c)^2}{2\sigma^2}}}{X}$

- 이산표현 : $A = \dfrac{c}{x_1} + \dfrac{b}{x_2} + \dfrac{a}{x_3} + \dfrac{b}{x_4} + \dfrac{c}{x_5}$

예) ① 연속 표현

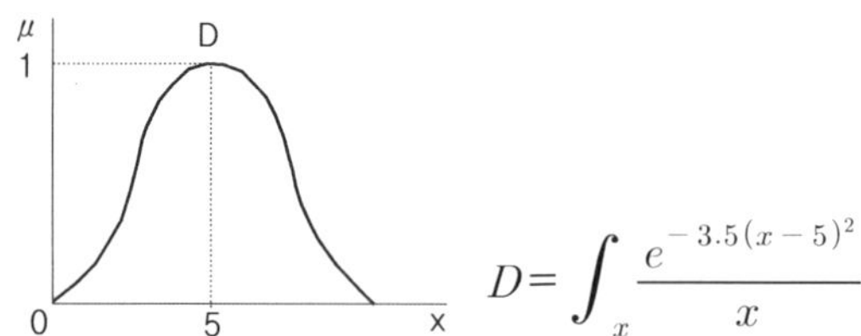

$$D = \int_{x} \frac{e^{-3.5(x-5)^2}}{x}$$

② 이산 표현

$$X = \{0, \ 2, \ 4, \ 6, \ 8, \ 10\}$$

$$D = \frac{0.011}{2} + \frac{0.607}{4} + \frac{0.607}{6} + \frac{0.011}{8}$$

$$\mu_D(0) = 3.73 \times 10^{-6} \cong 0$$

$$\mu_D(10) = 3.73 \times 10^{-6} \cong 0$$

예 3-14 논의 집합 U가 $U = \{x \mid 0 \leq x \leq 20$인 실수$\}$이고 퍼지집합 A가

$A = \{x \mid x$는 10에 가까운 실수$\}$ 일 때 퍼지집합 A는 다음과 같이 (a)범종형

이나 (b)삼각형 형태로 정의할 수 있고, A의 소속함수 μ_A는 〈그림 3.2〉와 같

다. 여기에서 소속함수는 연속표현으로 이를 구체적으로 어떻게 정의하느냐 하

는 문제는 그때 그때의 상황에 따라 다르며 유일하지 않다.

$$\text{(a)} \quad A = \int_U \frac{e^{-3.0(x-10)^2}}{x}$$

$$\text{(b)} \quad A = \begin{cases} 0, & x < 5 \\ \dfrac{1}{5}(x-5), & 5 \leq x \leq 10 \\ -\dfrac{1}{5}(x-10)+1, & 10 \leq x \leq 15 \\ 0, & x > 15 \end{cases}$$

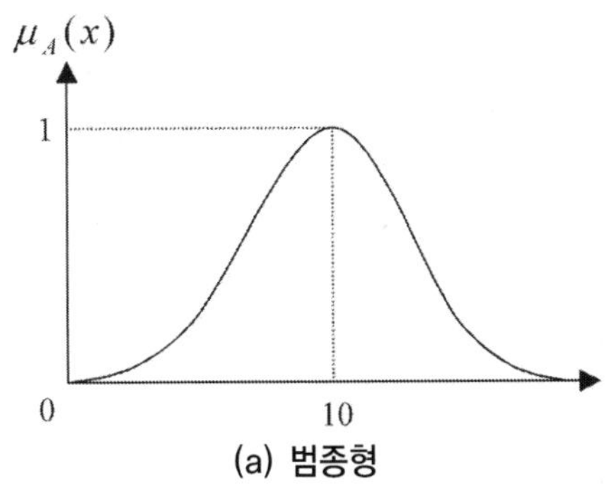

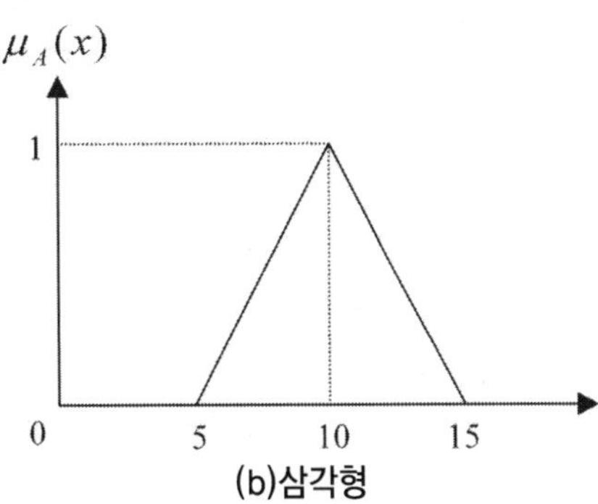

〈그림 3.2〉 '10에 가까운 실수'의 소속함수

예 3-15 ｜ 대집합 U가 U = $\{x \mid 0 \leq x \leq 20$인 정수$\}$이고 퍼지집합 A가

$A = \{x \mid x$는 10에 가까운 정수$\}$일 때 퍼지집합 A는 이산표현으로 다음과 같이 정의될 수 있고, A의 소속함수 μ_A는 〈그림 3.3〉과 같이 나타낼 수 있다.

$$A = 0.4/7 + 0.6/8 + 0.8/9 + 1/10 + 0.8/11 + 0.6/12 + 0.4/13$$

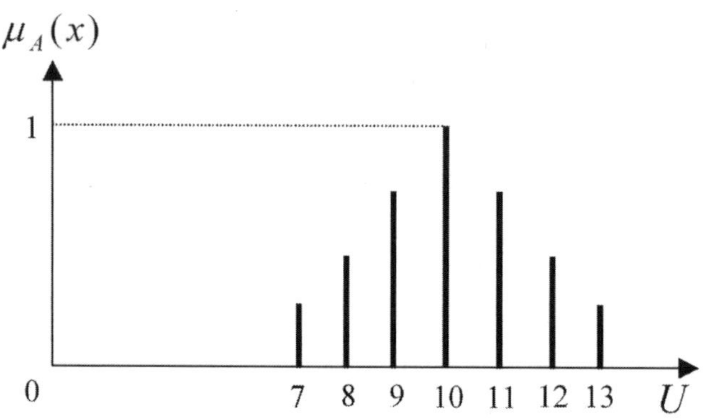

〈그림 3.3〉 '10에 가까운 정수'의 소속함수

2.2.3 퍼지집합의 특성

퍼지집합은 여러 가지 특성을 가지고 있다. 이를 통해 퍼지집합의 정량적, 정성적 특성을 파악할 수 있으며, 여러 퍼지집합을 비교할 수 있는 기준도 될 수 있다. 이 특성들 중 많이 사용되는 것들은 정규(normal), 컨벡스(convex), 농도(cardinality), 상대농도(relative cardinality) 등이다.

■ 정규(normal)

Fuzzy 집합 A의 Membership value $\mu_A(x)$의 최대치가 "1"과 같으면 Fuzzy 집합 A는 정규(normal)이다. 즉, 소속함수의 최대 값이 1일 때 퍼지집합을 정규 퍼지집합이라 한다.

$$\max_{x \in X} \mu_A(x) = 1$$

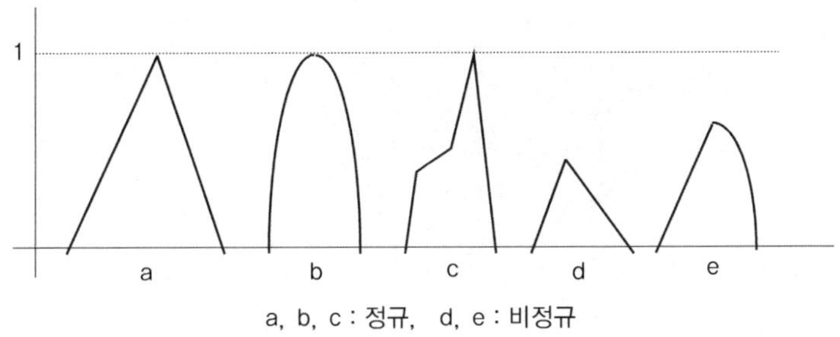

a, b, c : 정규, d, e : 비정규

■ 컨벡스(convex)

볼록하다는 뜻으로 소속함수가 주변보다 아래로 찌그러지지 않은 경우에 퍼지집합이 컨벡스 하다고 한다.

※ 주의 : 임의의 모든 구간 내에서 다음 식이 성립하여야 convex함.

$\forall x_1 \in X$, $\forall x_2 \in X$, $\forall \lambda \in [0, 1]$이면, $\mu_A(\lambda x_1 + (1-\lambda)x_2) \geq \min(\mu_A(x_1), \mu_A(x_2))$ (x_1과 x_2 사이의 모든 구간을 의미한다.)

다시 표현하면,

임의의 구간 $[x_1, x_2]$에서 $\forall x \in [x_1, x_2]$는 $\mu_A(x) \geq \min(\mu_A(x_1), \mu_A(x_2))$한다.

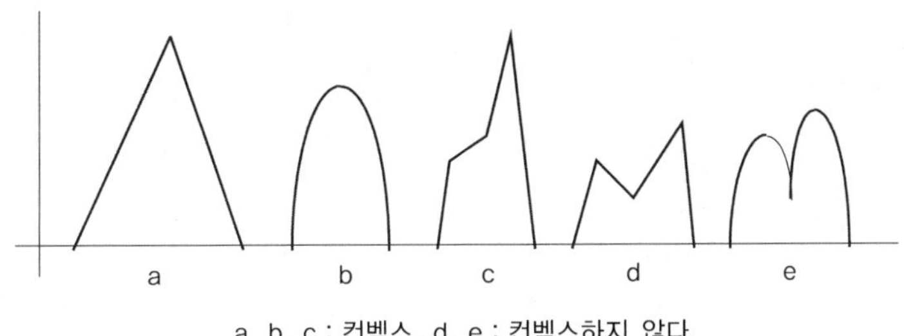

a, b, c : 컨벡스, d, e : 컨벡스하지 않다.

■ 농도(cardinality)

Fuzzy 집합의 농도의 정의는 Crisp집합의 농도의 확장으로 되어 있다. 즉 Crisp집합의 농도는 요소 수와 같게 되고, 퍼지집합의 농도는 모든 소속함수의 값을 더하는 것으로 소속정도를 정량적으로 나타낸다. 범위가 같더라도 소속함수가 사다리꼴일 때가 삼각형일 때보다 농도가 짙다. 소속함수가 포함되어 있는 범위까지 고려하면 상대농도(relative cardinality)가 된다.

$$| A | = \sum_{x \in X} \mu_A(x) : \text{농도(cardinality)}$$

$$\| A \| = \frac{| A |}{| X |} : \text{상대농도(relative cardinality)}$$

여기서, $|A|$: fuzzy 집합 A의 농도,

$|X|$: 전체 집합 X의 농도, 즉 crisp 집합의 농도(요소수)

① normal

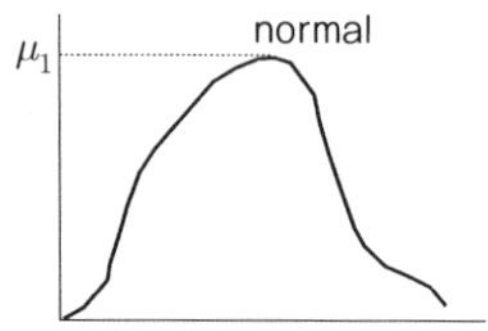

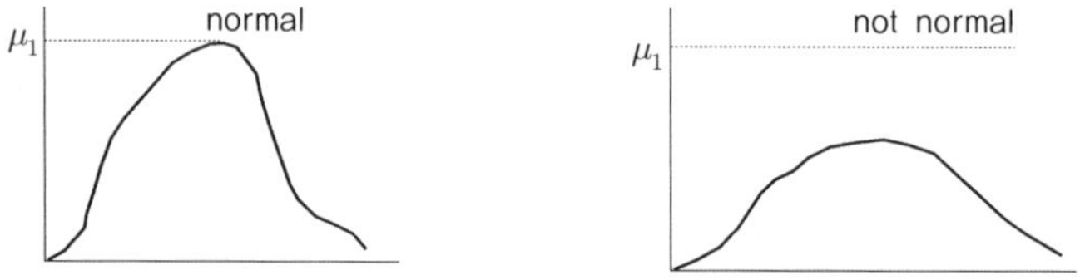

② convex

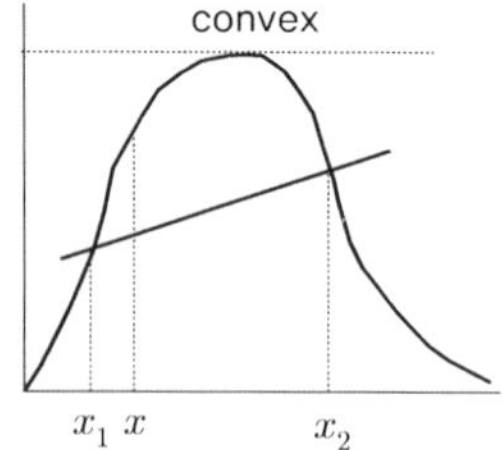

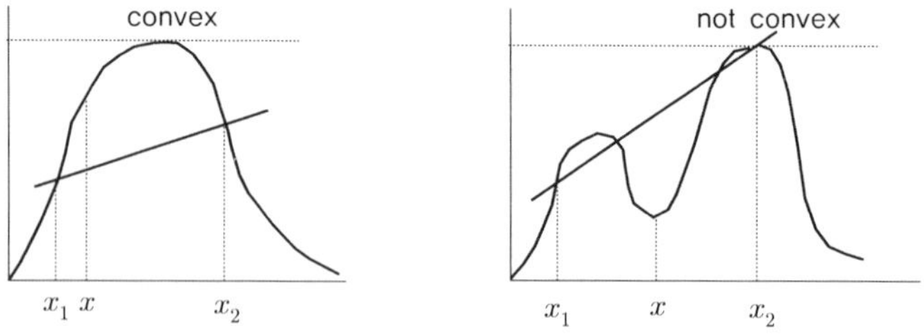

2.2.4 퍼지집합의 연산

전체집합 X에서 퍼지집합 A, B는 각각 소속 함수 μ_A와 μ_B로 정의된다. 이 때 퍼지집합을 위한 합집합, 교집합, 여집합은 다음과 같다.

■ 퍼지 합집합(Union for fuzzy set)

퍼지 합집합 A∪B의 소속 함수 $\mu_{A \cup B}$는 다음과 같이 정의된다.

$$\mu_{A \cup B}(x) = \mu_A(x) \vee \mu_B(x) = \begin{cases} \mu_A(x), & \text{for} \mu_A(x) \geq \mu_B(x) \\ \mu_B(x), & \text{for} \mu_A(x) < \mu_B(x) \end{cases}$$
$$= \max\{\mu_A(x), \ \mu_B(x)\}$$

■ 퍼지 교집합(Intersection of a fuzzy set)

퍼지 교집합 A∩B의 소속함수 $\mu_{A \cap B}$는 다음과 같이 정의된다.

$$\mu_{A \cap B}(x) = \mu_A(x) \wedge \mu_B(x) = \begin{cases} \mu_A(x), & \text{for} \mu_A(x) \leq \mu_B(x) \\ \mu_B(x), & \text{for} \mu_A(x) > \mu_B(x) \end{cases}$$
$$= \min\{\mu_A(x),\ \mu_B(x)\}$$

■ 퍼지 여집합(Complement of a fuzzy set)

퍼지집합 A의 여집합은 다음과 같이 정의된다.

$$\mu_{\overline{A}}(x) = 1 - \mu_A(x)$$

예 3-16 퍼지집합과 크리스프 집합(일반 집합) 연산의 그림을 통한 비교

① 연속형

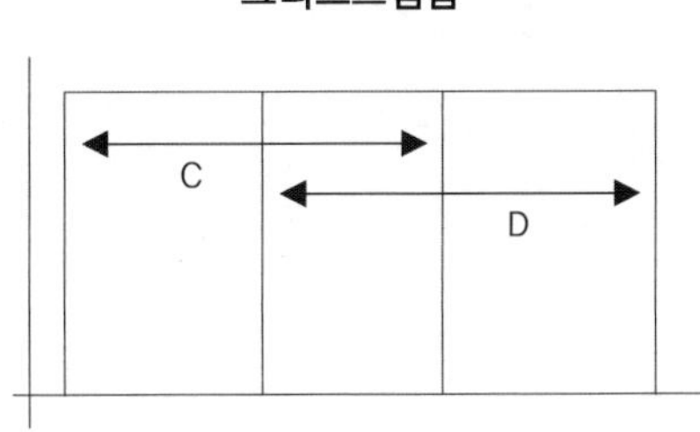

㉠ 합집합

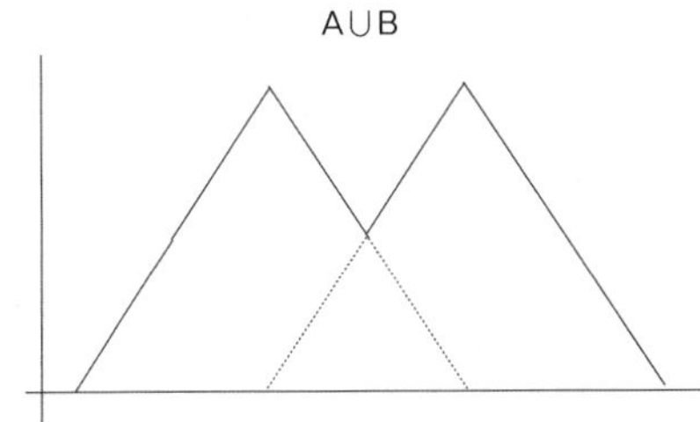

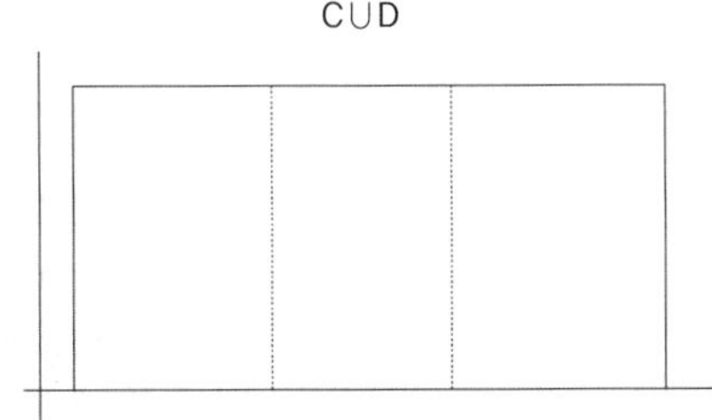

ⓒ 교집합

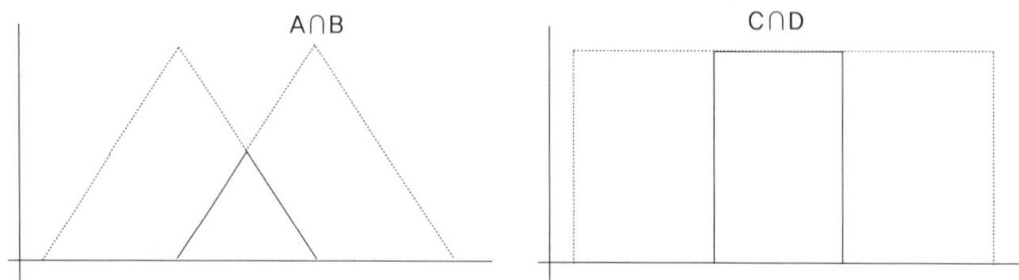

ⓒ 여집합

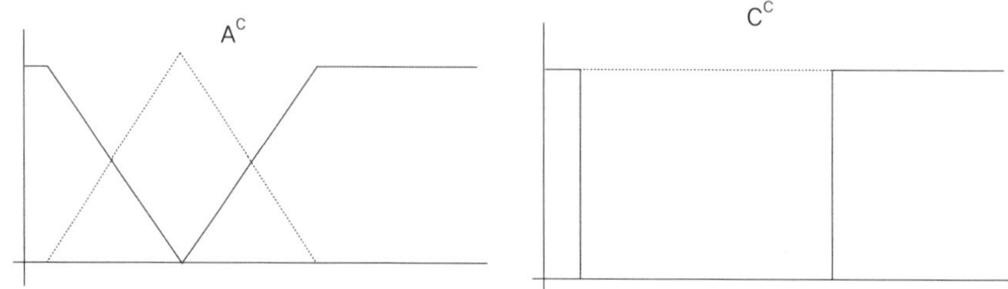

② 이산형

	1	2	3	4	5	6	7	8	9	10
A =	0	0.1	0.6	1.0	0.6	0.1	0	0	0	0

	1	2	3	4	5	6	7	8	9	10
B =	0	0	0.1	0.4	0.7	1.0	0.7	0.4	0.1	0

㉠ 합집합 ; Max 값을 취함

A∪B =	0	0.1	0.6	1.0	0.7	1.0	0.7	0.4	0.1	0

㉡ 교집합 ; Min 값을 취함

A∩B =	0	0	0.1	0.4	0.6	0.1	0	0	0	0

㉢ 여집합

$\overline{A}$ =	1.0	0.9	0.4	0.0	0.4	0.9	1.0	1.0	1.0	1.0

■ α-cut 집합

퍼지집합의 α-cut 집합은 $\mu_A(x) \geq \alpha$인 원소 x로 이루어진 일반 집합(crisp set)이다. α-cut 집합에는 약 α-cut 과 강 α-cut이 있는데 기준점을 포함하느냐 포함하지 않느냐에 의해 나누어진다. 약 α-cut 집합과 강 α-cut 집합의 정의 및 개념도는 아래와 같다.

- 약 α-cut($=\alpha$-level set)
  $$A_{\bar{\alpha}} = \{ x \mid \mu_A(x) \geq \alpha \}, \quad \alpha \in (0,1] \quad (0 < a \leq 1)$$
- 강 α-cut($=$strong α-level set)
  $$A_\alpha = \{ x \mid \mu_A(x) > \alpha \}, \quad \alpha \in [0,1) \quad (0 \leq a < 1)$$

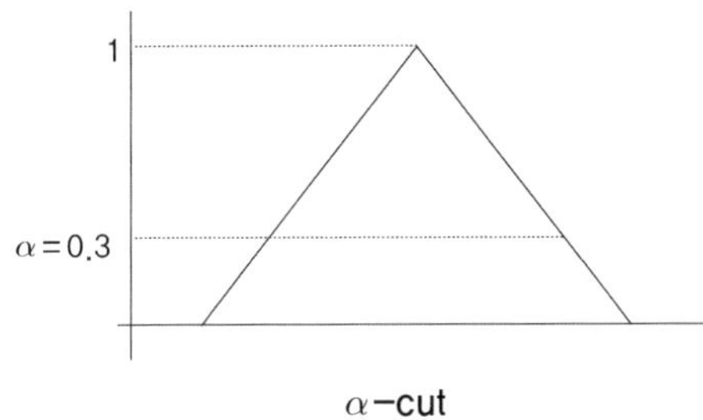

α-cut

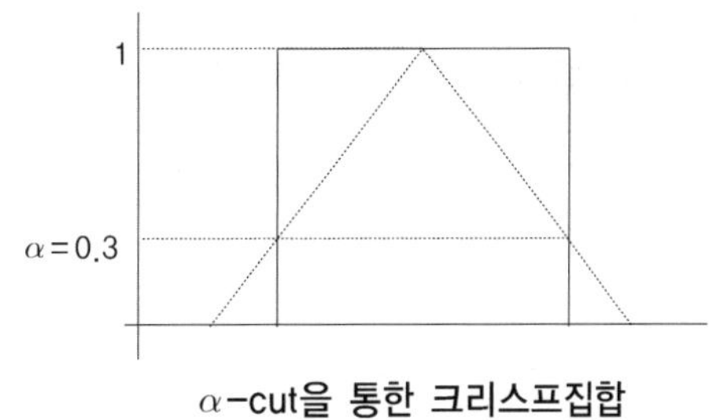

α-cut을 통한 크리스프집합

■ 퍼지집합의 동치관계(equality)

$\forall x \in X$에 대하여 $\mu_A(x) = \mu_B(x)$이면 '두개의 퍼지집합 A와 B는 같다'고 하며 A=B로 표시한다.

$$A = B \rightarrow \mu_A(x) = \mu_B(x), \quad \forall x \in X$$

■ 퍼지 부분 집합(subset)

$\forall x \in X$에 대하여 $\mu_A(x) \subseteq \mu_B(x)$이면 퍼지집합 'A는 B의 부분 집합이다'라고 하고 A $\subseteq$ B로 표시한다.

$$A \subset B \rightarrow \mu_A(x) \leq \mu_B(x), \quad \forall x \in X$$

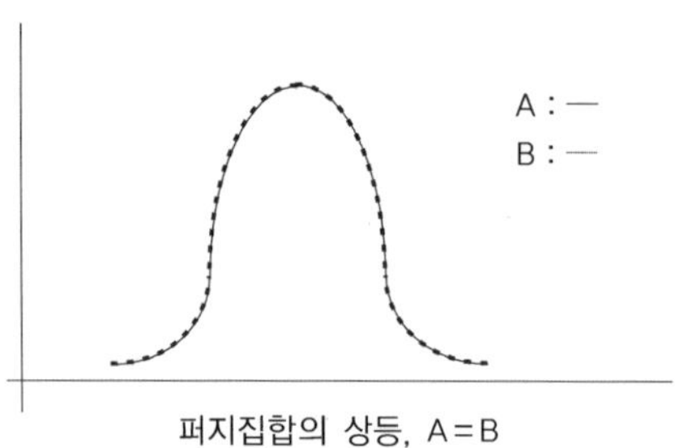

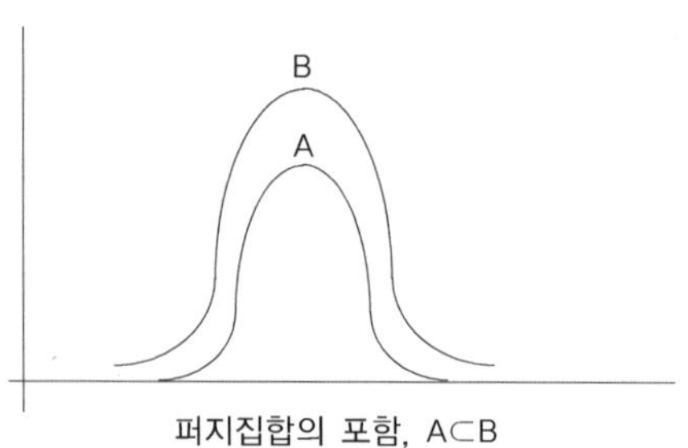

퍼지집합의 상등, A＝B

퍼지집합의 포함, A⊂B

2.2.5 퍼지집합의 성질

■ 퍼지집합과 크리스프집합 모두 성립하는 성질

① 교환법칙(Commutative law)

$$A \cup B = B \cup A$$
$$A \cap B = B \cap A$$

② 결합법칙(Associative law)

$$A \cup (B \cup C) = (A \cup B) \cup C$$
$$A \cap (B \cap C) = (A \cap B) \cap C$$

③ 배분법칙(Distributive law)

$$A \cup (B \cap C) = (A \cup B) \cap (A \cup C)$$
$$A \cap (B \cup C) = (A \cap B) \cup (A \cap C)$$

④ 2중부정의법칙(Law of double negation)

$$(A^c)^c = A$$

⑤ 드모르간법칙(De Morgan's law)

$$(A \cup B)^c = A^c \cap B^c, \quad (A \cap B)^c = A^c \cup B^c$$

⑥ 멱등률(Idempotent law)

$$A \cup A = A$$
$$A \cap A = A$$

■ 크리스프집합에서만 성립하는 성질 (퍼지집합에서는 일반적으로 성립하지 않는 성질)

(1) 배중률(Law of the excluded middle)

$$A \cup \overline{A} = X$$ 여기에서, X는 전체집합, A는 X의 부분집합

① 일반 집합

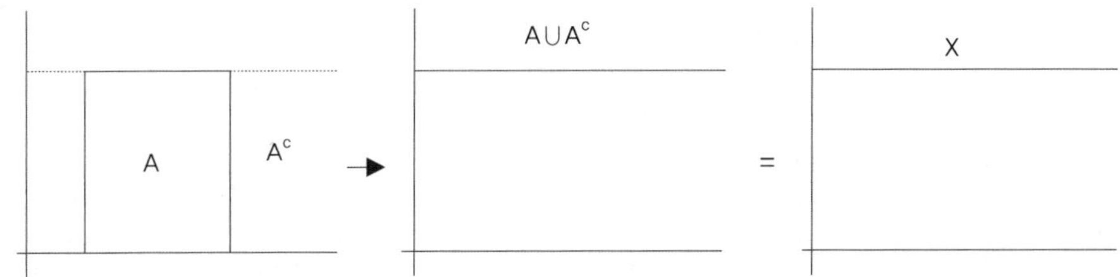

② 퍼지집합

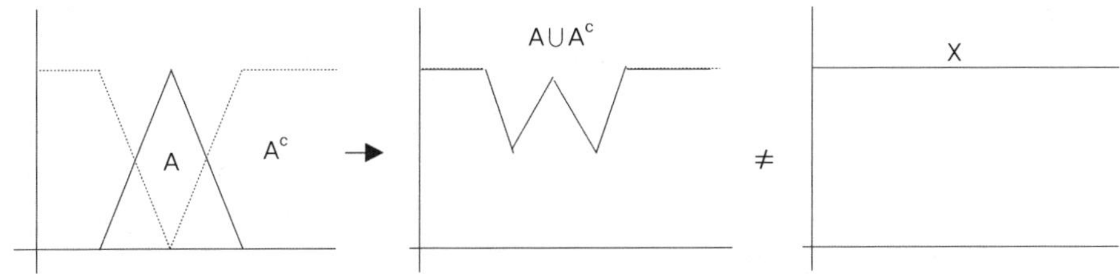

(2) 모순률(Law of contradiction)

$$A \cap \overline{A} = \varnothing$$ 여기에서, $\varnothing$ 는 공집합

① 일반 집합

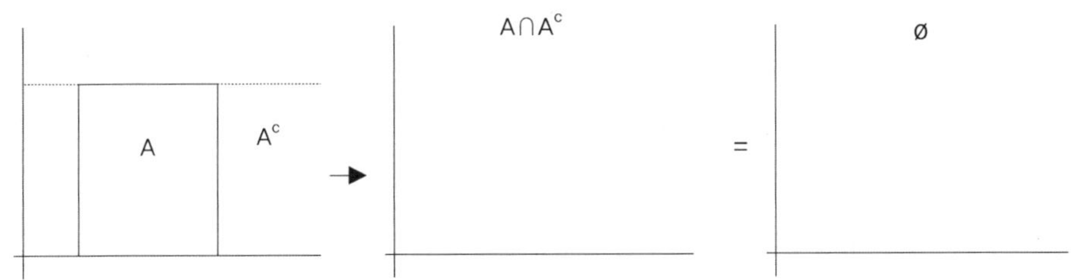

② 퍼지집합

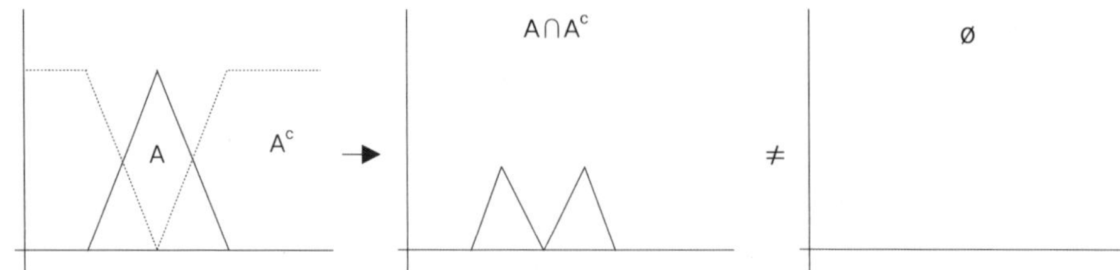

2.2.6 퍼지수

지금껏 다루어오던 수는 정확히 하나의 값을 표현한다. 1이면 1인 것이다. 그러나 언어적인 의미에서 1정도라 하면 이것은 1 근처를 의미한다. 이것도 지금까지 알아본 퍼지집합의 개념을 이용하면 하나의 수를 소속정도에 따라 그 수 근처를 퍼지하게 표현할 수 있다. 이것이 퍼지수이다. 퍼지하게 표현된다고 해서 아무 소속함수나 퍼지수가 될 수 있는 것이 아니다. 퍼지수가 되기 위해서는 소속함수가 다음의 세 가지 조건을 만족해야만 한다.

- 컨벡스(convex)
- 정규(normal)
- μ_A(소속함수)가 구분적 연속이다.

수라는 것은 아무리 애매하게 표현한다고 해도 표현하고자 하는 중심값은 가져야 한다. '약 5'라는 값도 5를 나타내지만 5주위를 5와 멀어질수록 소속정도가 작아지도록 표현해주는 것이다.

따라서 볼록한 모양으로 나타내야만 하고, 볼록한 부분이 꼭 하나만 존재해야만 한다. 이것이 컨벡스 해야만 하는 이유이다. 두 번째로, '약'이라는 애매한 의미가 포함되더라도 우리가 나타내고자 하는 값은 확실히 중심값이기 때문에 중심값의 소속정도는 1이 되어야 하는 것은 분명하다.

이를 만족시키기 위해서는 퍼지집합이 정규이어야 한다. 세 번째로, 소속함수가 연속되지 않고 끊어지게 된다면 끊어진 이후 부분이 어떤 값을 나타내는지 불확실하게 되므로 중심값을 기준으로 소속함수는 연속이어야 한다.

퍼지수는 구간와 소속정도를 가지고 있다. 예를 들어 '5'라는 퍼지수는 [2,5,8]과 같이 정의되고, 소속정도는 퍼지집합(소속함수)에 의해 결정된다. 구간과 소속함수는 상황에 따라 결정해 준다. 구간을 정해줄 때 주의할 점은 너무 넓으면 목적이 흐려지고, 너무 좁다면 일반적인 수와 별 차이가 없을 것이다. 소속함수는 앞에서 알아본 삼각형, 사다리꼴, 범종형 등이 모두 이용 가능하다. 특히 소속값이 1이 되는 요소가 구간으로 주어질 경우(예 : 사다리꼴 소속함수) flat 퍼지수라 부른다. Flat 퍼지수는 특히 $(m_1, m_2) \in R$, $m_1 < m_2$ 와 $\mu_A(x) = 1$, $\forall x \in [m_1, m_2]$, 두 조건을 만족할 경우이다.

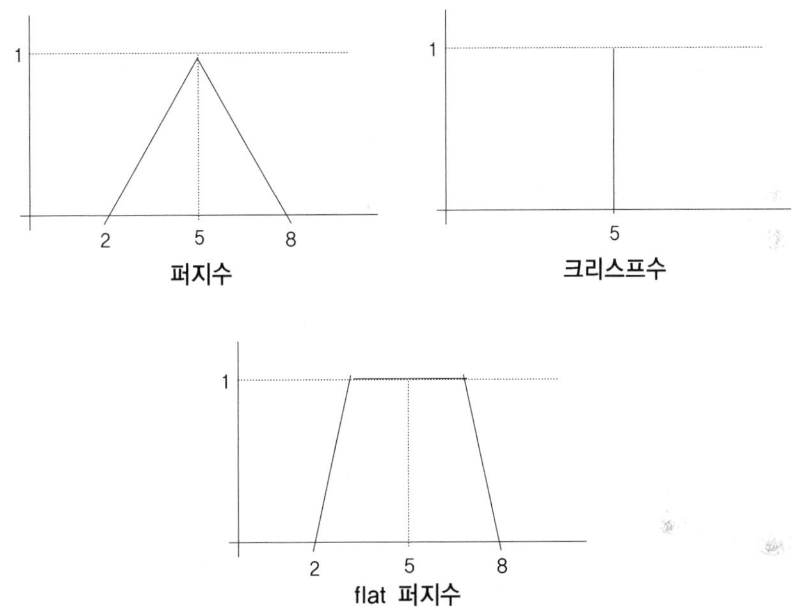

가장 단순한 퍼지수인 삼각형 퍼지수는 $\tilde{r} = \tilde{N}(p, r, q)$와 같이 표현할 수 있으며 이 방법을 이용하여 크리스프수를 표현하면 $r = \tilde{N}(r, r, r)$과 같이 표현된다. 여기에서 퍼지수는 r을 기준으로 왼쪽으로 p, 오른쪽으로 q의 구간이 주어지고, 크리스프수는 r을 기준으로 구간이 주어지지 않았다. 이것으로부터 일반적으로 사용되는 수(크리스프수)는 퍼지수의 특수한 경우임을 알 수 있다.

■ Fuzzy Number(퍼지수)

다음 조건을 만족하는 실수 집합상의 Fuzzy 집합 A를 Fuzzy Number라 한다.

① 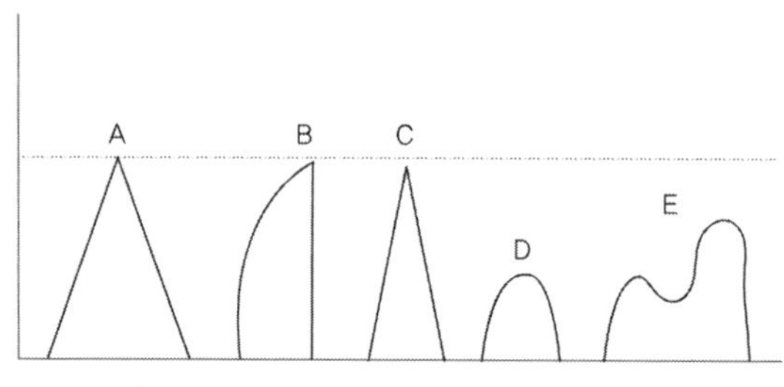 Fuzzy 집합(convex)

② $\mu_A(x_0)=1$로 되는 x_0가 유일하게 존재(normal)

③ μ_A가 구분적 연속이다.

A, B, C $\Rightarrow$ Fuzzy number

D, E $\Rightarrow$ Non-fuzzy number

■ flat fuzzy number

$(m_1,\ m_2) \in R,\ m_1 < m_2$

$\mu_A(x)=1,\ \forall x \in [m_1,\ m_2]$

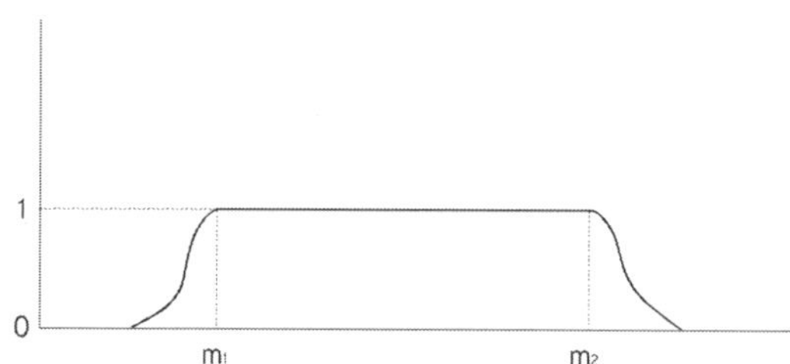

2.2.7 확장원리

확장원리란 퍼지수가 함수를 통하여 새로운 퍼지수를 생성해 내는 것이다. 만약 '약 4'라는 퍼지수가 $y=3x+2$라는 함수에 변수 x로 입력되면 '약 14'라는 값을 얻을 수 있다.

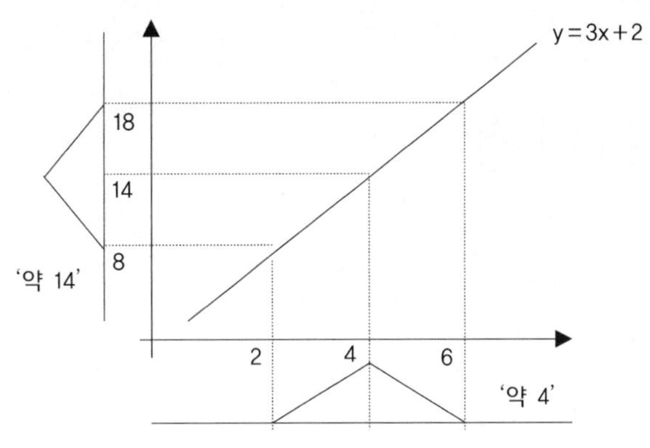

확장원리의 고찰 방법

예 3-17 확장원리의 예

퍼지수 '약 4'를 함수 3x＋2에 대응시키면 '약 14'라는 퍼지수를 얻을 수 있다.

3×'약 4'＋2＝'약 12'＋2＝'약 14'(퍼지집합의 확장원리)

'약 4'라는 퍼지수가 삼각형 소속함수를 가지고 [2,4,6]으로 정의될 때 함수 3x ＋2에 의해 구해지는 퍼지수는 [8,14,20]이다.

퍼지관계

3.1 퍼지관계

퍼지집합 사이의 관계를 0과 1사이의 값으로 표현하는 것을 퍼지관계라고 한다. 퍼지
관계는 원소들 간의 관계를 1(관계 있음) 또는 0(관계없음)으로만 나타내는 일반 집합에
서의 관계를 확장한 것이며 많은 응용 범위—패턴인식, 추론(inference), 제어 등—에
서 사용된다.

■ 퍼지집합의 Cartesian 곱

퍼지집합 A, B에 대해 A와 B의 cartesian 곱 A×B는 다음과 같다.

$$A \times B = \{((x,\ y),\ \mu_{A \times B}(x,\ y)) \mid x \in A,\ y \in B\}$$

여기서, $\mu_{A \times B}(x,\ y) = \min(\mu_A(x),\ \mu_B(y))$

또는 $A \times B = \displaystyle\int_{A \times B} \frac{\min(\mu_A(x),\ \mu_B(y))}{(x, y)}$

위의 정의를 확장하면 퍼지집합 A_1, A_2, A_3, …, A_n의 cartesion 곱은 다음과 같이 정의
되는 $X_1 \times X_2 \times \cdots \times X_n$ 상의 퍼지집합이다.

$$A_1 \times A_2 \times .... \times A_n = \int_{X_1 \times X_2 \times .... \times X_n} \frac{\min(\mu_{A_1}(x_1),..., \mu_{A_n}(x_n))}{(x_1, x_2, ..., x_n)} =$$

$$\{((x_1, x_2, ..., x_n), \mu_{A_1 \times A_2 \times ... \times A_n}(x_1, x_2, ..., x_n)) \mid x_i \in A_i, \ i = 1, 2, ..., n\}$$

여기서, $\mu_{A_1 \times A_2 \times \cdots \times A_n}(x_1, x_2, \cdots, x_n) = \min\{\mu_{A1}(x_1), \mu_{A2}(x_2), \cdots, \mu_{An}(x_n)\}$

■ 2항 퍼지관계(binary fuzzy relation)

집합 X로부터 집합 Y로의 퍼지관계 R은 X×Y 상의 퍼지집합이며 다음과 같이 정의된다.

$$R(x, y) = \{((x, y), \mu_R(x, y)) \mid (x, y) \in X \times Y\}$$

여기서, μ_R은 Cartesian product X×Y상에서 정의되는 소속함수로 원소 x와 원소 y 사이의 관계의 정도(degree of relationship)를 나타낸다.

또한 위의 정의를 적분형이나 이산형으로 표시하면 다음과 같다.

$$R = \int_{X \times Y} \frac{\mu_R(x, y)}{(x, y)}$$

$$R(x, y) = \sum_{i=1}^{n} \mu_R(x_i, y_i) / (x_i, y_i)$$

■ n항 퍼지관계(n-ary fuzzy relation)

퍼지집합 X_1, X_2, $\cdots$, X_n의 Cartesian 곱 $X_1 \times \cdots \times X_n$에 있어서의 n항 퍼지관계 R은 다음과 같이 정의된다.

$$R = \{((x_1, x_2, \cdots, x_n), \mu_R(x_1, x_2, \cdots, x_n)) \mid (x_1, x_2, \cdots, x_n) \in x_1 \times x_2 \times \cdots \times x_n\}$$

또한 위의 정의를 적분형이나 이산형으로 표시하면 다음과 같다.

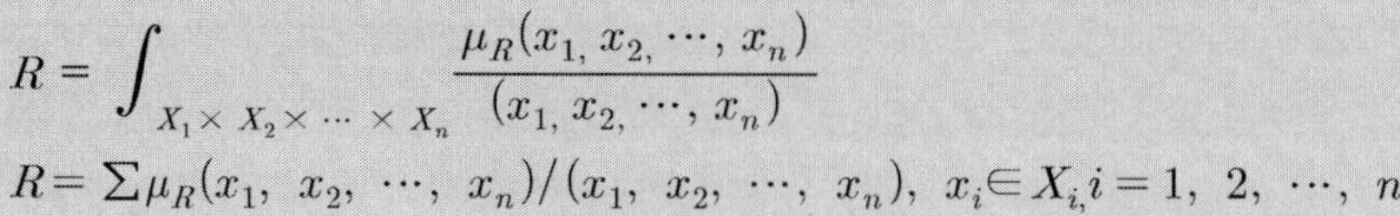

$$R = \int_{X_1 \times X_2 \times \cdots \times X_n} \frac{\mu_R(x_1, x_2, \cdots, x_n)}{(x_1, x_2, \cdots, x_n)}$$

$$R = \sum \mu_R(x_1, x_2, \cdots, x_n)/(x_1, x_2, \cdots, x_n), \quad x_i \in X_i, i = 1, 2, \cdots, n$$

예 3-18 X, Y∈R¹이다. X의 원소 x와 Y의 원소 y사이에 'y는 x와 거의 같다(almost equal)'인 관계 R을 생각하자. 위의 관계 R는 퍼지관계로서

$$R(x, y) = \int_{X \times Y} \mu_R(x, y)/(x, y), \quad x \in X, \quad y \in Y,$$

$$\mu_R(x, y) = \frac{1}{e^{(y-x)^2}}$$

으로 기술할 수 있으며, $\mu_R(x, y)$를 그래프로 표현하면 다음 그림과 같다.

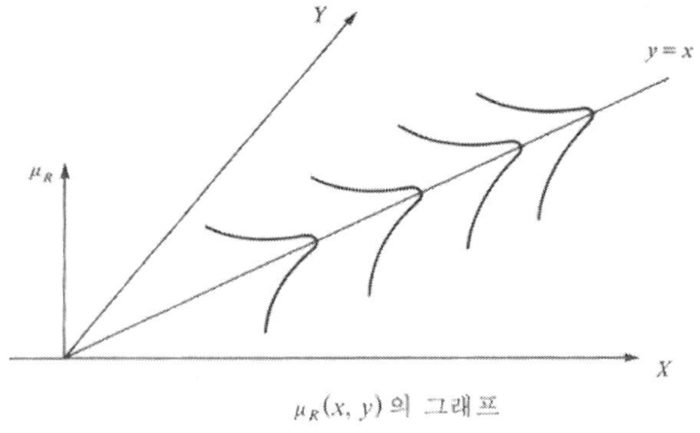

$\mu_R(x, y)$의 그래프

예 3-19 A={a, b, c}, B={x, y, z}일 때 A와 B의 각 원소 사이의 퍼지관계 R이 다음과 같이 기술할 수 있다.

$$R = 0.2/(a, x) + 0.8/(a, y) + 1/(b, y) + 0.3/(b, z) + 1/(c, x) + 0.5/(c, y)$$

위의 관계 R을 퍼지 관계 행렬로 나타내면 다음과 같다.

	x	y	z
a	0.2	0.8	0
b	0	1	0.3
c	1	0.5	0

3.2 퍼지관계의 연산

퍼지관계 R은 A×B의 부분집합이므로 퍼지관계의 연산도 퍼지집합의 연산과 동일한 개념으로 정의할 수 있다.

R, S를 A×B상의 퍼지관계라고 한다면 퍼지 관계 연산자는 다음과 같이 정의된다.

■ **퍼지관계의 합집합(Union) : R∪S**

$$\mu_{R\cup S}(x,\ y) = \max\{\mu_R(x,\ y),\ \mu_S(x,\ y)\},\ \ \forall(x,\ y) \in A\times B$$

■ **퍼지관계의 교집합(Intersection) : R∩S**

$$\mu_{R\cap S}(x,\ y) = \min\{\mu_R(x,\ y),\ \mu_S(x,\ y))\},\ \ \forall(x,\ y) \in A\times B$$

■ **퍼지관계의 여집합(complement) : $\overline{R}$**

$$\mu_{\overline{R}}(x,\ y) = 1 - \mu_R(x,\ y),\ \ \forall(x,\ y) \in A\times B$$

■ **역 퍼지관계 : R^{-1}**

$$\mu_{R^{-1}}(y,\ x) = \mu_R(x,y)$$

■ **포함관계**

$$R \subseteq S \Leftrightarrow \mu_R(x,\ y) \leq \mu_S(x,\ y)$$

3.3 퍼지관계의 합성

퍼지관계의 합성은 일반 집합관계의 합성을 확장한 개념으로 볼 수 있다. 퍼지관계 R 과 S가 각각 X×Y 와 Y×Z 상의 퍼지관계 일 때, X와 Z 사이의 관계는 R과 S의 합성으로 얻을 수 있다.

3.3.1 정 의

■ Sup-Star 합성(composition)

R은 X×Y 상의 퍼지관계이고 S는 Y×Z 상의 퍼지관계일 때 R과 S의 합성은 R∘S로 표시하고 다음과 같이 정의한다. 이 때 R∘S는 X×Z 상의 퍼지관계가 된다.

$$R(x, y) \circ S(y, z) = \{((x, z),\ \mu_{R \circ S}(x, z)) \,|\, x \in X,\ y \in Y,\ z \in Z\}$$

여기서, $\mu_{R \circ S}(x, z) = \sup\limits_{y \in Y} \{star(\mu_R(x, y),\ \mu_S(y, z))\}$

또한 R이 X×Y 상의 퍼지관계이고 A가 X상의 퍼지집합일 때, A와 R의 합성 A∘R은 Y상의 퍼지집합 B가 된다. 즉,

$$B = A \circ R = \{(y,\ \mu_{A \circ R}(y))\}$$

여기서, $\mu_{A \circ R}(y) = \sup\limits_{y \in Y} \{star(\mu_A(x),\ \mu_R(x,y))\}$

앞의 합성의 정의에서 Sup는 max 연산자를 의미하고, star는 삼각형 노름(triangular norms)의 범주에 속하는 어떤 연산자, 예를 들어, min, 곱(algebraic product), 한계곱(bounded product), 평균(average)등도 사용될 수 있다.

일반적으로 많이 사용되는 합성의 종류를 정의하면 다음과 같다.

■ Max-min 합성

$$R_1 \circ R_2 = \{[(x, z),\ \max_{y}\{\min(\mu_{R1}(x, y),\ \mu_{R2}(y, z))\}] x \in X,\ y \in Y,\ z \in Z\}$$

■ Max-product 합성

$$R_1 \circ R_2 = \{[(x, z),\ \max_{y}\{\mu_{R1}(x, y) \times \mu_{R2}(y, z)\}] x \in X,\ y \in Y,\ z \in Z\}$$

■ Max-average 합성

$$R_1 \circ R_2 = \{[(x,\ z),\ (1/2)\max\{\mu_{R1}(x,\ y) + \mu_{R2}(y,\ z)\}]x \in X,\ y \in Y,\ z \in Z\}$$

이중 최대-최소(max-min)합성은 Zadeh에 의해 제안된 것으로 많이 사용되는 방식이다. max-min 합성과정을 그림으로 나타내면 다음과 같다.

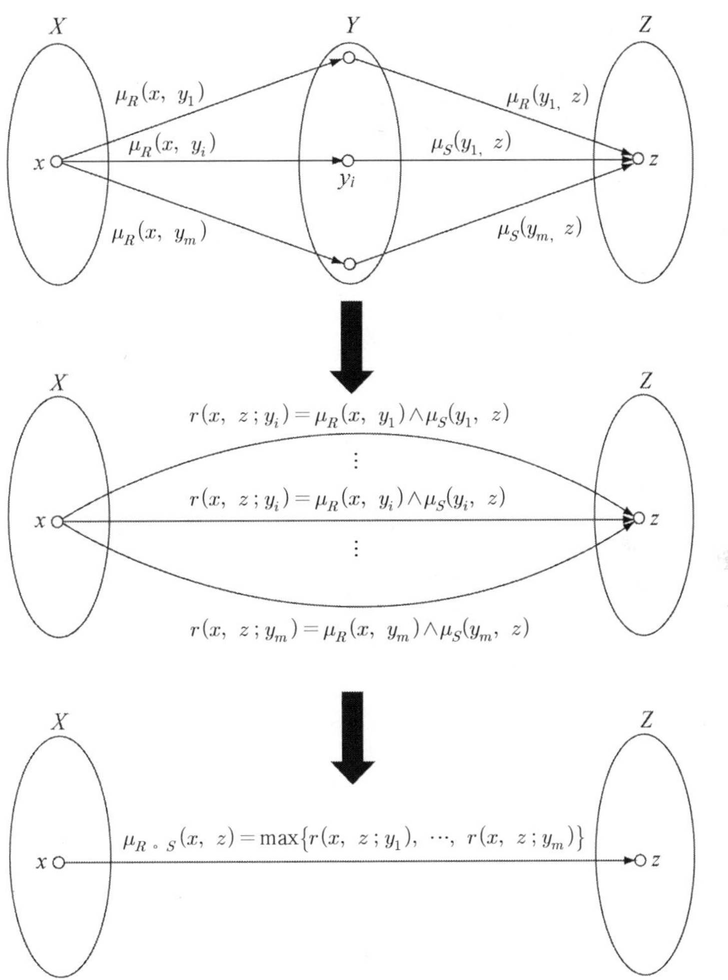

〈그림 3.4〉 max-min 합성과정

예 3-20 $X = \{x_1,\ x_2,\ x_3\}$는 '서울에 사는 사람의 집합', $Y = \{y_1,\ y_2,\ y_3,\ y_4\}$는 '홍성에 사는 사람의 집합', $Z = \{z_1,\ z_2,\ z_3,\ z_4\}$는 '대전에 사는 사람의 집합'이고, 퍼지관계 R은 '서울에 사는 사람과 홍성에 사는 사람의 친구관계'이고, 퍼지관계 S는 '홍성에 사는 사람과 대전에 사는 사람의 친구 관계이며' R과 S가 각각 다음과 같다고 하자. 이 때 R과 S의 합성관계 R∘S는 홍성에 사는 사람을 공통으로 친구로 하는 서울에 사는 사람과 대전에 사는 사람의 친구 관계를 의미한다. 이를 구하라.

$$\mu_R(x, y) = 0.1/(x_1,\ y_1) + 0.2/(x_1,\ y_2) + 0.3/(x_2,\ y_2) + 0.4/(x_2,\ y_3) + 0.5/(x_3,\ y_4)$$

$$\mu_S(y, z) = 0.5/(y_1,\ z_1) + 0.6/(y_2,\ z_2) + 0.7/(y_3,\ z_2) + 0.8/(y_4,\ z_3) + 0.9/(y_4,\ z_4)$$

R과 S를 그림으로 나타내면 다음과 같다.

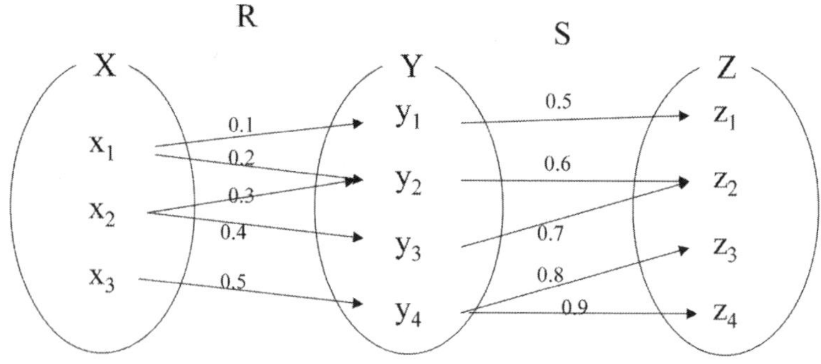

x_1과 z_1의 관계는 $\min\{0.1,\ 0.5\} = 0.1$이고, x_2과 z_2의 관계는 $\max\{\min(0.3,\ 0.6),\ \min(0.4,\ 0.7)\} = \max\{0.3, 0.4\} = 0.4$로 구해진다.

같은 방법으로 각 원소의 관계를 구하면 다음과 같다.

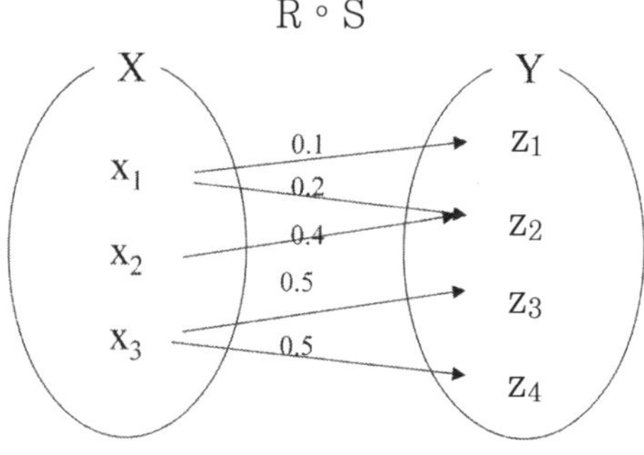

앞의 예를 퍼지 관계행렬을 이용하여 풀어보다 퍼지관계 R과 S는 다음과 같이 주어진다.

$$R = \begin{array}{c} \\ x_1 \\ x_2 \\ x_3 \end{array} \begin{array}{cccc} y_1 & y_2 & y_3 & y_4 \end{array} \\ \begin{bmatrix} 0.1 & 0.2 & 0 & 0 \\ 0 & 0.3 & 0.4 & 0 \\ 0 & 0 & 0 & 0.5 \end{bmatrix}$$

$$S = \begin{array}{c} \\ y_1 \\ y_2 \\ y_3 \\ y_4 \end{array} \begin{array}{cccc} z_1 & z_2 & z_3 & z_4 \end{array} \\ \begin{bmatrix} 0.5 & 0 & 0 & 0 \\ 0 & 0.6 & 0 & 0 \\ 0 & 0.7 & 0 & 0 \\ 0 & 0 & 0.8 & 0.9 \end{bmatrix}$$

먼저 $\mu_{R \circ S}(x_1,\ z_1)$을 계산하면 다음과 같다.

$$\mu_{R \circ S}(x_1,\ z_1) = \max\{0.1 \wedge 0.5,\ 0.2 \wedge 0,\ 0 \wedge 0,\ 0 \wedge 0\} = 0.1$$

같은 방법으로 나머지 관계를 구하면

$$R \circ S = \begin{array}{c} \\ x_1 \\ x_2 \\ x_3 \end{array} \begin{array}{cccc} z_1 & z_2 & z_3 & z_4 \end{array} \\ \begin{bmatrix} 0.1 & 0.2 & 0 & 0 \\ 0 & 0.4 & 0 & 0 \\ 0 & 0 & 0.5 & 0.5 \end{bmatrix}$$

이는 앞에서 구한 결과와 같음을 알 수 있다.

예 3-21 퍼지집합 A와 퍼지관계 R이 다음과 같을 때, $B = A \circ R$를 구하라. (max-min 합성)

$$A = \frac{0.2}{1} + \frac{1}{2} + \frac{0.5}{3}$$

$$R = \begin{array}{c} \\ 0.5 \\ 1 \\ 0.5 \end{array} \begin{array}{ccc} 0.3 & 1 & 0.7 \end{array} \\ \begin{bmatrix} 0.3 & 0.5 & 0.5 \\ 0.3 & 1 & 0.7 \\ 0.3 & 0.5 & 0.5 \end{bmatrix}$$

$$B = A \circ R = \begin{bmatrix} 0.2 & 1 & 0.5 \end{bmatrix} \circ \begin{bmatrix} 0.3 & 0.5 & 0.5 \\ 0.3 & 1 & 0.7 \\ 0.3 & 0.5 & 0.5 \end{bmatrix} = \begin{bmatrix} 0.3 & 1 & 0.7 \end{bmatrix}$$

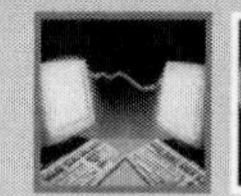

예 3-22 퍼지관계 R_1과 R_2가 다음과 같을 때 ① Max-min 합성, ② Max-product 합성 ③ Max-average 합성에 의한 $R_1 \circ R_2$를 구하라

$$R_1 = \begin{array}{c} \\ x_1 \\ x_2 \\ x_3 \end{array} \begin{array}{ccccc} y_1 & y_2 & y_3 & y_4 & y_5 \\ \left[\begin{array}{ccccc} 0.1 & 0.2 & 0.0 & 1.0 & 0.7 \\ 0.3 & 0.5 & 0.0 & 0.2 & 1.0 \\ 0.8 & 0.0 & 0.1 & 0.4 & 0.3 \end{array}\right] \end{array} \qquad R_2 = \begin{array}{c} \\ y_1 \\ y_2 \\ y_3 \\ y_4 \\ y_5 \end{array} \begin{array}{cccc} z_1 & z_2 & z_3 & z_4 \\ \left[\begin{array}{cccc} 0.9 & 0.0 & 0.3 & 0.4 \\ 0.2 & 1.0 & 0.8 & 0.0 \\ 0.8 & 0.0 & 0.7 & 1.0 \\ 0.4 & 0.2 & 0.3 & 0.0 \\ 0.0 & 1.0 & 0.0 & 0.8 \end{array}\right] \end{array}$$

① Max-min 합성($R_1 \circ R_2$)

$$\min\{\mu_{R1}(x_1, y_1), \ \mu_{R2}(y_1, z_1)\} = \min(0.1, \ 0.9) = 0.1$$

$$\vdots \qquad\qquad = \min(0.2, \ 0.2) = 0.2$$

$$\vdots \qquad\qquad = 0$$

$$\vdots \qquad\qquad = 0.4$$

$$\min\{\mu_{R1}(x_1, y_5), \ \mu_{R2}(y_5, z_1)\} = \min(0.7, \ 0) = 0$$

$$R_1 \circ R_2 = [(x_1, z_1), \ \max\{0.1, \ 0.2, \ 0, \ 0.4, \ 0\}] = ((x_1, z_1), \ 0.4)$$

$$R_1 \circ R_2 = \begin{bmatrix} 0.4 & 0.7 & 0.3 & 0.7 \\ 0.3 & 1.0 & 0.5 & 0.8 \\ 0.8 & 0.3 & 0.3 & 0.4 \end{bmatrix}$$

② Max-product 합성($R_1 \circ R_2$)

$$\mu_{R1}(x_1, y_1) \cdot \mu_{R2}(y_1, z_1) = 0.1 \cdot 0.9 = 0.09$$

$$\vdots \qquad\qquad = 0.04$$

$$\vdots \qquad\qquad = 0$$

$$\vdots \qquad\qquad = 0.4$$

$$\mu_{R1}(x_1, y_5) \cdot \mu_{R2}(y_5, z_1) = 0.7 \cdot 0 = 0$$

$$R_1 \circ R_2(x_1, z_1) = [(x_1, z_1), \ \max\{0.09, \ 0.04, \ 0, \ 0.4, \ 0\}] = ((x_1, z_1), \ 0.4)$$

$$R_1 \circ R_2 = \begin{bmatrix} 0.4 & 0.7 & 0.3 & 0.56 \\ 0.27 & 1.0 & 0.4 & 0.8 \\ 0.72 & 0.3 & 0.24 & 0.32 \end{bmatrix}$$

③ Max-average 합성($R_1 \circ R_2$)
       av

i	$\mu(x_1,\ y_i) + \mu(y_i,\ z_1)$
1	$0.1 + 0.9 = 1.0$
2	$0.2 + 0.2 + 0.4$
3	$0.0 + 0.8 = 0.8$
4	$1.0 + 0.4 = 1.4$
5	$0.7 + 0.0 = 0.7$

Hence, $\dfrac{1}{2}\max\{\mu_{R1}(x_1,\ y_i) + \mu_{R2}(y_i,\ z_1)\} = \dfrac{1}{2}(1.4) = 0.7$

$$R_1 \circ R_2 = \begin{bmatrix} 0.7 & 0.85 & 0.65 & 0.75 \\ 0.6 & 1.0 & 0.65 & 0.9 \\ 0.85 & 0.65 & 0.55 & 0.6 \end{bmatrix}$$
$$\text{av}$$

예 3-23 다음에서 퍼지관계와 퍼지관계의 합성을 구하시오.

① $A = \dfrac{0.5}{1} + \dfrac{1}{2} + \dfrac{0.5}{3}$, $B = \dfrac{0.3}{1} + \dfrac{1}{2} + \dfrac{0.7}{3}$ 일 때 A와 B의 관계는?

$$\begin{array}{c}A \backslash B \\ \\ R_1 = \end{array} \quad \begin{array}{c} 0.3 \quad 1 \quad 0.7 \\ \begin{array}{c} 0.5 \\ 1 \\ 0.5 \end{array} \begin{bmatrix} 0.3 & 0.5 & 0.5 \\ 0.3 & 1 & 0.7 \\ 0.3 & 0.5 & 0.5 \end{bmatrix} \end{array}$$

② $C = \dfrac{0.2}{1} + \dfrac{1}{2} + \dfrac{0.5}{3}$가 입력되었을 때 퍼지관계 R_1과의 max-min 합성결과는?

$$C \circ R_1 = \begin{bmatrix} 0.2 & 1 & 0.5 \end{bmatrix} \circ \begin{bmatrix} 0.3 & 0.5 & 0.5 \\ 0.3 & 1 & 0.7 \\ 0.3 & 0.5 & 0.5 \end{bmatrix} = \begin{bmatrix} 0.3 & 1 & 0.7 \end{bmatrix}$$

③ 퍼지관계 R_2가 다음과 같을 때, 퍼지관계 R_1과의 max-min 합성결과는?

$$R_2 = \begin{bmatrix} 1 & 0.1 & 0.5 \\ 0.7 & 0.9 & 0.2 \\ 0.1 & 0.8 & 0.8 \end{bmatrix}$$

$$R_1 \circ R_2 = \begin{bmatrix} 0.3 & 0.5 & 0.5 \\ 0.3 & 1 & 0.7 \\ 0.3 & 0.5 & 0.5 \end{bmatrix} \circ \begin{bmatrix} 1 & 0.1 & 0.5 \\ 0.7 & 0.9 & 0.2 \\ 0.1 & 0.8 & 0.8 \end{bmatrix}$$

$$= \begin{bmatrix} 0.5 & 0.5 & 0.5 \\ 0.7 & 0.9 & 0.7 \\ 0.5 & 0.5 & 0.5 \end{bmatrix}$$

예 3-24 S는 근시이며 색맹이다. S가 과일을 구별할 때 형태는 잘 보이지 않고 색깔은 식별할 수 없다. S의 경험에 의해 각각의 과일의 인식정도를 아래와 같이 나타낼 수 있다.

과일의 종류 = [귤, 사과, 파인애플, 수박 ,딸기]
과일의 형태 = [가늘고 길다, 둥글다, 크다]

	귤	사과	파인애플	수박	딸기
가늘고 길다	0	0	0.3	0	0.8
둥글다	0.9	1.0	0.3	1.0	0.2
크 다	0.2	0.4	0.7	1.0	0.1

이는 퍼지관계로 볼 수 있으며 S가 과일 식별의 애매함을 이 관계를 통해 다음의 과일을 보았을 때 어떤 과일인지 식별할 수 있다.

$$\text{과일의 형태} = [\underset{\text{가늘고 길다}}{0} \quad \underset{\text{둥글다}}{0.7} \quad \underset{\text{크다}}{1.0}]$$

$$[0\ 0.7\ 1.0] \circ \begin{bmatrix} 0 & 0 & 0.3 & 0 & 0.8 \\ 0.9 & 1.0 & 0.3 & 1.0 & 0.2 \\ 0.2 & 0.4 & 0.7 & 1.0 & 0.1 \end{bmatrix}$$

$$\begin{array}{ccccc} \text{귤} & \text{사과} & \text{파인애플} & \text{수박} & \text{딸기} \\ = [\ 0.7 & 0.7 & 0.7 & 1.0 & 0.2\ ] \end{array}$$

여기서,

$$(0 \wedge 0) \vee (0.7 \wedge 0.9) \vee (1.0 \wedge 0.2) = 0.7$$

$$(0 \wedge 0) \vee (0.7 \wedge 1.0) \vee (1.0 \wedge 0.4) = 0.7$$

$$(0 \wedge 0.3) \vee (0.7 \wedge 0.3) \vee (1.0 \wedge 0.7) = 0.7$$

$$(0 \wedge 0) \vee (0.7 \wedge 1.0) \vee (1.0 \wedge 1.0) = 1.0$$

$$(0 \wedge 0.8) \vee (0.7 \wedge 0.2) \vee (1.0 \wedge 0.1) = 0.2$$

S가 식별한 과일은 수박이다.

다음으로 과일의 형태를 파악했을 때

$$\begin{array}{cccc} & \text{가늘고 길다} & \text{둥글다} & \text{크다} \\ \text{과일의 형태} = [& 0.5 & 0.5 & 0.3\ ] \end{array}$$

$$[0.5\ 0.5\ 0.3] \circ \begin{bmatrix} 0 & 0 & 0.3 & 0 & 0.8 \\ 0.9 & 1.0 & 0.3 & 1.0 & 0.2 \\ 0.2 & 0.4 & 0.7 & 1.0 & 0.1 \end{bmatrix}$$

$$\begin{array}{ccccc} \text{귤} & \text{사과} & \text{파인애플} & \text{수박} & \text{딸기} \\ = [\ 0.5 & 0.5 & 0.3 & 0.5 & 0.5\ ] \end{array}$$

여기서,

$$(0.5 \wedge 0) \vee (0.5 \wedge 0.9) \vee (0.3 \wedge 0.2) = 0.5$$

$$(0.5 \wedge 0) \vee (0.5 \wedge 1.0) \vee (0.3 \wedge 0.4) = 0.5$$

$$(0.5 \wedge 0.3) \vee (0.5 \wedge 0.3) \vee (0.3 \wedge 0.7) = 0.3$$

$$(0.5 \wedge 0) \vee (0.5 \wedge 1.0) \vee (0.3 \wedge 1.0) = 0.5$$

$$(0.5 \wedge 0.8) \vee (0.5 \wedge 0.2) \vee (0.3 \wedge 0.1) = 0.5$$

이 경우는 애매함의 정도가 다소 비슷하여 어떤 과일인지 식별할 수가 없다.

3.3.2 퍼지관계 합성의 성질

퍼지집합 A, A' 및 퍼지관계 R, R', S, U, T를 고려하고, 여기서, A, A'⊂ X, R, R'⊂ X×Y, S, T⊂ Y×Z, U⊂ Z×W 이면, 다음과 같은 성질이 성립한다.

(1) $(A \cup A') \circ R = A \circ R \cup A' \circ R$

(2) $(A \cap A') \circ R = A \circ R \cap A' \circ R$

(3) $A \cup (R \circ R') = A \circ R \cup A \circ R'$

(4) $A \cap (R \circ R') = A \circ R \cap A \circ R'$

(5) $R \circ S \neq S \circ R$

(6) $(R \circ S)^{-1} = S^{-1} \circ R^{-1}$

(7) $R \circ (S \circ U) = (R \circ S) \circ U$

(8) $R \circ (S \cup T) = (R \circ S) \cup (R \circ T)$

(9) $R \circ (S \cap T) = (R \circ S) \cap (R \circ T)$

(10) $S \leq T \rightarrow R \circ S \leq R \circ T$

퍼지논리와 퍼지추론

4.1 퍼지논리

기존의 논리학에서 명제(proposition)는 참(true)이나 거짓(false)중에서 어느 하나를 나타내는 설명문(statement)이다.

다음의 문장을 보자.

(1) 태양은 항성이다.

(2) 2 + 4 = 5

(3) 17세인 민수는 젊다.

(4) 4는 작은 정수이다.

문장 (1)은 진리값이 1인 참이고 (2)는 진리값이 0으로 거짓인 보통 명제이다. 문장 (3)과 (4)는 일반논리학에서 명제로 취급하지 않는다. 이는 진리값을 1과 0으로만 나타내기에는 애매한 문장이기 때문이다. 명제의 진위를 1또는 0으로 표현할 수 있는 명제는 2치 논리를 사용하는 고전 논리학으로 충분히 기술할 수 있으나, 문장(3), (4)와 같이 애매한 언어가 명제에 포함된 경우는 다치 논리나 명제에 진리값을 [0 , 1] 사이 값으로 나타내는 무한치 논리의 퍼지논리(fuzzy logic)를 기반으로 다루어야 한다. 명제는 일반적으로 'x는 A이다'와 같은 형식으로 나타내고, 여기서 x는 객체(object), A는 술어(predicate)로 불린다.

퍼지논리가 다른 논리와 다른 점은 퍼지논리로 취급되는 명제의 술어 A는 퍼지집합을 이용하여 나타내고, 그 의미가 애매하며 객체 x의 값에 따라 명제의 진리값이 [0,1] 사이의 임의의 값을 갖는다는 것이다. 앞의 문장(3), (4)의 예에서 보듯이 '젊다'나 '작은'을 어뜨게 정의하느냐에 따라 명제의 진리값은 달라질 것이다. 이와 같이 명제의 정의가 애매하므로 퍼지논리에서는 다른 논리와 달리 명제의 의미가 문제가 된다. 그 의미는 퍼지집합을 이용하여 개인의 주관에 따라서 정량화된다.

앞에서 보듯이 퍼지논리에서는 명제의 술어부분이 '젊다', '작다' 등의 언어로서 표현된다. 이를 언어 변수 또는 퍼지변수라고 한다. 우리가 흔히 사용하는 수치 변수(numerical variable)는 변수값이 수치이나, 언어변수(linguistic variable)은 변수 값이 자연언어나 인공언어에 있는 단어나 문장인 변수를 의미하고, 퍼지변수(fuzzy viriable)는 퍼지량인 변수를 말한다. 일반적으로 단어는 수치보다는 덜 명확하므로 언어변수는 매우 복잡하거나, 잘 정의되지 않는 현상을 근사적으로 기술하는데 유용하게 상용될 수 있는 개념이다.

■ 언어변수(linguistic variable)

언어변수는 quintuple(x, T(x), U, G, M)으로 특징지어진다. 여기서 x는 변수의 이름이고, T(x)는 x의 term set으로 각각의 값들이 U상에서 정의된 퍼지수인 x의 언어적인 값들의 이름으로 구성된 집합이다. U는 언어변수 x의 논의 집합(universe of discourse)이며, G는 x의 값들의 이름을 발생시키는 구문법칙(syntactic rule)이며, M은 각 값들과 의미를 연결하는 의미규칙(semantic rule)이다.

예 3-25 'speed'가 언어변수이고 대집합 U=[0, 100]이라 하자. 그러면 term set T(speed)는 다음과 같이 구성될 수 있다.

T(speed)={slow, moderate, fast, very slow, more or less fast, ⋯}.
여기서, T(speed)의 각 원소들은 대집합 U=[0, 100]에서 정의된 퍼지집합들에 의해 특징지어진다. 즉 'slow'는 '약 40km보다 낮은 속도'로 'moderate'는 '55km에 가까운 속도'로 정의할 수 있다. 이러한 변수(term)는 아래 그림과 같은 소속함수를 가지는 퍼지집합에 의해 나타내어진다.

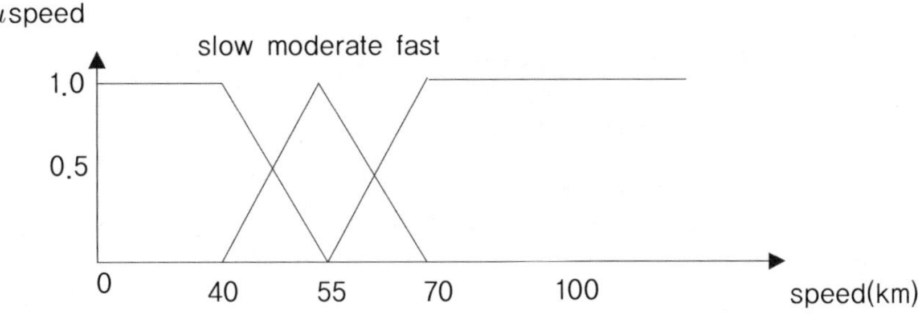

그러면 언어 값 slow의 의미 M_{slow}는

$$M_{slow}(u) = \int_0^{40} 1/u + \int_{40}^{55}\left(\frac{55-x}{15}\right)/u, \ u \in U$$

로 정의되고, very slow의 의미 $M_{very\ slow}$는

$$M_{veryslow}(u) = \left[\int_0^{40} 1/u + \int_{40}^{55}\left(\frac{55-x}{15}\right)/u\right]^2, \ u \in U$$

로 정의할 수 있다.

　Speed의 의미규칙(semantic rule), M은 slow, moderate, very slow와 같은 term의 의미를 계산하는 규칙이며, 이러한 term의 의미를 알기 위해 slow와 very의 의미를 결정해야 한다. very, more or less 같은 것들은 언어적 서술어(linguistic hedge)라 한다. 앞에서 very는 다음과 같이 정의되었다.

$$very \ slow = slow^2$$

very slow의 의미를 그림으로 표현하면 그림 3.5와 같다.

　구문법칙(syntactic rule), G는 slow라는 기본적인 term에서 very slow, not slow, very very slow 등의 term을 발생시킨다.

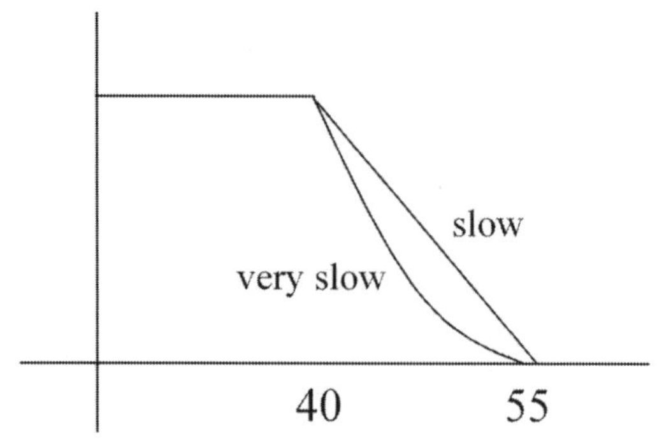

〈그림 3.5〉 very slow의 의미

4.2 퍼지추론

4.2.1 고전 추론법

고전 논리학에서 추론법은 modus ponens와 modus tollens가 있다.

■ Modus Ponens

명제 'x가 A이면 y이면 B이다'가 참이고, 명제 'x가 A이다'가 참이면 'y는 B이다'는 참이다라고 추론하는 방법이다. 즉,

전제1 : If x is A then y is B
전제2 : x is A
결론 : y is B

2치 논리를 기반으로 하는 Modus ponens에서 전제 1의 A와 전제 2의 A, 전제1의 B와 결론의 B는 각각 같다. 여기서 A, B는 Crisp집합이다.

예 3-26 전제1 : 토마토는 빨갛다. 토마토는 익었다.

전제2 : 토마토는 빨갛다.

결론 : 토마토는 익었다.

■ Modus Tollens

Modus ponens의 대우로서 'A→B'가 참이고 '¬B(not B)'가 참이면 '¬A(not A)'가 참이라고 추론한다. 즉,

> 전제1 : If x is A then Y is B
> 전제2 : y is ¬B
> ───────────────────
> 결론 : x is ¬A

4.2.2 퍼지추론법

퍼지논리에 사용되는 추론법은 Modus Ponens와 Modus Tollens를 확장한 Generalized Modus Ponens와 Generalized Modus Tollens 두가지 방법이 있다.

■ Generalized Modus Ponens(GMP)

> 전제1 : If x is A then y is B
> 전제2 : x is A'
> ───────────────────
> 결론 : y is B'

여기서 A, A', B, B'는 퍼지 언어변수이고 완전히 일치하지 않는다. A와 A'가 일치하는 정도에 따라 B'를 추론하므로 퍼지추론은 근사추론(approximate reasoning)이라고 한다. 만약 A'=A, B'=B이면 modus ponens가 된다. GMP는 전향추론(forward data-driven inference)으로서 퍼지제어에서 사용된다.

예 3-27

전제1 : 토마토는 빨갛다. 토마토는 익었다.

전제2 : 토마토가 약간 빨갛다.

───────────────────

결론 : 토마토는 약간 익었다.

■ Generalized Modus Tollens(GMT)

전제1 : If x is A then y is B
전제2 : y is B'
─────────────────
결론 : x is A'

여기서 A, A', B, B'는 퍼지언어 변수이다. B'=not B, 이고 A'=not A이면 modus tollens가 된다. GMT는 후향추론(backward goal-driven inference)으로 의학적 진단 등의 전문가 시스템이나 고장 진단(fault detect)등에 사용된다.

GMP를 위한 퍼지추론은 퍼지관계의 합성에 의한 방법을 사용한다.

■ 추론의 sup-star 합성규칙(sup-star compositional rule of inference)

R이 X×Y 상의 퍼지관계이고 A'가 X상의 퍼지집합일 때, 추론의 sup-star 합성규칙은 다음과 같은 A'와 R의 sup-star 합성에 의해 Y상의 퍼지집합 B'가 된다. 즉,

$$B' = A' \circ R = \{(y,\ \mu_{A' \circ R}(y)) \mid y \in Y\}$$

여기서, $\mu_{A' \circ R}(y) = \sup_{y \subseteq Y} \{star\ (\mu_{A'}(x),\ \mu_R(x,\ y))\}$

앞 식에서 star가 min 연산자이면 Zadeh에 의해 제안된 추론의 합성규칙(compositional rule of inference)이 된다.

4.3 퍼지 추론 시스템

4.3.1 퍼지 추론 시스템의 종류

서로 다른 변수들이 상호 작용하고 관측되는 신호를 발생시키는 물리적인 시스템에서 이러한 변수들이 서로 어떻게 관계하는 가를 이해하는 것은 매우 중요하다. 이러한 관계를 나타내는 시스템의 모델에서 시스템의 복잡성이 증가할수록 이를 나타내는 수학적인

모델은 여러 가지 단점을 가지게 되고 이를 통한 시스템 표현은 의미 있고 정확하게 나타내는 것이 점점 어려워진다. 퍼지 추론 시스템은 기존의 수학적인 시스템 모델링에 의해서는 잘 나타낼 수 없는 복잡하고 잘 정의되지 않는 그리고 불확실한 시스템을 if-then 형태의 규칙에 의해 잘 나타낼 수 있다고 알려져 있다. 일반적인 퍼지 추론 시스템이 〈그림 3.6〉에 나타난다.

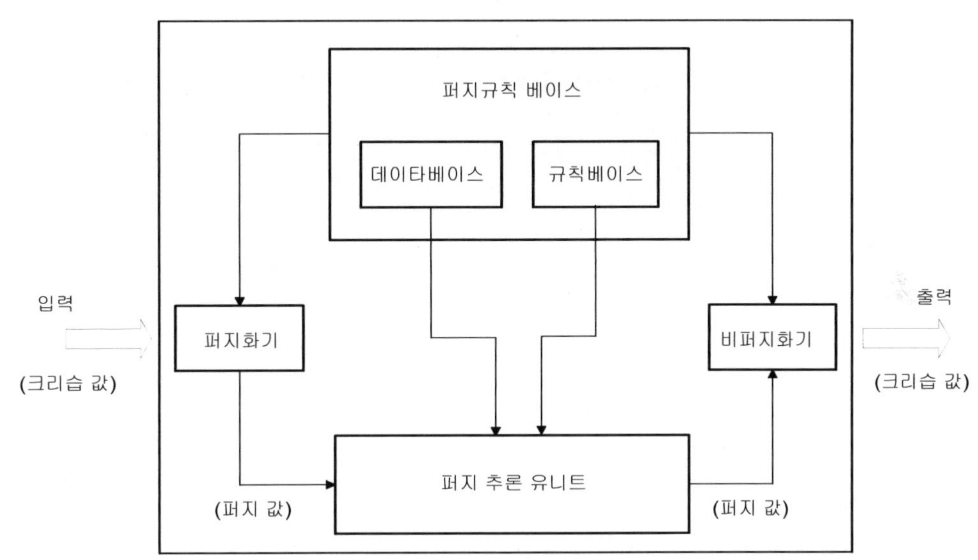

〈그림 3.6〉 퍼지 추론 시스템

퍼지 추론 시스템은 다섯 개의 기능적인 블록으로 이루어져 있다.

- **규칙 베이스** : 퍼지 if-then 규칙을 저장한다. if절은 전반부, 전건부 등으로 불리고 then절은 후반부, 후건부 등으로 불린다.
- **데이터 베이스** : 퍼지 규칙에 사용되는 퍼지집합의 소속함수를 정의한다. 이것은 규칙 베이스와 함께 퍼지 규칙 베이스를 이룬다.
- **퍼지추론 유니트** : 퍼지 규칙 베이스를 가지고 추론을 행한다.
- **퍼지화기** : 상수 입력값(crisp input)을 언어변수의 대응되는 멤버쉽 값으로 바꾼다.
- **비퍼지화기** : 추론에 의해 얻어진 퍼지출력을 상수 출력값으로 바꾼다.

퍼지 추론 시스템은 이것에서 수행되는 퍼지추론 및 사용되는 규칙의 형태에 따라 3가지로 구분될 수 있다.

■ **Type 1**

전체 출력은 각 규칙의 적합도와 출력의 소속함수에 의해 나타내어지는 상수의 출력값의 하중평균이다. 이때의 퍼지추론법을 간략추론법(simplified reasoning)이라 한다. 또한 여기서 사용되는 소속함수는 단조증가 함수이어야 한다. 사용되는 퍼지규칙의 형태는 다음과 같다.

> IF x is A and y is B, THEN z is c

여기서, A, B는 퍼지집합, c는 실수, x, y는 전반부 변수, z는 후반부 변수

■ **Type 2**

전체 퍼지출력은 각 규칙의 적합도와 출력 소속함수에 의해 얻어진 각 규칙의 퍼지출력에 대해 큰 값을 취함으로써 얻어진다. 전체적인 퍼지출력에 대해 최종적인 상수의 출력값을 얻기 위해 다양한 방법들이 사용된다. 즉 무게 중심법, 최대치 평균법, 그리고 최대치법 등이다. 이 방법을 mamdani의 추론법이라 하고 사용되는 퍼지규칙의 형태는 다음과 같다.

> IF x is A and y is B, THEN z is C

여기서 A, B, C는 퍼지집합, x, y는 전반부 변수, z는 후반부 변수

■ **Type 3**

여기서는 Takagi-Sugeno형의 퍼지규칙이 사용된다. 각 규칙의 출력은 입·출력 변수의 선형식이고 전체적인 출력은 각 규칙의 출력의 하중 평균으로 이루어진다. 사용되는 퍼지규칙의 형태는 다음과 같다.

> IF x is A and y is B, THEN z is $ax + by + c$

여기서 A, B는 퍼지집합, x, y는 전반부 변수, z는 후반부 변수, a, b, c는 후반부 선형식의 계수

〈그림 3.7〉은 2개의 입력과 2개의 퍼지규칙을 가지는 세 가지 형태의 퍼지 추론 시스템을 보여준다.

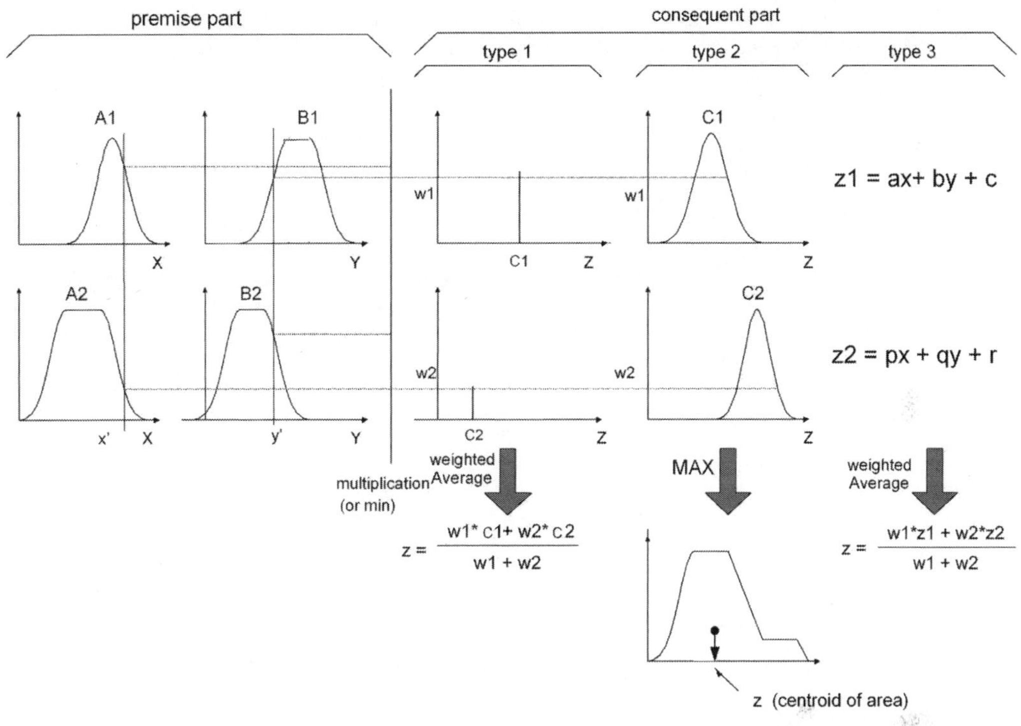

〈그림 3.7〉 세가지 형태의 퍼지 추론 시스템

4.3.2 퍼지추론 과정

앞에서 설명된 3가지 형태의 퍼지추론 시스템의 추론 과정을 자세히 기술하면 다음과 같다.

■ Type 1 : 간략 추론법

간략추론법은 후반부 변수로 실상수를 사용한다. 형태는 직접법의 형태를 가지고 있지만 후반부 변수가 직접법은 퍼지수를 사용하고, 간략추론법은 실수를 사용한다는 점이 다르다. 후반부 변수는 직접법에서 후반부 변수로 사용하는 퍼지수를 실수화 하거나, 선형추론법에서 사용되는 선형식의 상수항만을 취하여 사용한다. 이는 직접법과 비교했을 때

추론기구가 간단하고 계산기 상에서 추론시간이 빠르다는 장점을 가진다.
간략 추론은 다음과 같은 형태의 퍼지 규칙을 가진다.

ex) IF 실온이 [약간 높다] and 습도가 [꽤 높다] THEN 에어컨의 스위치＝8
 →IF x is [약 20℃] and y is [약 80%] THEN $z=8$

(1) 규칙 l개와 입력변수 2개인 경우의 간략추론

$$R^i : \text{IF } x \text{ is } A_i \text{ and } y \text{ is } B_i, \text{ THEN } z=c_i, \ i=1,2,\cdots,l$$

여기서, i : 규칙번호

l : 규칙 수

A_i, B_i : 퍼지집합

c_i : 실수치

$$\text{최종추론결과} : z^* = \frac{\displaystyle\sum_{i=1}^{l} w_i c_i}{\displaystyle\sum_{i=1}^{l} w_i}$$

여기서, w_i : 규칙 i의 전반부 적합도 $(w_i = \mu_{A_i}(x) \wedge \mu_{B_i}(y))$

(2) 규칙 n개와 입력변수 k개인 경우의 간략추론

$$R^i : \text{IF } x_i \text{ is } A_{i1}, \cdots, \text{ and } x_k \text{ is } A_{ik}, \text{ THEN } y=c_i$$

$$y^0 = \frac{\displaystyle\sum_{i=1}^{n} w_i c_i}{\displaystyle\sum_{i=1}^{n} w_i}$$

여기서, $R^i : i(i=1, \cdots, n)$번째 규칙

$x_j(j=1, \cdots, k)$: 입력변수

A_{ij} : 퍼지집합의 멤버쉽 함수

n : 퍼지규칙 총수

y^0 : 추론된 값

w_i : 규칙 i의 전반부 적합도($w_i = \mu_{A_{i1}}(x_1) \wedge \mu_{A_{i2}}(x_2) \wedge \ldots \wedge \mu_{A_{ik}}(x_k)$)

■ Type 2 : mamdani의 추론법 또는 직접법

〈그림 3.7〉과 같은 두 개의 규칙을 가지는 퍼지시스템을 생각하자.

규칙 1 : IF x is A_1 and y is B_1, THEN z is C_1
규칙 2 : IF x is A_2 and y is B_2, THEN z is C_2

이 방법의 추론 과정은 다음과 같이 4단계로 구분된다.

- 단계 1 : 주어진 입력에 대한 각 규칙의 전반부 적합도를 구한다.
- 단계 2 : 단계 1에서 구한 적합도를 기초로 각 규칙의 추론결과를 구한다.
- 단계 3 : 각 규칙의 추론결과로부터 최종적인 추론결과를 구한다.
- 단계 4 : 비퍼지화를 통해 실수 값을 얻는다.

단계 1 확정치(x_0, y_0) 입력에 대한 각 규칙의 적합도

$$R^1 \text{의 적합도} : \omega_1 = \mu_{A_1}(x_0) \wedge \mu_{B_1}(y_0)$$

$$R^2 \text{의 적합도} : \omega_2 = \mu_{A_2}(x_0) \wedge \mu_{B_2}(y_0)$$

※ A_i에 대한 적합도와 B_i에 대한 적합도 중 작은 값(min)을 취한다(단, $i = 1$, 2). 퍼지규칙의 전반부가 "x_1 is A_1 and x_2 is A_2 and $\cdots$ and x_m is A_m"인 경우에 전반부 적합도는 다음과 같다.

$$\mu_{A_1}(x_1) \wedge \cdots \wedge \mu_{A_m}(x_m)$$

앞의 경우는 max-min 추론 결과이고 max-product 추론의 경우는 다음과 같이 구한다.

$$R^1 \text{의 적합도} : \omega_1 = \mu_{A_1}(x_0)*\mu_{B_1}(y_0)$$
$$R^2 \text{의 적합도} : \omega_2 = \mu_{A_2}(x_0)*\mu_{B_2}(y_0)$$

단계 2 단계 1에서 구한 적합도를 후반부 퍼지집합에 반영하여 개개의 규칙의 추론결과를 구한다.

$$R^1 \text{의 추론결과} : \mu_{c'_1}(z) = \omega_1 \wedge \mu_{c_1}(z), \quad \forall z \in Z$$
$$R^2 \text{의 추론결과} : \mu_{c'_2}(z) = \omega_2 \wedge \mu_{c_2}(z), \quad \forall z \in Z$$

※ 단계 1에서 구해진 값과 C_i의 소속함수 값 중 작은 값(min)을 취한다. (단, $i = 1, \ 2$)

단계 3 최종적인 추론결과

$$\mu_c(z) = \mu_{c'_1}(z) \vee \mu_{c'_2}(z)$$

※ 각 규칙에서 구해진 값 중에서 가장 큰 값(max)을 취한다. 일반적으로 n개의 규칙의 경우에는 다음과 같다.

$$\mu_c(z) = \mu_{c'_1}(z) \vee \mu_{c'_2}(z) \vee \ ... \ \vee \mu_{c'_n}(z)$$

단계 4 비퍼지화 단계

단계 3에서 종료한 시점에서의 추론결과는 퍼지집합이다. 공정제어와 같이 추론결과(출력)로서 실수가 필요한 경우에는 이 퍼지집합을 비퍼지화(Defuzzification)시켜 실수값을 구하여야 한다. 비퍼지화 방법에는 최대치법(Max criterion method), 최대치 평균법(Mean of maximum method), 무게중심법(Center of gravity)등이 있다. 대부분의 경우에 무게중심법을 많이 사용한다.

① **최대치법(Max criterion method)**

퍼지값을 결정하는 소속함수가 한 개의 정점(peak point)을 가지는 경우 정점에 대응하는 크리스프 값은 퍼지값을 가장 잘 표현하는 것이며, 비퍼지화 방법 중 최대치법은 제어동작의 기능성이 최대로 되는 $\bar{y}$ 값을 비퍼지화값으로 정하는 방법이다. 〈그림 3.8〉은 최대값 비퍼지화 방법이다.

$$\bar{y} = DEFUZZIFIER\left[\mu_Y(y)\right]$$

$$\underset{y \in Y}{Max}\left[\mu_Y(y)\right] = \mu_Y(\bar{y})$$

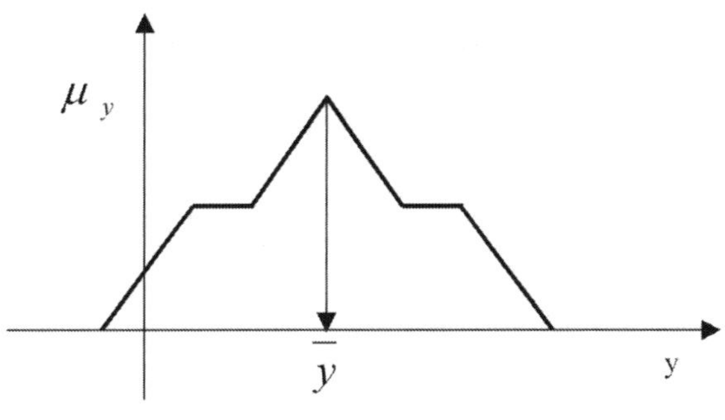

〈그림 3.8〉 최대치법

② **최대치 평균법(Mean of maximum method)**

비퍼지화 방법에서 최대치 평균법(MOM 방법)은 제어 동작이 가능한 최대값들의 평균값을 비퍼지화 값으로 정의하는 것이다. 즉, 소속함수값의 최대값들의 평균치를 계산한다는 것이다. 〈그림 3.9〉에서 이것을 설명하고 있다.

$$\bar{y} = DEFUZZIFIER\left[\mu_Y(y)\right]$$

$$\bar{y} = \sum_{i=1}^{n}\frac{\bar{y_i}}{n}$$

$$\mu_Y(\bar{y_i}) = \underset{y \in Y}{Max}\left[\mu_Y(y)\right]$$

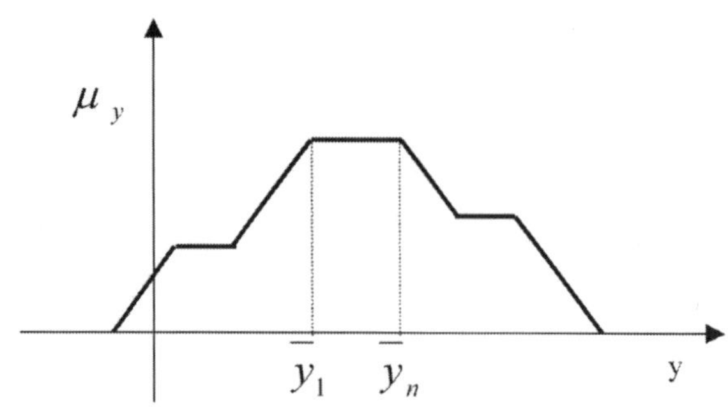

〈그림 3.9〉 최대치 평균법

③ 무게중심법(Center of gravity)

비퍼지화 방법에서 소속함수의 가중평균이나 소속함수에 의해 구분된 영역의 무게중심은 퍼지량의 가장 전형적인 크리스프 값으로 계산된다. 즉, 중첩되어 있는 면적이 있을 경우에 중첩되어 있는 면적이 있을 경우에 중첩되는 부분을 고려하여 계산한다는 것이며, 가장 많이 사용되는 방법이기도 하다. 그림 3.10에서 이것을 설명하고 있다.

$$\overline{y} = DEFUZZIFIER\left[\mu_Y(y)\right]$$
$$\overline{y} = \int \frac{\mu_Y(y) \cdot y dy}{\mu_Y(y) dy}$$

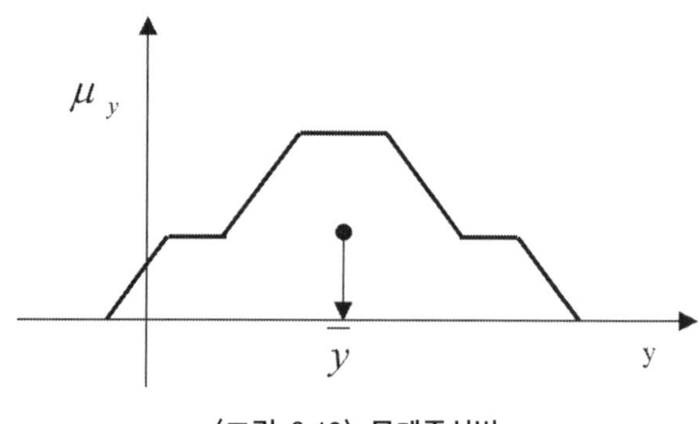

〈그림 3.10〉 무게중심법

퍼지추론의 [단계 1]에서 입력 값은 퍼지집합이거나 크리스프 값(real value)인 2가지 경우가 있다. 각각의 경우에 대해 퍼지추론 과정을 살펴보자.

(1) 입력이 크리스프 수(실수 : real value)인 경우

〈그림 3.11〉과 〈그림 3.12〉는 입력이 크리스프 값인 경우, max-min 합성과 max-product 합성에 의한 추론 과정을 보여준다.

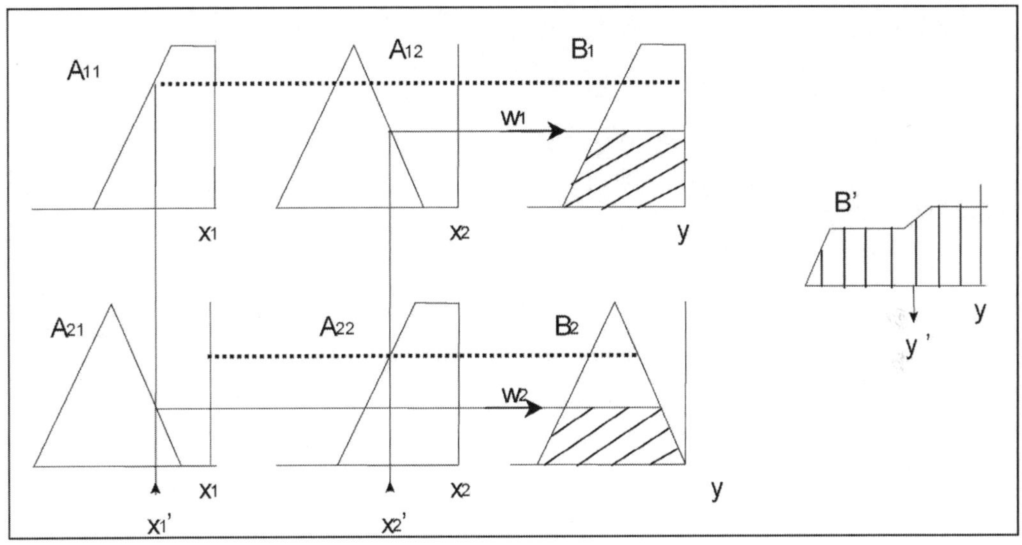

〈그림 3.11〉 입력이 crisp 값이고 max-min 추론에 의한 결과

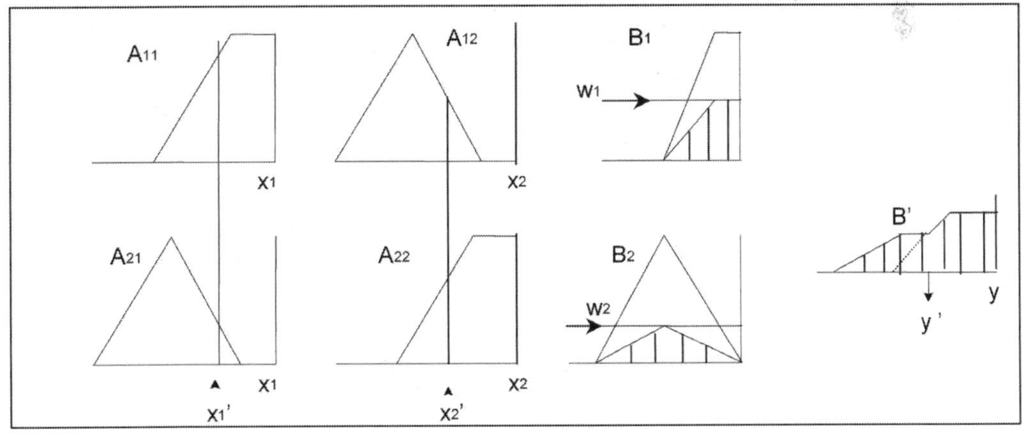

〈그림 3.12〉 입력이 crisp 값이고 max-product 추론에 의한 결과

(2) 입력이 퍼지집합인 경우

입력이 크리스프 수(실수)가 아닌 퍼지집합인 경우 퍼지추론 과정의 [단계 1]에서 행해진 각 규칙의 적합도 계산은 [단계 1']로 바뀌어 아래와 같이 계산된다.

단계 1' 퍼지집합(A', B') 입력에 대한 각 규칙의 적합도

- R_1의 적합도 :

$$W_1 = [\max_{(x)}\{\mu_{A_1}(x) \wedge \mu_{A'}(x)\}] \wedge [\max_{(y)}\{\mu_{B_1}(y) \wedge \mu_{B'}(y)\}]$$

- R_2의 적합도 :

$$W_2 = [\max_{(x)}\{\mu_{A_2}(x) \wedge \mu_{A'}(x)\}] \wedge [\max_{(y)}\{\mu_{B_2}(y) \wedge \mu_{B'}(y)\}]$$

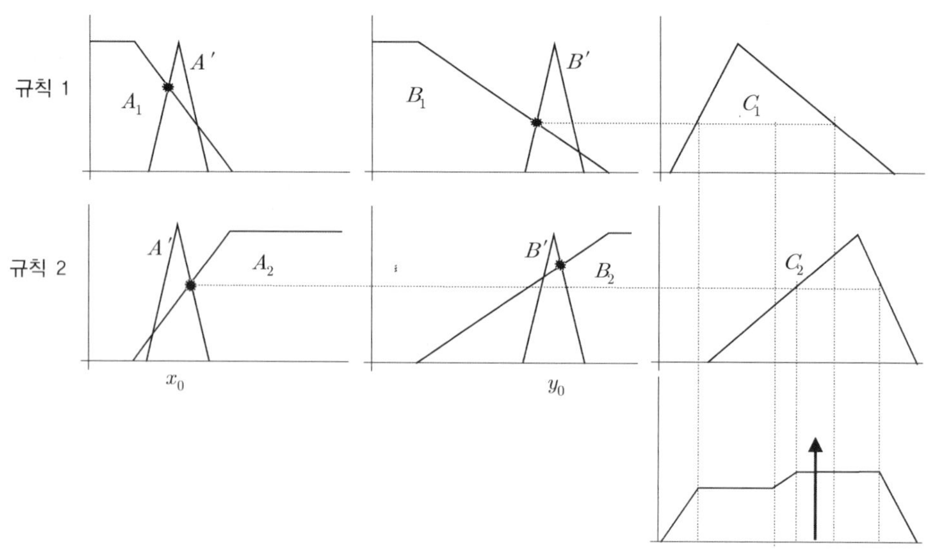

〈그림 3.13〉 입력이 퍼지집합인 경우의 추론 과정

■ Type 3 : Takagi-Sugeno 추론법 또는 선형 추론법

직접법을 사용시 전반부 변수가 증가하면 관계의 차원이 지수적으로 증가하므로 계산량이 증가하고 전반부 변수와 후반부 변수 사이의 인과관계를 얻기가 어려워진다. 이를 해결하는 방법중 하나로 규칙의 후반부에 선형식을 사용하는 선형추론법이 제안되었다. Takagi와 Sugeno에 의해 제안되어 Takagi-Sugeno 추론법이라고도 한다. 선형추론법

을 이용하면 계산량의 증가와 인과관계 획득의 어려움을 해결할 수 있다.

후반부 선형식의 계수들은 입출력 데이터를 이용하여 동정(identification)한다. 자세한 알고리즘은 다음 절에서 기술하고 여기서는 동정을 통해 얻어진 퍼지규칙에 의한 퍼지추론을 설명한다.

(1) 규칙이 두 개인 경우의 선형추론

앞의 그림 3.7과 같은 두 개의 규칙을 가지는 퍼지시스템을 생각하자.

$$R^1 : \text{IF } x_1 \text{ is } A_{11} \text{ and } x_2 \text{ is } A_{12}, \text{ THEN } y = f_1(x_1, x_2) = ax_1 + bx_2 + c$$

$$R^2 : \text{IF } x_1 \text{ is } A_{21} \text{ and } x_2 \text{ is } A_{22}, \text{ THEN } y = f_2(x_1, x_2) = a'x_1 + b'x_2 + c'$$

- 입력 : x_1°, x_2° 일 때, 전반부적합도 : $w_1 = A_{11}(x_1^o) \times A_{12}(x_2^o)$

$$w_2 = A_{21}(x_1^o) \times A_{22}(x_2^o)$$

- 각 규칙의 추론 결과 : $y_1 = f_1(x_1^o, x_2^o)$

$$y_2 = f_2(x_1^o, x_2^o)$$

- 전체 추론 결과 : $y^0 = \dfrac{w_1 f_1(x_1^o, x_2^o) + w_2 f_2(x_1^o, x_2^o)}{w_1 + w_2}$

(2) 규칙 n개와 입력변수 k개인 경우의 선형추론

일반적인 Type 3의 퍼지모델은 다음 식의 형태를 가지는 규칙들로 구성된다.

$$R^i : \text{IF } x_1 \text{ is } A_{i1}, \ ..., \text{ and } x_k \text{ is } A_{ik}, \text{ THEN } y = f_i(x_i, ..., x_k)$$

$$f_i(x_1, \ ..., \ x_k) = a_{i0} + a_{i1}x_1 + \ ... \ + a_{ik}x_k$$

$$y^o = \frac{w_1 f_1(x_1^o, \cdots, x_k^o) + \cdots + w_n f_n(x_1^o, \cdots, x_k^o)}{w_1 + w_2 + \cdots + w_n}$$

여기서 R^i : i번째 규칙

$\quad x_j$: 입력변수

A_{ij} : 퍼지집합의 멤버쉽함수

w_i : 규칙 i의 전반부 적합도

$a_{ij}(i=1, \cdots, n : j=0, \cdots, k)$: 후반부의 파라미터

y^o : 추론된 값

예 3-28 다음과 같이 제어규칙이 3개인 Type 3의 퍼지시스템에서 입력 x_1, x_2가 각각 12, 5인 경우 퍼지추론의 결과 u^*를 구하면?

$$R_1 : \text{If } x_1 = small_1 \text{ and } x_2 = small_2 \text{ then } u_1 = x_1 + x_2$$
$$R_1 : \text{If } x_1 = big_1 \text{ then } u_2 = 2x_1$$
$$R_1 : \text{If } x_2 = big_2 \text{ then } u_3 = 3x_2$$

여기서, $small_1 = \int_0^{16} \dfrac{\frac{16-x}{16}}{x}$, $small_2 = \int_0^8 \dfrac{\frac{8-x}{8}}{x}$

$$big_1 = \int_{10}^{20} \dfrac{\frac{x-10}{10}}{x}, \quad big_2 = \int_2^{10} \dfrac{\frac{x-2}{8}}{x}$$

설 명 〈그림 3.14〉는 Takagi와 Sugeno 추론법의 추론 과정을 나타내며, 〈그림 3.14〉에서 $u_1=12+5=17$일 때의 적합도는

$$w_1 = small_1(x_1^0) \wedge small_2(x_2^0) = 0.25 \wedge 0.375 = 0.25$$

이고, $u_2=2*12=24$일 때 적합도는 $0.2, u_3=3*5=15$는 0.375이므로 추론결과 u^*는 다음과 같다.

$$u^* = \frac{0.25 \times 17 + 0.2 \times 24 + 0.375 \times 15}{0.25 + 0.2 + 0.375} = 17.8$$

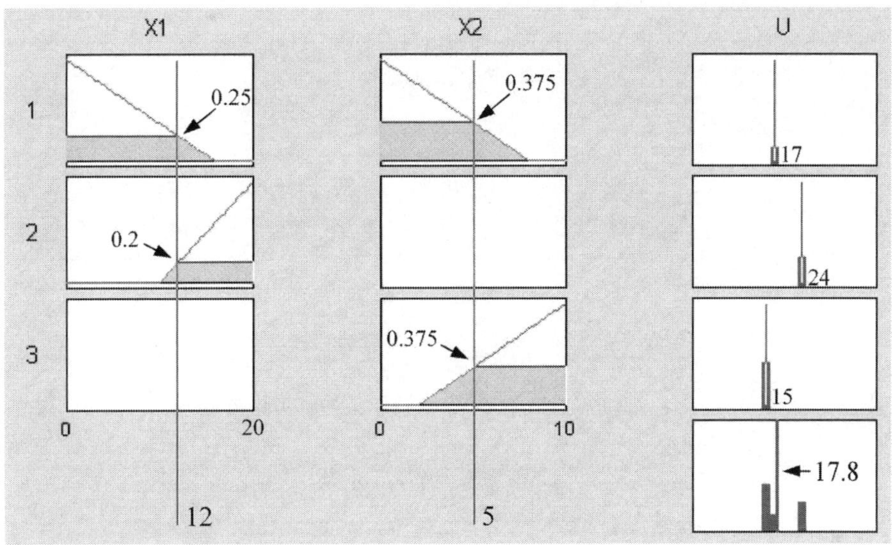

〈그림 3.14〉 Takagi와 Sugeno 추론법의 추론과정

4.3.3 퍼지시스템 모델링

앞 절에서 언급된 퍼지시스템을 모델링하는 방법에는 크게 2가지가 있다. Takagi-Sugeno 의 퍼지모델링 방법과 적응 뉴로-퍼지 추론 시스템(ANFIS)에 의한 모델링 방법이 있다. 여기서는 Takagi-Sugeno의 퍼지모델링 방법에 대해 기술한다.

■ 퍼지모델링의 구조

Takagi-Sugeno에 의해 제안된 퍼지모델링은 입력공간을 퍼지 부분공간으로 분할하여 각 부분공간의 입·출력 관계를 선형식으로 나타내고 가중치를 고려한 이들의 합에 의해 비선형 시스템의 입·출력 관계를 나타내는 것으로 이러한 형태의 퍼지모델의 도입으로 인 해 퍼지시스템의 구축이 좀 더 체계화되고 이것의 적용분야가 다양해 졌다. 이러한 퍼지 모델링은 크게 구조 동정과 파라미터 동정으로 구분된다. 다음은 각 단계들에 대해 기술 한 것이다. 그리고 그림 3.15는 퍼지모델링의 구성도를 나타낸다.

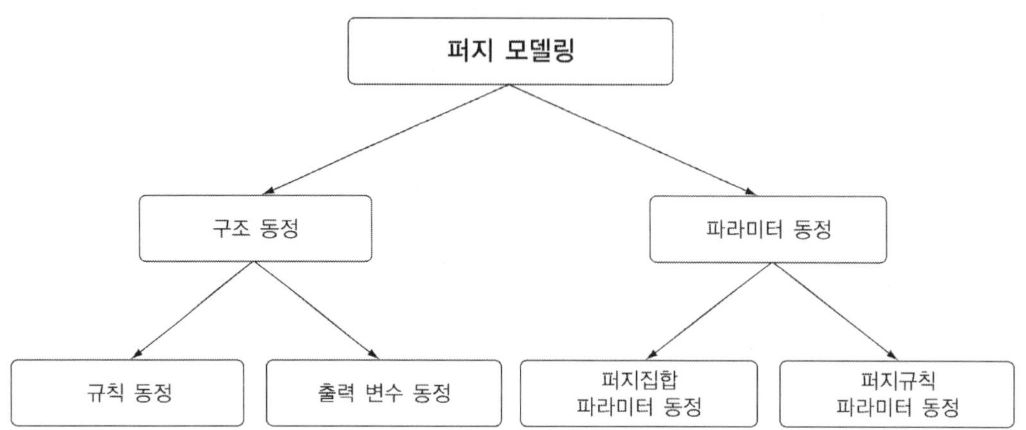

〈그림 3.15〉 퍼지모델링의 구성도

① **구조 동정**

　㉠ 규칙 동정

　　비선형 시스템의 입, 출력 관계를 최적으로 나타내기 위한 퍼지규칙 수를 찾는 것으로 입력변수의 선택과 이의 퍼지분할을 의미하며 퍼지 C-means 클러스터링 방법을 사용한다. 이는 전반부 변수의 동정을 의미한다.

　㉡ 출력 변수 동정

　　퍼지규칙 수가 결정되면 입, 출력 변수 중 어떤 변수가 각 퍼지규칙의 후반부 변수에 포함될 것인가를 결정한다. 이는 후반부 변수의 동정을 의미한다.

② **파라미터 동정**

　㉠ 퍼지집합 파라미터 동정

　　구조동정에 의해 결정된 입력 퍼지변수의 멤버쉽 함수의 최적파라 미터를 찾는 것으로 비선형 최적화 기법인 콤플렉스 방법이나 오차 역전파(error back propagation) 방법을 이용한다. 이는 전반부 변수의 파라미터 동정을 의미한다.

　㉡ 퍼지규칙 파라미터 동정

　　주어진 성능지수를 최소로 하는 퍼지규칙의 후반부 파라미터들을 결정하는 것으로 최소자승법(least square method)이나 오차역전파 방법을 이용한다.

앞의 단계들에 의해 동정된 퍼지모델은 식 (3.1)의 표현으로 구성된다.

$$R^i : If \; x_1 \, is \, A_1^{\,i} \, , x_2 \, is \, A_2^{\,i} \, , \cdots \; x_k \, is \, A_k^{\,i}$$

$$Then \; y^i = a_{i0} + a_{i1}x_1 + a_{i2}x_2 + \cdots + a_{ik}x_k$$

$$(3.1)$$

여기서, R^i : i번째 퍼지규칙 $(i=1, \cdots, n)$, x_j : 입력변수,

$\quad A_j^{\,i}$: 퍼지집합의 멤버쉽함수,

$\quad a_{ij}$: 후반부 파라미터$(j=0, \cdots, k)$

식 (3.2)의 규칙들에 의해 추정된 전체 모델출력은 다음과 같이 구해진다.

$$\hat{y} = \frac{\displaystyle\sum_{i=1}^{n} w^i y^i}{\displaystyle\sum_{i=1}^{n} w^i} \qquad (3.2)$$

여기서, N은 퍼지규칙의 수이고 w^i는 규칙 R^i의 적합도로서 다음과 같다.

$$w^i = \prod_{j=1}^{k} \mu_{A_j^{\,i}}(x_j)$$

Takagi-Sugeno 퍼지시스템의 구성도는 〈그림 3.16〉과 같다.

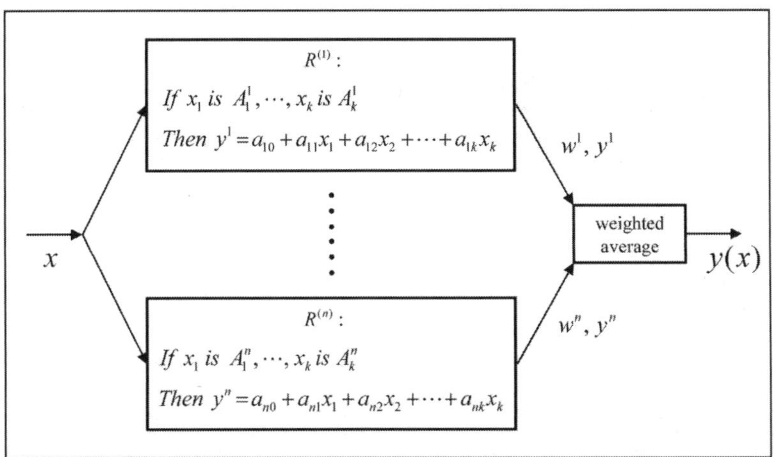

〈그림 3.16〉 Takagi-Sugeno의 퍼지시스템의 구성도

■ 퍼지모델링 알고리즘

퍼지모델의 전반부 구조는 잘 알려진 대로 퍼지 c-means 클러스터링에 의해 구하고 전반부 파라미터 동정은 비선형 최적화 기법의 하나인 콤플렉스 방법에 의해 구한다. 후반부 파라미터는 오프-라인과 온-라인으로 동조될 수 있다. 오프-라인으로 동조하는 경우, m개의 데이터를 가지고 다음과 같은 행렬식을 얻을 수 있다.

$$XA = Y \qquad (3.3)$$

여기서, $A^T = [a_{10}, \cdots, a_{n0}, a_{11}, \cdots, a_{n1}, a_{1k}, \cdots, a_{nk}]$,

$$Y = [y_1, \ y_2, \ \cdots, \ y_m]^T,$$

$$x_i^T = [w_i^1, \ \cdots, \ w_i^n, \ w_i^1 x_{1i}, \ \cdots, \ w_i^n x_{1i}, \ w_i^1 x_{ki}, \ \cdots, \ w_i^n x_{ki}],$$

$$X = \begin{bmatrix} x_1^T \\ x_2^T \\ \vdots \\ x_3^T \end{bmatrix}$$

이 때, 자승오차 $\| XA - Y \|^2$를 최소화하는 A^*는 식 (3.4)와 같다.

$$A^* = (X^T X)^{-1} X^T Y \qquad (3.4)$$

시스템의 특성이 변하거나 적응제어시스템을 위해서는 온-라인으로 파라미터를 동조해야 한다. 사용된 퍼지모델에서 온-라인으로 동조해야 할 파라미터는 전반부 파라미터와 후반부 파라미터가 있다. 그러나 여기서 전반부 파라미터를 온-라인으로 동조하는 것은 어려우므로 오프-라인 동조시 전반부의 구조와 파라미터를 잘 설정했다고 가정하고 후반부 파라미터만을 동조하기로 한다. 이미 인식된 퍼지모델에서 시스템 파라미터의 변화에 따라 결론부 파라미터들을 조정하는 방법은 다음과 같다. 식 (3.2)를 다시 쓰면, 다음 식 (3.5)와 같이 표현될 수 있다.

$$\hat{y} = \sum_{i=1}^{n} \hat{w}^i y^i$$
$$= a_{10}g_{10} + a_{11}g_{11} + \cdots + a_{1k}g_{1k}$$
$$+ a_{20}g_{20} + a_{21}g_{21} + \cdots + a_{2k}g_{2k} \qquad (3.5)$$
$$+ \cdots$$
$$\vdots$$
$$+ a_{n0}g_{n0} + a_{n1}g_{n1} + \cdots + a_{nk}g_{nk}$$

여기서, $g_{ij} = \dfrac{w^j x_j}{\sum\limits_{k=1}^{n} w^k}$ $(i=0,\cdots,n \; ; \; j=0,\cdots,k \; ; \; x_0=1)$

위 식에서, 출력 $\hat{y}$는 후론부 파라미터들의 한개의 선형식으로 표시된다. 따라서 후반부 파라미터들은 선형시스템에서 사용되는 순환 파라미터 추정법(Recursive Least Square Estimation : RLSE)에 의해 조정될 수 있다. 이 때, 최근 시점의 데이터에 더 많은 가중치를 주는 순환 최소자승법을 사용한다.

$$A_{i+1} = A_i + P_{i+1}x_{i+1}(y_{i+1}^T - x_{i+1}^T A_i)$$
$$P_{i+1} = \frac{1}{\lambda}\left[P_i - \frac{P_i x_{i+1} x_{i+1}^T P_i}{\lambda + x_{i+1}^T P_i x_{i+1}}\right] \qquad (3.6)$$

여기서, P_i는 공분산 매트릭스이고 λ는 망각계수로서 0과 1 사이의 값을 가진다. λ가 작을수록 이전의 데이터의 영향이 더 빨리 없어진다. 그러나 너무 작은 λ값은 불안정한 결과를 얻을 수 있다. 초기 값은 $A_0 = 0$ 그리고 $P_0 = \alpha I$ 이다. 여기서, α는 큰 상수값이고 I는 $(k+1)\times n$ 차원의 단위행렬이다.

예 3-29 다음과 같은 Takagi-Sugeno 형의 퍼지시스템에서 입력이 3일 때 퍼지추론의 결과는?

1. If input is low then output= (-1)*input-1

2. If input is high then output= 1*input-1

여기서, 입력변수 input의 퍼지변수 low와 high의 소속함수는 범종형(gaussian) 형태로 다음 식과 같이 주어지고 〈그림 3.17〉로 나타낸다.

$$low = \int e^{\dfrac{-(x+5)^2}{2 \cdot 4^2}}$$

$$high = \int e^{\dfrac{-(x-5)^2}{2 \cdot 4^2}}$$

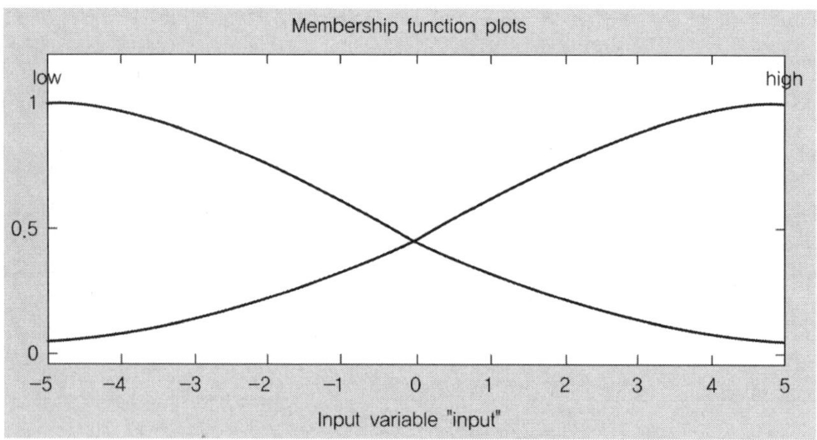

〈그림 3.17〉 low와 high의 소속함수

설 명 그림 3.18은 추론 과정을 나타내며, 그림 3.18에서 규칙 1과 2의 적합도 w_1과 w_2는 각각 다음과 같이 구해진다.

$$w_1 = low(3) = \int e^{\dfrac{-(3+5)^2}{2 \cdot 4^2}} = 0.14$$

$$w_2 = high(3) = \int e^{\dfrac{-(3-5)^2}{2 \cdot 4^2}} = 0.88$$

규칙 1과 2의 후반부 출력은 각각 −4와 2이므로 추론결과 u^*는 다음과 같다.

$$u^* = \frac{-4 \times 0.1353 + 2 \times 0.8825}{0.1353 + 0.8825} = 1.2024$$

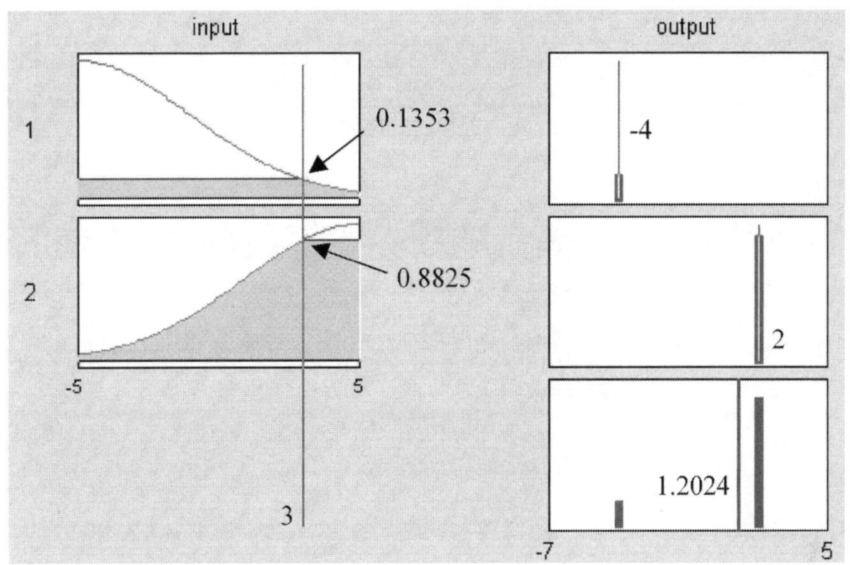

〈그림 3.18〉 퍼지추론 과정

4.3.4 다변수 비선형 시스템의 퍼지모델링

다중 입·출력 퍼지시스템은 다중 입력-단일 출력 퍼지시스템으로부터 쉽게 확장될 수
있다. 먼저 m개의 입력과 q의 출력을 가지는 MIMO 시스템(Multi Input Multi Output
System)을 위한 퍼지함의 R을 생각하자.

$$R = \{ R_{MIMO}^1, \; R_{MIMO}^2, \; \cdots, \; R_{MIMO}^N \} \qquad (3.7)$$

여기서, R_{MIMO}^i는 MIMO 퍼지시스템의 i번째 규칙을 나타내고 다음과 같은 형태를 지
닌다.

$$R_{MIMO}^i : If \; u_1 \; is \; A_i, \; ..., \; and \; u_m \; is \; B_i$$
$$Then \; y_1 \; is \; C_i^1, \; ..., \; and \; y_q \; is \; C_i^q \qquad (3.8)$$

R_{MIMO}^i가 다음과 같은 퍼지 함의로 나타내어진다고 하자.

$$R^i_{MIMO} : (A_i \times \cdots \times B_i) \rightarrow (C^1_i + \cdots + C^q_i)$$

$$= \bigcup_{k=1}^{q} (A_i \times \cdots \times B_i) \rightarrow C^k_i \tag{3.9}$$

식 (3.9)를 통해 식 (3.7)은 다음과 같이 나타낼 수 있다.

$$R = \left\{ \bigcup_{i=1}^{N} R^i_{MIMO} \right\} = \left\{ \bigcup_{i=1}^{N} \left[(A_i \times \cdots \times B_i) \rightarrow (C^1_i + \cdots + C^q_i) \right] \right\}$$

$$= \left\{ \bigcup_{k=1}^{q} \bigcup_{i=1}^{N} \left[(A_i \times \cdots \times B_i) \rightarrow C^k_i \right] \right\} \tag{3.10}$$

$$= \left\{ RB^1_{MISO}, RB^2_{MISO}, \cdots, RB^q_{MISO} \right\}$$

식 (3.10)은 MIMO 시스템의 퍼지함의 R이 q개의 부(sub)규칙 베이스 RB^k_{MISO}로 이루어짐을 나타낸다. 따라서 m개의 입력과 q개의 출력을 가진 MIMO 시스템은 m개의 입력과 하나의 출력을 가지는 q개의 부 시스템으로 나뉠 수 있다. 그러므로 RB^k_{MISO}는 MIMO 퍼지시스템의 규칙 베이스 R의 부 규칙 베이스이다.

퍼지이론의 응용

5.1 퍼지이론의 응용 개요

퍼지이론은 1965년 Zadeh 교수가 퍼지집합을 제안한 이래, 많은 분야에서 응용되고 실용화되어 왔다. 특히, 제어 분야에서 시작된 퍼지이론의 응용은 시간이 흐르면서 제어 이외의 공학 분야, 나아가 인문, 사회과학 등의 비공학계 분야로 폭 넓게 전개되었다. 퍼지이론의 응용분야 중에서 가장 앞서고 있는 것은 공학 분야이다. 특히, 제어와 패턴 인식에의 응용에 대해서는 수많은 연구가 되어져 왔다. 퍼지이론의 최초의 응용연구는 보일러의 운전에 퍼지이론을 적용한 영국 Mamdani 교수의 연구이다. 최초로 상용화된 응용도 제어분야로서 네덜란드의 Smith 사에서 시멘트 킬른의 제어에 응용하였다. 이것은 석회탄과 점토를 섞어서 1,000℃~1,400℃에서 회전시키면서 시멘트를 제조하는 회전체이다. 이 공정은 화학반응이 복잡하고 내부 상태를 측정할 수 있는 매개변수가 적어서 제어가 어려워 숙련된 운전자(operator)가 경험적 지식을 이용하여 운전해 왔다. 여기에 퍼지규칙과 추론을 이용하여 제어를 행함으로써 운전자에 따른 개인차가 없게 되고, 생산물의 질이 향상되고 안정화되었다. 이와 같이 퍼지제어는 종래의 제어이론에서 수학모델로 설계할 수 없는 복잡한 시스템을 전문 숙련자의 경험과 직관에 의한 규칙을 지식 베이스로 하여 추론함으로써 우수한 결과를 얻어 있다. 그 밖에 공학 분야의 퍼지응용은 자동차 운전제어, 콘테이너 크레인 제어, 정수장 제어, 터널 굴삭 제어, 선박제어, 원자로 운전제어 등의 제어분야와 음성인식, 화상인식, 로보틱스, 데이터 클러스터링, 교통제어시스템, 기계, 건축 및 토목 공학 응용, 전문가 시스템, 퍼지컴퓨터 등이 있다. 사회과학 분야에서의 퍼지 응용 분야는 퍼지통계, 경영 관리 및 오퍼레이션 리서치, 경제 예측, 정보검색 데이터베이스 시스템, 판단 기법 및 신뢰도 이론, 심리학에의 응용 등이 있고 인문학에서는 통시 통역, 번역 시스템, 의료분야에서는 의료 전문가 시스템, 인공생명, 퍼지 카오스 시스템 등이 있다.

공학 또는 의학 이외의 분야에서 현재까지 보고되어 있는 퍼지이론의 응용분야에는 경제학, 사회학, 경영학, 심리학 및 언어학 등이 있다. 각 분야의 공통점은 애매한 환경 하에서의 의사결정, 애매한 대상, 애매한 모델과 애매구조의 결정 등이다.

의사결정에는 오퍼레이션즈 리서치(OR)의 분야에서 종래의 크리습(crisp) 집합론에 기초한 수학적 방법이 있다. 예를 들어, 선형계획법(Linear Planning)이나 다수 결정문제의 해결방법인 동적계획법(Dynamic Planning)등을 들 수 있다. 확률론에 기초한 모델화법에도 시계열모델을 위한 이론 및 수량화 이론등이 있으며, 이들 수법에는 이미 퍼지이론의 사고방법이 도입되어 각각 퍼지 선형계획법, 퍼지 동적계획법, 퍼지 시계열모델 및 퍼지수량화 이론 등이 개발되었다.

퍼지선형 계획법은 가장 일찍부터 퍼지화된 이론의 하나이다. 종래의 선형계획법에서는 〈그림 3.19(a)〉와 같이 어떤 주어진 제약 조건 하에서, 예를 들어, 1천 만원 이내의 투자로 최적의(최대수익의) 답을 구하라는 것 등이다. 우리들의 일상생활에서 제약조건이란 일반적으로 그렇게 엄격히 정해진 것은 아니다. 1천 만원 이내라는 개념은 대부분 대략 1천 만원이내라고 하는 의미를 갖고 있다. 그러므로 제약조건의 경계를 퍼지로 하여 제약조건으로부터 멀어짐에 따라 만족도가 낮아지는 것 같은 퍼지 제약조건으로 인해 〈그림 3.19(b)〉와 같이 목표도 퍼지목표로 하면 우리들의 감각에 조금이라도 가까워질 수 있을 것이다. 이것이 퍼지 선형계획법의 사고방법이다.

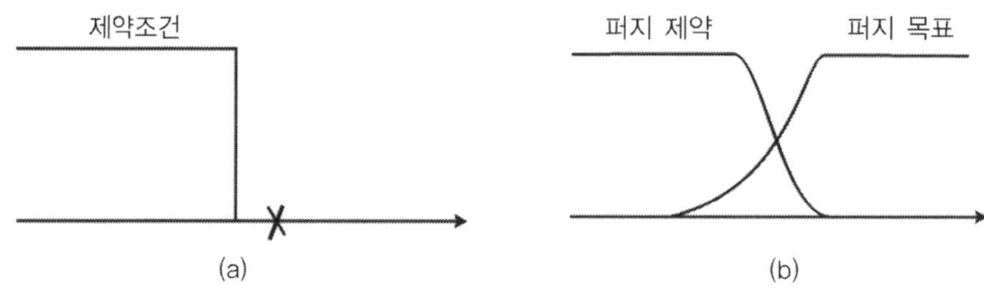

〈그림 3.19〉 퍼지 선형계획법 예

경제학, 경영학(특히 마케팅) 및 심리학 등의 분야에서는 구매 요인 분석, 잠재의식의 구조분석, 귀속의식의 분석 그리고 집단 내의 인간관계 등에 응용하고 있다. 이 밖에도 퍼지예측이나 퍼지클러스터링(그룹나누기) 등에 사용한 응용사례가 있다.

일본의 야마이치 증권에서는 퍼지이론을 응용해서 수치 데이터를 기본으로 상장 세력 등을 판단하여 상장의 변화에 유연하게 대응할 수 있는 주식 투자 시스템을 세계에서 처음으로 실용화 하여 투자 신탁과 기관 투자가로부터 의뢰받은 자금의 운용에 활용하고 있다.

예를 들어 "주가 수익률이 낮으면 매입한다", "이동 평균선의 이동률이 커지면 많이 판다" 등과 같은 퍼지규칙에 나날이 변화하는 주가 등의 최신 시장 정보를 결부시켜 퍼지추론하는 것이다. 일반 고객 투자가용으로 개발했으나 그 성과가 아주 좋아서 자사에서도 사용하고 있다.

〈표 3.1〉 퍼지이론의 응용 사례

응용 분야	응용 사례
전자산업분야	캠코더, 세탁기, 온수기, 에어컨, 텔레비전, 진공청소기
중공업 분야	보일러-터빈, 아크 용접기, 화력 발전소
제어계측 분야	서보 시스템, 하수처리 및 관리, 잠수정 제어, 헬기 제어, 크레인 제어
의료기기 분야	알레르기 진단장비, 혈압 측정기
로봇산업 분야	순응제어기, 모빌 로봇, 정밀 부품 조립, 능동 제어
교통제어 분야	엘리베이터 군 제어, 자기 부양 장치, 자동차 변속기 제어
패턴인식 분야	한글 인식, 펜컴퓨터, 칼라복사기, CRT 제조
전력산업 분야	부하변동 주파수 제어, 전력 손실 복원
Operation Research	재고관리, 공장생산관리
기업 경영	경제예측, 경영진단, 인사관리
광고 시장조사	소비자심리, 여론심리
예 술	의류디자인, 컴퓨터그래픽스
인지심리	기록카드정리

5.2 퍼지응용 시스템의 실 예

5.2.1. 퍼지세탁기

퍼지이론을 응용하여 세탁물의 양과 질에 따라서 세탁시간을 자동 조정하는 퍼지세탁기가 일본에서 처음 개발되었고 이후 한국에서도 개발되었다. 일본에서 개발된 퍼지세탁기는 기존의 세탁량 검출 센서에다가 세탁액의 혼탁한 정도에서 더러운 정도와 질, 세제의 종류 등을 검출하는 광센서를 새롭게 개발하여 부가하고, 이 두개의 센서로 감지한 데이터를 통해 마이컴이 퍼지추론을 하여, 최적 세탁시간을 결정하였다.

세탁하는 동작에 대해서 생각해 보자. 만일, 사람이 손빨래로, 섬세하게 세탁을 행할 경우에는, 그 사람이 세탁물의 양이나 오염의 질, 정도 등을 판단하여, 과거의 경험에서 천을 상하지 않게 그것도 때가 잘 빠지도록 최적의 세탁방법과 시간을 결정한다. 이처럼 인간에 의한 섬세한 세탁공정을 기계로 인해 자동화할 수 있다면, 지금보다도 보다 인간에 가까운 부드럽고 현명한 세탁기가 될 수 있을 것이다. 그러나 세탁물의 오염의 정도와 세탁시간과의 관계는 정량적으로 취급하기 어렵고, 더구나 이들의 관계를 수식화하는 것은 매우 곤란하다. 기존의 세탁기는 여러 요인들을 고려하지 않고 설정된 시간과 절차에 따라 기계적으로 세탁하므로 물과 세제가 낭비될 수 있다. 이 문제에 대해, 퍼지이론은 사람이 사용하는 언어적으로 애매한 표현을 효과적으로 처리할 수 있는 방법을 제공하므로 퍼지이론을 이용하여 세탁기를 개발하였다.

기존의 세탁기를 자세히 살펴보면, 세탁기는 물과 세제, 회전력 등 3가지 요소로 옷가지에 붙은 오물들을 떨어내는 기기이다. 가정용 세탁기는 소용돌이형, 봉형, 휘저어섞는형 등 다양한 제품이 나오고 있고, 업무용으로는 드럼형 구조가 많다. 또 세탁조와 탈수조를 분리한 분리식과 전자동식 등 두 가지가 있다.

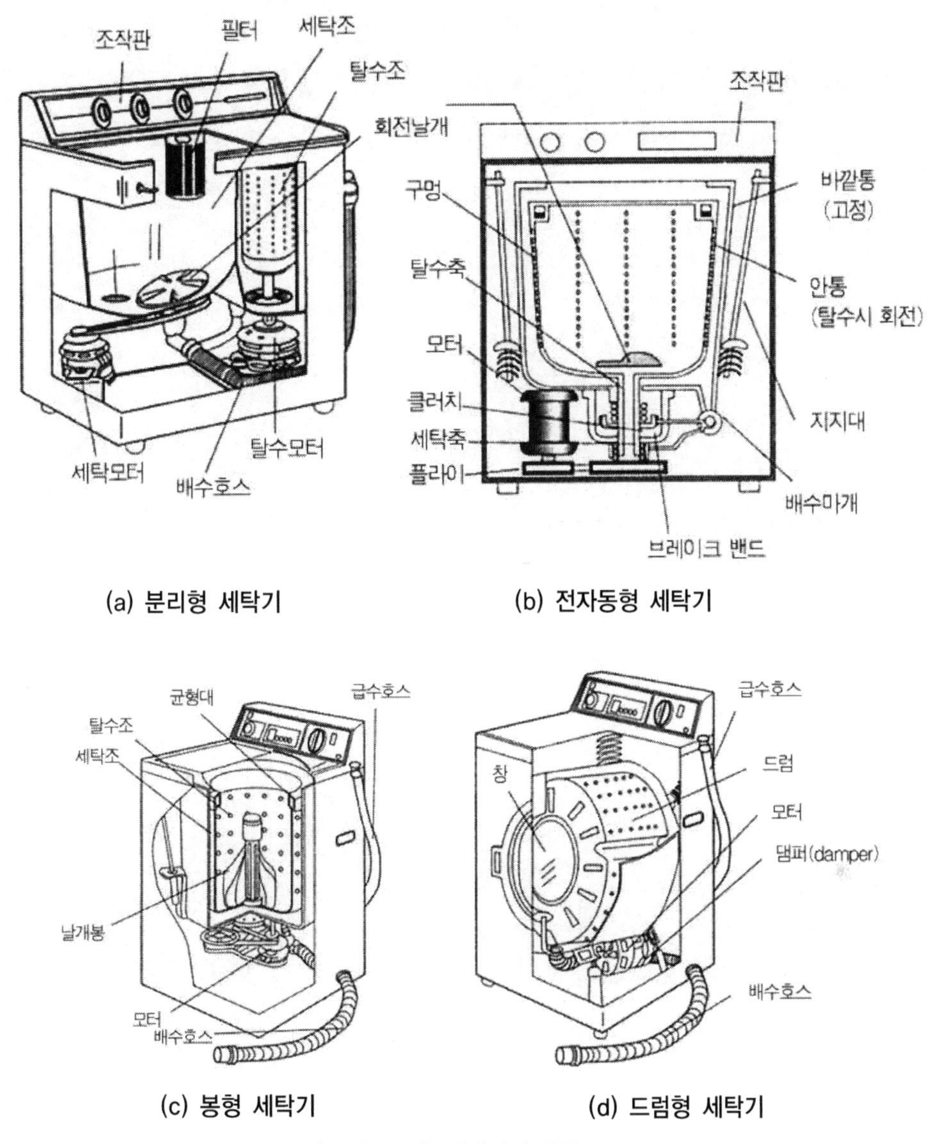

〈그림 3.20〉 세탁기의 종류

분리식은 세탁조와 탈수조가 분리되어 있다. 세탁조에서는 바닥에 있는 회전 날개가 파도를 일으키면서 앞뒤로 방향을 바꾸면서 세탁과 헹굼을 하고, 탈수조는 고속 회전하는 원심력으로 수분을 흩날려 탈수한다. 전자동식은 통이 이중으로 겹쳐져 있다. 세탁은 바닥의 회전 날개가 회전하여 세탁과 헹굼을 하고, 탈수할 때는 구멍이 많이 나있는 안쪽 통을 고속회전시켜 탈수한다. 세탁부터 탈수까지 전과정을 자동으로 진행한다. 최근에는

'인버터'나 '직접구동(DD)방식' 등으로 성능이 고급화되고 있다. 여기에 퍼지 제어 방식을 도입하여 세탁물의 양과 오염 정도 등 매번 변하는 조건을 판단해서 작동시간을 조절한다 퍼지세탁기의 동작 흐름도와 각 변수의 퍼지 소속함수는 다음과 같다.

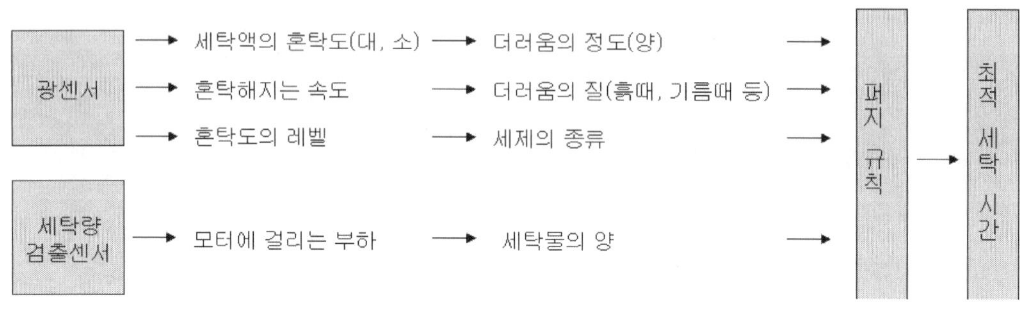

(a) 동작 흐름도

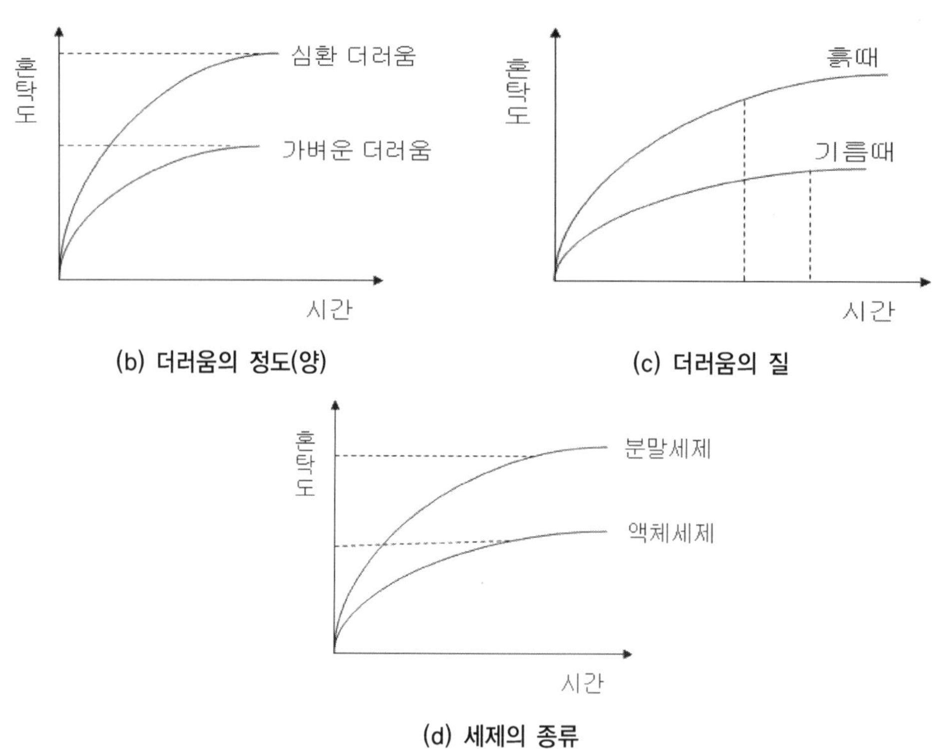

(b) 더러움의 정도(양)   (c) 더러움의 질

(d) 세제의 종류

〈그림 3.21〉 퍼지세탁기의 동작 흐름도 및 퍼지 소속함수

퍼지 제어 규칙은, 일반가정에서 관찰한 데이터 및 세탁 소프트웨어 개발자의 경험 지식을 근거로 만들었고 그 예는 다음과 같다.

> ▶ 일반가정에서 관찰한 데이터 및 세탁 소프트웨어 개발자의 지식
> 「기름때인 경우는, 땟물과 비교하여 세탁시간을 길게 한다.」
> 「심한 더러움의 경우에는 세탁시간을 길게 한다.」
>
> ▶ 의류의 더러움의 질과 양에 의한 퍼지규칙
> 「If 땟물보다는 기름때이고, 심한 더러움의 경우에는, then 세탁시간을 길게 한다.」
>
> ▶ 포화시간과 투과도에 의한 퍼지규칙
> 「If 포화시간이 길고, 또한 투과도가 낮으면, then 세탁시간을 매우 길게 한다.」

개발된 퍼지세탁기는 퍼지논리를 세탁시간의 결정에 사용함으로써, 세탁시간이나 전기세의 절약이 가능하게 될 뿐만 아니라, 세탁의 불충분이나 너무 많이 세탁함으로 인한 천의 상함이 적어지는 효과도 얻게 되었다.

5.2.2 퍼지밥솥

퍼지이론이 적용되어 상업적으로 가장 성공한 분야 중에 하나가 가전제품이다. 이 중에는 퍼지이론을 이용하여 밥이 더 맛있고 에너지가 적게 소비되는 밥솥도 포함된다.

■ 기존의 밥솥

맛있는 밥을 만드는 데는 쌀에 적당한 수분을 흡수시키는 것과 적절한 영양을 주는 것이 필수적이다. 최근의 전자 밥통에서는 대부분 센서와 마이크로컴퓨터를 조합하여 적절한 취사를 가능하게 하고 있다. 마이크로프로세서 및 센서를 이용한 보온 전기 밥솥의 시스템 블록도는 다음 〈그림 3.22〉와 같다.

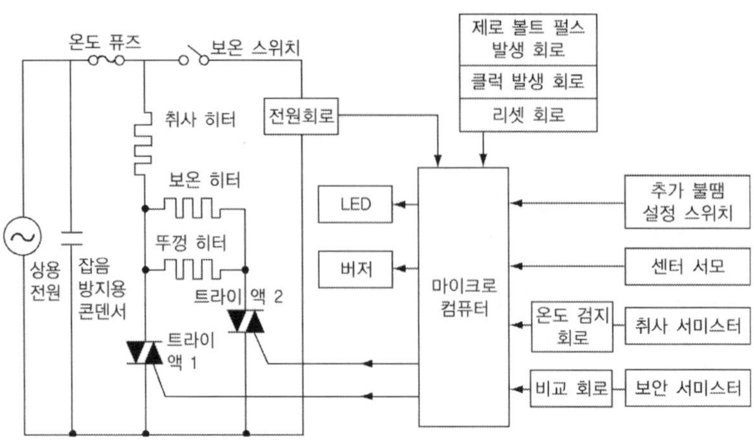

〈그림 3.22〉 보온 전기 밥솥의 시스템 블록도

그림에서 중앙 온도 소자(Center thermal sensor)로서는 감열 페라이트를 사용하고 있고, 취사 서미스터와 보안 서미스터는 NTC 서미스터를 사용하며 이는 스프링형태로 되어 있다. 이들 센서들은 취사 냄비의 측면에 붙여져 있어, 냄비 온도를 측정함으로써 흡수 온도, 쌀의 양 및 보온 온도를 제어한다. 보안 서미스터는 취사 히터의 근방에 설치 되어 만일의 이상 온도 상승에 의한 사고를 방지하는 일을 한다. 여기에 온도 퓨즈의 병 용으로 이중 안전 구조를 형성하고 있다. 쌀을 밥통에 처음 넣어 취사를 시작할 때는 쌀 의 물 흡수를 촉진시키기 위해서 35℃로 유지시킨다. 다음은 쌀의 양을 취사 가열 초기 온도 상승 속도로부터 계산해내어 내장된 마이크로프로세서가 자동적으로 최적의 열량을 가감하도록 한다. 그 후에는 미리 프로그램된 취사 소프트웨어에 의해서 취사가 진행된다.

■ 퍼지이론에 의한 전기밥솥

(1) 퍼지이론이 전기밥솥에 적용되는 방법

마이크로컴퓨터의 경우에는 취반이상곡선을 중심으로 전력과 취반용량에 대하여 11단 계로 분류하여 용량에 따라서 화력을 조절하고 퍼지논리는 밥 상태 구분에 적용된다. 퍼 지밥솥의 제어 목표와 취반 곡선은 다음과 같다.

〈표 3.2〉 퍼지밥솥의 제어 목표

모 드	제어 방식	의 미
취사 모드	• 최적 화력 제어 : 취반량, 입력전압 변동 고려	온도 변화에 의해 취반량을 판정하여 최적화력 설정
	• 환경 변화 인자에 따른 최적 취반 패턴 제어 : 수온, 실온 고려	환경변화를 감지하여 화력 보상
보온 모드	• 환경변화에 따른 최적 보온 온도 제어	미세 온도 조절

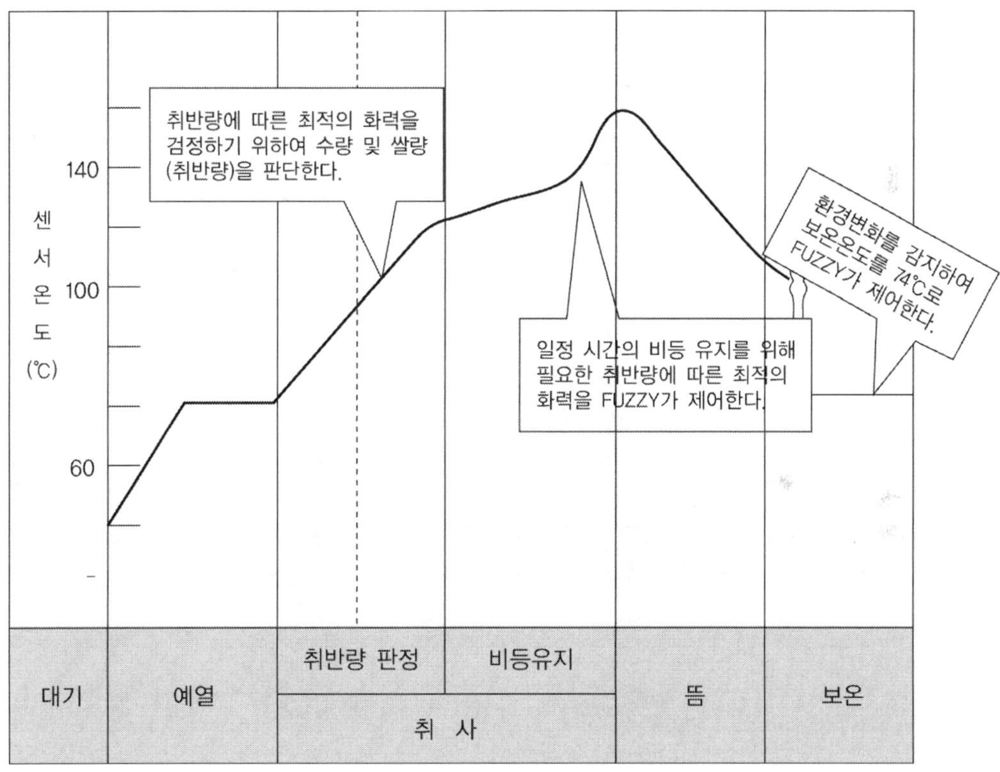

〈그림 3.23〉 퍼지밥솥의 취반곡선

아래 그림은 퍼지밥솥의 센서 부착 위치를 나타내는 본체 구성도이다.

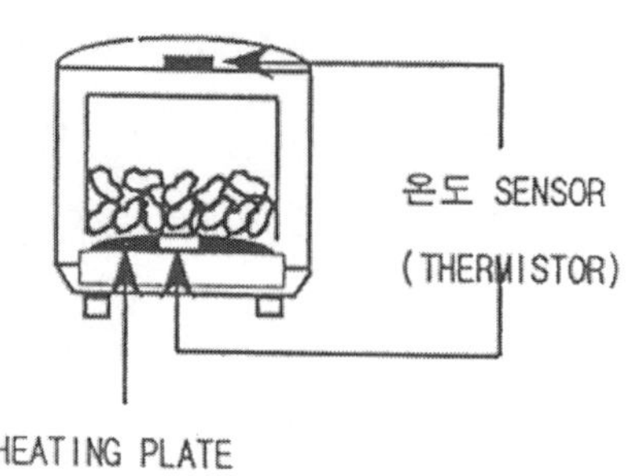

〈그림 3.24〉 퍼지밥솥의 구성도

이 두 개의 센서의 출력과 특징은 다음과 같다.

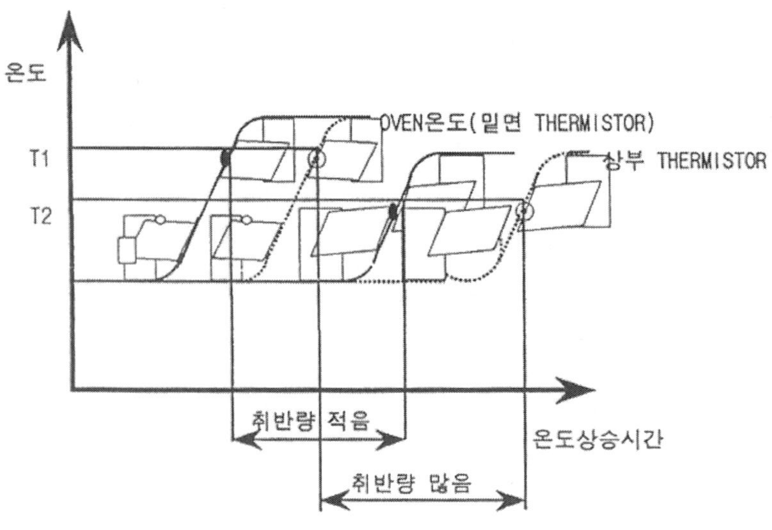

〈그림 3.25〉 센서의 출력과 특징

〈그림 3.25〉의 센서출력의 의미는 다음과 같다. 바닥과 상부의 2개의 온도 센서에 의해 승온 공정의 온도상승시간을 측정한다. 앞의 그림에서 보듯이 취반량(밥의 양)이 많을수록 온도상승시간은 길다. 다음은 퍼지밥솥의 동작 흐름도이다.

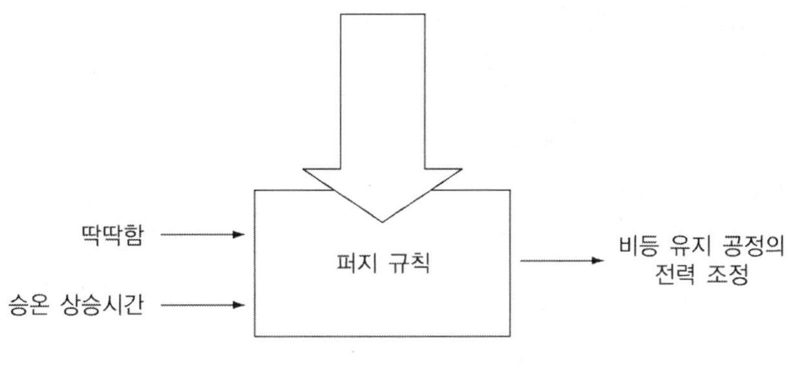

〈그림 3.26〉 퍼지밥솥의 동작 흐름도

여기서 사용되는 퍼지규칙의 예는 다음과 같다.

> 규칙 : 만약 딱딱한 것이 부드러워지고 온도상승시간이 길면 비등 유지 공정의 전력을 강하
> 게 하라.

퍼지규칙의 수는 딱딱함(10 패턴), 상승 시간(3 패턴)으로 나뉘어 30개(10×3)의 규칙으로 이루어진다.

(2) FUZZY 제어의 구조

퍼지밥솥에 사용되는 입력 변수의 의미는 다음 표와 같다.

입력변수	적용성	목적 및 방법
수 량	○	• 목적 : 환경 변화 감지
수 온	○	• 평가 방법 : 시스템에 부착된 상/하부 센서
쌀의 종류	×	퍼지적용 메뉴는 백미로 고정
쌀의 량	○	• 목적 : 취사량 판정
수 량	○	• 평가 방법 : 1 대 1.3(쌀:수량) 표준으로부터 밥솥 내부 온도 상승도로 결정
전압변화	○	• 목적 : 110V/220V 및 전압 변화율 감지 • 평가 방법 : 2차 Trans에 유기되는 전압
압 력	×	압력 부가 기능 없음

다음 그림은 입력 변수를 사용한 퍼지밥솥의 제어 구조를 보여준다.

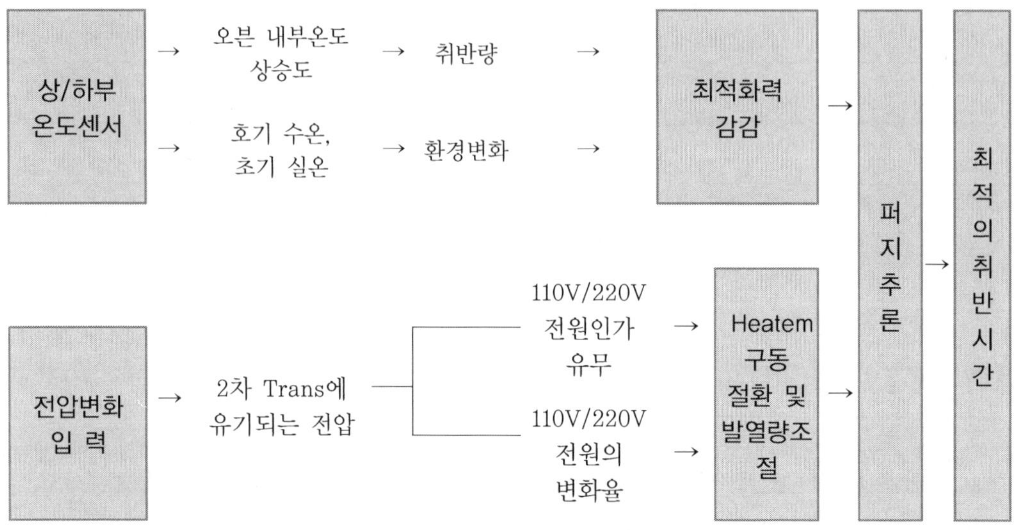

〈그림 3.27〉 퍼지밥솥의 제어 구조도

[표 3.3] 기존 밥솥과 퍼지밥솥의 비교

	기존밥솥	FUZZY 밥솥	적용 방안
실온 감지	불가능	가 능	상부 센서로 감지
수온 감지	불가능	가 능	하부 센서로 감지
쌀의양 판정	미세판정불가 (3,6,10인분)	미세판정가능 (2~10인분)	하부 센서와 상부 센서 온도 변화로 판정
전압변동보상	불 가 능	가 능	전압 감지 회로 추가
보온 온도조절	온도 변화 심함	미세온도조절	
취사 시간	취사 시간이 길다 (52인분/10인분)	취사 시간 단축 (40분대/10인분)	취적 취사 조건을 설정 함으로써 취사 시간을 단축(목표 −10분)

5.2.3 비디오 카메라의 퍼지응용

최근의 비디오 카메라는 점점 소형, 경량화가 되어, 사용하기 좋은 제품이 많이 개발되고 있다. 그러나, 소형·경량화가 진행될수록 손떨림에 의한 진동이 화상에 쉽게 전달되어, 그 결과, 촬영 시에 화면이 미세하게 진동하는 화면 떨림이 쉽게 생기게 되는 결점이 있다. 특히, 줌업(zoom-up)에 의해, 멀리 있는 피사체를 확대하여 촬영하는 경우에는, 아주 약간의 손떨림이라도 화면상에서는 확대되어 나타나므로, 안정된 화면을 얻기는 매우 곤란하게 된다. 여기서는 퍼지제어를 손떨림 판단에 응용하여 화면 떨림을 해소한 사례에 대해 소개한다. 화면 떨림 보정기능의 구성그림을 〈그림 3.28〉에 보인다. 화면 떨림 보정기능은, 움직임 검출 LSI, 보간 처리 LSI, 필드메모리 및 8-비트 마이컴으로 구성되어 있다.

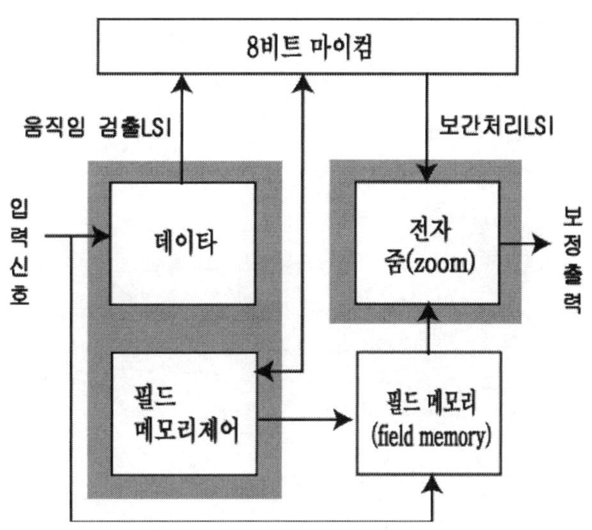

〈그림 3.28〉 손떨림 보정기능의 구성도

〈그림 3.29〉는 그 원리를 보여준다. 그 동작원리를 살펴보자. 먼저 움직임 검출 LSI에 의해 1필드 전의 화상신호와 현재 필드의 화상신호를 비교하여, 요동으로 생긴 화상의 움직임 벡터로서 벡터의 방향과 양등을 이용하여 표현한다. 다음에, 필드 메모리의 읽어냄 위치를 제어하여, 움직임 벡터와 역방향으로 화상의 틀을 평행이동 시킨다. 이 잘라낸 화상의 틀을 TV화면에 출력하면 , 겉보기에는 화면은 정지한 대로의 상태가 되므로, 화면

떨림은 보정될 수 있다. 단 , 잘라낸 화면의 틀을 그대로 출력하면, TV화면의 한쪽이 잘린 상태의 영상이 된다. 그러므로, 잘라낸 화면 틀은 보간처리 LSI에 의해 TV화면의 틀까지 확대된다.

그러나, 이 화면 떨림 보정처리에서는, 화상신호 만으로부터 움직임 벡터를 검출하고 있으므로, 화면의 요동이 촬영자의 손떨림에 의한 것인가, 아니면 피사체 자신의 움직임에 의한 것인가를 식별하는 것이 곤란하다고 하는 문제가 생긴다. 예를 들어, 전차속의 사람을 촬영했다고 하면, 화면중의 사람의 요동은 전차의 진동의 손떨림에 의한 것인가, 아니면 사람의 움직임만에 의한 것인가는 얼핏 보아 식별이 어렵다. 화면떨림이 피사체의 움직임에 원인이 있는 경우에는, 보정기능을 동작시키지 않고, 손떨림에 의한 경우에만 보정을 한다. 이 평가에 퍼지논리를 쓴다.

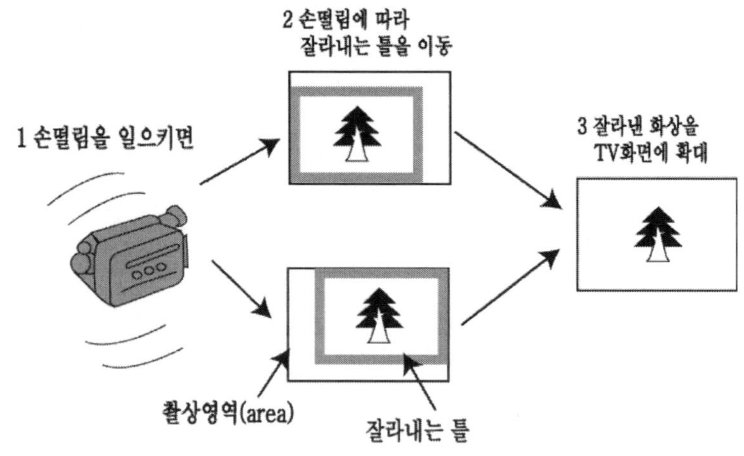

〈그림 3.29〉 손떨림 보정의 원리

〈그림 3.30〉에 화면의 요동의 식별을 위한 퍼지제어 규칙의 한 예를 보인다. 〈그림 3.30(a)〉에서는 피사체의 2개의 움직임 벡터의 방향이 일정하게 유지되어 있지 않으므로, 화면의 오동은 피사체의 움직임에 원인이 있다고 판별하는 규칙을 보여 준다. 또, 〈그림 3.30(b)〉에서는 움직임 벡터가 거의 같은 방향으로 같은 크기로 검출되므로, 화면의 요동은 손떨림에 의한 것이라고 판별하는 규칙을 보이고 있다.

(a) 피사체가 움직일 경우

(b) 손떨림의 경우

〈그림 3.30〉 화면의 요동의 식별을 위한 퍼지규칙

인간은 촬영된 영상을 보는 것만으로, 그 화면이 손떨림 상태인가, 아니면 피사체가 움직이고 있는가를 쉽게 판별할 수 있다. 개발된 비디오 카메라는 인간이 하는 것과 같은 판단기능을 부여하기위해 퍼지논리를 응용하였다.

5.2.4 상수 처리에의 퍼지응용

퍼지이론은 여러 환경 분야에도 적용되어 지금까지 하수처리 활성오니공정 제어, 상수 처리(정수장), 소각로 연소제어, pH 중화공정 제어 등에 성공적으로 응용되어왔다. 이는 기본적으로 환경과 관련된 시스템이 다변수 시스템이고 비선형이기 때문에 이것의 수학적인 모델을 얻기가 어렵고 이 모델을 바탕으로 한 수치 해석적 해결방법을 구하기 어렵기 때문이다. 따라서 대부분의 환경 관련 시스템은 숙련된 운작자에 의해 경험적으로 운전되어 왔다. 그러나 퍼지논리가 가지는 본질적인 복잡성이나 애매한 정보의 처리 능력으로 인해 이러한 시스템에 대한 훌륭한 제어 해법을 발견해 왔다. 여기서는 상수 처리장의 응집제 주입공정에 적용된 퍼지시스템 응용 예를 살펴보겠다.

■ 상수처리 시스템의 응집제 주입공정

　일반적으로 상수처리 시스템은 양질의 안전한 식수 및 공업 용수의 공급을 목적으로 하고 이를 위해 응집, 침전, 여과, 살균소독 처리공정으로 이루어진다. 침전과 여과공정은 부유물이나 불순물을 제거하는 가장 기본적인 공정이고 약품주입에 의한 응집, 침전 및 살균소독 처리는 상수처리 시스템의 가장 핵심 부분이 된다. 기존의 약품주입제어는 응집, 침전을 위한 응집제 주입공정과 살균, 소독을 위한 염소 주입공정이 포함된다. 응집제는 침전작용 증진을 위해 주입된다. 〈그림 3.31〉은 상수처리 시스템의 개요도를 보여준다.

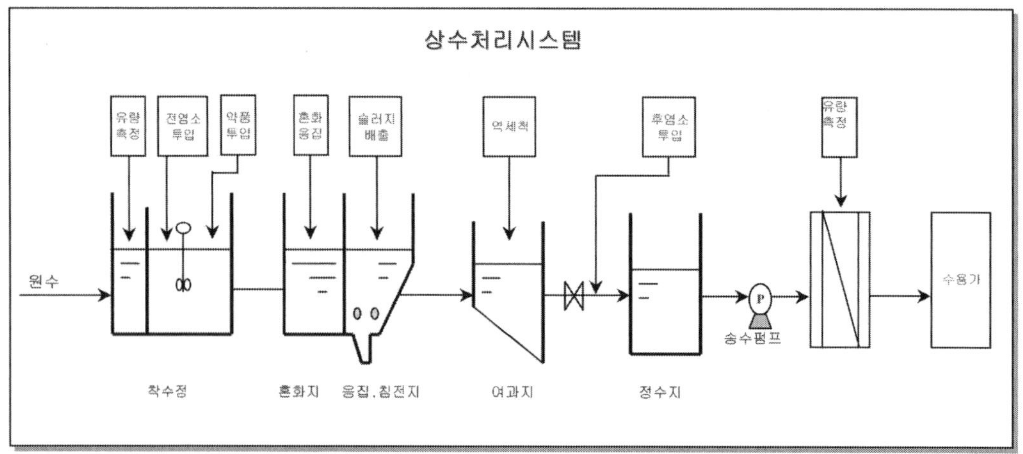

〈그림 3.31〉 상수처리 시스템의 개요도

　정수장으로 들어오는 원수는 많은 양의 탁질을 함유하고 있고 이의 제거를 위해 원수는 여과, 응집과 침전 및 분리 과정을 거친다. 응집의 효과는 탁질 유발 물질과 이러한 탁질의 종류 및 양, 원수의 수온, 알칼리도, pH 등에 영향을 받는다. 응집제는 이러한 탁질의 효과적 제거를 위해 주입되며 응집제 주입율은 상수처리 플랜트로 유입되는 원수의 수질에 따라 결정된다. 그러나 상수처리 플랜트는 강이나 호수 원수의 수질의 급격한 변화 등의 외부적인 환경 요인에 영향을 받을 뿐만 아니라, 또한 원수수질 측정(탁도, 알칼리도, pH, 수온 등)의 복잡성과 다양성, 극심한 부하 변동(기후, 시각 및 계절에 따르는 원수 수량·수질의 큰 변화), 비선형 다변수 시스템, 원수의 프로세스 체류시간이 길고 피드백이 없음 등의 특성으로 인해 응집제 주입율을 효과적으로 결정하지 못한다.

응집제는 물속의 불순물이 응집되어 무거워지게 함으로써 불순물을 빨리 가라앉게 한다. 플럭(floc)이라고 하는 이러한 불순물의 형성은 자연 침전을 위해 필수적이며, 이는 응집제 추가 투입의 기준을 마련해 준다. 원수의 탁도는 일반적인 경우 30 [NTU(Nephelometric Turbidity Units)]이하이고, 수백 [NTU]까지 증가하기도 한다. 불순물은 대부분 침전지에서 제거되며, 출구에서의 유출수는 단지 몇 [NTU]의 탁도만을 가진다. 잔여불순물은 탁도를 1[NTU]이하로 떨어트리기 위하여 모래 여과를 통해 제거된다. 만약 부적절하게 침전된 불순물이 여과지로 투입된다면, 여과지는 즉시 막히게 되어 여과 작용을 수행할 수 없게 된다.

약품 주입은 알칼리제, 응집제 그리고 염소 주입계로 각각 구성된다. 석회나 부식성 소다가 pH 조정을 위해 알칼리제로 사용된다. 알루미늄 황산염이나 PAC(Polymerized Aluminum Chloride)는 응집제로서 사용된다. 이 모든 것들은 침전 효율을 높이기 위하여 불순물 응집을 향상시키는데 사용된다. 이와 같은 화학약품에 대한 적절한 주입율은 미리 고정된다. 그리고 주입량은 원수의 양에 비례하여 결정된다. 알칼리제와 염소의 주

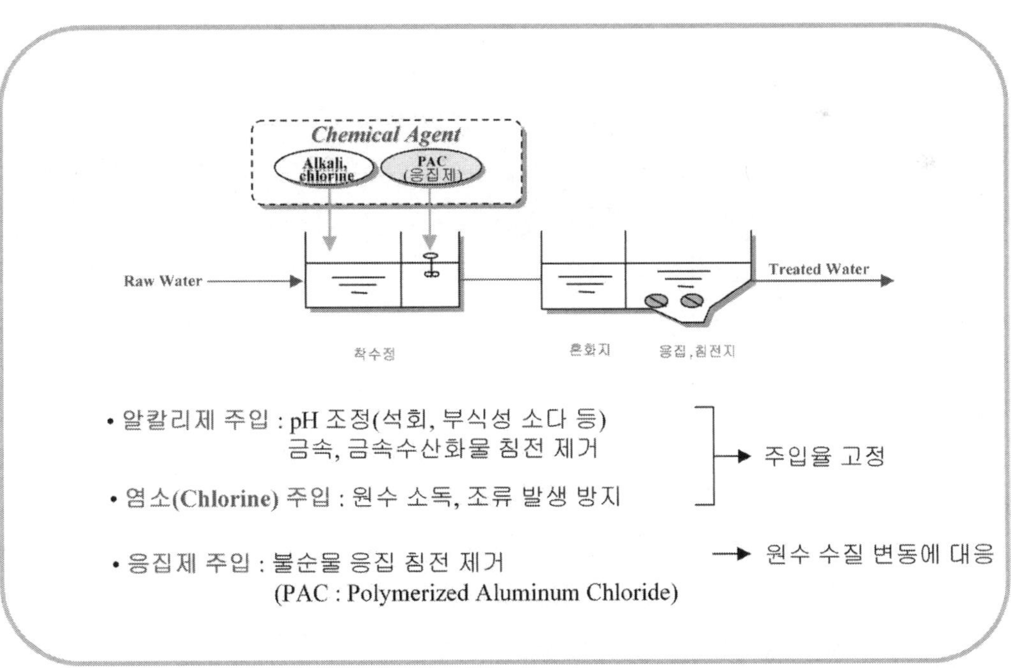

〈그림 3.32〉 응집제 주입공정

입율은 약간의 수질 변동에도 일정하게 유지될 필요가 있다. 따라서 이러한 약품주입에는 큰 문제가 없다. 반면 응집제 주입은 불순물에 상당히 복잡한 방법으로 영향을 미치기 때문에 공정 모델링이 상당히 까다롭다. 〈그림 3.32〉는 응집제 주입공정을 나타낸다.

　기존의 응집제 주입은 Jar-test에 의한 조견표 작성 또는 통계 패키지에 의한 선형 모델링 기법에 의존하고 있다. Jar-test는 5, 6개의 비이커에 원수를 넣고 응집제의 비율을 서로 다르게 주입하여 탁질의 침전 상태를 측정하여 최적의 응집제 주입율을 결정한다. 이 방법은 매우 효과적이나 테스트 시간이 오래 걸린다. 장마철에는 원수의 수질이 급격하게 변하기 때문에 테스트 시간이 길다는 단점 때문에 이 방법은 사용하기가 어렵다. 또한 운전원의 기술과 경험에 크게 의존하기 때문에 운전원이 바뀌는 경우 공정의 효과적 운용이 되지 못한다. 〈그림 3.33〉은 Jar-test에 의한 응집제 주입방식을 보여준다.

Ⅰ. JAR-TEST에 의한 응집제 주입 방식

JAR-TEST : 5,6 개의 비이커에 원수를 넣고, 응집제의 비율을 서로 다르게 주입하여 탁질의 침전 상태를 측정하여 그 중에서 가장 효과가 좋은 비율을 선택하여 최적의 응집제 비율로서 결정하는 방식.

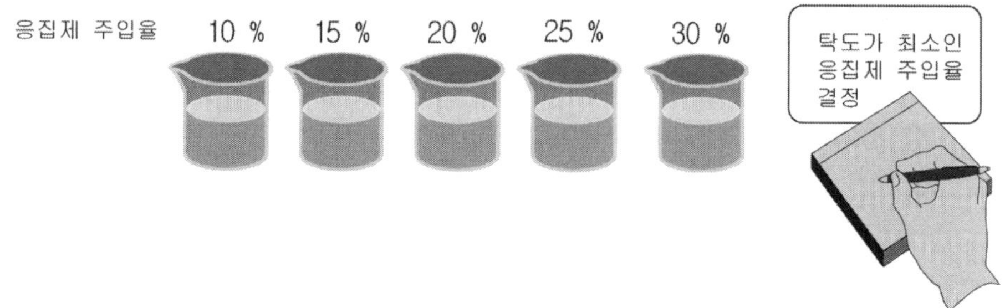

〈그림 3.33〉 Jar-test에 의한 응집제 주입방식

　통계 패키지에 의한 방식은 통계 패키지에 의해 구해진 응집제 주입공정 모델식의 부정확성 때문에 이에 따른 응집제 주입율의 오차가 크다. 과거의 운전 실적 데이터를 토대로 수학적 모델식을 구하는 방법은 모델식이 기후, 시각 및 계절에 따르는 원수유량, 수

질의 큰 변화에 정확히 그리고 효과적으로 약품주입 공정을 기술하지 못하며 비선형 다변수의 약품주입 공정에는 적합하지 않다. 〈그림 3.34〉는 통계 패키지에 의한 응집제 주입방식을 나타낸다.

2. 통계 S/W package 에 의한 응집제 주입 방식

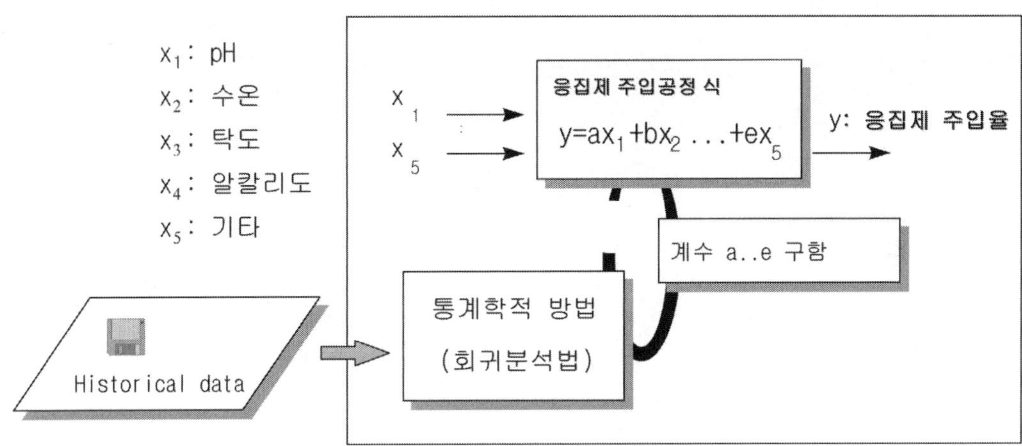

〈그림 3.34〉 통계 패키지에 의한 응집제 주입방식

■ 응집제 주입공정의 퍼지제어

앞에서 언급한 문제를 해결하기 위한 퍼지시스템은 추론법 1을 사용하며 다음과 같은 10개의 퍼지규칙으로 이루어진다.

R^1 : if TU is SS then DDOS is PM
R^2 : if TU is MM, TUSE is ~LA, TEMP is ~SA then DDOS is NM
R^3 : if TU is SA, ALK is SA, TEMP is SA then DDOS is NM
R^4 : if TU is LA, ALK is SA then DDOS is NM
R^5 : if TUSE is LA then DDOS is NM
R^6 : if TUUP is LL then DDOS is PB
R^7 : if TUUP is ML then DDOS is PM
R^8 : if TUUP is MM then DDOS is PS
R^9 : if FLOC is SA then DDOS is PM
R^{10} : if STAT is LA then DDOS is PS

이 규칙에 의한 퍼지추론의 결과는 응집제 주입률 자체가 아니라, 통계 모델의 출력에 운전자가 더하는 응집제 보정량, DDOS이다. 입력 변수의 의미는 다음과 같다.

- TU : 원수 탁도
- TUSE : 처리수 탁도
- ALK : 알카리도
- TEMP : 수온
- TUUP : 원수 탁도의 상승률
- FLOC : 플럭의 크기
- STAT : 프로세스의 시작으로부터 시간 경과 지표

입력 변수의 퍼지집합은 구간 [0, 1]에서 다음과 같이 정의된다.

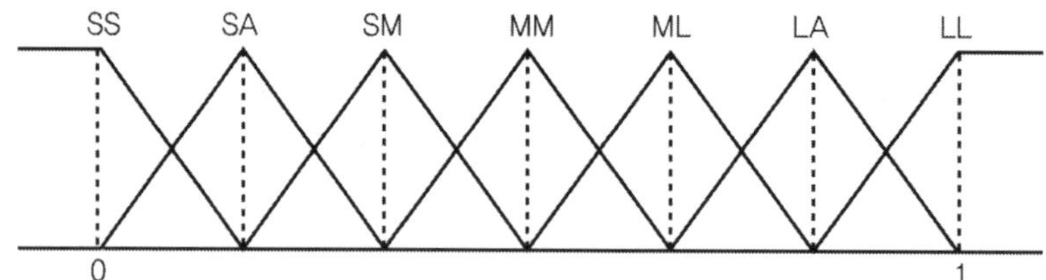

〈그림 3.35〉 입력 변수의 퍼지집합

여기서, SS : Small Small   SA : Small

　　　　SM : Small Medium   MM : Medium

　　　　ML : Medium Large   LA : Large

　　　　LL : Large Large

출력 변수의 퍼지집합은 구간 [−1, 1]에서 다음과 같이 정의된다.

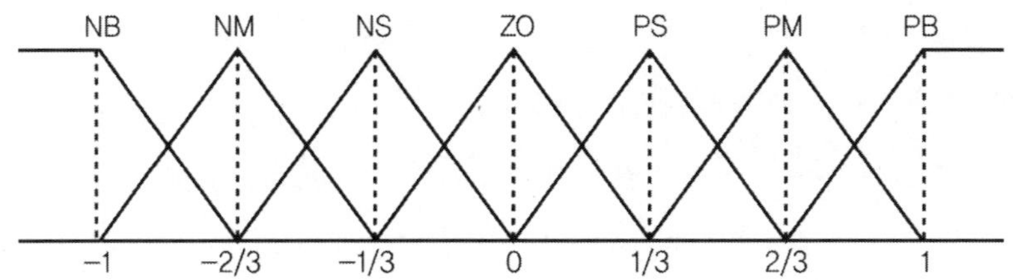

〈그림 3.36〉 출력 변수의 퍼지집합

여기서, PB : Positive Big   NS : Negative Small

PM : Positive Medium   NM : Negative Medium

PS : Positive Small   NB : Negative Big

ZO : Zero

퍼지규칙 R^2에서 ~LA, ~SA은 각각 Not Large와 Not Small을 의미한다. 퍼지규칙 R^1부터 R^{10}까지의 제어 규칙은 숙련된 운전자의 주입률 결정 모델을 만든다는 생각으로 만들어진 것이다. 이에 따라 운전자로부터 경험 규칙을 듣고 제어 규칙을 만든 후, 운전자가 실제 제어한 운전 데이터에 맞도록 다시 수정하는 과정을 거친다.

퍼지제어기로 상수 처리장에서 필드 테스트를 한 결과 운전자가 조작하는 응집률 보정값과 거의 유사한 결과가 나오는 것을 볼 수 있었다. 즉, 숙련된 운전자와 같이 선형 통계 모델의 결과에 적절한 보정을 하는 것을 알 수 있었다.

5.2.5 퍼지데이터베이스

데이터베이스란 컴퓨터로 읽을 수 있도록 되어 있는 데이터의 집합이다. 작은 것은 퍼스컴에서 움직이는 개인용의 주소록에서부터 큰 것은 신문기사의 검색서비스나 과학기술 정보센터 등에서 하고 있는 학술잡지의 문헌 검색시스템 등이 있다. 후자의 시스템은 퍼스컴 등의 단말기를 이용해서 전화통신선 등을 경유해 어디서든지 이용할 수가 있다. 데이터베이스는 고도정보사회를 구성하는 중요한 사회기반의 하나가 되고 있다.

검색이란 입력된 키워드를 데이터베이스 중 대량의 데이터 속에서 찾아내는 것이다. 즉, 현재 데이터베이스의 대부분은 입력된 키워드와 동일한 항목이 나와 있는 기사나 문헌을 찾아내는 것이다. 그 중에는 키워드의 연관 표를 가지고 있어 입력된 키워드에 대해 먼저 관련된 키워드를 찾아 그들 키워드도 포함되어 있는 데이터도 출력하는 시스템이 있기는 하나 그것은 일반적인 것은 아니다.

아무튼 지금까지의 데이터베이스는 키워드와 일치하는 항목이 있느냐, 없느냐의 어느 하나라고 하는 두 값의 원리로 움직이고 있다. 키워드는 단순한 기호로써 사용되고 있을 뿐, 그 의미가 고려되지 않고 있다. 단 키워드의 연관표라는 것은 기계조작에는 상당한 의미를 갖고 있다. 아무튼 우리들이 일상에 사용하고 있는 애매한 정보는 지금까지의 데이터베이스로는 취급할 수가 없다.

퍼지데이터베이스란 일반 데이터베이스에 퍼지이론의 사고방법을 도입하여 과거에는 처리하기가 조금 애매한 데이터를 처리할 수 있도록 하는 것이다. 〈표 3.4〉와 같은 성명과 연령, 직업 일람표가 있다고 하자. 지금까지의 방법대로라면 성명을 넣으면 연령과 직업이, 또는 연령이나 직업을 넣으면 성명 일람표가 출력된다. 이와 같은 방법에서 '젊고 지적인 직업인'을 찾고 싶다고 하자. '지적'이란 것과 '젊다'는 것은 언어로서 데이터베이스에는 나타나지 않음으로 키워드로써 사용할 수가 없다. '지적'이니 '젊다'느니 하는 말은 주관에 따라 달라지는 애매한 정보이다.

〈표 3.4〉 기본데이터

성 명	연 령	직 업
A1	15	학 생
A2	60	사 장
A3	20	세일즈맨
A4	28	기술자
A5	30	교 사

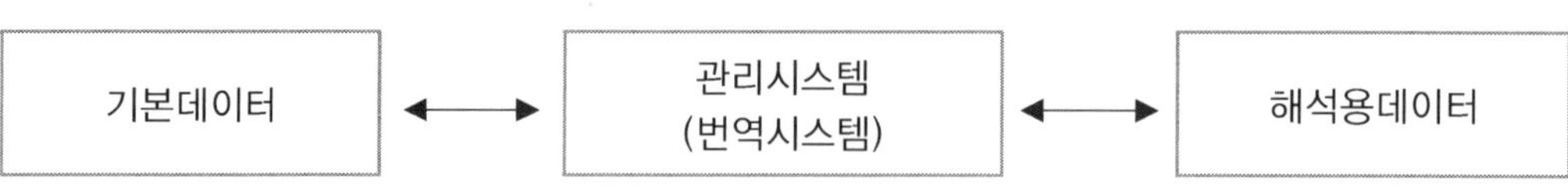

〈그림 3.37〉 퍼지데이터베이스의 예

〈그림 3.37〉에서 퍼지이론을 이용한 퍼지데이터베이스의 구성 예를 소개한다. 그림에서 기본 데이터라고 표시되어 있는 것이 주어진 데이터의 일람표를 나타내고 있다. 관리

시스템은 일반 데이터베이스에도 있는 것으로 질의(query)를 해석하기 위한 것인 반면에 퍼지데이터베이스는 해석용 데이터라는 것이 새롭게 추가된다.

관리시스템에서는 '젊고 지적인 직업인을 찾아라'라고 하는 요구가 있을 때 '젊다'고 하는 언어가 연령이라고 하는 집합상의 퍼지집합이며 '지적'인 직업이라고 하는 말이 직업이라고 하는 집합상의 퍼지집합이라는 것을 알 수 있다(실제 요구는 연령=젊다, 직업=지적 직업 등과 같이 적는다). 다음에 '젊다'라든지 '지적' 직업을 해석용 데이터 중에서 찾는다.

여기에는 각각의 퍼지집합의 소속 함수가 그림처럼 기억되어 있다. 연령과 같이 연속적으로 소속척도가 바뀌는 소속 함수에서는 일반적으로 〈표 3.5〉의 (a)처럼 대표점에 대한 수치만을 표시해 두고, 도중의 점에 대한 값은 그 점을 포함하는 양끝의 점을 수치에서 비례 계산하는 것이 보통이다.

〈표 3.5〉 번역용 데이터 멤버쉽함수 값

<table>
<tr><td colspan="2" align="center">(a) 젊다</td><td colspan="2" align="center">(b) 지적 직업</td></tr>
<tr><td align="center">연령</td><td align="center">μ</td><td align="center">직업</td><td align="center">μ</td></tr>
<tr><td align="center">0</td><td align="center">1</td><td align="center">사장</td><td align="center">0.6</td></tr>
<tr><td align="center">20</td><td align="center">1</td><td align="center">세일즈맨</td><td align="center">0.3</td></tr>
<tr><td align="center">25</td><td align="center">0.8</td><td align="center">기술자</td><td align="center">0.8</td></tr>
<tr><td align="center">30</td><td align="center">0.5</td><td align="center">교사</td><td align="center">0.9</td></tr>
<tr><td align="center">35</td><td align="center">0</td><td align="center">학생</td><td align="center">0.5</td></tr>
</table>

기본데이터의 각 사람에 대해 젊고 지적인 직업의 척도를 계산해 보자. A씨는 15세이니까 '젊다'고 하는 멤버십함수의 값은 〈표 3.5(a)〉에 의해 1이 된다. 학생이기 때문에 '지적'인 직업이라고 하는 면에서는 〈표 3.5(b)〉에서 0.5가 된다. 젊고 지적인 직업이란 젊고 동시에 지적인 직업이란 의미이다. '동시에'에 상당하는 연산은 단순히 작은 쪽을 취한다는 것이 되기 때문에 A1 씨의 이 요구에 대한 일치도는 1과 0.5의 작은 쪽으로 0.5가 된다. A2씨에 대해서는 '젊다'고 하는 소속도가 0이기 때문에 결과는 곧 0이다. 마찬가지로 A3, A4 및 A5씨는 각각 0.3, 0.62 및 0.5가 된다.

〈표 3.6〉 문의에 대한 회답

A4	28	기술자	0.62
A5	30	교사	0.5
A1	15	학생	0.5

A4씨가 0.62가 되는 것은 연령 28세의 소속도를 〈표 3.5(a)〉에서 선형구간에서 구한 값이다. 그럼 이제 출력을 보자. 성명, 연령 및 직업과 함께 출력해 보면, 앞에 나온 〈그림 3.37〉의 요구에서 a=0.5라고 표기되어 있는 것은 일치도가 0.5 이상의 것을 출력하라는 것이다. 이 값은 자유로이 설정할 수 있다 그러므로 이 경우의 답은 〈표 3.6〉과 같이 일치도의 크기순에 따라 세 가지로 출력되어 A4가 0.62로 가장 일치도가 높은 것을 알 수 있다.

이상, 극히 간단한 예로 퍼지데이터베이스의 사고방법을 소개했다. 그러면 해석용 데이터 정의를 누가 내리는가를 생각해 보자. 물론 사용자가 개인의 주관에 의해 임의로 정해도 되는 것이다. 일반적으로는 표준인 해석용 데이터는 준비해 두고 사용하는 사람에 따라 마음에 들지 않으면 자유로이 바꿔도 된다. 또한 해석용 데이터에 쓰고 싶은 언어에 대한 퍼지집합이 입력되어 있지 않을 때는 추가설정이 가능하도록 해 둘 수 있다.

여기서 소개한 퍼지데이터베이스는 명확한 데이터로 구성되어 있는 종래의 데이터베이스(〈표 3.4〉의 기본 데이터)를 개인의 주관에 의해 달라지는 안경(〈표 3.5〉에서는 번역용 데이터)으로 바라보는 것처럼 볼 수가 있다. 그러므로 개인용 안경으로써 해석용 데이터만을 바꾸면 그 사람에게 맞는 것 같은 해석이 되는 데이터베이스를 구축할 수 있게 되는 것이다.

오히려 이 예에서는 기본 데이터는 종래의 데이터베이스, 즉 각 항목의 내용은 크리슾 데이터로 했으나 예를 들어 연령의 항목에 15세라고 적는 대신 '매우 젊다'라든지 30세 대신에 '중년'이라고 하는 것처럼 퍼지집합으로 나타내어진 퍼지데이터로 표기하는 것도 생각할 수 있다. 사실 이와 같은 퍼지데이터베이스도 얻어지고 있다. 이 경우 데이터의 일치도는 퍼지집합끼리의 일치도로 바꿀 수 있다.

5.3 퍼지제어 시스템

퍼지제어 시스템은 퍼지이론의 응용 분야 중 가장 앞서고 있고 성공을 거둔 분야 중의 하나이다. 1973년 영국의 Mamdani 교수가 보일러의 운전에 퍼지이론을 적용한 이후 1979년 네덜란드의 스미스(Smith) 사에서 상업적 목적으로 시멘트 킬른의 제어에 성공하였다. 이후 1980년 후반부터 유럽과 일본을 중심으로 많은 분야에 응용이 되었고 우리 나라에서도 1990년 이후 많은 연구가 이루어져 많은 응용 결과가 나오게 되었다. 다음은 퍼지이론을 제어에 응용한 사례를 나타낸다.

- 가전제품(appliances) – 에어컨, 세탁기, 전기밥솥, 빨래건조기
- 자동차산업(automobile) – 속도제어, 네비게이션, ABS 제어, 엔진 제어
- 프로세스 제어 – 열교환기, 하수처리 활성오니공정, 정수장, 소각로 연소제어, 가스 냉각 플랜트, 보일러 제어, pH 중화공정, 시멘트 킬른, AC 모터제어, 로 온도제어
- 로봇(robot) – 로봇 제어, 다관절 로봇, 이동 로봇, 용접로봇, 로봇 손 힘제어
- 기타 – 교통신호 및 흐름제어, 열차운전제어, 비행기, 제트엔진제어, 엘리베이터 군관리 제어, 컨테이너 크레인제어

5.3.1 퍼지제어시스템의 설계

퍼지제어 시스템의 설계는 제어 대상의 모델링 및 해석, 제어 시스템 설계, 성능 평가의 큰 흐름에서 고전제어기와 일치한다. 그러나, 퍼지제어기는 〈그림 3.38〉과 같이 구성되므로 고전제어기와는 다른 독특한 설계 방법을 적용한다. 즉, 퍼지제어기의 설계는

- 제어 대상의 해석을 통한 입·출력 변수 및 언어 변수 값
- 제어규칙
- 퍼지화 방법
- 추론 방법
- 비퍼지화 방법

을 결정하는 것이다.

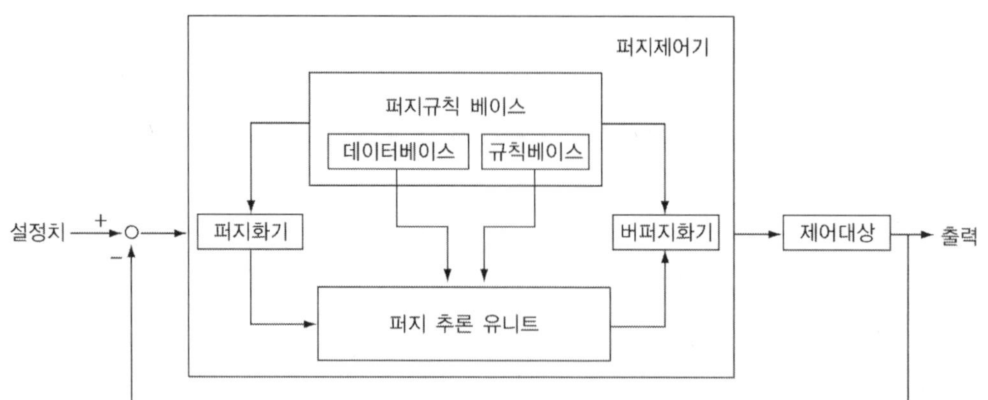

〈그림 3.38〉 퍼지제어기의 구성도

먼저 제어할 대상에서 퍼지제어기의 입·출력 변수를 결정하고 이것들의 언어 변수와 소속함수를 결정한다. 입·출력 변수의 언어 변수의 갯수와 소속함수 값은 제어규칙의 수와 관계가 있으며 제어기의 성능에 영향을 미친다.

이 변수들을 바탕으로 좋은 제어 성능을 가지는 제어 규칙을 설정하고, 퍼지화 및 비퍼지화 방법, 추론법을 결정한다. 그리고, 설계된 퍼지제어 시스템의 성능 평가를 통해 언어변수의 갯수나 소속함수를 변경하고 필요한 규칙을 추가하거나, 제어에 악영향을 미치는 규칙을 제거하는 등의 작업을 통해 최적의 퍼지제어 시스템을 설계한다.

퍼지제어기의 설계에는 크게

① 숙련 운전자의 경험적 지식과 전문가(Expert)의 지식에 기반을 둔 방법,
② 운전자의 조작 모델을 만드는 방법,
③ 플랜트(Plant)의 퍼지모델에 기반을 둔 방법,
④ PID 제어기와의 조합에 의한 방법,
⑤ 학습에 의한 방법
⑥ 신경회로망과 결합하여 소속 함수와 제어규칙을 학습하는 뉴로-퍼지 또는 퍼지-뉴로 방법
⑦ 유전알고리즘을 이용한 퍼지시스템의 최적화 방법 등이 있다.

본서는 전문적인 퍼지제어 시스템에 대한 책이 아니기 때문에 퍼지제어기 설계에 관한 첫 번째 방법인 "숙련 운전자의 경험적 지식과 전문가의 지식에 기반을 둔 방법"만을 구체적으로 살펴보자.

■ 전문가(Expert)의 경험, 지식에 기반을 둔 방법에 의한 설계

이것은 운전자(Human Operator)의 경험, 제어 엔지니어(Control Engineers)의 지식에 기반을 둔 것으로 초기 퍼지제어기의 대부분은 이 방법에 의해 설계되었다. 이 방법은 인간의 경험과 지식이 중요한 역할을 하는 경우에 효과적이다. 즉, 숙련된 운전자의 경험이나 제어에 관한 언어로 표현하고 제어 규칙의 형태로 논리화한다. 그러나 제어하는 상황들이 종종 다르기 때문에 이 방법을 사용하지 못하는 경우가 있다. 즉, 프로세스 제어에서는 차라리 기술(skill)을 필요로 하는 많은 상황이 있다. 더구나 운전자는 그가 어떤 제어 동작을 취할지를 언어적으로 설명할 수 없는 경우가 종종 있다.

이 방법에 의한 퍼지제어기의 설계의 구체적인 단계는 다음과 같다. 제어 대상이 시간 지연을 가지는 1 입력, 1 출력의 1차 시스템의 경우를 생각하자. 제어 전문가가 계단 응답(Step Response)을 보고 적절한 제어를 행하기 위한 제어 규칙을 만든다면 다음과 같은 형태가 될 것이다.

퍼지제어기의 입·출력 관계는,
[전반부 변수]   [후반부변수]
　E, ΔE ───────── ΔU

IF E=PB and ΔE=ZO, THEN ΔU=PB
단, E는 출력의 편차
ΔU는 조작량 U의 변화분 $\Delta U = U_n - U_{n-1}$
샘플링 시간의 E의 변화분 $\Delta E = E_n - E_{n-1} = (R - Y_n) - (R - Y_{n-1}) = Y_{n-1} - Y_n$

위의 식을 속도형이라 부른다. 왜냐하면 U의 시간미분, 즉 속도에 상당하는 ΔU를 출력하는데 있다. 구조로써 후반부 변수를 U로 하는 위치형을 채용할 수 있지만 E의 적분치를 전반부 변수로써 사용할 필요가 있고 계산이 복잡하다. 또 속도형이 제어규칙의 수가 적게 되는 이점이 있기 때문에 속도형을 사용한다.

위의 속도형을 '퍼지 *PI*(Fuzzy *PI*)제어'라고 부르기도 한다. e와 Δe로부터 조작량 u를 얻어내는 것은 '퍼지 PD 제어기(Fuzzy PD Controller)', Δu를 얻어내는 '퍼지 PI 제어기(Fuzzy PI Controller)'라 부른다. 각각의 제어기의 규칙은 다음과 같이 기술된다.

- 퍼지 PI 제어기

  IF e is A and Δe is B, THEN Δu is C

- 퍼지 PD 제어기

  IF e is A and Δe is B, THEN u is C

제어대상 플랜트 폐루프(Closed Loop) 응답 특성이 다음의 〈그림 3.39〉와 같고 e 와 Δe 그리고 Δu 의 퍼지집합을 〈그림 3.40〉과 같이 분할한다고 할 때 퍼지제어규칙을 작성하자. 응답 특성의 여러 상태에서 특징적인 곳을 골라 제어 규칙을 생각하자.

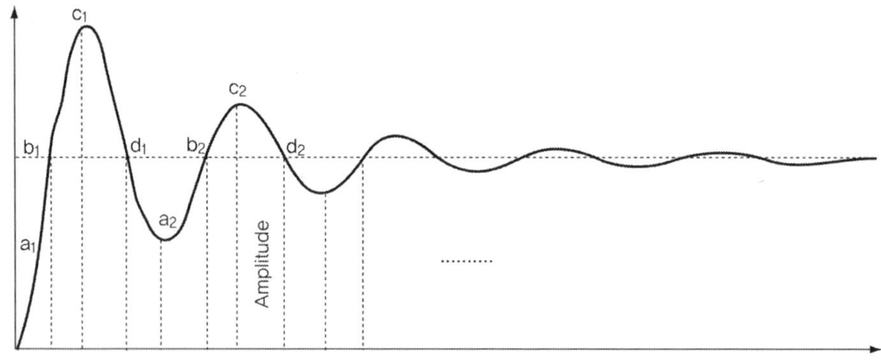

(a) 시간축상의 응답

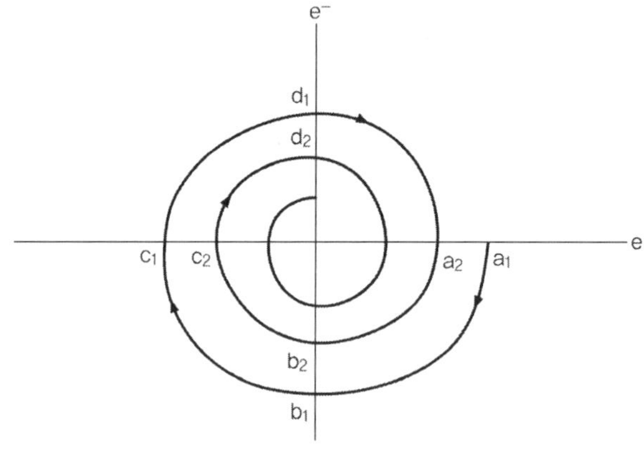

(b) 위상평면상의 응답

(그림 3.39) 폐루프 제어 시스템의 응답 특성

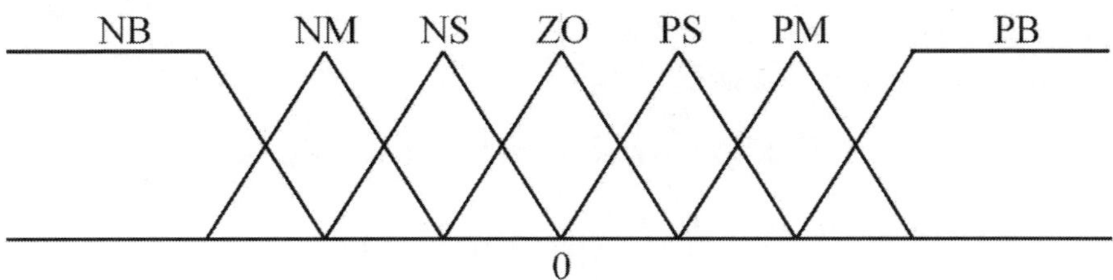

PB : Positive Big   NS : Negative Small
PM : Positive Medium   NM : Negative Medium
PS : Positive Small   NB : Negative Big
ZO : Zero

〈그림 3.40〉 e, Δe 그리고 Δu의 퍼지집합

예를 들어, a_1 부근에서는 오차 e는 양이고 Δe는 0에 가깝다. 이는 퍼지집합에서 e= PM, Δe=Z0에 해당하고, 오차를 줄이기 위해서 조작량 Δu=PB으로 크게 하여야 한다. b1 부근에서는 오차 e는 0에 가깝고 Δe는 음이 된다. 이는 e=Z0, Δe=NB으로 되어 오차를 줄이기 위해 Δu=NB이 되어야 한다. c_1, d_1 점 부근에서도 같은 방법으로 제어 규칙을 만들면 다음과 같다.

a_1 : if e is PB and Δe is Z0 then Δu is PB
b_1 : if e is Z0 and Δe is NB then Δu is NB
c_1 : if e is NB and Δe is Z0 then Δu is NB
d_1 : if e is Z0 and Δe is PB then Δu is PB

그 다음 a_2, b_2, c_2, d_2 점 근처에서는 a_1, b_1, c_1, d_1에 비해 e, Δe의 크기가 상대적으로 적을 뿐, 응답이 유사한 형태이므로 Δu의 크기를 작게 하여 다음과 같이 제어규칙을 만든다.

a_2 : if e is PM and Δe is Z0 then Δu is PM
b_2 : if e is Z0 and Δe is NM then Δu is NM
c_2 : if e is NM and Δe is Z0 then Δu is NM
d_2 : if e is Z0 and Δe is PM then Δu is PM

그 다음 사이클의 점들에서는 e와 Δe의 크기가 더욱 작아지므로, 동일한 방법으로 제어 규칙을 만들면 〈표 3.7〉과 같은 규칙들을 얻을 수 있다. 〈표 3.7〉의 13개의 제어 규칙과 〈그림 3.40〉의 퍼지집합을 이용하여 제어한 결과가 〈그림 3.41〉에 나타난다.

〈표 3.7〉 기본 퍼지제어 규칙표

		Δe						
		NB	NM	NS	Z0	PS	PM	PB
	NB				NB			
	NM				NM			
e	NS				NS			
	Z0	NB	NM	NS	Z0	PS	PM	PB
	PS				PS			
	PM				PM			
	PB				PB			

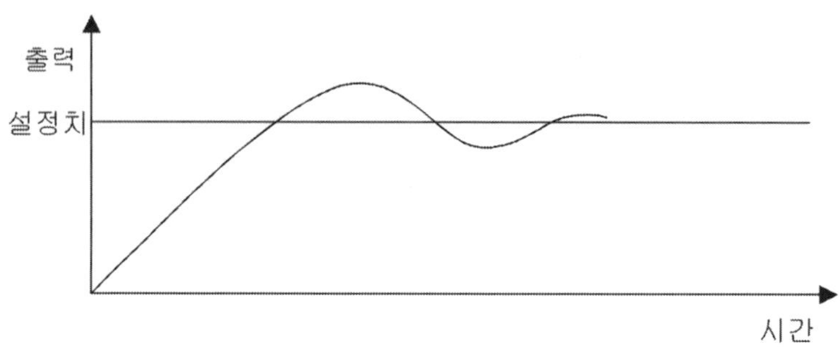

〈그림 3.41〉 13개의 규칙에 의한 제어 결과

〈표 3.7〉에서 보면 13개 규칙을 제외한 나머지 부분이 공백으로 되어 있다. 이 공백부분에서는 어떤 규칙도 적용되지 않기 때문에 추론 결과는 '0'이고 따라서 Δu＝0 이다. 이는 u가 일정함을 의미한다.

이는 현실적으로 필요가 없는 규칙, 예를 들어, 'e가 PB이고 Δe가 NB'과 같은 경우가 있고 제어기의 구조가 속도형이기 때문이다. u가 퍼지제어의 출력인 위치형일 경우는 규칙표에 공백이 있어서는 안된다. 제어량 u가 공백에서 '0'이 되기 때문이다.

퍼지제어는 구체적인 상황, 예를 들어, 'e=PB, Δe=ZO'일 때 어떻게 해야 좋은가 라는 알고리즘으로 이루어져있기 때문에 제어기의 성능은 개선하기 쉽다. 예를 들어, 〈그림 3.41〉의 응답에서 상승 시간을 개선한다고 생각해 보자. 이를 위해 〈그림 3.39〉의 a_1점 약간 위쪽 부분에서 u를 증가시켜 가속이 더 되도록 하면 된다. 〈표 3.7〉에서는 e=PB and Δe=ZO일 때 Δu=PB의 조작량이 가해지고 그 후에는 e=ZO and Δe=NB일 때까지 Δu=0이다. 따라서 e=PB and Δe=NS일 때 다음의 제어규칙을 추가함으로써 가속을 더 크게 한다.

$$\text{If } e=PB \text{ and } \Delta e=NS \text{ then } \Delta u=PM$$

첨가된 제어규칙에 의해 상승시간은 줄어들지만 플랜트의 지연 때문에 오버슈트가 더 커질 것이 예상되므로 b1점 조금 전에 미리 u 값을 줄여 감속하기 위해

$$\text{If } e=PS \text{ and } \Delta e=NB \text{ then } \Delta u=NM$$

의 규칙을 추가한다. 또한 정정을 위해

$$\text{If } e=PS \text{ and } \Delta e=NS \text{ then } \Delta u=ZO$$

를 추가한다.

오차가 음인 경우도 동일하게 생각하여 규칙을 추가하면 〈표 3.8〉과 같이 된다.

〈표 3.8〉 개량된 퍼지제어 규칙표

		Δe						
		NB	NM	NS	ZO	PS	PM	PB
e	NB				NB	NM		
	NM				NM			
	NS				NS	ZO		PM
	ZO	NB	NM	NS	ZO	PS	PM	PB
	PS	NM		ZO	PS			
	PM				PM			
	PB			PM	PB			

〈표 3.7〉의 13개의 제어규칙과 〈표 3.8〉의 19개의 제어규칙으로 제어한 결과를 〈그림 3.42〉에 나타내었다. 19개의 제어규칙으로 제어한 결과가 이전의 결과보다 상승시간이 빠르고 오버슈트도 상대적으로 억제되고 있음을 알 수 있다.

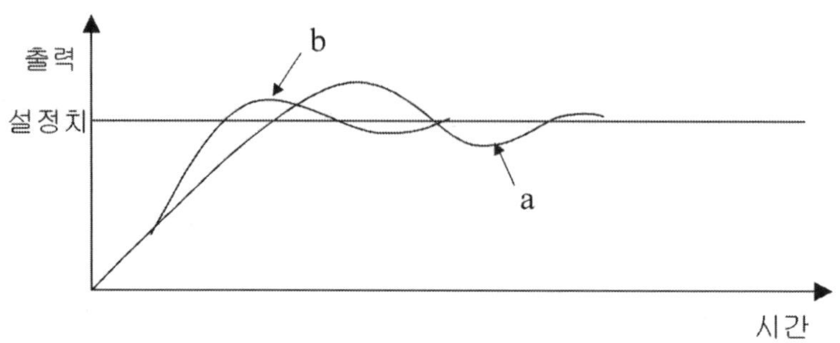

a : 13개의 제어규칙에 의한 결과
b : 19개의 제어규칙에 의한 결과

〈그림 3.42〉 개량된 제어규칙에 의한 결과

이와 같이 전문가의 지식에 기반을 둔 퍼지제어기는 영역마다 복수개의 제어규칙으로 이루어져 있기 때문에 경험적인(Heuristic) 방법으로 규칙을 변경함으로써 제어 성능을 개선할 수 있다.

■ 전문가(Expert)의 경험, 지식에 기반을 둔 방법에 의한 설계 예

(1) 스팀-엔진의 퍼지제어

Mamdani는 1974년 퍼지논리를 처음으로 제어에 응용하여 스팀-엔진의 제어에 성공하였다. 〈그림 3.43〉은 스팀-엔진의 퍼지제어 시스템의 구성도를 나타낸다. 여기서 제어 목적은 스팀-엔진의 보일러의 출구 압력과 엔진 속도를 일정하게 제어하는 것이었다. 조작량은 보일러의 공급 열량과 엔진 스로틀의 개폐 정도이다.

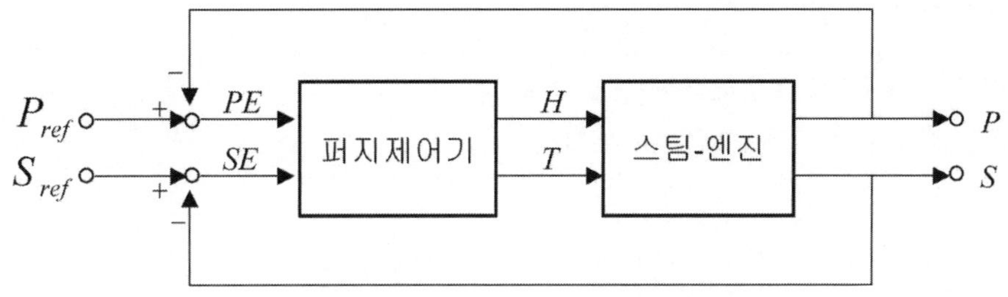

〈그림 3.43〉 스팀-엔진 퍼지제어시스템

그림에서 입·출력 변수들은 다음과 같이 정의된다.

    P : 압력

    P_{ref} : 압력 설정치

    PE : 압력 오차

    S : 엔진 속도

    S_{ref} : 속도 설정치

    SE : 속도 오차

    H : 열량

    T : 스로틀(throttle) 개폐

Mamdani는 숙련 운전자의 경험적 운전 지식과 프로세스에 대한 기술 지식을 바탕으로 다음과 같은 퍼지규칙을 작성하였다.

〈표 3.9〉 Mamdani의 스팀-엔진 제어 알고리즘

(a) heater 제어 알고리즘

```
If PE = NB then if CPE = not (NB or NM) then HC = PB
or
If PE = NB or NM then if CPE = NS then HC = PM
or
If PE = NS then if CPE = PS or NO then HC = PM
or
If PE = NO then if CPE = PB or PM then HC = PM
```

(b) throttle 제어 알고리즘

```
If SE = PO then if CSE = PB then TC = NS
or
If SE = PS then if CSE = PB or PM then TC = NS
or
If SE = PM then if CSE = PB or PM or PS then TC = PS
or
If SE = PB then CSE = not (NB or NM) then TC = NB
```

여기서, CPE : 압력 오차의 변화량, CSE : 속도 오차의 변화량

HC : 공급 열량의 변화량, TC : 스로틀 개폐의 변화량

가열기(heater) 제어부는 압력 오차(PE)와 이의 변화량(CPE)을 입력으로 하고 공급 열량의 변화량(HC)을 출력으로 한다. 또한 스로틀 작동부는 엔진 속도 오차(SE)와 그 변화량(CSE)을 입력으로 하고, 스로틀의 열림 정도의 변화량(TC)을 출력으로 한다. 각 제어기의 입출력 변수의 언어변수와 소속함수는 〈표 3.10〉과 같이 정의되었다.

〈표 3.10〉 입출력 변수의 언어값과 소속함수

(a) PE와 SE의 언어값과 소속함수

	−6	−5	−4	−3	−2	−1	−0	+0	+1	+2	+3	+4	+5	+6
PB	0	0	0	0	0	0	0	0	0	0	0	0.1	0.4	0.8
PM	0	0	0	0	0	0	0	0	0	0.2	0.7	1.0	0.7	0.2
PS	0	0	0	0	0	0	0	0.3	0.8	1.0	0.5	0.1	0	0
PO	0	0	0	0	0	0	0	1.0	0.6	0.1	0	0	0	0
NO	0	0	0	0	0.1	0.6	1.0	0	0	0	0	0	0	0
NS	0	0	0.1	0.5	1.0	0.8	0.3	0	0	0	0	0	0	0
NM	0.2	0.7	1.0	0.7	0.2	0	0	0	0	0	0	0	0	0
NB	1.0	0.8	0.4	0.1	0	0	0	0	0	0	0	0	0	0

(b) CPE와 CSE의 언어값과 소속함수

	-6	-5	-4	-3	-2	-1	-0	+1	+2	+3	+4	+5	+6
PB	0	0	0	0	0	0	0	0	0	0	0.1	0.4	0.8
PM	0	0	0	0	0	0	0	0	0.2	0.7	1.0	0.7	0.2
PS	0	0	0	0	0	0	0	0.9	1.0	0.7	0.2	0	0
ZE	0	0	0	0	0	0.5	1.0	0.5	0	0	0	0	0
NS	0	0	0.2	0.7	1.0	0.9	0	0	0	0	0	0	0
NM	0.2	0.7	1.0	0.7	0.2	0	0	0	0	0	0	0	0
NB	1.0	0.8	0.4	0.1	0	0	0	0	0	0	0	0	0

(c) HC의 언어값과 소속함수

	-7	-6	-5	-4	-3	-2	-1	-0	+1	+2	+3	+4	+5	+6	+7
PB	0	0	0	0	0	0	0	0	0	0	0	0	0.1	0.4	0.8
PM	0	0	0	0	0	0	0	0	0	0.2	0.7	1.0	0.7	0.2	0
PS	0	0	0	0	0	0	0	0.4	1.0	0.8	0.4	0.1	0	0	0
ZE	0	0	0	0	0	0	0.2	1.0	0.2	0	0	0	0	0	0
NS	0	0	0	0.1	0.4	0.8	1.0	0.4	0	0	0	0	0	0	0
NM	0	0.2	0.7	1.0	0.7	0.2	0	0	0	0	0	0	0	0	0
NB	1.0	0.8	0.4	0.1	0	0	0	0	0	0	0	0	0	0	0

(d) TC의 언어값과 소속함수

	-2	-1	-0	+1	+2
PB	0	0	0	0.5	1.0
PS	0	0	0.5	1.0	0.5
ZE	0	0.5	1.0	0.5	0
NS	0.5	1.0	0.5	0	0
NB	1.0	0.5	0	0	0

Mamdani는 퍼지제어를 적용한 스팀-엔진이 비선형을 가지고 특성이 시간에 따라 변하기 때문에 기존의 PID 제어기에서는 PID 이득을 재조정해 주지 않으면 안 되었지만, 퍼지제어에서는 그럴 필요가 없었다고 한다. 〈그림 3.44〉는 퍼지제어를 이용한 스팀-엔진의 압력 제어 결과와 PID 제어 결과를 나타낸 것이다. 퍼지제어에 의한 결과가 더 좋은

것을 볼 수 있다.

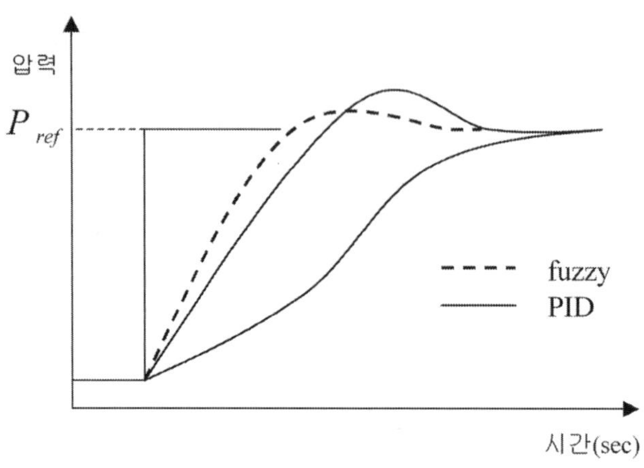

〈그림 3.44〉 스팀-엔진의 PID와 fuzzy 제어의 비교

이상과 같은 Mamdani의 연구 결과로 인해 퍼지제어의 실용화 가능성을 보여주었고, 관련 연구에 활력소를 가져오는 계기가 되었다.

(2) 자동차의 핸들 제어

다른 예로 자동차의 핸들 제어에 대해 생각해 보자. 여기서 제어의 목표는 〈그림 3.45〉와 같이 자동차가 기준선을 따라 직진하도록 핸들을 조작하는 것이다. 차의 속도는 일정하다고 가정한다. 퍼지제어 규칙은 위치와 방향으로 나타나는 차의 상태에 대해 핸들을 꺽는 각도를 결정하도록 설정한다. 기준선으로부터 차의 중심까지의 거리를 d, 차의 방향을 θ, 핸들을 꺽는 각도를 π로 하면 〈그림 3.45〉로부터 핸들을 어떻게 조작하면 되는가를 정성적으로 고찰하여 〈표 3.11〉과 같은 4가지 규칙을 생각할 수 있다.

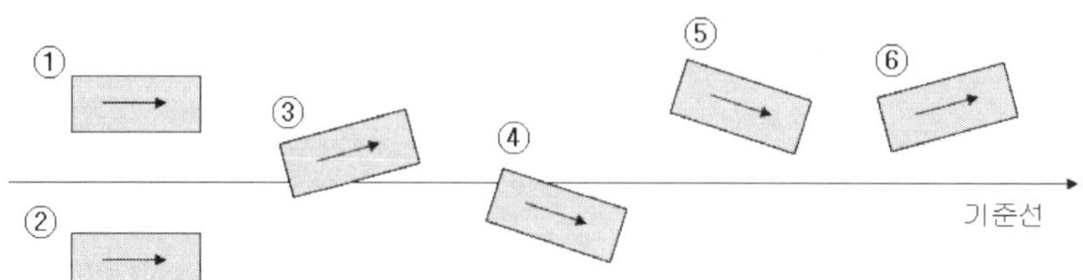

〈그림 3.45〉 기준선과 차의 위치

[표 3.11] 직진을 위한 퍼지규칙

퍼지규칙	해당되는 차의 위치
규칙 1 : if d＝Left and θ＝Middle then π＝Right	①⑤⑥
규칙 2 : if d＝Right and θ＝Middle then π＝Left	②
규칙 3 : if θ＝Left then π＝Right	③⑥
규칙 4 : if θ＝Right then π＝Left	④⑤

　기준선에서의 거리 d는 진행방향에 대해 기준선 좌측을 양(+), 우측을 음(-)의 값으로 정하고 각각의 퍼지집합은 Left(+), Right(-)로 한다. 차의 방향 θ에 대한 퍼지집합은 기준선과의 각도차에 따라 Left, Middle, Right로 하고, 핸들의 꺾는 각도 π는 Left, Right로 한다. 이에 따른 각 입·출력 변수의 구체적인 퍼지집합의 예는 다음과 같다.

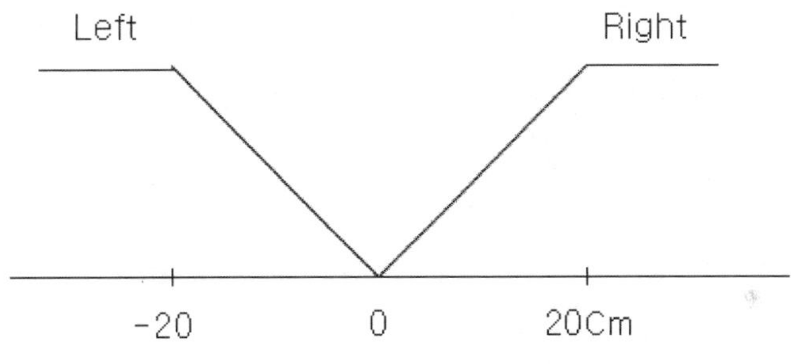

〈그림 3.46〉 d의 퍼지집합

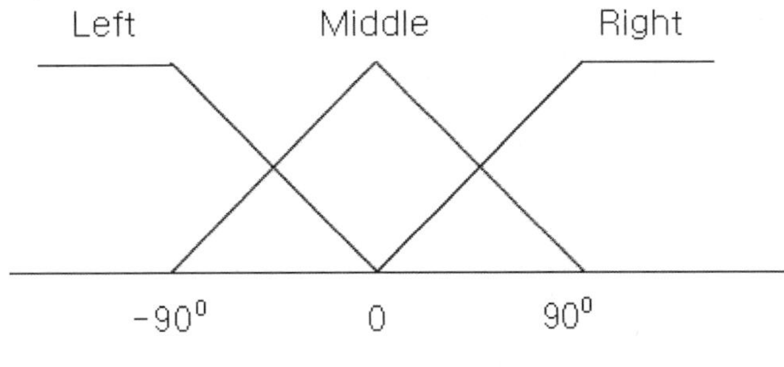

〈그림 3.47〉 θ 의 퍼지집합

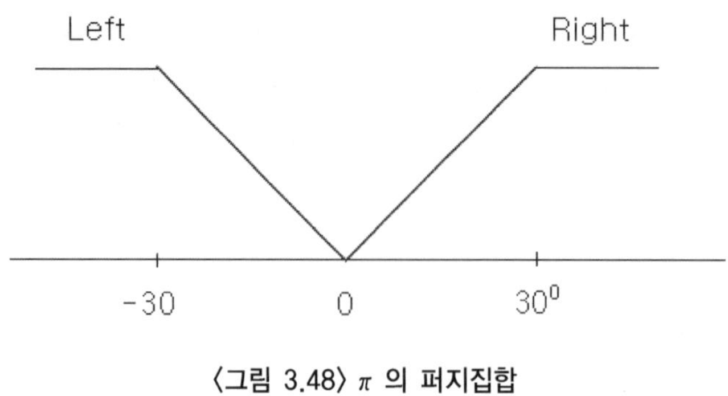

〈그림 3.48〉 π 의 퍼지집합

〈표 3.11〉의 퍼지규칙에서 첫 번째 규칙

if d=Left and θ=Middle then π=Right

은 "차가 기준선의 좌측에 있고, 진행 방향이 중앙이라면 기준선에 가까이 가도록 핸들을 우측으로 꺾으시오"라는 것을 의미한다. 두 번째 규칙은 이와 대칭되는 의미로 "차가 기준선의 우측에 있고, 진행 방향이 중앙이라면 기준선에 가까이 가도록 핸들을 좌측으로 꺾으시오"를 의미한다. 세 번째 규칙은 〈그림 3.45〉의 ③의 경우와 같이 "차가 진행방향의 좌측으로 향해 있으면, 핸들을 우측으로 꺾어 바른 방향으로 가시오"라는 것을 의미하는 것으로 차의 위치와는 관계없이 방향만을 고려한다. 네 번째 규칙은 이것과 대칭되는 의미이다.

이들 규칙이 어떻게 동작하는지 살펴보자. 〈그림 3.45〉의 ⑤의 경우는 차가 기준선의 좌측에 있고, 방향은 우측이기 때문에 첫 번째와 네 번째 규칙이 적용된다. 핸들은 첫 번째 규칙에 의해 우측으로, 네 번째 규칙에 의해 좌측으로 꺾이는 결과가 나오지만, 첫 번째 규칙의 적합도가 네 번째 규칙의 적합도보다 크다면, 퍼지추론의 결과로서 핸들은 약간 우측으로 꺾어질 것이다. 만약 네 번째 규칙의 적합도가 첫 번째 규칙의 적합도보다 크다면, 결과는 핸들이 약간 좌측으로 꺾어질 것이다. 그러나 다음 단계에서는 첫 번째의 규칙이 보다 강하게 적용되어 기준선에 가깝게 가게 된다. 이 과정에서 앞 절에서 언급한 퍼지 PI 제어기의 결과와 같이 진동하는 현상이 일어나게 된다. ⑥의 경우는 첫 번째와 세 번째 규칙이 적용된다. 두 규칙모두 핸들을 우측으로 꺾도록 하므로 더 큰 적합도를 가지는 규칙의 결과가 적용되어 우측으로 많이 꺾어지게 된다.

이 예에서 퍼지제어 시스템의 입·출력 변수(d, θ, π)는 시스템의 특성상 자동적으로 알 수 있다. 만약 자동차의 속도가 변할 수 있다면 출력변수로 자동차의 속도도 함께 고려할 수 있다. 중요한 문제는 각 입·출력 변수의 언어 변수값 즉, 퍼지집합을 어떻게 정하느냐이다. 즉, 퍼지집합의 범위를 어떻게 해야 하는 가를 결정해야 한다. 〈표 3.11〉의 퍼지제어규칙에서는 입·출력 공간을 4가지로 나누고 있다. 그러나 좀 더 정교하게 제어하거나 자동차의 속도를 출력으로 고려하는 경우에는 규칙 3, 4를 각각 2분할해야 할 필요가 생길 수 도 있다.

5.3.2 퍼지제어시스템의 응용 예

■ pH 조정 공정의 제어

pH조정공정은 화학공정, 오·폐수처리 시스템, 소각로 등에서 중요한 공정으로 비선형성이 강하고 중화점 근처에서 외란에 매우 민감하므로 제어하기가 매우 어려운 것으로 알려져 있다. pH공정의 구성도가 그림 3.49에 나타나 있다.

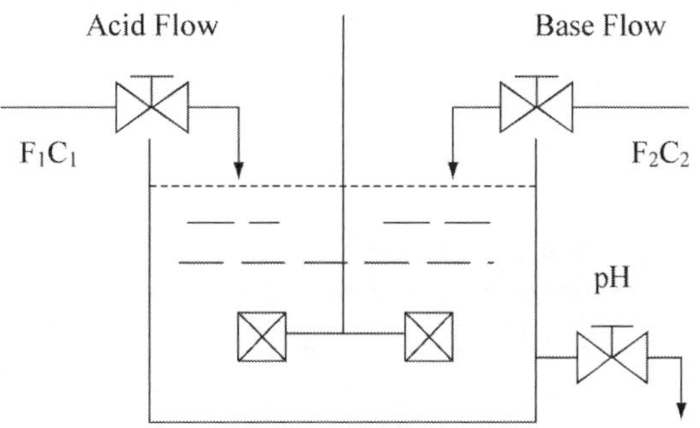

〈그림 3.49〉 pH 공정 구성도

Tank내로 농도가 C_1인 산(Acid)이 F_1의 흐름율(flow rate)로 흐를 때, C_2의 농도를 가진 흐름율 F_2의 염산(Base)을 통해 방출되는 흐름(flow)의 pH값을 조정한다. 여기서, tank의 부피는 일정하고, 산의 농도 C_1은 외란으로 작용한다. pH 공정의 동적방정식(dynamic equations)은 다음과 같다.

$$F_1 C_1 - (F_1 + F_2)\xi = V\frac{d\xi}{dt} \tag{3.11}$$

$$F_2 C_2 - (F_1 + F_2)\zeta = V\frac{d\zeta}{dt} \tag{3.12}$$

$$[H^+]^3 + [H^+]^2(Ka + \zeta) + [H^+]\{Ka(\zeta - \xi) - K_w RIGHT - K_w K_a = 0 \tag{3.13}$$

$$pH = -\log_{10}[H^+] \tag{3.14}$$

여기서, $\xi = [HAC] + [AC^-]$

$\zeta = [Na^+]$

각 변수의 물리적 의미와 초기값은 〈표 3.12〉에 보여 진다.

〈표 3.12〉 pH 공정의 동적 방정식을 위한 변수들

변 수	의 미	초기값
V	Volume of Tank	1000 ℓ
F_1	Flow rate of Acid	81 ℓ/min
F_2	Flow rate of Base	512 ℓ/min
C_1	Concentration of Acid	0.31 moles/ℓ
C_2	Concentration of Base	0.05 moles/ℓ
Ka	Acid Equilibrium Constant	1.8×10^{-5}
Kw	Water Equilibrium Constant	1.0×10^{-14}

〈그림 3.50〉은 염산의 흐름율의 변화에 따른 방출되는 흐름의 pH값의 변화를 보여준다. pH 7의 중화점 근처에서 공정 게인은 매우 크므로 염산 흐름율의 적은 변화에도 산의 pH 값이 크게 변하는 것을 볼 수 있다.

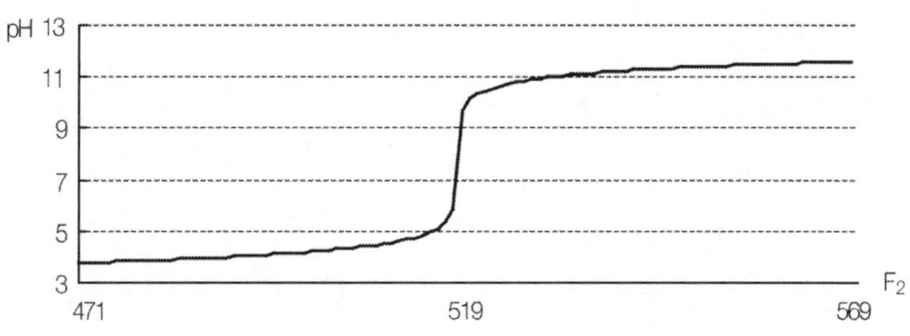

〈그림 3.50〉 염산의 흐름율에 따른 pH값의 변화

　　〈그림 3.51〉은 기존의 PI 제어기에 의한 결과를, 〈그림 3.52〉는 퍼지 PI제어기에 의한 제어 결과를 보여준다. PI제어의 경우, 정상 상태 오차를 줄이기 위한 낮은 비례이득으로 인해 과도응답이 나쁘며 정상상태 오차가 계속 발생하는 것을 볼 수 있다. 이 때 파라미터 값은 $K_p = 6$, $\tau_i = 11$이다. 퍼지 PI제어의 경우는 PI제어기보다 상승 시간이 훨씬 빠르고 정상상태 오차는 초기의 경우를 제외하고는 없다. 퍼지제어기는 앞에서 기술한 형태를 사용하였고 환산계수들의 값은 $G_e = 6.3$, $G_d = 0.00016$, $G_c = 6.25$이다.

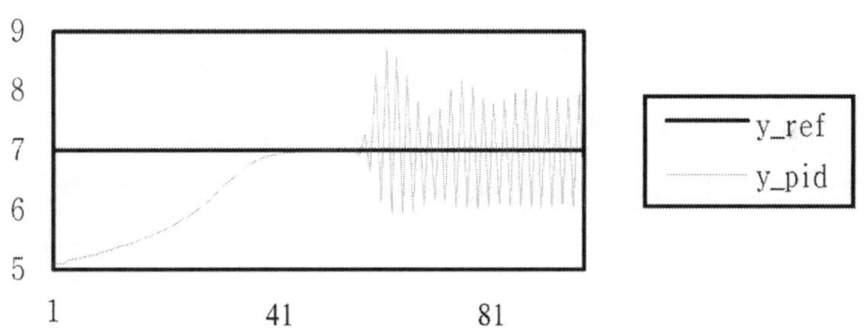

〈그림 3.51〉 PI 제어기에 의한 pH 제어 결과

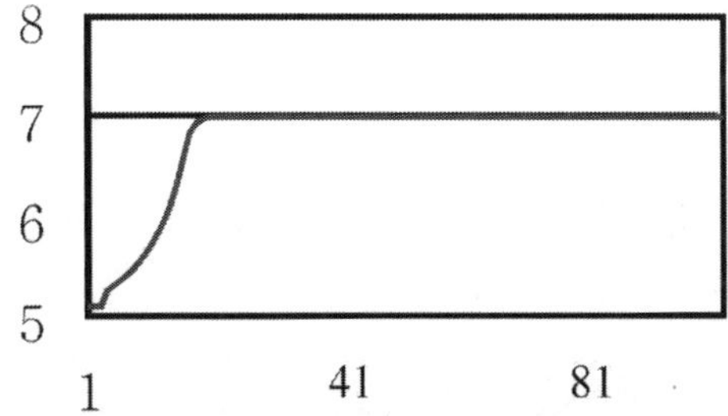

〈그림 3.52〉 퍼지 PI 제어기에 의한 pH 제어 결과

■ 컨테이너 크레인 제어(Container Crane Control)

컨테이너 크레인은 항구에 정박한 배로부터 컨테이너를 내리거나 배에 싣는 데에 사용된다. 컨테이너 크레인은 유연한 (flexible) 케이블이 달린 크레인 헤드에 하나의 컨테이너를 연결한다. 크레인 헤드는 수평의 트랙을 따라 움직이는데 크레인 제어의 목적은 원하는 위치에 컨테이너를 적재하는 것이다. 크레인이 움직이면 유연

〈그림 3.53〉 64톤 크레인

한 케이블에 연결된 컨테이너는 일정한 범위안에서 좌우로 흔들(sway)린다. 크레인이 원하는 위치에 놓이려면 흔들림(sway)이 거의 없어야 한다. 따라서 제어기는 적어도 컨테이너의 위치(position)와 흔들림 각도(sway angle)를 입력 변수로 사용해야 한다. 기존의 PID 제어기는 입력이 하나이고 컨테이너 크레인

제어가 비선형 시스템이므로 적용이 불가능하다. 모델 기반 제어(model based control)를 사용할 수 있지만 이 방법은 시스템의 모델을 얻기가 힘들고 비용이 많이 든다. 따라서 대부분의 크레인은 사람에 의해 운전되고 있다.

크레인을 제어하는데 여러 가지 어려움이 있지만, 대부분의 경우 숙련된 운전자는 크레인을 잘 제어할 수 있다. 운전자(operator)가 크레인을 운전할 때는 다음과 같은 방식에 의해 행동한다.

① 중간의 전동기(motor) 파워로 시작한다.
② 원하는 지점에서 멀리 있으면, 컨테이너가 크레인 헤드보다 약간 뒤에 있도록 전동기 파워를 조정한다.
③ 원하는 지점에 가까워지면, 속도를 줄여 컨테이너가 크레인 헤드보다 약간 앞에 있도록 한다.
④ 컨테이너가 원하는 지점에 매우 가까이 왔으면, 전동기의 파워를 더 올려라.
⑤ 컨테이너가 원하는 지점 위에 있고 흔들림이 없으면(zero), 전동기를 멈추라.

이러한 운전자의 제어 지식은 퍼지논리에 의해 쉽게 퍼지제어규칙으로 구현될 수 있다. 크레인을 자동화하기 위해 컨테이너의 위치(distance)와 흔들림 각도(swing angle)를 입

력으로 전동기의 파워(power of motor)를 출력으로 한다. 다음은 컨테이너 크레인 제어의 모의실험을 위해 위에서 기술한 운전자의 제어방식을 토대로 작성된 퍼지제어규칙이다.

```
IF Angle is Zero and Distance is Far Then Power is pos_medium
IF Angle is neg_small and Distance is Far Then Power is pos_high
IF Angle is neg_small and Distance is Medium Then Power is pos_high
IF Angle is neg_big and Distance is Medium Then Power is pos_medium
IF Angle is pos_small and Distance is Close Then Power is neg_medium
IF Angle is Zero and Distance is Close Then Power is neg_medium
IF Angle is neg_small and Distance is Close Then Power is pos_medium
IF Angle is pos_small and Distance is Zero Then Power is neg_medium
IF Angle is Zero and Distance is Zero Then Power is Zero
```

<그림 3.54>는 컨테이너 크레인 제어의 모의실험을 위한 퍼지시스템 구성도 이다. <그림 3.55, 3.56, 3.57>은 각각 각도(angle)와 위치(distance) 그리고 전동기 파워(power)의 퍼지변수와 소속함수를 나타낸다.

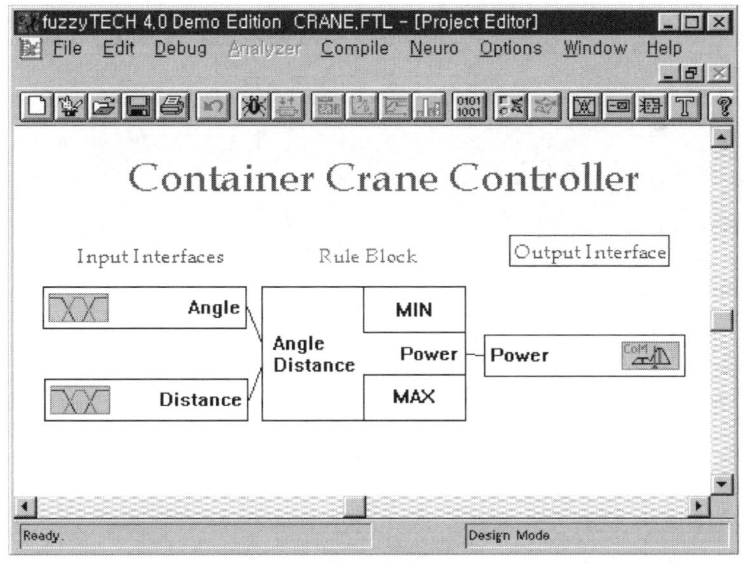

〈그림 3.54〉 컨테이너 크레인 제어를 위한 퍼지시스템 구성도

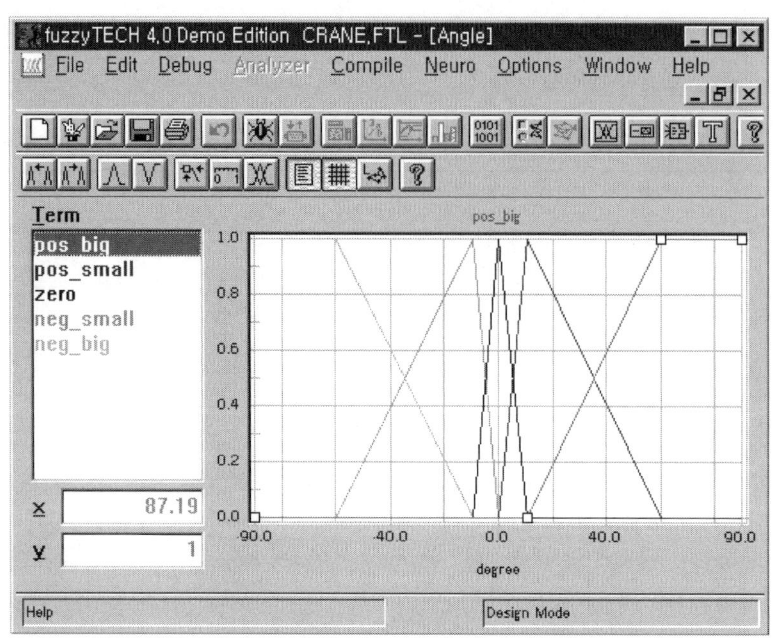

〈그림 3.55〉 각도의 퍼지변수와 소속함수

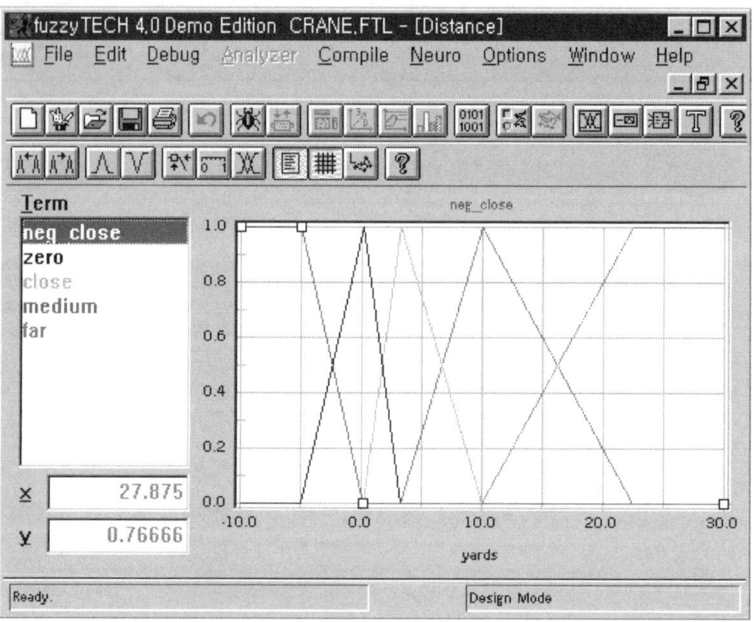

〈그림 3.56〉 위치의 퍼지변수와 소속함수

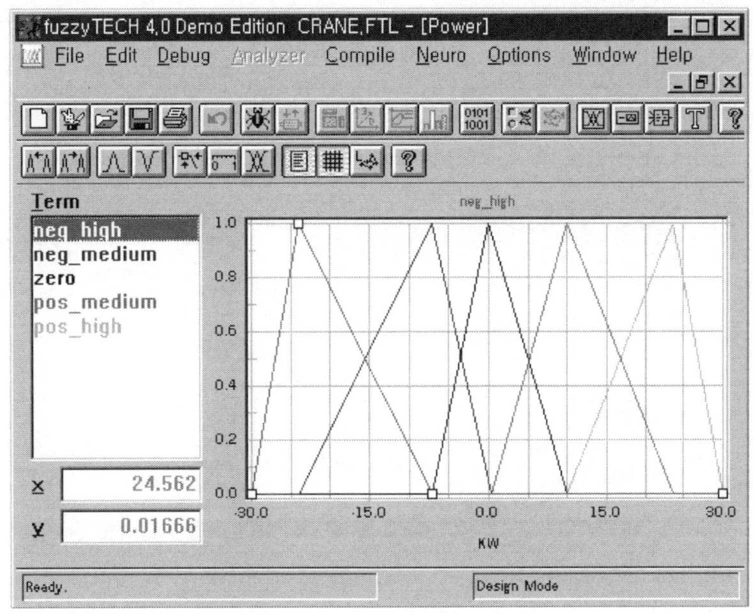

〈그림 3.57〉 파워의 퍼지변수와 소속함수

〈그림 3.58〉은 컨테이너 크레인 제어의 모의 실험을 위해 INFORM 사에서 개발한 소프트웨어의 화면이다. 이 소프트웨어에서 앞에서 정의된 퍼지규칙과 소속함수를 통해 제어한 모의실험 결과가 〈그림 3.59〉에 보인다.

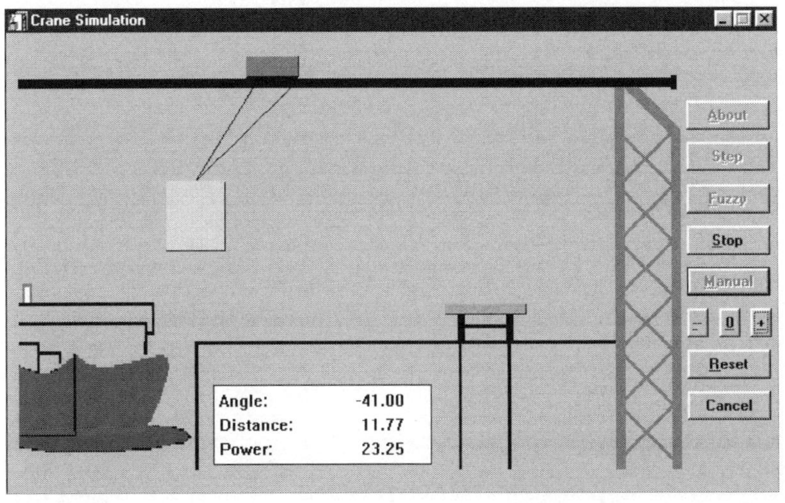

〈그림 3.58〉 컨테이너 크레인 제어의 모의실험을 위한 소프트웨어

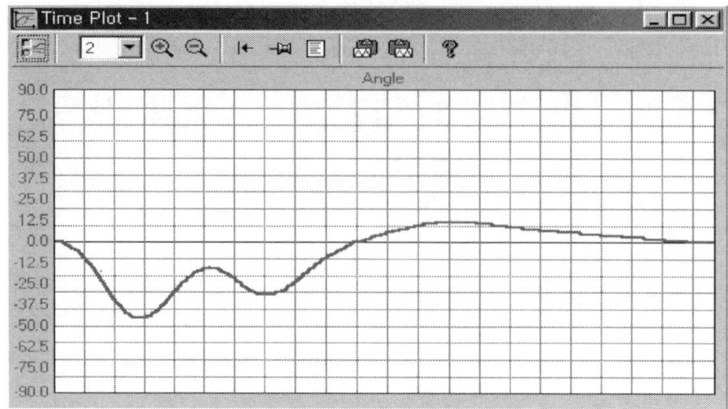

(a) 각도(angle)

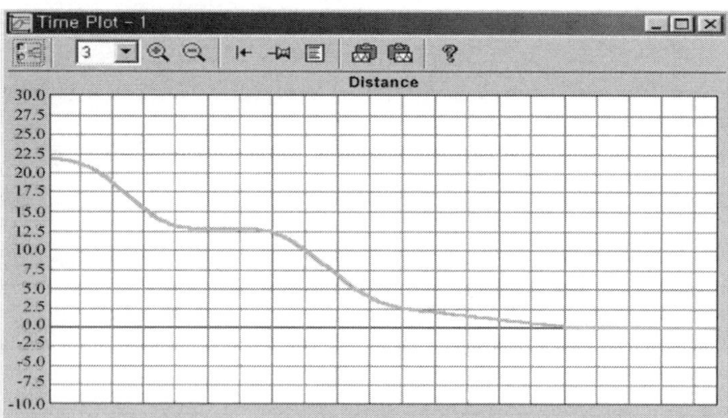

(b) 거리(distance)

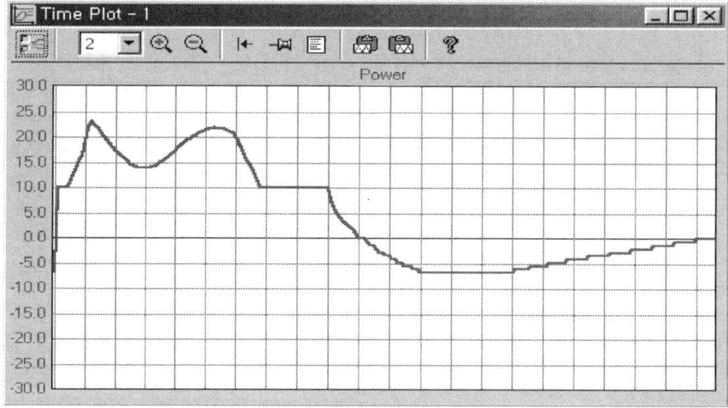

(c) 힘(power)

〈그림 3.59〉 퍼지제어결과

참고문헌

[1] H. ONO etc., "combustion control of refuse incineration plant by fuzzy logic", *Fuzzy Sets and Systems*, vol. 32, pp.193~206, 1989.

[2] T. Takagi and M. Sugeno, "Fuzzy identification of systems and its applications to modeling and control", *IEEE SMC.*, vol. 15, no. 1, pp.116~132, 1985.

[3] M. Sugeno and Kang, G. T., "Fuzzy Modeling and Control of Multilayer Incinerator", *Fuzzy Sets and Systems*, vol. 18, pp.329~346, 1986.

[4] J. S. R. Jang, "ANFIS : Adaptive-Network-Based Fuzzy Inference System", *IEEE Transactions on systems, man and cybernetics*, vol. 23, no. 3, 199

[5] L. A. Zadeh, "Fuzzy Sets," *information control*, vol. 8, pp.338~353, 1965

[6] C. C. Lee, "Fuzzy Logic in Control Systems : Fuzzy Logic Controller - Part I," *IEEE Trans. Syst. Man. Cybern.*, vol. 20, pp.404~418, 1990

[7] _______, "Fuzzy Logic in Control Systems : Fuzzy Logic Controller - Part II," *IEEE Trans Syst., Man. Cybern.*, vol. 20, pp.419~435, 1990

[8] Y. Tsukamoto, "An approach to fuzzy reasoning method," in M. M. Gupta, R. K. Ragade, and R. R. Yager, Eds., *Advances in Fuzzy Set Theory and Applications*, Amsterdam-North-Holland, pp.137~149, 1979

[9] M. Sugeno and T. Yasukawa, "Linguistic Modeling Based on Numerical Data", *IFSA '91 Brussels, Computer, Management & System Science*, pp.264~267, 1991.

[10] E. H. Mamdani, "Applications of fuzzy algorithms for simple dynamic plant," *Proc. IEE*, vol.121, no.12, pp.1585~1588, 1974

[11] J.S. Roger Jang, *Fuzzy Logic Toolbox*, The Math Works Inc., 1995.

[12] L. A. Zadeh, "Outline of a new approach to the analysis of complex systems and decision processes", *IEEE Transactions on Systems, Man, and Cybernetics*, Vol. 3, No. 1, pp.28~44, Jan. 1973.

[13] M. Sugeno, 퍼지시스템의 응용 입문, 대영사, 1990.

[14] 이광형, 오길록, 퍼지이론 및 응용 I & II, 홍릉과학출판사, 1992.

[15] 채 석, 오영석, 퍼지이론과 제어, 청문각, 1995.

[16] P. T. King and E. M. Mamdani, "The application of fuzzy control system to industrial processes," *Automatica*, Vol. 13, No. 3, pp.235~242, 1977.

[17] C. von Altrock, *Fuzzy Logic & Neuro fuzzy applications explained*, Prentice-Hall, INC., 1995.

[18] S. Yasunobu, S. Miyamoto, and H. Ihara, "Fuzzy Control for automatic train Operation systems," *in Proc. 4th IFAC/IFIP/IFORS Int. Congress on Control in Transportation Systems*, Barden-barden, April, 1983.

[19] M. Sugeno and T. Yasukawa, "Linguistic Modeling Based on Numerical Data", *IFSA '91 Brussels, Computer, Management & System Science*, pp.264~267, 1991.

PART 4

신경 회로망 및 응용

- 제1장 신경회로망 이론
- 제2장 신경회로망 응용

Artificial Intelligence

신경회로망 이론

1.1 개론 및 역사

단순히 사람에 의해 입력된 명령들을 수행하기보다 인간과 같이 생각하는 컴퓨터를 만들 수는 없을까? 신경회로망(Neural Network)이라 불리는 인공신경회로망(Artificial NN)은 이와 같은 인간의 뇌의 역할과 동일한 기능을 하는 컴퓨터를 구현해보고자 하는 의도에서 출발한 이론이다. 인간의 뇌는 약 150억 개의 뇌세포들이 신경 세포가 상호 연결되어 동작하는 신경(Neuron)들로 구성되어 있다. 신경회로망의 연구는 본래 이러한 생물학적인 뇌의 기능을 이해하고 뇌의 신경계와 같은 복잡한 시스템을, 비교적 단순한 소자의 집단으로 모델화하고, 그것에 의한 여러 가지 정보처리의 가능성을 수학적 해석과 모의실험에 의해 구현하고자 하는 것이다. 신경회로망은 다음과 같이 정의된다.

> "신경회로망은 단순한 처리 요소(Processing Elements : PEs), 단자(units), 또는 노드(nodes)의 상호 연결된 집합으로 이것의 기능은 인간의 신경(neuron)에 기초한다. 교사 패턴 데이터의 학습에서 습득된 신경회로망의 처리 능력은 단위간의 연결 강도(connection strengths), 또는 연결하중(weights)에 저장된다."

이러한 신경회로망은 인간의 뇌와 마찬가지로 복잡한 자료를 효율적으로 처리하며 입력과 출력의 관계에 대한 연상재현 및 학습능력을 가지고 있다. 또한 입, 출력 데이터를 병렬 처리하여 계산 능력을 증가시킬 수 있으므로 수학적 알고리즘의 적용이 곤란한 문제를 효과적으로 처리할 수 있으며 지속적 성능개선을 얻을 수 있다. 신경회로망이론에서 가장 중요한 연구대상은 인간의 학습기능을 컴퓨터에다가 구현하는 것으로 인간의 두뇌와 같은 역할을 하는 컴퓨터를 구현하기 위해서 인간의 심리학, 신경과학, 인지과학 등의 인체연구와 관련된 이론들이 도입이 되었다. 다음 표는 폰 노이만(von Neumann)의 알고리즘에 기반을 둔 프로그램 내장형의 디지털 컴퓨터와 신경회로망을 비교하였다.

<표 4.1> 디지털 컴퓨터와 신경회로망의 비교

비교항목	노이만 컴퓨터	신경회로망
처리 데이터	디지털 데이터	아날로그 데이터
학습 기능	학습 기능이 없음	학습 기능이 있음
인식 능력	인식 능력이 없음	인식 능력이 있음
결정 방법	수학적, 논리적 함수를 사용하여 yes/no의 결정을 함	모호하거나, 불완전하고 서로 상충되는 데이터로부터 연결하중을 사용하여 결과를 출력함
연산 능력	충분한 시간이 주어지면 문제의 정확한 해를 구함	복잡한 문제에 대한 근사해를 신속하게 찾아냄
결과 예측	계산 결과에 대한 예측 가능	계산 결과에 대한 예측이 곤란

1.1.1 신경회로망의 역사

신경회로망은 지난 60여 년 동안 많은 연구자들에 의해 다양한 형태와 그 특성이 연구되고 응용되어 왔다. 신경회로망의 간략한 역사는 다음과 같다.

- 1940년대 : 초창기

  디지털 컴퓨터가 출현하였고 뇌와 컴퓨터의 연구를 통해 지적 정보처리의 원리를 밝히려는 연구가 시도되었다. 학습이론 및 신경회로망 이론이 시작되었다. 1943년 McCulloch와 Pitts는 한 개의 신경세포를 모방한 뉴런 모델을 제안하여 연산 및 기억 작용에 이용하고자 하였다. 1949년에 Hebb는 'The Organization of Behaviour'라는 책에서 오늘날 신경회로망 이론의 중요한 부분을 차지하는 'Hebbian learning'을 제안하였다.

- 1950년대 : 1957년 Rosenblatt는 하드웨어로 뉴런 모델을 구현하였는데 이는 최초의 신경회로망으로 퍼셉트론(perceptron)의 개념을 형성하였다. 또한, widrow와 Hoff는 신호처리를 위한 Adaline와 Madaline을 개발하였다.

- 1960~80년대 초 : 침체기

1969년 M. Minsky와 S. Papert는 'Perceptron'이란 책에서 퍼셉트론의 능력과 한계를 자세하게 분석하였다. 이 책에서 그들은 퍼셉트론이 사용 가능한 문제에는 제한이 있다는 것이다. 퍼셉트론으로 풀 수 없는 가장 간단한 문제 중 하나는 XOR 문제로서 패턴을 분리하려면 패턴이 선형적으로 분리 가능해야(linearly separable) 된다는 것이다. 많은 분류 문제는 선형적으로 분리 가능한 클래스들을 가지고 있지 않기 때문에, 이는 퍼셉트론으로 대표되는 신경회로망의 연구에 상당한 제약이 되었고 신경회로망의 연구는 한동안 침체기를 맞았다.

- 1980년대 후반~현재 : 전환점 및 발전기

1982년 Hopfield는 신경회로망이 여러 응용분야에서 성공적으로 동작한다는 연구결과를 발표하였고 1986년 D. Rumelhart 와 J. McClelland는 'Parallel Distributed Processing(PDP)-vol. Ⅰ, Ⅱ'에서 연상 신경회로망(Associative network)의 연결하중을 조정하는 규칙으로 오차 역전파(error back-propagation) 알고리즘을 제시하여 신경회로망 연구에 전환점을 제공하였다. Minsky에 의해 지적된 여러 문제점에 대한 해가 제시되었고 XOR 문제는 역전파(Back-propagation) 알고리즘에 의해 해결되었다. 이 후 다양한 형태의 신경회로망 모델이 등장하였고 신경회로망 칩이나 신경회로망 컴퓨터(뉴로 컴퓨터) 등의 연구가 진행되어 많은 성과를 거두었다. 1990년대 들어 멀티미디어 및 네트워크(인터넷) 분야에 신경회로망을 이용한 연구가 활발히 진행되고 있으며 새로운 응용 분야로서 발전하고 있다.

1.1.2 신경회로망의 종류 및 특징

많은 종류의 신경회로망이 개발되고 성공적으로 사용되어왔다. 다음은 많이 사용되는 신경회로망의 종류를 나타낸다.

■ 퍼셉트론 신경회로망(Perceptron network)

1957년 F. Rosenblatt에 의해 소개된 것으로 최초의 신경회로망 모델이다. 이것은 전방향 연결을 가지는 처리 요소로 이루어진 2층 구조의 학습 장치로 서로 다른 두 개 종류 이상의 패턴을 학습에 의해 분류하고, 이 학습은 한정된 사이클 내에 완료된다.

■ 다층 퍼셉트론 신경회로망(Multiple Layer Perceptron network : MLP)

2층 구조의 신경회로망의 한계를 극복하기 위해 입력층과 출력층 사이에 은닉층을 추가하여 확대한 것으로 다양한 분야에서 사용된다.

■ 기저함수 신경회로망(Radial Basis Function network)

출력층과 은닉층에 서로 다른 뉴런을 사용하고 기저함수의 선형조합에 의해 함수를 근사화한다. 주어지는 패턴 데이터에 덜 민감하고 빠른 수렴 특성을 가진다.

■ 홉필드 신경회로망(Hopfield network)

홉필드에 의해 제안된 모델로 가장 가까운 출력들을 발견하여 묶어주는 형태이다. 계속되는 반복에도 출력의 변화가 없고, 학습된 패턴이 출력과 같아질 때까지 계속적인 반복학습을 통해 입력 패턴을 바꾼다.

■ Kohonen 자기조직 신경회로망(Kohonen's self organising feature map)

입력 뉴런 사이의 연결 하중을 두뇌에서 존재하는 것과 유사하게 구성한다. 벡터 정량화 기능 또는 클러스터 형성 기능을 통해 무교사(unsupervised) 패턴 분류를 행한다.

■ 적응 동조 신경회로망(Adaptive Resonance Theory network : ART)

입력 패턴의 임의의 입력에 대한 응답으로 실시간에서 안정한 인식을 하도록 자기 조직화 할 수 있다.

■ 양방향 연산 기억 신경회로망(Bidirectional Associative Memory network : BAM)

서로 연결된 처리 요소들로 구성된 2층 구조로 각 처리 요소는 자신으로의 궤환(feedback) 연결을 가지거나 또는 가지지 않는다. 처리 요소들 사이의 연결하중이 결정되면 BAM은 정보를 회상하는데 사용된다.

이러한 신경회로망은 패턴 분류기로서 많이 사용되는데 입력이나 학습 형태에 의한 분류는 다음 〈표 4.2〉와 같다.

<표 4.2> 신경회로망의 분류

입력형태	학습형태	신경회로망 모델	기존의 방법
2진 입력	교사학습 (supervised)	홉필드 신경망, Hamming 신경망	최적 분류기
	무교사학습 (unsupervised)	Carpenter-Grossberg 신경망	클러스터링 알고리즘
연속치 입력	교사학습 (supervised)	퍼셉트론, 다층 신경회로망	가우시안 분류기, K-nearest neighbor
	무교사학습 (unsupervised)	자기조직 신경망	K-means 클러스터링 알고리즘

인공 신경회로망에 대한 연구가 활발히 이루어지고 관심이 증대되어온 것은 신경회로망이 다른 알고리즘과 다른 특징을 가지고 있기 때문이다. 다음은 신경회로망의 특징을 기술한 것이다.

- 학습(learning from experiences or by examples) : 연결하중을 조절하여 기존의 데이터나 경험을 학습함.
- 분류(distinguish, classify objects) : 잡음(noise)이 포함되거나 훈련되지 않은 입력 패턴에 대해 비슷한 부류로 분류한다.
- 병렬 처리(parallel processing) : 기존의 컴퓨터가 명령어를 순차적으로 처리하는 반면 신경회로망은 본질적으로 병렬 처리 방식이므로 신경회로망을 병렬 컴퓨터나 하드웨어로 구현했을 때 신속히 정보를 처리할 수 있다.
- 견고함(robustness) : 많은 노드와 연결 하중으로 이루어져 시스템의 조그만 손상에 대해 전체적인 성능의 저하가 적다. 따라서 높은 고장 허용(fault tolerance) 능력을 가짐.
- 분산 메모리(distributed memory) : 각 노드와 연결하중에 정보를 분산하여 저장한다.
- 적응(Adaptation) : 학습된 환경이 변하면 학습과 동일한 방식으로 연결하중을 변경함으로써 변경된 환경에 적응한다.
- 단순한 구조(simple structure) : 노드에 연결하중이 연결된 형태로 구조가 단순하여 구현이 용이하다.

1.2 신경회로망 모델

1.2.1 뉴런 모델

신경회로망에 사용되는 인공 뉴런(artificial neurons)은 처리 요소(Processing Elements : PEs), 단위(units), 또는 노드(nodes)로 불린다. 〈그림 4.1〉은 1개의 입력을 가지는 뉴런의 구조를 보여준다.

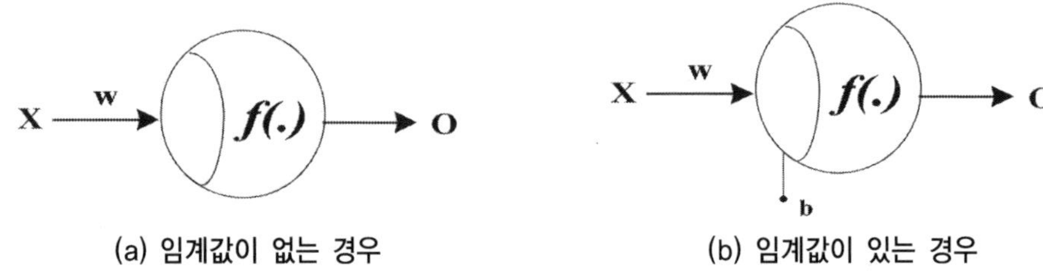

(a) 임계값이 없는 경우   (b) 임계값이 있는 경우

〈그림 4.1〉 뉴런의 구조

〈그림 4.1〉의 (a)에서 입력 x는 연결하중 w와 곱해져서 활성화 함수(activation function), f의 입력값이 되고 출력 o를 생성한다. (b)는 활성화 함수가 임계값(threshold)을 가지는 경우로 임계값은 x*w 값에 더해져 특성함수를 임계값 크기만큼 왼쪽으로 이동시킨다. 임계값은 연결하중과 유사하나 상수값을 가진다.

뉴런에 사용되는 활성화 함수 중 몇 개가 〈그림 4.2〉에 보인다.

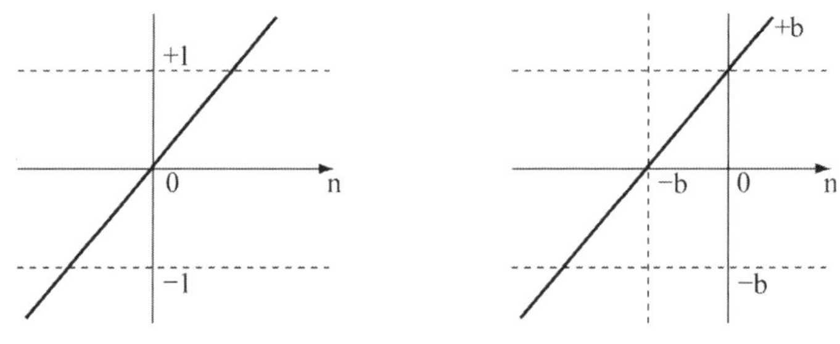

임계값이 없는 경우 임계값이 있는 경우

(a) 선형함수(Linear)

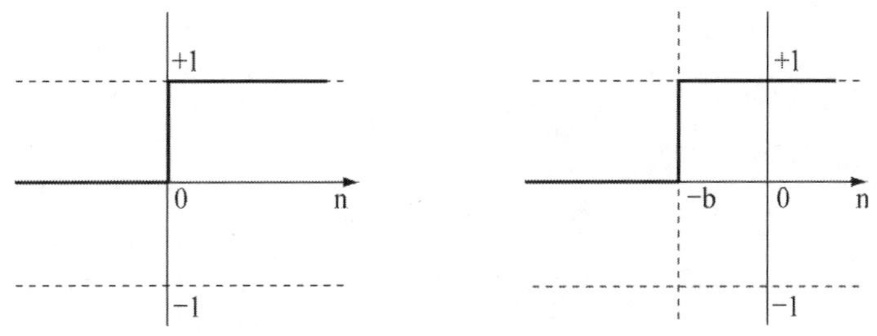

임계값이 없는 경우 임계값이 있는 경우

(b) 계단 함수(hard limit)

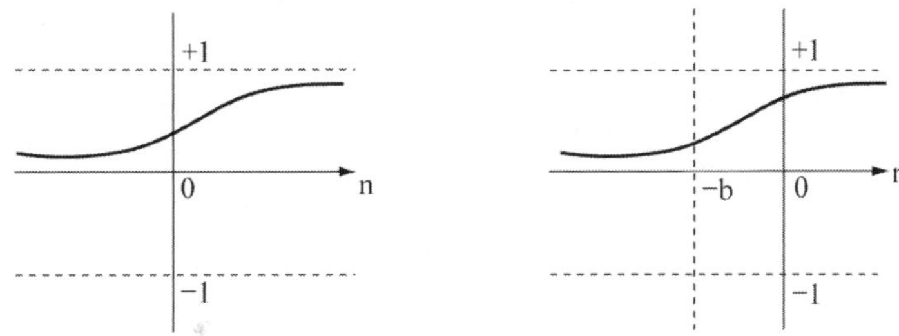

임계값이 없는 경우 임계값이 있는 경우

(c) 시그모이드 함수

〈그림 4.2〉 활성화 함수

〈그림 4.3〉은 n개의 입력을 가지는 일반적인 뉴런을 보여준다. 이것은 하나의 노드에 여러 개의 입력과 하나의 출력이 연결되어있다. 노드 j의 출력과 노드 i의 입력이 서로 연결되어 있다면 연결된 노드사이에 연결하중 W_{ij}가 존재하게 된다. 따라서 신경회로망은 연결하중으로 연결된 다층구조를 가질 수 있으며 현재 다층구조의 신경회로망이 널리 응용되고 있다.

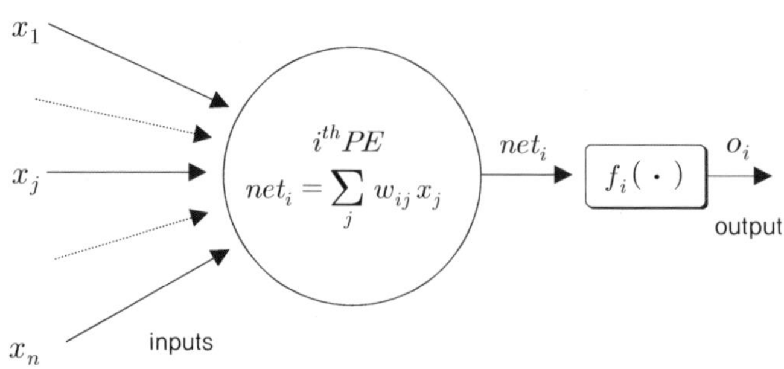

〈그림 4.3〉 단일 뉴런의 구조

i번째 노드의 net-입력은 노드의 입력 값을 그에 상응하는 연결하중에 곱한 값을 모두 더해서 구하며 식 (4.1)과 같이 구해진다.

$$net_i = \sum_{j=1}^{n} w_{ij}x_j \quad \text{or}$$
$$net_i = \sum_{j=1}^{n} w_{ij}x_j + \theta_i \tag{4.1}$$

여기서, w_{ij}는 i번째 노드에 연결된 j번째 입력 노드의 연결하중이고 θ_i는 임계값이다. net-입력이 계산되면 노드의 출력은 활성함수를 통해 식(4.2)가 된다.

$$x_i = f_i(\text{net}_i) \tag{4.2}$$

신경회로망에서 학습은 각 노드 상호간에 연결된 연결하중, w_{ij}를 바꿈으로서 수행된다.

앞에서 기술된 신경회로망을 벡터 형태로 나타내자. 동일한 처리 요소의 여러 층 (layer)으로 이루어진 신경회로망에서 한 층이 n개의 노드를 가진다면 이 층의 출력은 다음과 같은 n차원 벡터로 나타낼 수 있다.

$$x = (x_1 x_2 \cdots x_n)^T \tag{4.3}$$

식(4.3)의 출력을 가지는 n개의 각 노드가 m개의 노드로 이루어진 m차원 층이 입력되면 두 층간에는 m×n 차원의 하중벡터가 연결된다. m개의 각 노드는 n차원의 하중벡터가 연결되고 i번째 노드의 하중벡터는 다음과 같이 나타낸다.

$$w_i = (w_{i1} w_{i2} \cdots w_{in})^T \tag{4.4}$$

그러면 식(4.1)의 i번째 노드의 net-입력은 입력 벡터와 하중 벡터의 내적(inner product)으로 나타낼 수 있다.

$$net_i = x \cdot w_i = x^T w_i = w_i^T x \tag{4.5}$$

1.2.2 퍼셉트론 모델

퍼셉트론은 1957년 Rosenblatt가 McCulloch-Pitts의 Model을 분석하여 고안한 것으로 입력층과 출력층의 2개 층으로 이루어진 단층 신경회로망이다. 이것은 학습 데이터 벡터로부터 특성을 일반화하여 입력 벡터가 주어질 때, 그에 상응하는 목표 벡터를 찾도록 학습된다. 퍼셉트론은 입력패턴이 두 개의 클래스 중 어느 하나에 속하는 가를 결정하는 간단한 패턴 분류 문제에 사용하기에 적합하다.

〈그림 4.4〉는 간단한 퍼셉트론의 구조를 나타낸다.

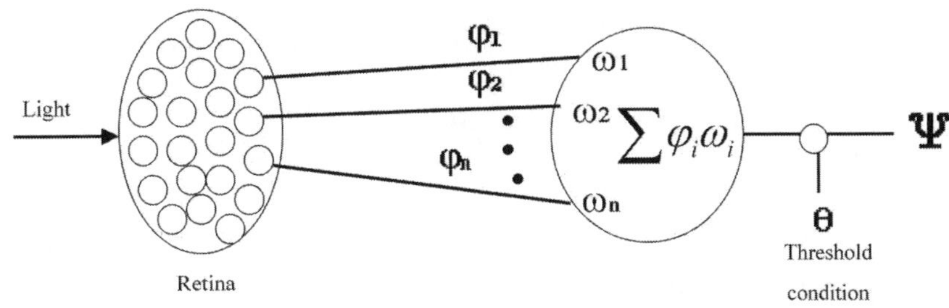

〈그림 4.4〉 퍼셉트론 구조

집합 $\Phi = \{ \varphi_1, \varphi_2, ..., \varphi_n \}$는 입력으로 φ_i는 망막의 i번째 점에 빛이 들어오면 1의 값을 그렇지 않으면 0의 값을 가진다. 각 입력은 하중 집합 $W = \{ \omega_1, \omega_2, ..., \omega_n \}$에서 그에

상응하는 값을 곱한다. 퍼셉트론의 출력은 다음과 같다.

$$\Psi = \begin{cases} 1 & \sum_n \omega_n \, \varphi_n > \theta \\ 0 & \text{otherwise} \end{cases} \tag{4.6}$$

여기서, θ는 임계값(threshold value)

임계값은 계단함수의 역할을 하고 입력 벡터를 두 개의 영역으로 나눔으로써 퍼셉트론에 패턴 분류의 능력을 부여한다. 출력벡터는 입력의 분류에 따라 0 또는 1이 된다. 두 개의 입력을 가지는 퍼셉트론의 입력공간이 〈그림 4.5〉에 보인다.

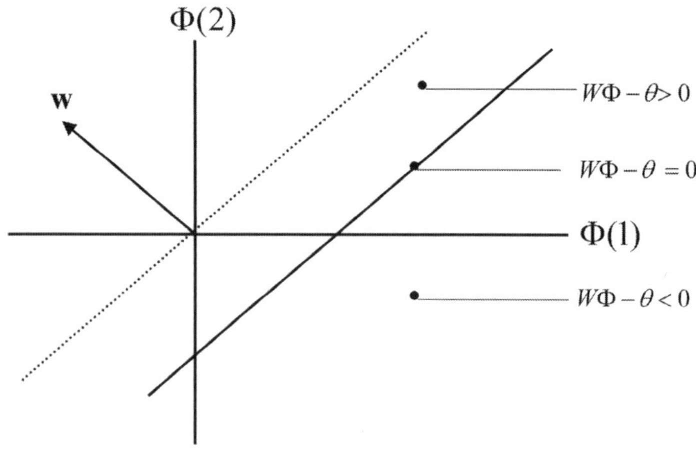

〈그림 4.5〉 퍼셉트론의 분류

직선 $W\Phi - \theta = \sum_n \omega_n \, \varphi_n - \theta = 0$에 의해 두 개의 분류영역이 형성된다. 즉, 직선 위에 있는 입력 벡터는 0보다 큰 net-입력을 가지고 따라서 뉴런의 출력은 1이 된다. 직선 아래의 입력 벡터는 출력이 0이 된다. 퍼셉트론의 학습 알고리즘은 다음과 같다.

- 단계 1 : 연결하중과 임계값의 초기화
  연결하중 $w_i(0)(1 \leq i \leq n)$과 임계값 $\theta(0)$를 임의의 작은 양수로 초기화, 여기서 $w_i(t)$와 $\theta(t)$는 각각 시간 t에서 입력 i와 연관되는 연결하중과 임계값이다.

- 단계 2 : 입력패턴 벡터와 목표 출력패턴 벡터의 입력

  입력패턴 벡터 : $\varphi_1,\ \varphi_2,\ \cdots,\ \varphi_n$

  목표 출력패턴 벡터 : $T(t)$

- 단계 3 : 퍼셉트론 출력 계산

$$\Psi(t) = f_h \left\{ \sum_{i=1}^{n} w_i(t)\,\varphi_i(t) - \theta(t) \right\}$$

- 단계 4 : 연결하중과 임계값의 학습

$$w_i(t+1) = w_i(t) + \eta_\omega [T(t) - \Psi(t)]\varphi_i(t) \quad (1 \leq i \leq n,\ 0 < \eta_\omega \leq 1)$$
$$\theta(t+1) = \theta(t) + \eta_\theta [T(t) - \Psi(t)] \times 1 \quad (0 < \eta_\theta \leq 1)$$

  여기서, η_ω, η_θ는 각각 연결하중과 임계값의 학습율이다. 학습이 되어 패턴이 분류되면 $T(t) - \Psi(t) = 0$이 되고 연결하중과 임계값은 더 이상 변하지 않게 된다. 이를 수렴(convergence) 한다고 함.

- 단계 5 : 수렴이 되지 않으면 단계 2로 가서 위의 과정을 반복

예 4-1 입력이 2개인 AND 논리회로의 경우 퍼셉트론을 이용하여 이를 분류하는 과정을 보이면 다음과 같다. 여기서, ω_1, ω_2 그리고 θ의 초기값은 계산의 편리함을 위해 각각 0.3, 1 그리고 1.5로 하였다. 학습율 η_θ와 η_ω는 각각 1로 하였다.

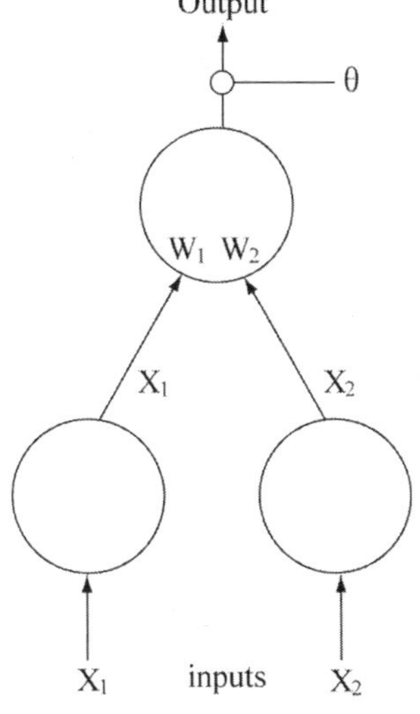

〈그림 4.6〉 입력이 두 개인 경우의 퍼셉트론

	x_1	x_2	a_i (활성값)	Ψ(출력)	T(목표출력)
1	0	0	0	0	0
2	0	1	1	0	0
3	1	0	0.3	0	0
4	1	1	1.3	0	1

위 표에서 1, 2, 3의 경우는 $T(t) - \Psi(t) = 0$이므로 연결하중과 임계값은 변경되지 않고 4의 경우에 다음과 같이 변경이 된다.

$$\omega_1(1) = 0.3 + (1-0) \times 1 = 1.3$$

$$\omega_2(1) = 1 + (1-0) \times 1 = 2$$

$$\theta(1) = 1.5 + (1-0) = 2.5$$

변경된 연결하중 벡터를 가지고 입력패턴벡터에 대해 출력을 구하면 다음 표와 같다.

	x_1	x_2	a_i (활성값)	Ψ(출력)	T(목표출력)
1	0	0	0	0	0
2	0	1	2	0	0
3	1	0	1.3	0	0
4	1	1	3.3	1	1

위 표의 결과에서 학습이 수렴된 것을 볼 수 있다. 아래 그림은 입력벡터 (x_1, x_2)로 이루어진 입력공간이 2개의 hyperplane에 의해 분류된 것을 보여준다. 앞의 2차원 문제에서 $w_1 x_1 + w_2 x_2 = \theta$ 이므로 ($w_1 = 1.3,\ w_2 = 2, \theta = 2.5$)

$$x_2 = -\left(\frac{w_1}{w_2}\right)x_1 + \left(\frac{\theta}{w_2}\right)$$

$$\therefore\ x_2 = -\frac{1.3}{2}x_1 + \frac{2.5}{2}$$

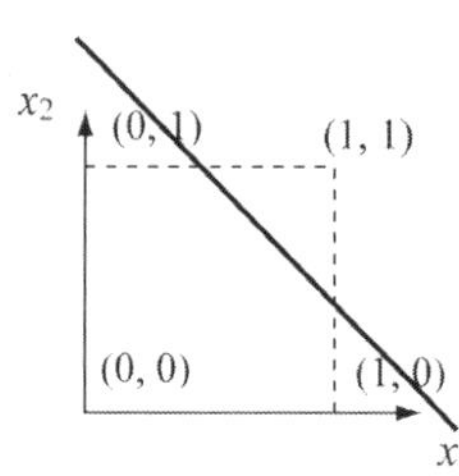

예 4-2 4개의 입력 벡터에 의한 출력이 2개의 클래스로 나뉘는 다음의 예를 생각하자.

x_1	x_2	T
−0.5	−0.5	1.0
−0.5	0.5	1.0
0.3	−0.5	0.0
0.0	1.0	0.0

다음 그림은 입력공간을 나타낸 것이다. 여기서 목표 출력이 1인 경우는 '+'로 0인 경우는 'o'로 나타내었다.

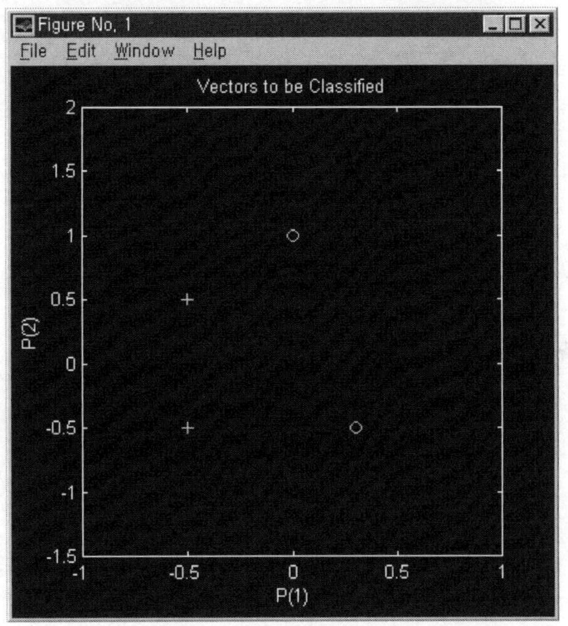

연결하중 ω_1, ω_2 그리고 임계값 θ의 초기값은 임의 선택에 의해 각각 −0.7222, −0.5945 그리고 0.6026로 하였다. 학습율 η_θ와 η_ω는 각각 1로 하였다. 아래 그림은 앞의 초기값을 가지는 퍼셉트론에 의한 입력공간의 분류를 보여준다. 두 클래스가 제대로 분류되지 못한 것을 볼 수 있다.

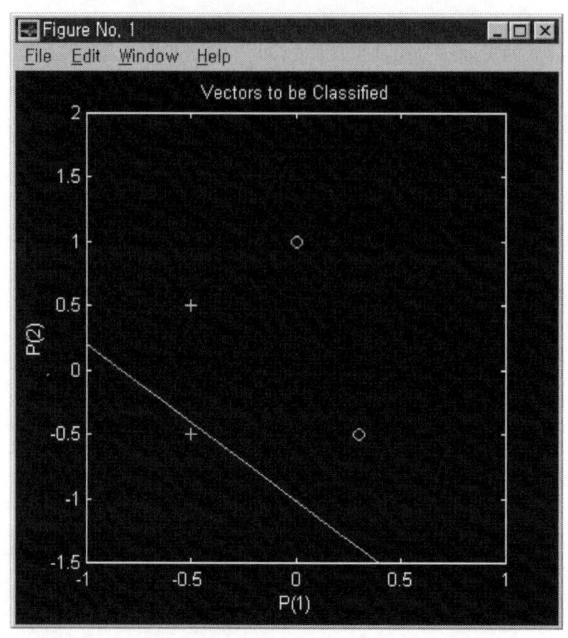

다음 그림은 학습에 의한 퍼셉트론의 분류결과이다. 연결하중 ω_1, ω_2 그리고 임계값 θ는 각각 −2.5222, −0.5945 그리고 0.3974으로 수렴하였다. 마지막 그림은 학습에 따른 자승오차의 합의 변화를 보여준다.

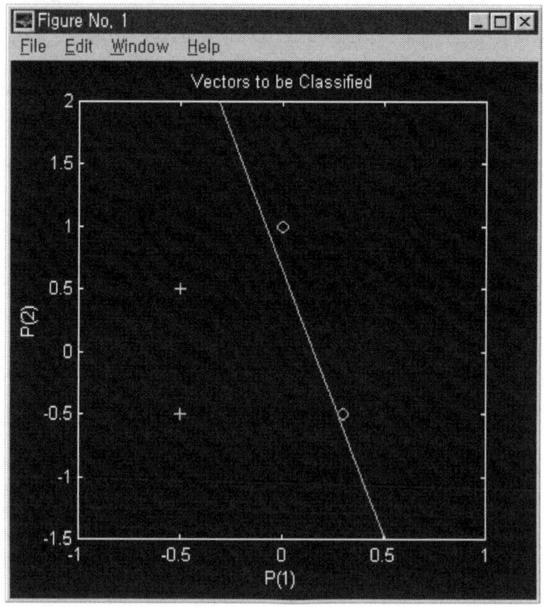

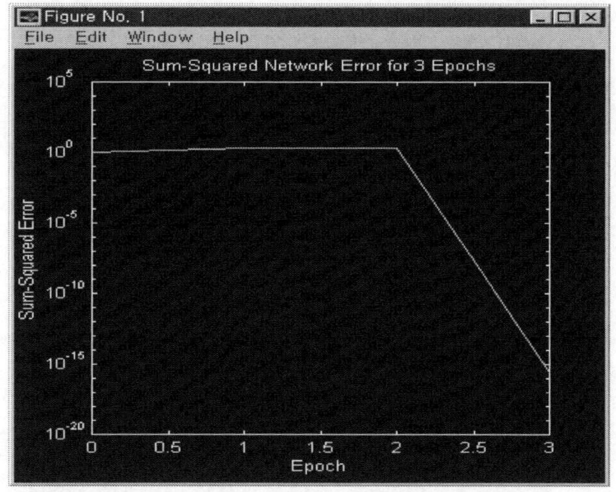

예 4-3 다음은 10개의 입력 벡터에 의해 출력이 4개의 클래스로 나뉘는 예를 보자.

입력 벡터 : X = {(0.1, 1.2), (0.7, 1.8), (0.8, 1.6), (0.8, 0.6), (1.0, 0.8),
            (0.3, 0.5), (0.0, 0.2), (−0.3, 0.8), (−0.5, −1.5), (−1.5,
            −1.3)}

출력 벡터 : T = {(10), (10), (10), (00), (00), (11), (11), (11), (01), (01)}

다음 그림은 입력공간을 나타낸 것으로 목표 출력은 00, 01, 10, 그리고 11을 각각 'o', '*', '+' 그리고 'x'로 나타내었다.

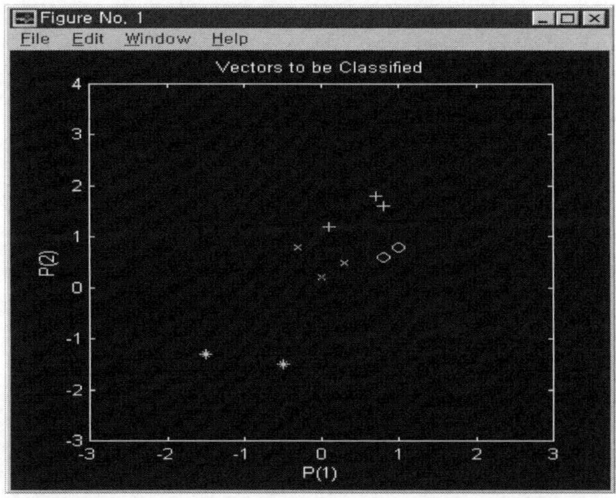

연결하중벡터 ω_1, ω_2 그리고 임계값 벡터 θ의 초기값은 아래와 같고 학습율 η_θ 와 η_ω는 각각 1로 하였다. 아래 그림들은 초기값을 가지는 퍼셉트론에 의한 입력공간의 분류와 학습된 이후의 분류 그리고 학습과정에서의 자승오차의 합의 변화를 나타낸다.

$$\begin{bmatrix} \omega_1(0) \\ \omega_2(0) \end{bmatrix} = \begin{bmatrix} 0.2076 & -0.6024 \\ -0.4556 & -0.9695 \end{bmatrix}$$

$$\theta(0) = [\,0.4936 \; -0.1098\,]$$

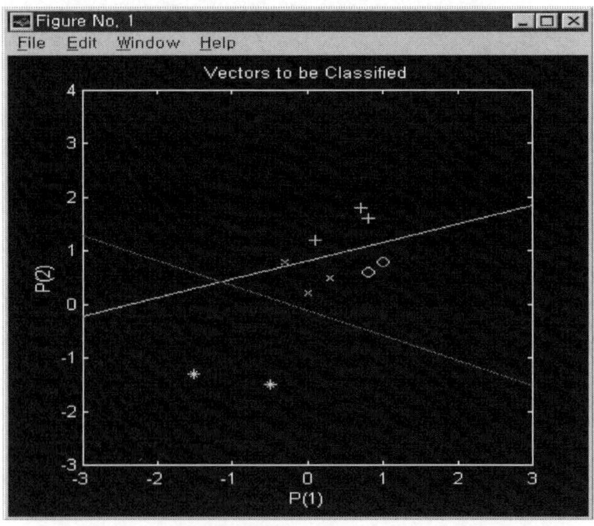

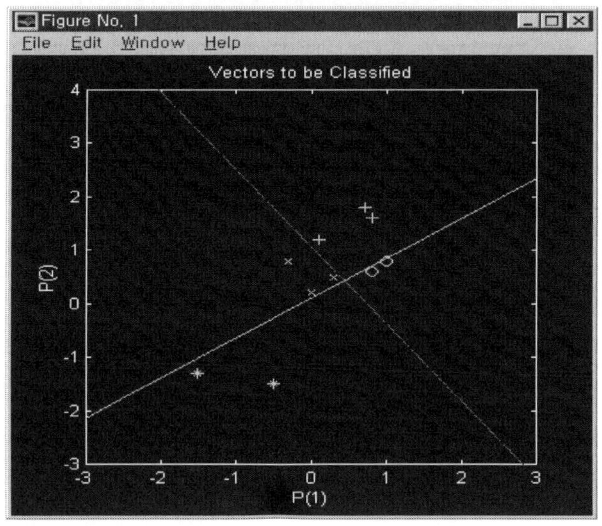

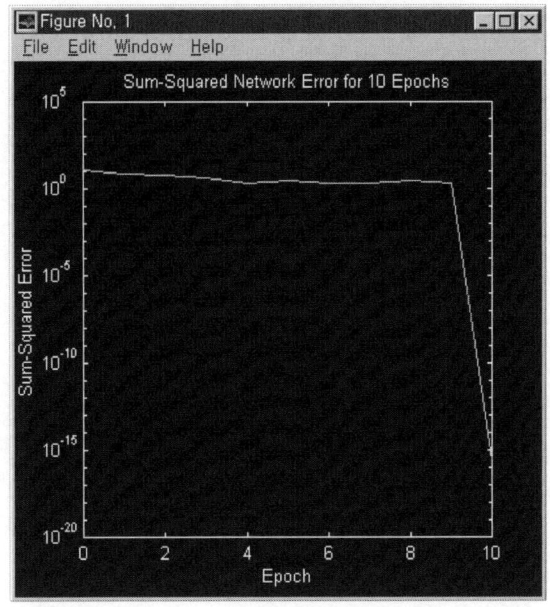

학습이 종류된 후의 연결하중벡터와 임계값 벡터는 다음과 같다.

$$\begin{bmatrix} \omega_1(10) \\ \omega_2(10) \end{bmatrix} = \begin{bmatrix} -3.7924 & 5.0976 \\ -3.8556 & -2.6695 \end{bmatrix}$$

$$\theta(0) = \begin{bmatrix} -0.5064 & 2.8902 \end{bmatrix}$$

이와 같이 퍼셉트론은 분류하고자 하는 패턴이 선형적으로 분리가능한 경우는 언제나 학습을 통해 분류가 가능하다는 퍼셉트론의 수렴 정리가 증명되었다. 그러나 M. Minsky 와 S. Papert에 의해 선형적으로 분리가능하지 않은 경우는 퍼셉트론에 의한 분류가 불가능하다는 것이 밝혀졌고, 많은 분류 문제는 선형적으로 분리 가능한 클래스들을 가지고 있지 않기 때문에, 퍼셉트론의 사용에는 상당한 제약이 있다. 퍼셉트론으로 풀 수 없는 가장 간단한 문제 중 하나는 XOR 문제이다. 이 경우 두 개의 입력 x_1, x_2가 서로 같은 값 ((0,0), (1,1))이면 출력값은 0을, 서로 다른 값 ((0,1), (1,0))이면 1을 가진다. 이 문제는 앞의 예와 마찬가지로 각 입력 벡터에 대해 적절한 출력값을 가지도록 연결하중과 임계값을 학습하는 것이다. 다음과 같은 식을 생각하자.

$$w_1 x_1 + w_2 x_2 = \theta \tag{4.7}$$

이 식으로 표현되는 직선에 의해 x_1, x_2 평면은 2개의 영역으로 나뉘고 4개의 점을 적절하게 분류해야 한다. 그러나 어떠한 w_1, w_2 그리고 θ에 대해서도 출력이 1인 영역과 0인 영역으로 나눌 수 없다. 다음 그림은 XOR 문제의 입력공간을 식 (4.7)과 같은 선에 의해 두 영역으로 나눈 것을 보여준다. 여기에서 보이듯이 선에 의해 두 클래스가 적절하게 분류되지 못함을 알 수 있다.

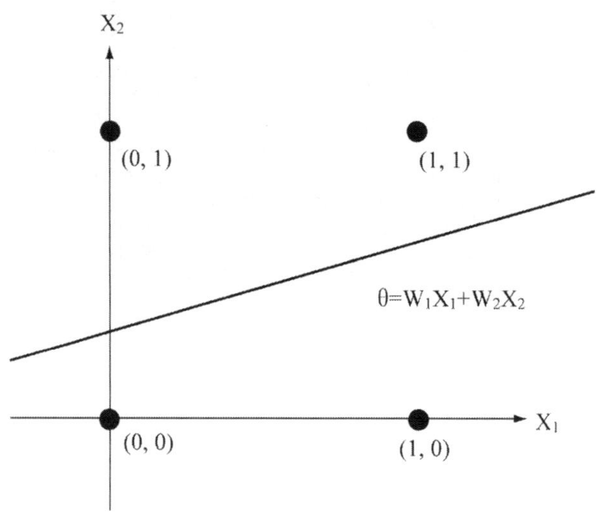

〈그림 4.7〉 XOR 문제의 입력공간

1.2.3 다층 퍼셉트론 모델

다층 퍼셉트론(Multiple Layer Perceptron network : MLP)은 입력층과 출력층 사이에 하나 이상의 중간층 또는 은닉층(hidden layer)을 포함하는 신경회로망으로 다층 퍼셉트론 신경회로망의 특성은 다음과 같다.

① 입출력 데이타를 병렬처리하여 계산 능력을 증가시킬 수 있다.
② 연상 재현 및 학습에 의해 적응 학습능력을 가지고 있어 수학적 알고리즘이 적용되기 어려운 문제를 학습을 통해 효과적으로 처리할 수 있다.
③ 입출력 데이타의 추가에 의해 지속적인 성능개선이 가능하다.
④ 제어기법으로 적용되는 경우 대단위 병렬처리에 의해 실시간 처리될 수 있다.

⑤ 적응 학습능력에 의해서 환경의 변화 또는 잡음에 대한 견실성을 갖는다.

⑥ 환경이나 모델이 필요하지 않고 명확한 제어규칙이 없어도 된다.

⑦ 신경단위 중 일부가 손상되어도 시스템의 수행능력에 영향을 적게 받는다.

다층 퍼셉트론 신경회로망은 단층 퍼셉트론의 단점을 해결할 수 있는 형태로 많은 학습 알고리즘이 있지만 Rumelhart와 McClelland 등에 의해 제안된 오차 역전파(Error Back-Propagation : EBP or BP) 알고리즘이 가장 많이 사용된다.

BP 알고리즘은 패턴을 학습하는 활성화과정에서 사용되는 순방향연결선의 연결하중을 학습하는 알고리즘으로 gradient descent(최급강하) 방법이다. 〈그림 4.8〉에서 최하위 계층이 입력층이고 최상위 계층이 출력층이다. 그 사이는 중간 계층(hidden layer)으로 구성되어있다. 모든 단자들은 자신이 속한 계층보다 낮은 계층의 단자들의 출력을 입력으로 받아들여 시그모이드 함수를 사용하여 출력값을 계산하고 자신보다 높은 계층의 단자에 이 출력값을 전달하는 구조를 가진다. 학습과정은 시스템에서 얻어진 입, 출력 데이터의 집합을 가지고 수행된다. 〈그림 4.8〉에서 보듯이 신경회로망의 구조에서 입, 출력 계층과 중간계층은 각각 입력단과 출력단을 가지고 있다.

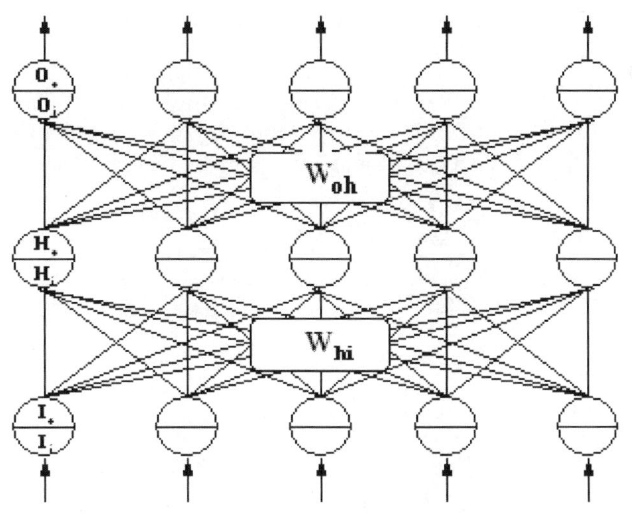

〈그림 4.8〉 다층구조를 갖는 신경회로망 모델

입력계층의 입력단은 실험을 통하여 얻은 입력데이타를 받아들이며 입력 계층의 출력단은 입력데이타의 값을 정규화한 값이다. 중간계층의 입력단은 식(4.8)과 같이 연결 하중치와 정규화된 입력들의 곱의 총합이다.

$$H_i = \Sigma W_{hi} * I_o \qquad (4.8)$$

또한 중간계층의 출력단은 식(4.8)의 시그모이드 함수값으로 식(4.9)과 같이 표현된다.

$$H_o = f(H_i) \qquad (4.9)$$

여기서 함수 $f(\cdot)$는 다음과 같은 형태를 사용한다.

$$f(x) = \frac{1}{2}(1 + \tanh(\frac{x}{a})) \text{ 또는} \qquad (4.10)$$
$$f(x) = \frac{1}{1 + \exp(-x)} \qquad (4.11)$$

여기서, a는 활성화 함수의 기울기 상수이다.

출력계층의 입력단과 출력단은 중간계층의 출력단에서 얻은 값을 입력으로 식 (4.12), (4.13)에 의해 얻어진다.

$$O_i = \Sigma W_{oh} * H_o \qquad (4.12)$$
$$O_o = f(O_i) \qquad (4.13)$$

만약 상단 방향으로 계산된 식 (4.13)의 출력값과 목표 출력 패턴이 일치하면 학습이 종료되나 그렇지 못할 경우 이 차이를 감소시키기 위해 하단 방향으로 Gradient descent 방법을 사용하여 연결하중치를 수정한다.

학습과정은 입력패턴에 대한 출력패턴 쌍의 집합을 가지고 수행된다. 먼저 입력패턴이 신경회로망의 입력으로 사용되어 신경회로망에 의하여 출력값이 결정된다. 출력값이 목표 출력패턴과 일치하지 않으면, 두 값의 차이를 감소시키는 방향으로 연결하중을 변경시킨다. 만약 중간계층이 없는 경우는 주어진 입력패턴(i_{pi})과 출력패턴(t_{pj})의 쌍 p에 대하여 앞 절에서 기술한 것과 같이 식 (4.14)에 의해 연결하중이 수정된다.

$$\Delta_p w_{ji} = \eta \cdot (t_{pj} - o_{pi}) \cdot i_{pi} = \eta \cdot \delta_{pj} \cdot i_{pi} \qquad (4.14)$$

여기서, t_{pj}는 출력계층에서 j번째 단자의 출력패턴이고, o_{pj}는 실제로 계산된 출력값이다. 그리고 $\Delta_p w_{ji}$는 패턴쌍 p가 주어진 후의 입력단자 i와 출력단자 j사이의 연결하중의 변화량이다. 식 (4.14)는 일반적으로 델타 규칙(delta rule)이라고 불리는데, 델타 규칙을 일반적인 다층 신경회로망으로 적용시킨 것이 BP 알고리즘 혹은 일반화된 델타 규칙(generalized delta rule)이라고 불리운다.

델타 규칙을 다층 신경회로망에 적용시킬 때, 비선형 함수를 처리하기 위하여 처리단자의 출력을 나타내는 활성화 함수는 시그모이드 형태의 비선형 함수가 사용된다. 이 함수는 미분가능, 비감소함수이어야 한다. 선형함수를 활성화 함수로 사용하면 다층 신경회로망이 등가의 단층 신경회로망으로 변형될 수 있으므로 다층 구조의 장점을 살릴 수가 없다. 따라서, 활성화함수는 반드시 비선형 함수를 사용하여야 한다. 이와 같은 조건을 만족하는 함수를 유사선형함수라 하고, 본 서에서는 식 (4.10)과 식(4.11)을 사용한다.

〈그림 4.9〉의 다층 신경회로망을 보자. 각 층의 단자 j의 출력은 다음 식(4.15)와 같고 단자 j의 총 입력값은 net_{pj}이고 식(4.16)과 같이 정의한다.

$$o_{pj} = f(net_{pj}) \qquad (4.15)$$

$$net_{pj} = \sum_i w_{ji} o_i + \theta \qquad (4.16)$$

입·출력 패턴 p에 대한 출력단자의 출력(o_{pj})과 출력패턴(t_{pj})과의 오차의 제곱합을 식 (4-17)과 같이 정의한다.

$$E_p = \frac{1}{2} \sum (t_{pj} - o_{pj})^2 \qquad (4.17)$$

그리고 다층 신경회로망에서는 연결하중의 변화량은 식(4-17)의 gradient descent에 비례하므로 식(4.18)과 같다.

$$\Delta_p w_{ji} = \eta\left(-\frac{\partial E_p}{\partial w_{ji}}\right) \tag{4.18}$$

여기서, η는 학습율이다.

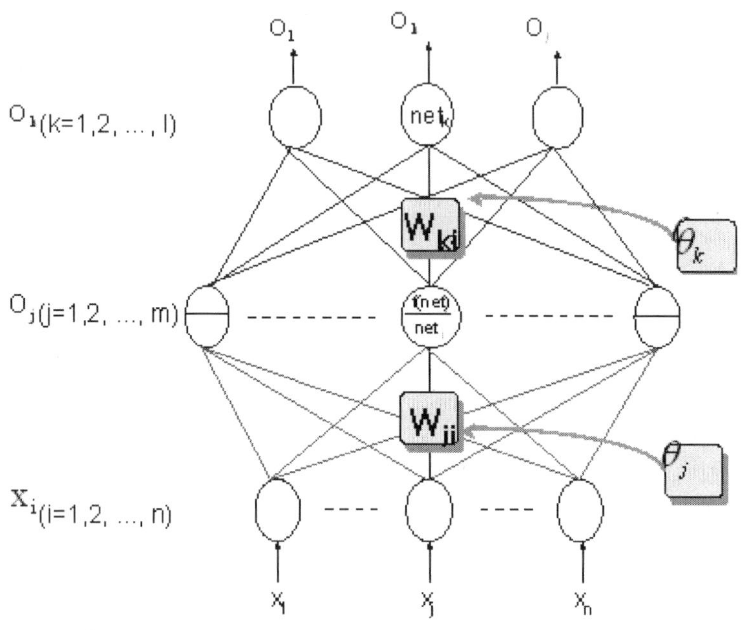

〈그림 4.9〉 다층 신경회로망

식(4.18)에서 출력단자에 연결된 연결하중은 델타규칙에 의해 학습 규칙을 구할 수 있으나, 그 외 중간단자들의 연결하중은 식(4.18)에 의해 학습규칙을 구할 수가 없다. 따라서, 중간단자의 연결하중을 위한 학습규칙은 다음과 같이 사슬법칙(chain rule)을 사용하여 전개된다. 식(4.18)로 부터 식(4.19)가 계산되고, 식(4.19)의 우변에서 두 번째 식의 계산 결과는 식(4.20)과 같이 단자 i의 출력값이 된다.

$$\frac{\partial E_p}{\partial w_{ji}} = \frac{\partial E_p}{\partial net_{pj}} \cdot \frac{\partial net_{pj}}{\partial w_{ji}} \tag{4.19}$$

$$\frac{\partial net_{pj}}{\partial w_{ji}} = \frac{\partial}{\partial w_{ji}}\sum_k w_{ji} o_{pi} = o_{pi} \tag{4.20}$$

δ_{pj}를 식(4.21)과 같이 정의한다.

$$\delta_{pj} = -\frac{\partial E_p}{\partial net_{pj}} = -\frac{\partial E_p}{\partial o_{pj}} \cdot \frac{\partial o_{pj}}{\partial net_{pj}} \qquad (4.21)$$

출력단자에 연결된 연결하중 이외의 연결하중에 대한 식(4.21)은 계산이 쉽지 않다. 따라서, 출력단자의 연결하중과 그 외의 연결하중을 구분하여 다음과 같이 계산한다.

■ 출력단자에 연결된 연결하중

식 (4.21)의 우측 항은 활성화 함수가 식(4.11)의 시그모이드 함수일 때, 각각 다음과 같이 유도된다.

$$\frac{\partial E_p}{\partial o_{pj}} = t_{pj} - o_{pj} \qquad (4.22)$$

$$\frac{\partial o_{pj}}{\partial net_{pj}} = f'(net_{pj}) = o_{pj} \cdot (1 - o_{pj}) \qquad (4.23)$$

그러므로, 출력단자에 연결된 연결하중의 변화량은 식(4.18)~식(4.23)로부터 식(4.24)와 같이 된다.

$$\begin{aligned} \Delta_p w_{ji} &= \eta \cdot o_{pi} \cdot (t_{pj} - o_{pj}) \cdot f'(net_{pj}) \\ &= \eta \cdot \delta_{pj} \cdot o_{pi} \end{aligned} \qquad (4.24)$$

■ 그 외 중간단자에 연결된 연결하중

식(4.21)의 우변 첫 번째 식은 직접 계산이 되지 않는다. 따라서, 사슬법칙을 적용하여 계산하면 다음 식(4.25)과 같이 된다.

$$\begin{aligned} \frac{\partial E_p}{\partial o_{pj}} &= \sum_k \frac{\partial E_p}{\partial net_{pk}} \cdot \frac{\partial net_{pk}}{\partial o_{pj}} \\ &= \sum_k \frac{\partial E_p}{\partial net_{pk}} \cdot \frac{\partial}{\partial o_{pj}}[\sum_j w_{kj} \cdot o_{pj}] \\ &= \sum_k \frac{\partial E_p}{\partial net_{pk}} \cdot w_{kj} = -\sum_k \delta_{pk} \cdot w_{kj} \end{aligned} \qquad (4.25)$$

여기서, $net_{pk} = \sum_{j} w_{kj} \cdot o_{pj}$로서 j는 연결하중의 변화량이 계산되는 계층을, k는 j계층의 차상위 계층을 의미하는 첨자이다. 그러므로, 중간단자에 연결된 연결하중의 변화량은 식(4.18)~(4.21), 식(4.23)~(4.25)에 의하여 식(4.26)과 같이 된다.

$$\Delta_p w_{ji} = \eta \cdot f'(net_{pj}) \cdot o_{pi} \cdot \sum_{k} \delta_{pk} \cdot w_{kj}$$
$$= \eta \cdot \delta_{pj} \cdot o_{pi} \tag{4.26}$$

식(4.26)을 보면 중간계층의 δ_{pj}는 상위계층에서 단자 j와 직접 연결되어 있는 단자 k의 δ_{pk}와 그들 사이의 연결하중 w_{kj}에 의해 정의됨을 알 수 있다.

따라서 연결하중의 학습식은 다음과 같이 정의된다.

$$w_{ji}(t+1) = w_{ji}(t) + \Delta_p w_{ji}(t) \tag{4.27}$$

연결하중을 학습하기 위해서, 위에서 설명한 BP 알고리즘을 사용하여 실제 출력값과 출력패턴과의 차이가 어떤 한계이하로 될 때까지 반복한다. 식(4.24)와 식(4.26)에서 학습효과를 증진시키기 위해서 다음과 같이 모멘텀 항을 삽입할 수 있다.

$$\Delta_p w_{ji}(t+1) = \eta \cdot \delta_{pj} \cdot o_{pi} + \alpha \cdot \Delta_p w_{ji}(t) \tag{4.28}$$

여기서, η는 학습율($0\langle\eta\langle1)$이고, α는 모멘텀 계수($0\langle\alpha\langle1)$이다. 일반적으로 학습율의 값이 클수록 연결하중의 변화량이 큰 값을 갖게 되어 빠르게 학습을 할 수 있다는 장점은 있지만, 정확히 수렴하지 못하고 진동하는 경우가 발생할 수 있다. 그러므로, 학습율을 원하는 정확도까지 가장 빠르게 계산이 이루어질 수 있도록 정해주는 것이 바람직하다. 모멘텀 계수는 이전까지 학습이 된 것을 유지하고, 작은 값의 국부 최소값으로부터 벗어나게 하는 역할을 한다. 앞에서 기술한 다층 퍼셉트론 신경회로망의 학습 알고리즘을 요약하면 다음과 같다.

- 단계 1 : 모든 노드의 연결하중과 임계값을 임의의 작은 수로 초기화

- 단계 2 : 입력패턴 벡터와 목표 출력패턴 벡터의 입력

  입력패턴 벡터 : $x_p = (x_{p1}, x_{p2}, ..., x_{pN})^t$

  목표 출력패턴 벡터 : $t_p = (t_{p1}, t_{p2}, ..., t_{pM})^t$

- 단계 3 : 입력패턴 벡터로부터 은닉층의 net-입력과 출력 계산

$$net_{pj} = \sum_{i=1}^{N} w_{ji} x_{pi} + \theta_j, \quad o_{pj} = f_j(net_{pj})$$

- 단계 4 : 출력층의 net-입력과 출력 계산

$$net_{pk} = \sum_{j=1}^{L} w_{kj} o_{pj} + \theta_k, \quad o_{pk} = f_k(net_{pk})$$

- 단계 5 : 출력층의 오차항을 계산

$$\delta_{pk} = (t_{pk} - o_{pk}) f_k{}'(net_{pk})$$

- 단계 6 : 은닉층의 오차항을 계산

$$\delta_{pj} = f_j{}'(net_{pj}) \sum_k \delta_{pk} w_{kj}$$

  은닉층의 오차항은 출력층의 연결하중이 수정되기 전에 계산함을 주의하라.

- 단계 7 : 출력층의 연결하중을 수정

$$w_{kj}(t+1) = w_{kj}(t) + \eta \delta_{pk} o_{pj}$$

- 단계 8 : 은닉층의 연결하중을 수정

$$w_{ji}(t+1) = w_{ji}(t) + \eta \delta_{pj} x_{pi}$$

  식(3.29)의 모멘텀 항을 이용하여 학습함으로써 더 빠르게 수렴할 수 있다.

- 단계 9 : 수렴이 되지 않으면 단계 2로 가서 위의 과정을 반복

$$E_p = \frac{1}{2} \sum_{k=1}^{M} (t_{pk} - o_{pk})^2 \quad \text{또는} \quad E_p = \frac{1}{2} \sum_{k=1}^{M} \delta_{pk}^2$$

이 0에 접근하여 수렴하기 전까지 위 과정을 반복한다.

다층 퍼셉트론을 이용하여 앞 절에서 기술한 단층 퍼셉트론으로 풀 수 없었던 XOR 문제를 다시 생각하자.

예 4-4 XOR 문제를 풀기 위해 아래 왼쪽 그림과 같이 2개의 단자(unit)를 가지는 은닉
층을 추가하여 다층 퍼셉트론을 구성하자. 그러면 입력공간은 오른쪽 그림과 같
이 3개의 hyperplane으로 나뉘어 패턴을 정확하게 분류하는 것을 볼 수 있다.
즉, 입력이 (0,0), (1,1)인 경우, 출력은 0이 되고, (1,0), (0,1)인 경우, 출력은 1
이 된다.

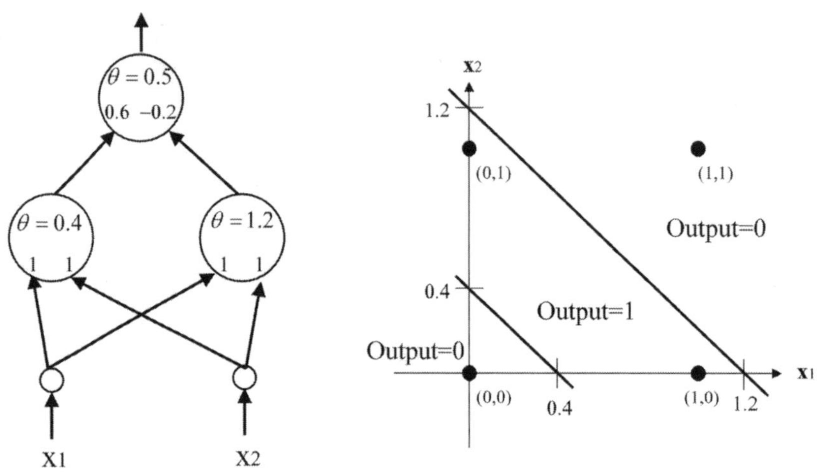

다층 퍼셉트론에 의해 XOR 문제의 패턴 분류과정을 보기 위해 BP 알고리즘에 의한 다
층 퍼셉트론의 학습 예를 다음의 경우를 통해 살펴보자.

예 4-5 BP 알고리즘에 의한 XOR의 학습
먼저 XOR 문제를 풀기 위한 다층 퍼셉트론 신경회로망의 구조를 아래 그림과
같이 정하고 XOR의 입출력 패턴 데이터는 오른쪽 표와 같다.

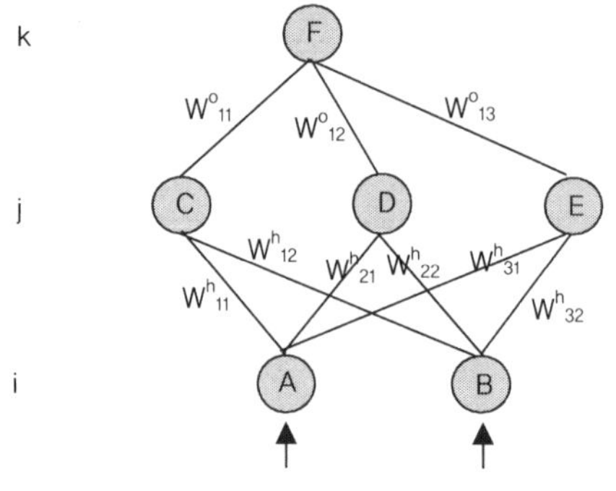

P	x y	z
P_1	0 0	0
P_2	0 1	1
P_3	1 0	1
P_4	1 1	0

연결하중의 초기값을 임의로 아래와 같이 설정하였다. 여기서 임계값은 모두 0으로 하였다.

$$W^h_{11}(0) = 0.31 \quad W^h_{22}(0) = 0.34 \quad W^o_{11}(0) = 0.31$$

$$W^h_{12}(0) = 0.32 \quad W^h_{31}(0) = 0.35 \quad W^o_{12}(0) = 0.32$$

$$W^h_{21}(0) = 0.33 \quad W^h_{32}(0) = 0.36 \quad W^o_{13}(0) = 0.33$$

1) 첫 번째 입력 패턴 (0, 0)이 입력되었을 때의 학습은 다음과 같다.

① 순방향(Forward)

신경회로망의 출력값을 계산하기 위해, 먼저 은닉층에서의 net-입력을 구한다.

$$net_{pj} = \sum_i \omega_{ji} o_\pi$$

$$net_{p_1} = \omega_{11} \cdot 0 + \omega_{12} \cdot 0$$

$$= 0.31 \cdot 0 + 0.32 \cdot 0$$

$$= 0 \;; \text{input value by node C}$$

$$net_{p_2} = \omega_{21} \cdot 0 + \omega_{22} \cdot 0$$

$$= 0.33 \cdot 0 + 0.34 \cdot 0$$

$$= 0 \;; \text{input value by node D}$$

$$net_{p_3} = \omega_{31} \cdot 0 + \omega_{32} \cdot 0$$

$$= 0.35 \cdot 0 + 0.36 \cdot 0$$

$$= 0 \;; \text{input value by node E}$$

앞의 net-입력을 이용하여 노드 C, D, E의 출력을 아래 식을 이용하여 구하면

$$O_{pj} = f(net_{pj}) = \frac{1}{1 + \exp(-net_{pj})}$$

모두 다음과 같은 값이 얻어진다.

$$O_{pj} = \frac{1}{1 + e^{-0}} = \frac{1}{2} = 0.5 \,(j = 1, \ 2, \ 3)$$

이 값을 이용하여 출력층 노드의 net-입력을 계산하면 다음과 같고

$$net_{p_1} = \omega_{11} \cdot 0.5 + \omega_{12} \cdot 0.5 + \omega_{13} \cdot 0.5$$
$$= 0.31 \cdot 0.5 + 0.32 \cdot 0.5 + 0.33 \cdot 0.5$$
$$= 0.155 + 0.16 + 0.165$$
$$= 0.48 \; ; \text{input value by node F}$$

출력은 아래와 같다.

$$O_{pj} = \frac{1}{1 + e^{-0.48}} = \frac{1}{1.62} = 0.62$$

그러면 오차는 다음과 같이 구해진다.

$$E_p = \frac{1}{2} \sum_j (t_{pj} - O_{pj})^2 = \frac{1}{2}(0 - 0.62)^2 = 0.19$$

② 역방향(Backward)

앞의 오차를 이용하여 출력층과 은닉층의 오차항을 계산하고 연결하중을 수정한다. 먼저 각 층의 오차항을 계산하면 아래와 같다.

- δ value of Output Unit

$$\delta_{pj} = (t_{pj} - O_{pj})O_{pj}(1 - O_{pj})$$
$$\delta_{p1} = (0 - 0.62)0.62(1 - 0.62)$$
$$= -0.15 \; \delta \text{ value of node F}$$

- δ value of Hidden Unit

$$\delta_{pj} = \sum_k \delta_{pk}\omega_{kj} \cdot o_{pj}(1 - o_{pj})$$
$$\delta_{p1} = -0.15 \cdot 0.31 \cdot 0.5(1 - 0.5) = -0.01$$
$$\delta_{p2} = -0.15 \cdot 0.32 \cdot 0.5(1 - 0.5) = -0.01$$
$$\delta_{p3} = -0.15 \cdot 0.33 \cdot 0.5(1 - 0.5) = -0.01$$

얻어진 출력층과 은닉층의 오차항을 이용하여 출력층과 은닉층의 연결하중을 수정하면 다음과 같다.

$$\Delta_p \omega_{ji}(t) = \eta(\delta_{pj}\, o_{pi}) \;\; (\eta = 1,\; i = 1,\; 2,\; 3,\; j = 1)$$

$$= -0.15 \cdot 0.5 = -0.075 : \textbf{출력층 연결하중의 보정값}$$

$$\boldsymbol{W^o}_{11}(1) = 0.31 - 0.075 = \textbf{0.235}$$

$$\boldsymbol{W^o}_{12}(1) = 0.32 - 0.075 = \textbf{0.245}$$

$$\boldsymbol{W^o}_{13}(1) = 0.33 - 0.075 = \textbf{0.255}$$

$$\Delta_p \omega_{ji}(t) = \eta(\delta_{pj}\, o_{pi}) \;\; (\eta = 1,\; i = 1,\; 2,\; j = 1,\; 2,\; 3)$$

$$= -0.01 \cdot 0 = 0 : \textbf{은닉층 연결하중의 보정값}$$

$$\boldsymbol{W^h}_{11}(1) = 0.31 \qquad \boldsymbol{W^h}_{22}(1) = 0.34$$

$$\boldsymbol{W^h}_{12}(1) = 0.32 \qquad \boldsymbol{W^h}_{31}(1) = 0.35$$

$$\boldsymbol{W^h}_{21}(1) = 0.33 \qquad \boldsymbol{W^h}_{32}(1) = 0.36$$

2) 두 번째 입력 패턴 (0, 1)의 경우도 앞의 방법과 같이 구할 수 있다.

① 순방향(Forward)

$$net_{p_1} = \omega_{11} \cdot 0 + \omega_{12} \cdot 1$$

$$= 0.31 \cdot 0 + 0.32 \cdot 1$$

$$= 0.32 \; ; \text{input value by node C}$$

$$net_{p_2} = \omega_{21} \cdot 0 + \omega_{22} \cdot 1$$

$$= 0.33 \cdot 0 + 0.34 \cdot 1$$

$$= 0.34 \; ; \text{input value by node D}$$

$$net_{p3} = \omega_{31} \cdot 0 + \omega_{32} \cdot 1$$

$$= 0.35 \cdot 0 + 0.36 \cdot 1$$

$$= 0.36 \; ; \text{input value by node E}$$

노드 C, D, E의 출력은 각각 다음과 같다.

$$O_{p1} = \frac{1}{1 + e^{-0.32}} = \frac{1}{1.73} = 0.578$$

$$O_{p2} = \frac{1}{1 + e^{-0.34}} = \frac{1}{1.71} = 0.584$$

$$O_{p3} = \frac{1}{1 + e^{-0.36}} = \frac{1}{1.70} = 0.588$$

출력층 노드의 출력과 오차는 다음과 같이 구해진다.

$$net_{p_1} = \omega_{11} \cdot 0.578 + \omega_{12} \cdot 0.584 + \omega_{13} \cdot 0.588$$
$$= 0.235 \cdot 0.578 + 0.245 \cdot 0.584 + 0.255 \cdot 0.588$$
$$= 0.1358 + 0.1431 + 0.1499$$
$$= 0.4288 \; ; \textbf{input value by node F}$$

$$O_{p1} = \frac{1}{1 + e^{-0.4288}} = 0.6056$$

$$E_p = \frac{1}{2} \sum_j (t_{pj} - O_{pj})^2$$
$$= \frac{1}{2}(1 - 0.6056)^2 = 0.0778$$

② 역방향(Backward)

- δ value of Output Unit

$$\delta_{pj} = (t_{pj} - O_{pj})O_{pj}(1 - O_{pj})$$
$$\delta_{p1} = (1 - 0.6056)0.6056(1 - 0.6056) = 0.0942 \; ; \delta \text{ value of node F}$$

- δ value of Hidden Unit

$$\delta_{pj} = o_{pj}(1 - o_{pj}) \sum_k \delta_{pk}\, \omega_{kj}$$
$$\delta_{p1} = 0.094 \cdot 0.24 \cdot 0.58 \cdot (1 - 0.58) = 0.0055$$
$$\delta_{p2} = 0.094 \cdot 0.25 \cdot 0.58 \cdot (1 - 0.58) = 0.0057$$

$$\delta_{p3} = 0.094 \cdot 0.26 \cdot 0.59 \cdot (1 - 0.59) = 0.0059$$

얻어진 출력층과 은닉층의 오차항을 이용하여 출력층과 은닉층의 연결하중을 수정하면 다음과 같다.

• 출력층 연결하중의 수정

$$\Delta_p \omega_{ji}(t) = \eta(\delta_{pj} o_{pi}) \ \ (\eta = 1)$$
$$\Delta_p \omega_{11}(t) = 0.0942 \cdot 0.578 = 0.0544$$
$$\Delta_p \omega_{12}(t) = 0.0942 \cdot 0.584 = 0.0550$$
$$\Delta_p \omega_{13}(t) = 0.0942 \cdot 0.588 = 0.0554$$

$$W^o{}_{11}(2) = 0.235 - 0.0544 = \mathbf{0.1806}$$
$$W^o{}_{12}(2) = 0.245 - 0.055 = \mathbf{0.19}$$
$$W^o{}_{13}(2) = 0.255 - 0.0554 = \mathbf{0.1996}$$

• 은닉층 연결하중의 수정

$$\Delta_p \omega_{ji}(t) = \eta(\delta_{pj} o_{pi}) \ \ (\eta = 1)$$
$$\Delta_p \omega_{11}(t) = 1 \cdot 0.0055 \cdot 0 = 0$$
$$\Delta_p \omega_{12}(t) = 1 \cdot 0.0055 \cdot 1 = 0.0055$$
$$\Delta_p \omega_{21}(t) = 1 \cdot 0.0057 \cdot 0 = 0$$
$$\Delta_p \omega_{22}(t) = 1 \cdot 0.0057 \cdot 1 = 0.0057$$
$$\Delta_p \omega_{31}(t) = 1 \cdot 0.0059 \cdot 0 = 0$$
$$\Delta_p \omega_{32}(t) = 1 \cdot 0.0059 \cdot 1 = 0.0059$$

$$W^h{}_{11}(2) = 0.31 - 0 = \mathbf{0.31}$$
$$W^h{}_{12}(2) = 0.32 - 0.0055 = \mathbf{0.3145}$$
$$W^h{}_{21}(2) = 0.33 - 0 = \mathbf{0.33}$$
$$W^h{}_{22}(2) = 0.34 - 0.0057 = \mathbf{0.3343}$$

$$W^h{}_{31}(2) = 0.35 - 0 = 0.35$$

$$W^h{}_{32}(2) = 0.36 - 0.0059 = 0.3541$$

세 번째와 네번째 입력 패턴 (1, 0), (1, 1)에 대해서도 동일한 방법으로 연결하중의 변화량을 구할 수 있다. 이러한 과정을 거쳐 오차 E_p가 원하는 값 이하가 되면 수렴이 되었으므로 학습을 마친다. 다음 그림은 BP 알고리즘에 의한 XOR의 학습 시 오차의 변화를 나타낸다.

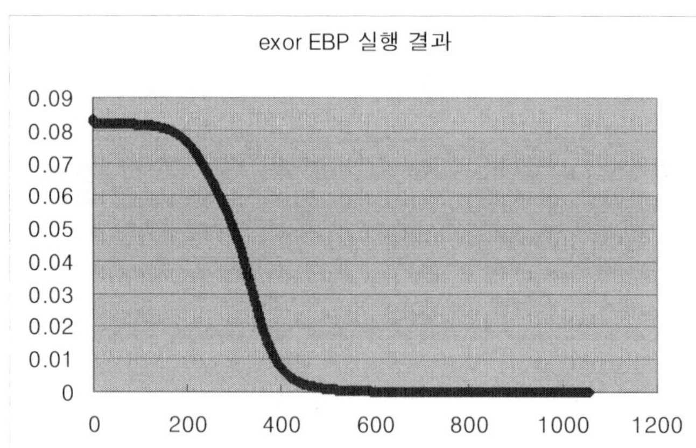

다층 신경회로망의 가장 강력한 기능 중의 하나는 함수 근사화(function approximation)이다. 신경회로망은 은닉층의 활성화 함수로 시그모이드 형태의 비선형 함수를 사용하면 어떠한 함수도 임의의 정확도로 근사화할 수 있음이 증명되었다. 다음은 BP 알고리즘을 이용한 다층 신경망의 함수 근사화 예이다.

예 4-6 아래의 입력패턴 벡터 P와 출력패턴 벡터 T로 나타나는 함수를 BP 알고리즘을 이용하여 근사화하자. 입력과 출력이 각각 한 개이므로 입력층과 출력층은 1개의 노드로 구성되고 은닉층은 5개의 노드로 구성된다. 은닉층의 활성화 함수로는 그림 4.2 (c)의 시그모이드 함수를 사용하고 출력층은 그림 4.2 (a)의 선형함수를 사용한다.

P=[−1.0 −0.9 −0.8 −0.7 −0.6 −0.5 −0.4 −0.3 −0.2 −0.1 0 0.1 0.2 0.3
  0.4 0.5 0.6 0.7 0.8 0.9 1.0]

T=[−0.96 −0.58 −0.073 0.38 0.64 0.66 0.46 0.13 −0.20 −0.43 −0.5
  −0.39 −0.16 0.099 0.31 0.40 0.35 0.18 −0.03 −0.22 −0.32]

다음 그림은 입, 출력 패턴 벡터와 임의로 설정된 연결하중의 초기치에 의한 신경회로망의 출력을 보여준다.

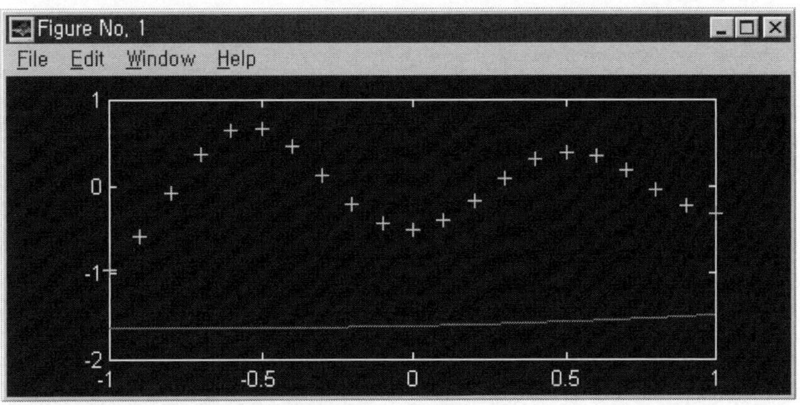

다음 그림들은 학습 횟수의 증가에 따른 신경회로망의 출력을 보여준다. 학습이 진행됨에 따라 신경회로망이 함수를 근사화하는 것을 볼 수 있다.

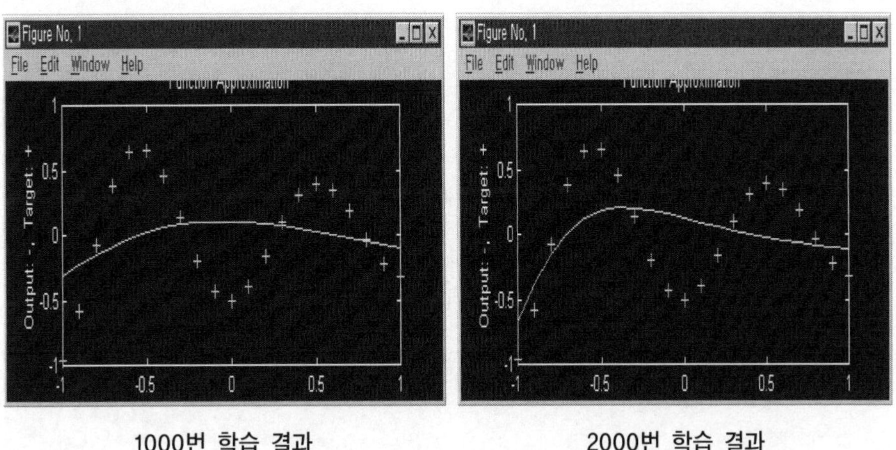

1000번 학습 결과   2000번 학습 결과

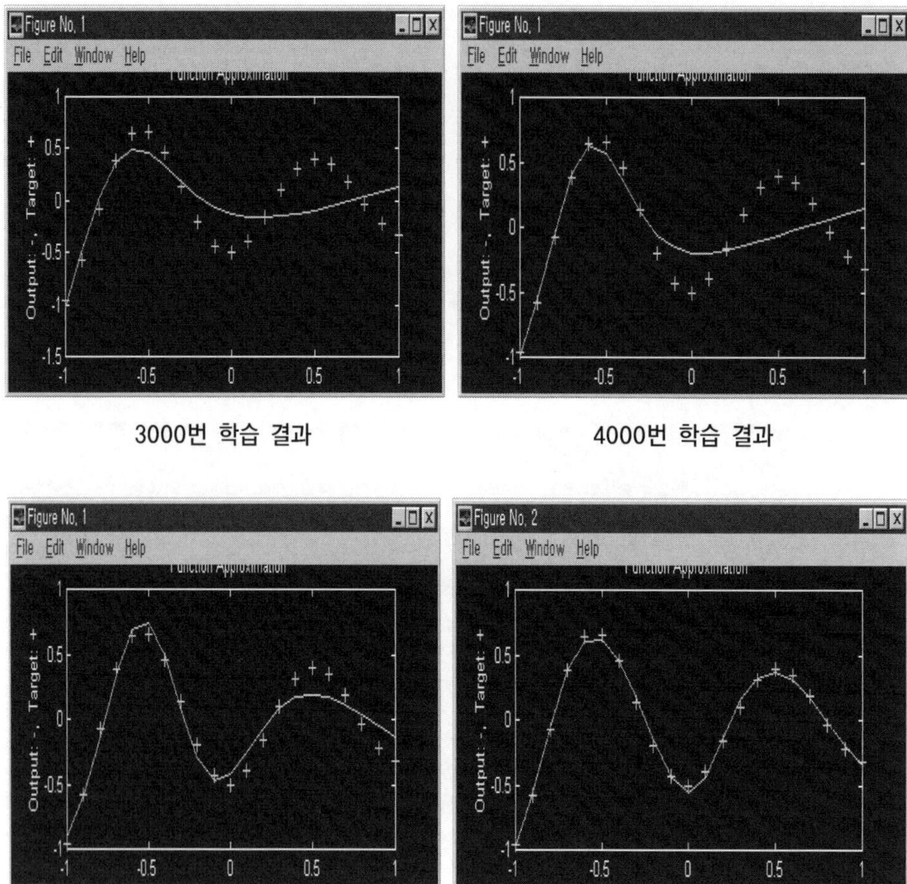

3000번 학습 결과 · 4000번 학습 결과

7000번 학습 결과 · 수렴된 결과

아래 그림은 학습에 따른 오차의 변화를 보여준다. 학습 오차의 목표값은 0.02로 하였다.

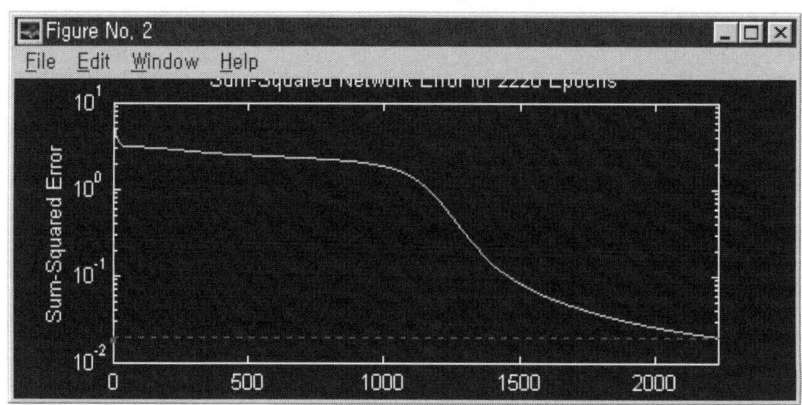

수렴된 연결하중과 임계값은 다음과 같다.

① 은닉층
$$w1 = [-3.6007\ 4.5777\ -3.8718\ -3.6665\ 2.4412\ ]$$
$$b1 = [2.6791\ -0.7578\ -3.1948\ 2.3417\ 0.4953\ ]$$

② 출력층
$$w2 = [0.8333\ 1.1417\ -1.504\ -0.3596\ -1.6712\ ]$$
$$b2 = [-1.0300\ ]$$

신경회로망 응용

2.1 신경회로망의 응용 분야

신경회로망은 학습과 병렬처리 등의 특성을 통해 패턴 분류, 음성합성 및 인식, 문자 및 홍채 인식, 함수 근사화, 최적화, 비선형 시스템 모델링 및 제어 등의 다양한 분야에 적용되어 왔다. 다음은 신경회로망의 응용 분야를 나타낸다.

- **항공기(Aerospace)** : 항공기 자동항법 및 제어시스템, 부품 고장 진단,
- **자동차(Automotive)** : 자동차 자동 항법시스템, 브레이크 진단 시스템
- **은행(Banking)** : 신용 평가
- **국방(Defense)** : 목표 추적, 얼굴 인식, 센서, 레이더, 이미지 신호처리, 물체 구분
- **전자(Electronics)** : 집적 회로 칩 레이아웃, 공정 제어, 칩 고장 분석, 비젼, 음성인식, 문자 인식, 홍채 인식, 비선형 모델링
- **의학(Medical)** : 암 세포 분석, EEG & ECG 분석, 이식시간 최적화
- **재정(Financial)** : 대출 상담, 신용카드 사용 분석, 통화 분석 및 예측
- **로봇(Robotics)** : 로봇 암 제어, 기계 비젼, 궤적 제어, 이동로봇 경로제어
- **증권(Securities)** : 시장 분석, 채권 분석, 주가 예측 및 상담 시스템

2.2 신경회로망을 이용한 비선형 시스템 모델링 및 제어

2.2.1 상수처리 시스템 응집제 주입공정의 모델링 및 제어

신경회로망의 응용 예로서 비선형 시스템을 모델링하고 이를 제어하는 예를 생각하자. 비선형 시스템 모델링의 대상으로는 상수처리시스템의 응집제 주입공정을 정하였다. 상수처리 시스템의 응집제 주입공정은 비선형 다변수 시스템으로서 수학적인 모델을 얻기가 어렵고 이를 바탕으로 한 정확한 응집제 주입량의 계산이 어려우므로 신경회로망에 의한 모델링의 좋은 대상이 된다. 상수처리 시스템에 관한 내용은 "제3부 5장 퍼지이론의 응용"의 "5.2.4절 상수 처리에의 퍼지응용"에서 다루었으므로 참조하기 바란다.

■ 신경회로망

비선형 다변수 시스템인 응집제 주입공정을 모델링하기 위해 역전파(Back-Propagation) 알고리즘을 이용하여 신경회로망을 학습한다. 입력계층의 입력단은 실험을 통하여 얻은 입력데이터를 받아들이며 입력계층의 출력단은 입력데이터의 값을 정규화한 값으로, 입력데이터 벡터 $X_t = \{x_1(t), x_2(t), \cdots, x_n(t)\}$에 대하여 식(4.29)와 같이 정규화(normalize)함으로써 입력변수의 출력변수에 대한 영향력을 균등화하였다.

$$\overline{x_i}(t) = \frac{(x_i(t) - (x_{i,\min} + x_{i,\max})/2.0)}{(x_{i,\min} + x_{i,\max})/2.0} \qquad (4.29)$$

여기서, $x_i(t)$는 i번째 입력변수의 t번째 데이터를 의미하고 $x_{i,\min}$, $x_{i,\max}$는 각각 i번째 입력변수의 최대값과 최소값을 의미한다. $\overline{x_i}(t)$는 $x_i(t)$를 폐구간 [-1.0 1.0]으로 정규화한 값이다.

중간계층의 입력단은 다음 식(4.30)과 같이 연결 하중치와 정규화된 입력들의 곱의 합에 임계값(threshold)을 합한 값으로 표현된다.

$$net_j = \sum_{i=1}^{n} \overline{x_i}(t) \cdot w_{ij} + \theta_{th} \qquad (4.30)$$

여기서, n은 입력변수의 수를 나타낸다.

또한 중간계층의 출력단은 식(4.30)의 활성화 함수 값으로 식(4.31)과 같이 표현된다.

$$o_j = f(net_j), \quad f(x) = \frac{1}{2}(1 + \tanh(\frac{x}{a})) \tag{4.31}$$

여기서, a는 활성화 함수의 기울기를 결정하는 인자이다.

출력계층의 입력단과 출력단은 중간계층의 출력단에서 얻은 값을 입력으로 식(4.32)에 의해 얻어진다.

$$net_k = \sum_{j=1}^{m} o_j \cdot w_{jk} = \widehat{y(t)} \tag{4.32}$$

여기서 m은 출력층의 노드 수, $\widehat{y(t)}$는 신경회로망 모델에서 계산된 t번째 출력값을 나타낸다.

만약 상단 방향으로 계산된 식(4.32)의 출력값과 실험에서 얻은 출력 패턴이 일치하면 학습이 종료되나 그렇지 못하면 최급강하(gradient descent)법을 이용하여 연결하중치와 임계치를 보정한다. 식(4.33)은 공정 출력값 $y(t)$와 신경회로망 모델로부터 계산된 $\widehat{y(t)}$와의 오차를 나타낸다. 연결하중과 임계치는 식(4.33)을 최소화하기 위해 보정된다. 출력층과 중간층(은닉층)의 연결하중의 보정은 식(4.34)와 식(4.35)로 표시되고 임계치는 식(4.36)에 의해 보정된다. 여기서 학습율은 $0 \langle \eta_w, \eta_\theta \langle 1$ 의 값을 갖는다.

$$E(k) = \frac{1}{2}(y(k) - \widehat{y(t)})^2 \tag{4.33}$$

$$
\begin{aligned}
w_{jk}(t+1) &= w_{jk}(t) + \nabla w_{jk}(t) \\
\nabla w_{jk}(t) &= -\eta_w \cdot \frac{\partial E(t)}{\partial w_{jk}(t)} = -\eta_w \cdot \frac{\partial E(t)}{\partial \widehat{y(t)}} \cdot \frac{\partial \widehat{y(t)}}{\partial w_{jk}(t)} \\
&= -\eta_w \cdot (y(t) - \widehat{y(t)}) \cdot o_j
\end{aligned} \tag{4.34}
$$

$$w_{ij}(t+1) = w_{ij}(t) + \nabla w_{ij}(t)$$

$$\nabla w_{ij}(t) = -\eta_w \cdot \frac{\partial E(t)}{\partial w_{ij}(t)}$$

$$= -\eta_w \cdot \frac{\partial E(t)}{\partial net_k(t)} \cdot \frac{\partial net_k(t)}{\partial o_j(t)} \cdot \frac{\partial o_j(t)}{\partial net_j(t)} \cdot \frac{\partial net_j(t)}{\partial w_{ij}(t)} \qquad (4.35)$$

$$= -\eta_w \cdot (y(t) - \widehat{y(t)}) \cdot w_{jk}(t) \cdot \frac{2}{a} \cdot f(net_j) \cdot (1 - net_j) \cdot x_i(t)$$

$$\theta_{th}(t+1) = \theta_{th}(t) + \nabla \theta_{th}(t)$$

$$\nabla \theta_{th}(t) = -\eta_\theta \cdot \frac{\partial E(t)}{\partial \theta_{th}(t)}$$

$$= -\eta_\theta \cdot \frac{\partial E(t)}{\partial net_k(t)} \cdot \frac{\partial net_k(t)}{\partial o_j(t)} \cdot \frac{\partial o_j(t)}{\partial net_j(t)} \cdot \frac{\partial net_j(t)}{\partial \theta_{th}(t)} \qquad (4.36)$$

$$= -\eta_\theta \cdot (y(t) - \widehat{y(t)}) \cdot w_{jk}(t) \cdot \frac{2}{a} \cdot f(net_j) \cdot (1 - net_j)$$

최소자승오차는 식(4.37)과 같이 정의된다.

$$error = \frac{\sum_{k=1}^{N} 2E(k)}{N} \qquad (4.37)$$

식(4.37)은 학습에 의해 추론된 출력값과 실제의 출력데이터의 오차이며 이 값이 일정 범위 안에 들면 학습이 종료되고 모델링이 끝나게 된다.

■ 응집제 주입공정의 모델링

〈그림 4.10〉는 응집제 주입공정 모델링을 위한 신경회로망 구조도이다. 이는 5개의 입력 뉴런, 15개의 중간뉴런 그리고 1개의 출력뉴런으로 구성된다. 입력변수로는 응집제 주입공 정에 가장 많은 영향을 미치는 원수의 탁도, 수온, pH, 알칼리도, 처리수 탁도로 하였다. 입, 출력 패턴 데이터로는 실공정의 숙련된 운전자에 의한 Jar-test 결과를 이용한다. 학습 된 신경회로망 모델은 최적의 응집제 주입율을 찾는데 사용된다. 원수의 수질을 나타내는 필드 데이터가 입력되면 이에 상응하는 응집제 주입율이 결정되고 이 값은 필드의 actuator 로 전송되어 응집제가 투입된다. 응집제 주입율 설정의 개념도가 〈그림 4.11〉에 보인다.

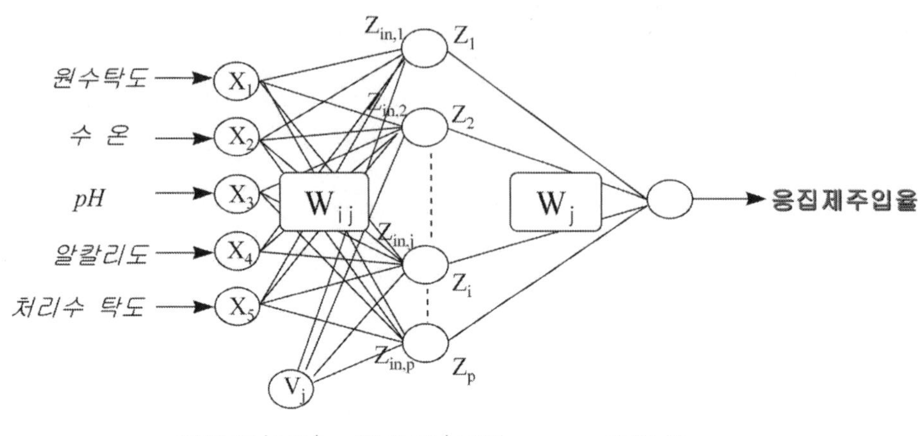

〈그림 4.10〉 응집제 주입공정 모델링을 위한 신경회로망 구조도

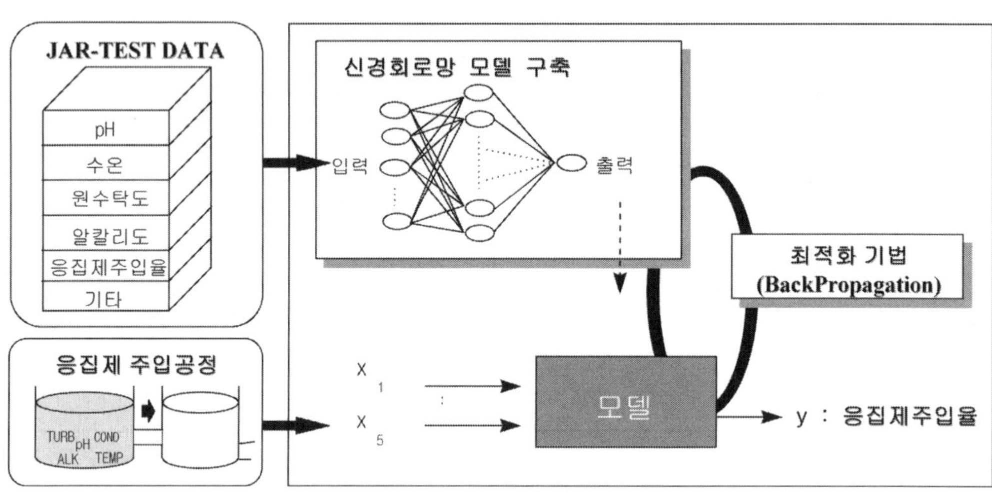

〈그림 4.11〉 응집제 주입율 설정의 개념도

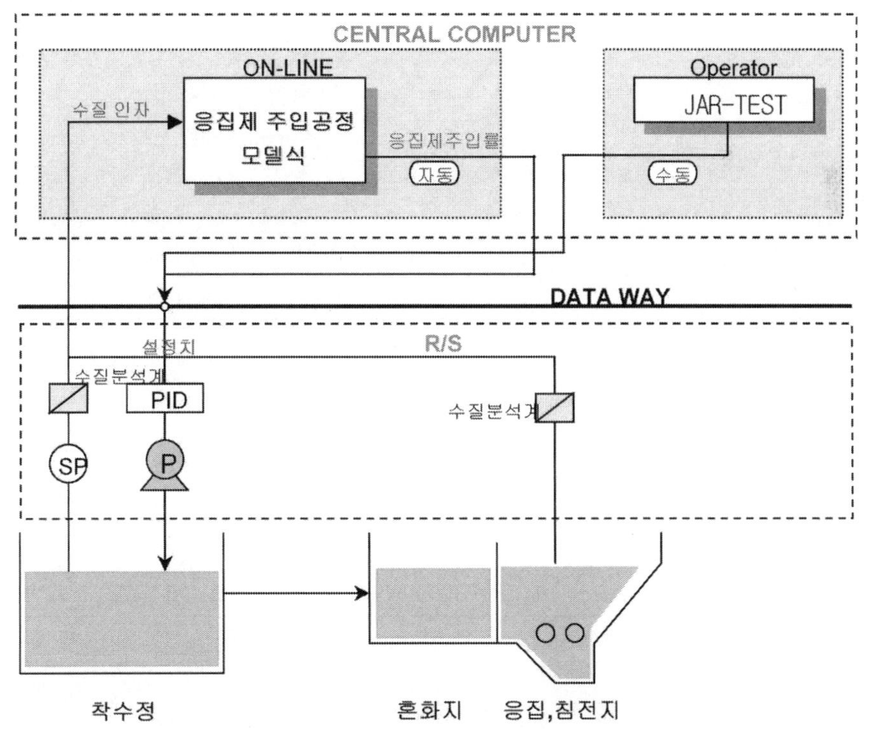

〈그림 4.12〉 응집제 주입율 자동연산을 위한 소프트웨어 운영의 개념도

〈그림 4.13〉 응집제 주입율 자동연산 하드웨어 구성도

〈그림 4.12〉는 응집제 주입율 자동연산을 위한 소프트웨어 운영의 개념도이고 〈그림 4.13〉은 하드웨어 구성도이다. 착수정으로 유입되는 원수의 수질항목인 탁도, 알칼리도, pH, 수온 값을 센서로부터 읽어 들이고, 또한 침전지의 탁도도 센서로부터 읽는다. 이러한 센서로부터 입력된 값들을 과거의 Jar-test 데이터에 의해 구축된 응집제 주입공정 신경회로망 모델의 입력변수로 하여 응집제 주입율을 결정한다. 결정된 주입율을 응집제 주입기의 설정치로 하여 응집제가 투입된다.

〈표 4.3〉은 모델링을 위한 신경회로망 파라미터 값들이다.

〈표 4.3〉 신경회로망 파라미터

파라미터	범 위
학습율	0.0005
초기 연결하중 범위	±0.005～±2
시그모이드 함수 기울기	0.8

원수의 수질 상태가 정상인 경우와 장마철과 같은 비정상인 경우에 운전자의 제어 행동이 다르기 때문에 응집제 주입공정 신경회로망 모델도 정상인(normal) 경우와 비정상인(abnormal) 경우 2가지로 나누어 구축된다. 이러한 구분의 기준은 원수의 탁도이다. 일반적으로 원수의 탁도가 30 [NTU] 이상이면 비정상 상태로 간주하고 그 이하면 정상 상태로 간주한다.

실공정의 1년치 Jar-test 데이터를 가지고 응집제 주입공정을 모델링하고 실제 주입율과 비교한 결과가 〈그림 4.14〉에 보인다. 표 4.4는 식(4.38)에 의해 계산된 최소자승 오차를 보여준다. 여기서 정상상태인 경우는 실제 응집제 주입율과 평균 90%, 비정상상태인 경우는 100%가 일치하므로 신경회로망에 의한 응집제 주입율 모델링이 매우 효과적인 것을 알 수 있다.

〈표 4.4〉 모델 오차

상 태	오 차	%오차
정상(Normal)	0.801	90%
비정상(Abnormal)	0.0001	100%

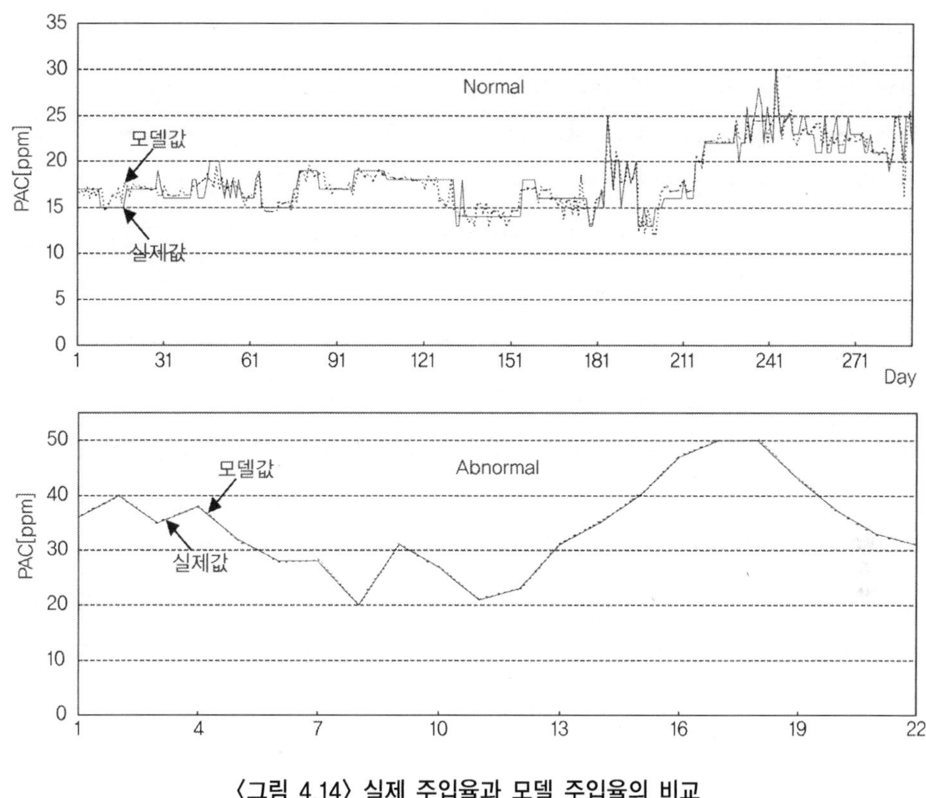

〈그림 4.14〉 실제 주입율과 모델 주입율의 비교

2.2.2 검사조정시스템을 위한 신경회로망 제어기

신경회로망의 다른 응용 예로서 컬러 TV(C-TV)의 자동검사조정시스템을 모델링하고 이를 제어하는 예를 생각해 보자. 브라운관 컬러 TV는 회로를 모두 장착하고 공장에서 제품을 완성하기 전에 CRT 화면을 원하는 위치로 조정하여야 한다. 이 작업은 각 제품의 특성에 따라 복잡하여 주로 사람에 의해 수동으로 조작하는 방법을 사용하였는데 신경회로망을 이용하여 이 시스템의 플랜트를 모델링하고 제어기를 학습하여 자동조정하는 시스템을 구축한다.

■ 신경회로망 제어기의 설계

신경회로망을 이용한 간접적응제어기를 설계하여 출력값이 원하는 값으로 조정되어 있지 않은 가변코일, 가변저항기, 가변콘덴서 등으로 구성된 플랜트의 출력을 검색하고, 이 플랜트의 출력이 원하는 목표값과 일치하도록 가변소자들을 조정하는 자동검사조정시스템을 위한 신경회로망 제어기를 설계하자. 설계된 제어기를 C-TV 보드(board)의 가변코일의 출력을 검색한 후, 이 값을 조정하는 AFT(Auto Fine Tuning) 제어에 적용하면, 환경 변화가 심하고 잡음이 많이 첨가되는 플랜트를 원하는 출력으로 제어할 수 있다.

〈그림 4.15〉는 C-TV 보드 내의 가변코일을 자동검사조정하기 위한 시스템을 나타낸다. 〈그림 4.15〉에서 점선 박스 안은 실제 플랜트로서 C-TV 보드의 가변코일과 PC를 인터페이스 하기 위한 장치들이다. 먼저 플랜트 출력값(y_p)을 읽어서 목표값(y_t)와의 오차가 발생되면 이 오차가 신경회로망 제어기의 입력으로 사용된다. PC를 사용하여 설계된 제어기에서 나온 출력은 모터의 입력펄스로 작용되어, 이 모터의 끝단에 장착된 드라이버를 구동시켜 가변코일을 조정하게 된다. 이 조정된 플랜트의 출력이 오실로스코프에 나타나고, 이 값이 GPIB 보드를 통하여 PC에 전달되어 제어기와 에뮬레이터의 입력으로 사용된다. 만약, 에뮬레이터 출력(y_e)과 플랜트 출력(y_p) 사이에 오차가 발생하면 에뮬레이터의 연결하중도 보정된다. 자동검사시스템에서 제어기의 입력으로는 목표값과 플랜트 출력값과의 차이가 사용되며, 에뮬레이터의 입력으로는 제어기의 출력과 플랜트의 이전 출력이 사용된다.

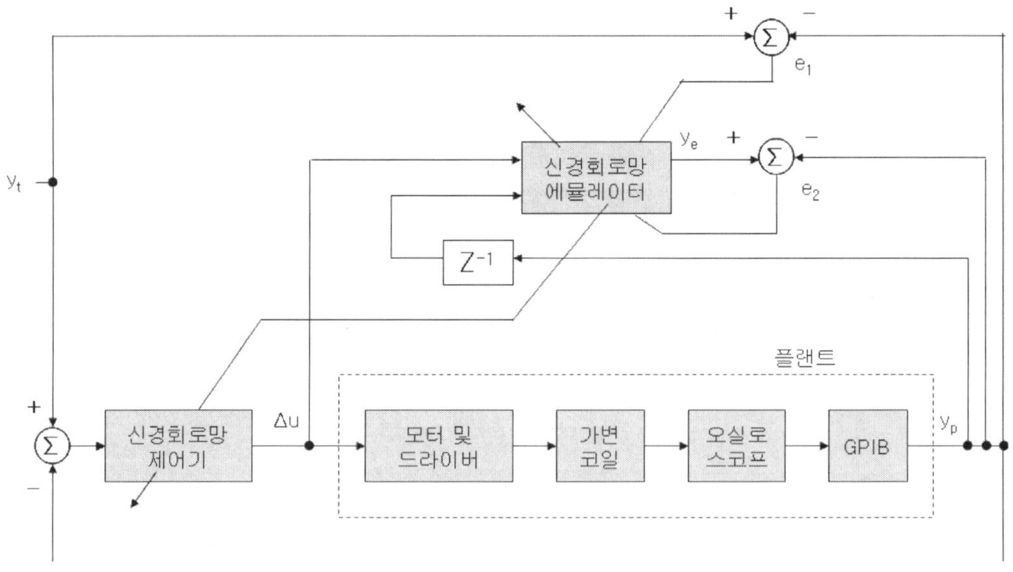

〈그림 4.15〉 신경회로망을 이용한 자동검사조정시스템

〈그림 4.15〉와 같은 시스템을 실제로 사용할 때는 에뮬레이터와 제어기가 잘 학습되어 있어야 한다. 만약에 신경회로망 에뮬레이터의 연결하중이 플랜트의 계수를 제대로 추정하기 못했다면 신경회로망 에뮬레이터의 연결하중은 에뮬레이터의 출력과 플랜트의 출력 사이의 오차를 계속적으로 후향전달함으로써 보정된다. 그리고 목표값(y_t)과 플랜트의 출력(y_p) 사이의 오차(e_1)이 계속 계산되어 이 오차가 에뮬레이터의 연결하중을 통하여 제어기의 연결하중을 보정하게 된다.

신경회로망을 사용하여 간접적응제어기를 구성할 때에는 제어기를 학습하기 전에 에뮬레이터를 정확히 학습하여야 한다. 에뮬레이터를 학습시키는 방법은 플랜트의 모델링과 매우 유사하다. 〈그림 4.16〉은 신경회로망 에뮬레이터를 학습하기 위한 시스템을 보여준다.

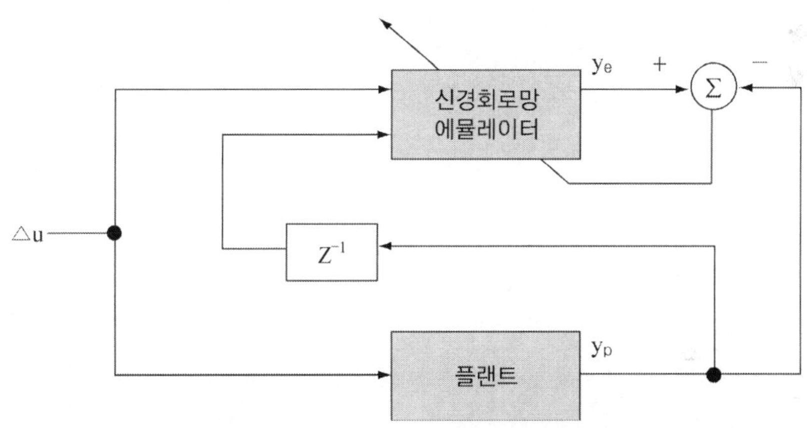

〈그림 4.16〉 신경회로망 에뮬레이터의 학습시스템

〈그림 4.16〉에서 신경회로망 학습을 위해 오차 역전파(BP) 모델을 사용하는데 이는 하나의 중간계층과 두 개의 입력단자와 하나의 출력단자를 가진다. 두 개의 입력 중 하나는 임의의 입력이고, 다른 하나는 플랜트의 이전 출력값이 들어간다. 에뮬레이터의 연결하중은 앞에서 설명된 BP 알고리즘을 이용해 보정된다.

신경회로망 에뮬레이터가 플랜트의 동작을 잘 학습한 후에 신경회로망 제어기의 학습이 행해진다. 〈그림 4.15〉에서 제안된 신경회로망제어기는 하나의 입력단자를 가진 입력계층, 20개의 중간단자를 가진 하나의 중간계층 그리고 하나의 출력단자를 가진 출력계층으로 구성되어 있다. 제어기의 학습은 〈그림 4.15〉에서 보이는 것처럼 잘 학습된 에뮬레이터를 통해 플랜트의 출력과 목표값의 오차가 제어기에 후향전달됨으로써 이루어진다. 플랜트의 출력 y_p와 목표값 y_t 사이의 오차가 신경회로망 에뮬레이터의 연결하중을 통하여 후향전달된다. 이 때, 에뮬레이터의 두 개의 입력 중 하나는 제어기의 출력이고, 다른 하나는 플랜트의 이전 출력이다. 플랜트의 출력과 목표값 사이의 오차가 에뮬레이터의 출력계층에 전달됨으로써 제어기의 연결하중이 보정된다.

■ 자동검사조정시스템의 제어

조정하고자 하는 플랜트의 함수를 알 수 없기 때문에 플랜트에서 얻은 데이터를 가지고 실제의 플랜트 함수의 유형을 추정하고 이 함수를 이용하여 모의실험을 수행한다. 다음 〈표 4.5〉는 실제 플랜트에서 얻어진 출력 데이터이다.

〈표 4.5〉 입력 펄스에 대한 실제 플랜트의 출력값

입력 펄스	플랜트 출력	입력 펄스	플랜트 출력
-22,000	98	0	0
-21,000	97	1,000	-10
-20,000	97	2,000	-21
-19,000	97	3,000	-30
-18,000	97	4,000	-40
-17,000	97	5,000	-48
-16,000	96	6,000	-54
-15,000	95	7,000	-60
-14,000	93	8,000	-66
-13,000	91	9,000	-70
-12,000	88	10,000	-72
-11,000	86	11,000	-76
-10,000	82	12,000	-78
-9,000	76	13,000	-80
-8,000	70	14,000	-82
-7,000	64	15,000	-84
-6,000	56	16,000	-84
-5,000	47	17,000	-85
-4,000	39	18,000	-85
-3,000	30	19,000	-85
-2,000	20	20,000	-85
-1,000	10	21,000	-86

이 표의 데이터는 플랜트의 출력을 목표값(y_t)을 0으로 맞추어 놓고 여기에 모터의 입력으로 $-22,000$ 펄스(pulse)에서 21,000 펄스까지 1,000 펄스 단위로 모터 입력을 주어 구한 플랜트의 출력값이다. 이 값들로부터 플랜트의 함수와 유사한 함수를 정의하기 위해 플랜트의 출력의 범위를 $-8.5 \sim 9.5$로 보정(scaling)하였고, 모터의 입력펄스의 범위를 $-2 \sim 2$로 보정하였다. 이에 따라 식 (4.38)과 같은 함수를 플랜트 함수로 추정하였다.

$$y_p(k) = F(y_p(k-1),\ \Delta u(k)) \qquad (4.38)$$

식 (4.38)을 실제 플랜트 함수와 같게 하기위해 보조함수 g를 식 (4.39)와 같이 정의하고, 이 함수를 사용하여 함수 F의 값을 결정하였다.

$$g(u(k)) = -18 \cdot \left(\frac{1}{1 + \exp(-u(k))} - \frac{1}{2} \right) + \frac{1}{2} \qquad (4.39)$$

함수 F는 $y_p(k-1)$과 Δu_k를 알고 있으면 구할 수 있다. 함수 F는 다음 식과 같이 정의한다.

$$F(y_p(k-1),\ \Delta uk) = y_p(k-1) + g(u_k) - g(u_{k-1}) \qquad (4.40)$$

여기서, $y_p(k-1)$: 플랜트의 이전 출력값

$u_k = u_k + \Delta u_k$로 정의된다. 따라서, $g(u_k) - g(u_{k-1})$ 는 입력펄스 Δu_k에 대한 플랜트 출력의 변화량으로 생각될 수 있다.

신경회로망 제어기를 학습하기 전에 앞에서 기술한 방법으로 에뮬레이터를 학습한다. 에뮬레이터 학습 시 학습율 η는 5×10^{-4}을 사용하였다.

이렇게 학습된 에뮬레이터와 신경회로망 제어기를 가지고 실제 플랜트를 제어할 때는 제어기를 미리 학습 시켜 놓는 것이 중요하다. 제어기가 학습되지 않은 상태에서 플랜트를 제어한다면 제어 성능이 상당히 저하될 것이다. 따라서 1000개 정도의 서로 다른 초기값을 가지는 플랜트 데이터에 대해 제어기를 학습시키고 제어를 수행하였다. 500개의 서로 다른 초기값을 가지는 플랜트의 제어 횟수가 〈표 4.6〉에 나타난다.

〈표 4.6〉 500개의 다른 초기 값을 갖는 플랜트에 대한 제어 회수 결과

제어 횟수	제어된 플랜트 갯수
1	30
2	75
3	113
4	92
5	94
6	39
7	21
8	20
9	3
10	6
11	4
12	2
13	1

표의 결과를 보면 제어기가 충분히 학습되어 있으므로 C-TV 보드의 가변코일을 3~5회 조정함으로써 플랜트를 원하는 출력으로 제어할 수 있음을 볼 수 있다.

참고문헌

[1] K.S. Narendra and K. Parthasarathy, "Identification and Control of Dynamical Systems Using Neural Networks", IEEE, Trans. on Neural Networks. Vol. 1, March 1990.

[2] K.S. Narendra and L.S Valavani, "Direct and Indirect Model Reference Adaptive Control.", Automatica, Vol. 15, pp.653~664.

[3] T. Yamada and T. Yabuta, "Plant Identification Using Neural Network", Japan-U.S.A Symposium on Flexible Automation, ISCIE, Kyoto, Japan, pp.283~288, 1990.

[4] R.P Lippman, "An Introduction to Computing with Neural Nets", IEEE ASSP Magazine, pp.4~22, April 1987.

[5] D.E Rumelhart et. al., *Parallel Distributed Processing : Explorations in the Microstructure of Cognition*, Vol. I, MIT Press, 1986.

[6] T. Khanna, *Foundation of Neural Networks*, Addison-Wesley Publishing Company, 1990.

[7] James A. Freeman David M. Skapura , *Neural Networks-Algorithms, Applications, and Programming Techniques*, Addison-Wesley Publishing Company , 1991

[8] Howard Demuth, Mark Beale, *Neural Network TOOLBOX*, The MATH WORKS Inc., 1993.

[9] M. Minsky and S. Papert, *Perceptrons*, MIT Press, 1962.

[10] J. J. Hopfield, "Neural networks and physical systems with emergent collective computational abilities", Proc. of the National Academy of Science, pp.2554~2558, 1982

[11] 남의석, 박종진, "신경회로망을 이용한 상수처리시스템의 응집제 주입공정 최적화", 제어·자동화·시스템공학회 논문지, 제3권 제6호, pp.644~651, 1997.

유전자 알고리즘 및 응용

Artificial Intelligence

유전자 알고리즘 개요

유전자 알고리즘은 자연생태계에서 관찰된 진화 방법(다윈의 적자생존 이론) 및 유전학 이론(멘델의 유전 법칙)을 컴퓨터 이용이 가능하도록 최적 값 탐색 문제에 도입한 것으로서 1975년 홀란드(John Holland)에 의해서 최초로 제안되었다. 이러한 유전자 알고리즘은 고등 생물이 염색체(chromosome)내의 유전인자 교배(crossover) 및 돌연변이(mutation)를 이용, 세대(generation)를 거듭함에 따라 최적 상태로 진화해 나가는 데서 힌트를 얻어 이를 견고한(robust) 최적해 탐색에 이용하려는 노력의 일환으로 탄생하게 되었다. 유전자 알고리즘의 배후의 아이디어는 다윈의 자연도태설(survival of the fittest)에 입각하여 자연이 행하는 것을 그대로 실현하는 것이다. 예를 들면, 어떤 시점에서 토끼들의 집단이 존재하고 그들 중 어떤 것들은 다른 것에 비해 더 빠르고 더 영리하다고 하자. 빠르고 영리한 토끼는 여우에게 잡아먹힐 가능성이 작으므로 많은 수가 생존할 수 있으며 더 많은 토끼를 만들어 낼 것이다. 물론 느리고 영리하지 못한 토끼도 운이 좋으면 살아남을 수 있다. 살아남은 토끼들의 집단은 유전인자들의 교배 및 돌연변이를 통하여 번식하기 시작하고 이러한 번식의 결과로 여러 가지 형태의 새로운 토끼들이 생겨나게 된다. 즉, 느린 토끼와 빠른 토끼의 혼합, 영리한 토끼와 영리하지 못한 토끼의 혼합, 작은 토끼와 큰 토끼의 혼합 등이 이루어진다. 또한, 자연은 가끔씩 토끼의 유전인자에 돌연변이를 주어서 전혀 새로운 형질의 토끼가 탄생할 기회를 준다. 빠르고 영리한 부모 토끼들이 여우로부터 생존하였으므로 어린 토끼들은 평균적으로 원래의 개체집단보다 더 빠르고 영리할 것이다. 유전자 알고리즘은 토끼의 이야기와 밀접하게 대응되는 단계별 과정을 거쳐서 문제영역에서 최적의 해를 도출해낸다. 유전자 알고리즘은 해 공간에서 단일 해가 아닌 해집합을 이용하기 때문에 전역적 해(Global Optimization)의 발견을 가능케 하고, 최적화 함수 정보(미분가능, 연속성)를 필요치 않으므로 성능지표 또는 평가함수를 설계자의 의도에 부합하도록 용이하게 정의할 수 있는 장점을 가지고 있다.

단점으로 최적점 근처에서의 미세조정(fine-tuning)을 위해 많은 시간이 소비되고, 외부 환경의 변화나 시스템 파라미터의 변동에 대한 적응성 문제가 대두될 수 있다. 또한, GA 는 본질적으로 병렬적이고 전역적이지만 탐색공간이 이산적이므로 GA를 연속인 다차원 공간의 최적화문제에 적용하기가 어렵다는 문제점이 있다. 그러나, 휴리스틱한 방법이나 유전 연산자(operator)의 변수조정, 적응제어 방법론을 GA와 결합하여 사용함으로써 이 러한 단점도 효과적으로 극복될 수 있다.

1.1 생물학적 배경

1865년 Mendel은 유전인자는 부모로부터 자손에게로 전하여진다고는 기본원리를 발견 하였다. 그러나 소위 멘델의 법칙이 사회에 알려진 것은 1900년 de Vries, Correns 그리 고 von Tschermak에 의해서 독자적으로 이 법칙이 재발견된 이후다. 그리고 유전학은 Margan과 그의 동료들에 의해 전적으로 발견하게 되었다. 즉 그들은 시험적으로, 염색체 는 유전정보를 나르는 주 요소이고 유전자는 유전인자를 나타내며 염색체 위에 늘어져 있 다는 것을 밝혔다. 이러한 일련의 실험 결과로부터 멘델의 법칙의 타당성이 이론적으로 뒷 받침 받게 되었다. 하지만 멘델의 법칙은 Darwin의 자연적 선택이론(theory of natural selection)에 의한 진화이론과 서로 모순되는 것으로 여겨져 왔다. 그러던 것이 1920년대 Cetverikov등에 의하여 멘델의 유전 법칙과 다윈의 자연적 선택이론은 서로 모순되지 않 는다는 것이 밝혀져서 이들 이론의 토대로 위에서 현대 진화 이론이 태어나게 되었다.

이러한 학문적 토대 위에서 발전해 온 유전학과 분자생물학의 연구 결과에 의하면, 생 물체는 DNA의 유전자 사슬의 교차와 돌연변이 등에 의하여 새롭고 보다 환경에 적응력 이 강한 생물체로 진화해 간다. 따라서 자연의 섭리는 적자생존의 대 원칙에 따라 모든 생물체가 진화해 가도록 한다고 볼 수 있다. DNA의 유전자 사슬의 길이가 매우 길다는 점을 고려하면 교차와 돌연변이에 의해 거의 무한한 가짓수의 매우 다양한 형질의 생물 개체가 태어나게 된다. 그러나 자연계에서 보면 유전자 사슬의 교차와 돌연변이에 의해 늘 우수한 형질의 개체만 나타나는 것은 결코 아니다. 오히려 지금까지의 개체보다 훨씬 열등한 개체들도 나온다. 하지만 자연계에서는 이러한 개체들은 우수한 개체들에 의해 다 음 세대에서 도태될 확률이 매우 높다. 유전의 기본이 되는 생물 시스템의 정보전송 과정의 핵심은 complementary templating mechanisms이다. 즉 모든 세포 내의 유전 정보는 그들의 폴리뉴클레오티드 분자 내에서 뉴클레오티드열로 암호화되고 이 정보는 complementary basepairing반응 수단에 의해 한 세대에서 다음 세대로 전해지며 이 결과 유전이 일어나게 된다. 다시 말해서 유전이란 한 개체에서 다른 개체로 정보가 전송되는 과정이라고 해석할 수 있다. 이러한 세포 내에서의 정보전달과정은 그림 4.1과 같다.

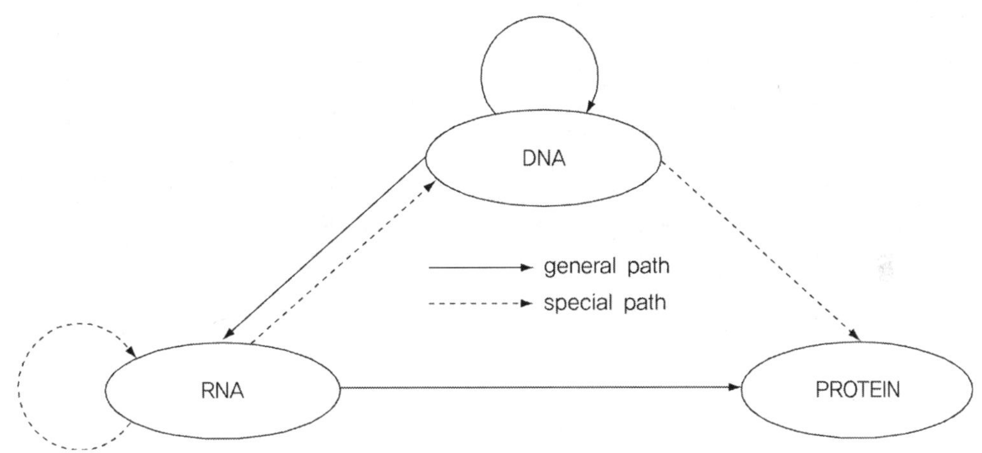

〈그림 5.1〉 세포의 정보전송 과정

20세기에 들어서서 자연과학을 연구하는 많은 사람들이 자연으로부터 아이디어를 구하게 되었다. Holland도 적응 시스템에 쓰일 수 있는 아이디어를 자연계의 진화 메카니즘에서 찾고자 했다. Holland는 인조 유전자 사슬을 만들고 이들에 대해 교차와 돌연변이가 인위적으로 일어나도록 하여 원하는 유전자를 찾고자 하는 노력을 하였다. 이러한 그의 연구 결과는 GA라는 새로운 형태의 최적 값 탐색기가 태어나게 하였다.

A에 있어서는 돌연변이가 단지 새로운 염색체를 만들기 위한 방편으로서 인위적으로 행하여지지만 실제로 생물체에서는 돌연변이는 DNA 복제 과정의 실수로 야기된다. 그리고 모든 세포는 감수분열(Meicosis)을 행하는데 감수분열은 두개의 일련의 핵분열로서 이를 통해서 배우자(또는 생식체 : gametes)를 형성하게 된다. 그리고 유전자의 종류 가운데에는 네 가지의 대립유전자(allele) AT, TA, GC, CG가 있다. GA에서의 진화는 컴퓨터로 시뮬레이션 될 수 있는 최적화 과정을 뜻한다. 이렇게 시뮬레이션이 가능한 진화에는 GA(Genetic Algorithm), 진화 전략(evolution strategy), 진화 프로그래밍(evolutionary programming)의 세 가지가 있다. 그래서 근래엔 이처럼 GA의 개념과 유사한 위의 알고리즘들을 통칭하여 진화 연산(evolutionary computation), 진화 알고리즘(evolutionary algorithms) 또는 진화 프로그램(evolution program)이라고 부른다.

1.2 유전자 알고리즘의 장점

전술한 바와 같이 유전자 알고리즘은 해 공간에서 단일 해가 아닌 해집합을 이용하기 때문에 전역적 해(Global Optimization)의 발견을 가능케 하고, 다변수를 갖는 비선형 문제나 수학적으로 풀 수 없는 복잡한 문제(미분 불가능, 비연속성)에서 견고한 해(robust solution)의 탐색을 보장 해준다. 또한 기존 방법과는 달리 그 개념 자체가 병렬 처리를 지원하므로 멀티 프로세서 시스템(multi-CPU system)을 이용하면 대폭적인 성능향상이 가능하다. 기존의 최적해 탐색 방법은 수학적 접근 방법을 많이 이용해왔다. 〈그림 4.2〉에 나타난 것과 같은 연속적(미분 가능)이고 봉우리(peak)가 하나인 다차원 함수의 최적해 탐색문제에 있어서 수학적 계산 방법은 잘 적용될 수 있다. 즉, 함수의 미분을 통해 기울기가 큰 값 쪽으로(hill climbing) 탐색을 계속해 나가면 최적 해를 쉽게 얻을 수 있다. 그러나, 〈그림 5.3〉 이나 〈그림 5.4〉에 나타난 바와 같이 봉우리가 복수 개 (multiple peak, multimodal)이거나 비연속적이며 비선형(nonlinear)인 복잡한 문제에서는 종래의 수학적 접근 방법으로는 최적 해 탐색이 매우 어렵게 된다. 〈그림 5.3〉과 같은 봉우리가 복수개인 다차원 함수에 있어서는 미분이 가능하다 할지라도 종래와 같이 기울기가 큰 값 쪽으로 탐색을 해나가다 보면 보다 더 높은 봉우리(higher peak)가 있음에도 불구하고 이보다 작은 봉우리(lower peak)를 발견하고서 최적해 탐색을 끝마치게 되는 국부적 최적해(local minima)의 오류에 빠지기 쉽다. 또한, 〈그림 5.4〉와 같은 비연속적이며 비선형인 문제에서는 수학적 계산방법의 적용 자체가 어렵게 되어 기존의 수학적 접근 방법으로는 해결이 거의 불가능하게 된다. 이러한 문제에 있어서는 결국은 랜덤 탐색(random search) 방식을 적용해야 하는데 보통의 랜덤탐색 방식은 그 랜덤성 때문에 효율성이 떨어지는 문제가 있다. 효율성을 개선한 랜덤 탐색방법의 하나로서 최소의 에너지 상태를 탐색해나가는 시뮬레이티드 어닐링(simulated annealing)과 같은 방법이 개발되어 왔다. GA는 자연계에 존재하는 유전적 진화 방법을 탐색에 이용함으로써 랜덤탐색에 효율성을 증대시키고 결과적으로 탐색 성능을 향상시킨다. GA는 종국적으로 효율적인 랜덤 탐색을 지향함으로써 견고하고(robust) 전역적인 최적해(global optima) 탐색을 보장해 준다.

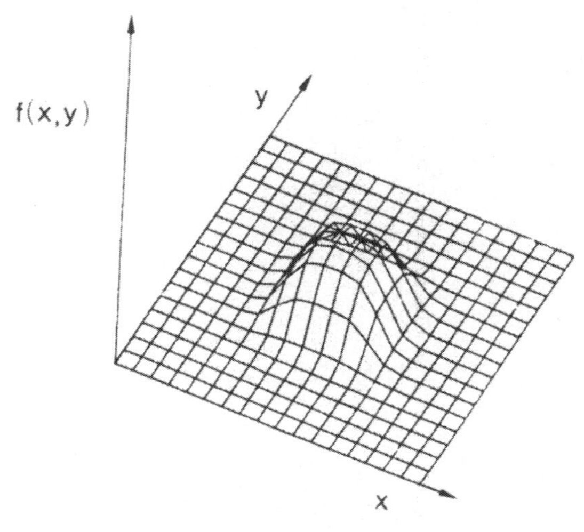

<그림 5.2> 단일 봉우리(single peak) 함수(예)

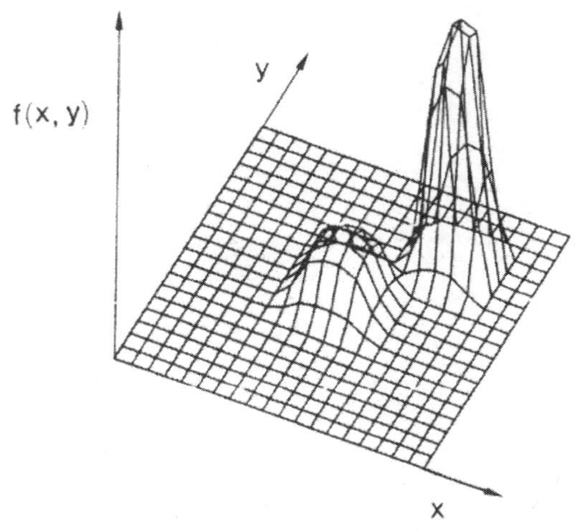

<그림 5.3> 복수 개 봉우리(multiple peak) 함수(예)

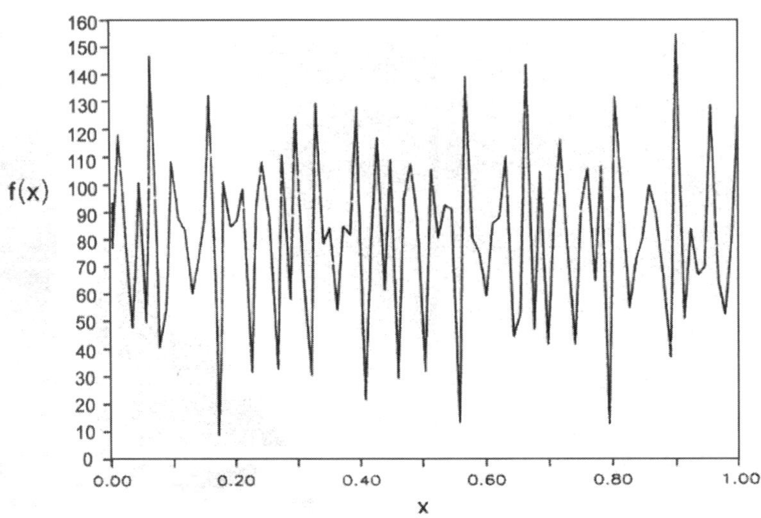

〈그림 5.4〉 비연속적(discontinuous) 함수(예)

고전적 유전자 알고리즘

Holland에 의해 처음으로 제안되어 발전을 거듭해온 일반적 의미의 유전자 알고리즘을 다음절에서 언급하는 진화 프로그래밍과 구분하여 고전적 유전자 알고리즘이라 부르며 생물학의 염색체 유전자 원리를 그대로 모방하여 모든 문제의 잠정 해를 이진 스트링으로 인코딩하고, 목적 함수에 의한 적합도 평가를 위해 이를 다시 디코딩 과정을 거친다.

2.1 기본 개념

고전적 유전자 알고리즘은 미지의 함수 $Y = f(x)$를 최적화하는 파라미터 X를 발견하는 모의 진화형의 탐색 알고리즘으로서 기존의 최적화 알고리즘과는 다른 다음과 같은 특징을 가지고 있다.

① 10진수로 표현된 파라미터 그 자체를 사용하는 것이 아니라 이를 부호화(encoding)하여 사용한다.
② 탐색을 위해서 단일 해를 사용하는 것이 아니라 해 집단을 사용 한다.
③ 유전자 알고리즘은 결정적인 전이 규칙이 아니라 확률적인 전이 규칙을 사용한다.

고전적 유전 알고리즘은 〈그림 5.5〉에 나타난 바와 같이 이진 스트링을 사용하여 원래의 문제를 GA에 적합한 형태로 변경할 필요가 있는데, 이것은 해의 가능성이 있는 것과 이진표현 사이의 매핑, 해독기 또는 복구 알고리즘의 고려 등을 포함하므로 문제 해결이 복잡해질 수 있다.

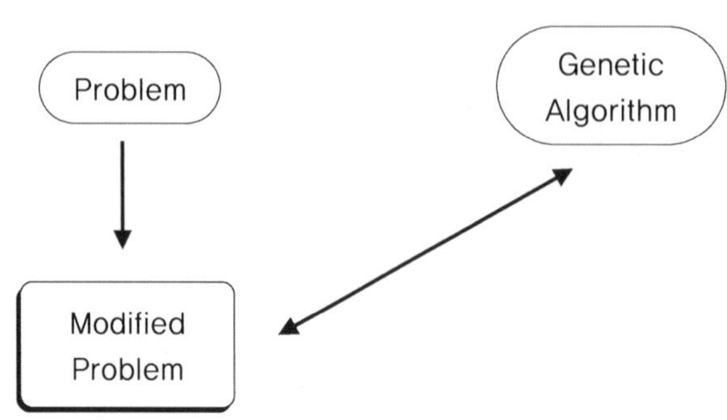

〈그림 5.5〉 고전적 유전알고리즘의 접근방식

    Holland에 의해 제시된 고전적 유전자 알고리즘을 도식적으로 나타내면 〈그림 5.6〉와 같다. GA에서는 기본적으로 이진수로 표현되는 개체들이 있고, 이 개체들이 모여서 개체군을 이룬다. 개체군은 한 세대의 모든 개체들의 집합을 뜻하며, GA에서는 항상 초기 개체군의 생성에서부터 시작하여 평가, 선택, 유전 연산 실행, 다음 세대 재생산의 사이클을 반복하며 최적 해를 도출한다. 이러한 고전적 유전자 알고리즘을 다른 유전자 알고리즘과 구분하여 SGA(Simple Genetic Algorithm)이라고 부르며, 앞으로 그렇게 표기하겠다.

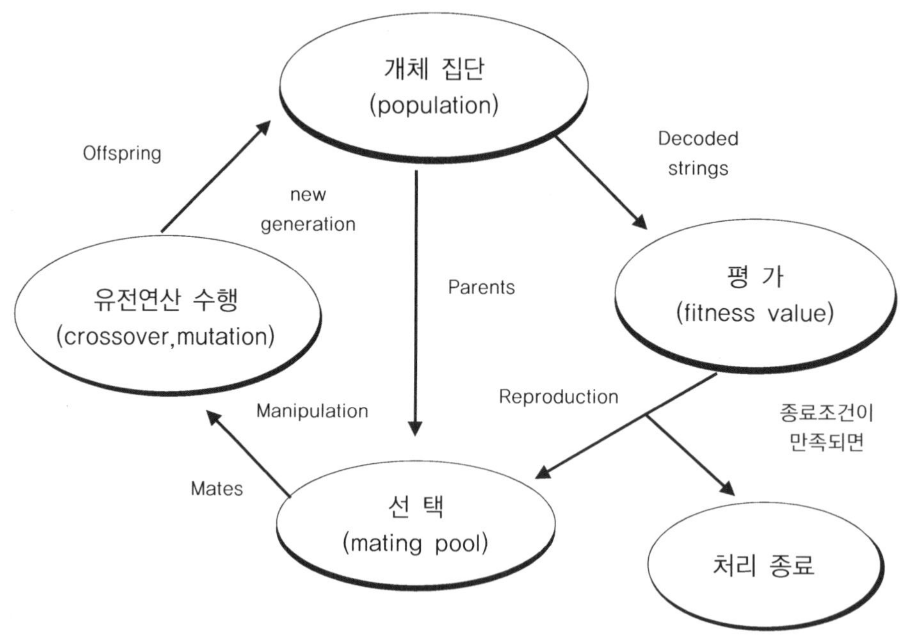

〈그림 5.6〉 고전적 유전알고리즘(SGA)의 처리 사이클

SGA의 최적 해 탐색 과정은 〈그림 5.6〉에 나타난 바와 같이 부호화 및 초기화(stage 1), 평가(stage 2), 종료조건 검사(stage 3), 재생산(stage 4), 교배 및 돌연변이(stage 5), 평가 과정으로 복귀(stage 6)의 여섯 단계를 통하여 이루어진다.

일반적으로 여러 개의 국부적인 해가 존재하는 문제, 어느 정도의 규칙성을 가진 문제, 문제영역의 규칙성이 어느 정도 염색체로 표현 가능한 문제, 그리고 부분적인 해들 사이에 상대적 우위관계가 존재하는 문제 같은 경우에 GA가 다른 최적화 기법들에 비해 더 효과적이다. 최근에는 GA가 퍼지이론, 시뮬레이티드 어닐링, 신경망 이론 등과 결합하여 사용되는 예도 많이 있다. 일반적으로 GA로 특정한 문제를 풀기 위해서는 다음의 5가지 요소를 가져야한다.

① 문제해결을 위한 일반적인 표현
② 잠정 해들(potential solutions)로 초기 개체집단을 만드는 방법
③ 평가함수, 적합도를 평가하여 해들의 등급을 매긴다.
④ 유전 연산자의 구성
⑤ GA가 쓰는 여러가지 매개변수값
　　　－ 개체집단의 크기, 교배 확률값, 돌연변이 확률값, 최대 세대수 등

2.2 실행 절차(단계)

■ 부호화 및 초기화(encoding and initialize)

SGA의 첫 번 째 과정으로서 문제에 대한 가능 해(potential solution)를 이진 스트링(binary string)으로 표현하여 초기 해 집단(initial population)을 구성한다. GA에서는 기본적으로 식(5.1)과 같이 이진수로 표현되는 개체(individual or chromosome)들이 있고, 이 개체들이 모여서 개체 집단(population)을 이룬다. 여기서 개체집단(또는 개체군이라고도 함.)이란 한 세대의 모든 개체들의 집합을 뜻한다.

$$U(t) = \{0,\ 1,\ 0,\ 0,\ 1,\ 1,\ 1,\ 0,\ 1,\ 0\} \qquad (5.1)$$

여기서 $U(t)$는 세대가 t인 경우의 개체를 나타낸다. 이 경우는 개체가 10개의 비트로

이루어져 있다. 그래서 $U(t)$는 개체의 길이(M)가 10이라고 하고, 이들 10개의 비트 각각을 유전자라고 한다. GA에서 각 개체가 갖는 의미는 풀고자 하는 문제의 해의 후보(candidate)이다. 따라서 SGA에서는 맨 처음에 문제에 대한 가능 해를 이진수로 표현(encoding)하여 임의로 개체집단을 만드는데 이 과정을 개체집단의 초기화라고 한다.

■ 평가(evaluation)

이 단계에서는 각 개체를 디코딩하고 목적 함수(object function)를 사용하여 적합도값(fitness value)를 계산함으로써 각 개체를 평가한다.

■ 종료 조건 검사(termination condition check)

종료 조건에 도달하였으면 탐색 과정을 중단하고 아니면, 다음 과정을 계속한다. 여기서 종료조건은 만족한 해를 얻었거나 매 세대별 각 과정을 반복한 결과 세대수가 증가하여 설정된 최대 세대수에 도달하였을 때를 의미한다.

■ 선택(selection)

자연 생태계의 적자생존의 원리를 이용하여 높은 적합도를 가진 개체에 대해 다음 세대로 복제될 확률을 높게 하여 랜덤하게 부모 세대의 개체를 선택하여 동일한 개수의 세대를 재구성한다. GA는 풀고자하는 문제의 해가 포함되어있는 넓은 탐색공간을 자유로이 탐색하여 원하는 해를 찾는다. 이 과정의 처음에는 해의 후보가 되는 개체들을 임의로 만들고, 이 개체들을 모두 평가해서 찾고자하는 값 인지의 여부를 가린다. 만약 찾고자하는 값이 찾아지지 않았으면, 각 개체를 평가한 값에 따라서 다음 세대를 위한 새로운 개체를 만들어내는데 이 과정이 선택과정이다.

(1) 개체 선택방법

현재의 세대로부터 다음세대에서 살아남을 개체, 즉 재생산을 위한 부모 개체를 선택하는 방법에는 여러 가지가 있다. SGA에서는 부모 개체 선택 방법으로 보통 룰렛(roulette) 선택 방법을 많이 사용하며, 그 외에도 기대치 선택 방법, 순위 선택 방법 등여러 가지 방법이 존재한다.

① 룰렛 선택법(roulette selection)

룰렛 선택 방법은 룰렛 게임에서와 같이 적합도 값이 좋은 개체에게 많은 선택 확률을 부여하고 나쁜 개체에는 적은 선택확률을 부여함으로써 확률 적 랜덤 탐색이 가능하도록 하는 방법이다. 즉 적합도에 비례해서 선택 활률을 부여하는 방법으로서 적합도 비례 선택이라고도 한다.

〈그림 5.7〉 룰렛(roulette) 게임

룰렛 선택방법을 적용하기 위해서는 보통 다음의 절차를 따른다.

㉠ 각 개체 u_i에 대한 적합도 값 $fit(u_i)$을 계산해낸다.

㉡ 개체 집단의 총 적합도 F를 구한 다음, 이를 이용해 각 개체의 선택 확률 p_i를 계산해낸다.

$$F = \sum_{i=1}^{pop-size} fit(u_i), \ p_i = fit(u_i)/F$$

㉢ 각 개체 u_i에 대한 누적확률 q_i를 계산해낸다.

$$q_i = \sum_{j=1}^{i} p_j$$

㉣ 룰렛을 개체 수(pop_size) 만큼 돌려서 새로운 개체 집단을 위한 각각의 개체를 선택한다. 룰렛을 돌리는 것은 다음과 같은 방법으로 이를 실현한다.

> • 범위 [0, 1]사이에서 부동 소수점 난수 r을 발생시킨다.
> • 만일 $r \leq q_1$이면 첫 번째 개체 u_1를 선택하고, 그렇지 않으면 $q_{i-1} < r \leq q_i$인 i 번째 개체 u_i를 선택한다.

② 기대치 선택법(expected-value selection)

룰렛 선택법의 문제점은 개체군의 크기가 크지 않을 경우에 적합도가 정확히 반영되지 않을 가능성이 있다. 이런 문제점의 대안으로 제안된 것이 기대치 선택법이다. 적합도에 대한 각 개체의 확률적인 재생 개체수를 구하여 선택하는 방법이다. 이 방법에서는 식 (5.2)와 식(5.3)에 의해서 각 개체 u_i의 p_i를 계산해서 그 값의 비율대로 자손을 남긴다. 즉, 현재의 개체가 다음세대에서 살아남을 수 있기 위해서는 그 개체를 평가한 적합도 값이 개체전체의 평균값보다 좋아야 하는 것이다. 구체적으로는 각 개체의 재생 수(n_i)를 계산하여 n_i값이 0이면 그 개체는 다음세대에 자손을 남기지 아니하고, 1이면 하나의 자손을 남기고, 2면 2개의 자손을 남긴다. 이 과정은 바로 적자생존의 원칙에 따르고 있다. 계산해서 그 값의 비율대로 자손을 남기는 것이다. RND는 소수점이하를 반올림(round)하여 정수 값으로 만드는 것을 의미한다.

$$afit = \sum_{i=0}^{pop-size} fit(u_i) / \ pop\_size \qquad (5.2)$$

$$n_i = RND(fit(u_i)/afit) \qquad (5.3)$$

여기서 $fit(u_i)$은 u_i의 적합도 값이며, pop_size는 개체 집단의 크기를 의미한다.

〈표 5.1〉 기대치 선택법에 의한 재생(예)

개 체	u_1	u_2	u_3	u_4	u_5	u_6	u_7	u_8	u_9	u_{10}
적합도	5	2	10	10	18	31	4	11	6	3
기대치	0.5	0.2	1	1	1.8	3.1	0.4	1.1	0.6	0.3
재생수	1	0	1	1	2	3	0	1	1	0

③ 순위 선택법(ranking selection)

룰렛 선택법과 기대치 선택법은 적합도의 값을 가지고 재생할 개체 수를 정하게 된다. 이런 방법의 문제점은 적합도가 매우 높은 개체가 발생하면 그 개체만 많이 재생되고 그 개체의 영향으로 나머지 개체는 재생 확률이 거의 유사해지게 된다. 또한, 각 개체의 적합도의 차가 거의 없으면 개체의 재생 확률이 전체적으로 거의 균등해지는 문제가 발생한다. 따라서, 순위 선택법은 적합도의 크기 순서에 따라 순위를 매긴 후에 그 순위에 따라서 다음 세대에 자손을 남길 확률을 결정하는 방법이다. Baker는 선형 순위 선택법으로 각 개체의 순위가 I일 때, 개체의 선택 확률 p_i를 식(5.4)에 의해서 결정하는 방법을 제안하였다. 이때, $1 \leq \eta^+ \leq 2$, $\eta^- = 2 - \eta^+$로 하였고(η^+와 η^-는 최대 기대치와 최소 기대치를 의미함.), RND는 소수점이하를 반올림하여 정수 값을 취하는 것을 의미한다. 〈표 5.2〉는 선형 순위 선택법에서 $\eta^+ = 2$로 했을 때의 예를 보여준다.

$$n_i = RND(\eta^+ - (\eta^+ - \eta^-) \cdot \frac{i-1}{N-1}) \tag{5.4}$$

〈표 5.2〉 순위 선택법에 의한 재생(예)

개 체	u_1	u_2	u_3	u_4	u_5	u_6	u_7	u_8	u_9	u_{10}
적합도	35	18	15	12	10	8	6	5	3	1
순 위	1	2	3	4	5	6	7	8	9	10
재생수	2	2	2	1	1	1	1	0	0	0

④ 토너먼트 선택법(tournament selection)

토너먼트 방식은 개체 집단 중에서 결정된 수(보통 2)만큼의 개체를 무작위로 선택한 다음, 그들 중에서 가장 좋은 적합도 값을 가진 개체를 선택하는 방법으로서 다음 세대의 개체 수가 다 찰 때까지 이러한 방식을 반복적으로 계속한다.

(2) 적합도 스케일링(fitness scaling)

GA에서 선택은 앞에서 언급한 바와 같이 교배 및 돌연변이의 대상이 되는 개체들을 개체 집단 중에서 적합도 값의 분포에 따라 비례해서 결정하는 것을 의미한다. 이러한 경우 특히 초기 세대에 있어서 최적 해에 어느 정도 가깝지만 최적 해로서는 아직 불충분한 적합도를 가진 개체가 집단 중에 퍼져버리게 되어 보다 적합도가 높은 개체를 탐색하는 것이 어렵게 되는 문제점이 발생될 수 있다. 마치 "우물 안의 개구리"와 같은 상황이 개체 집단 중에 발생될 수 있다. 이러한 상황을 방지하기 위해 고안된 방법이 적합도 스케일링(fitness scaling)이다. 스케일링이란 적합도 값을 직접 선택에 반영시키는 것이 아니라 함수를 이용하여 변환한 후에 선택에 반영시키는 방법을 의미한다. 이러한 스케일링을 위해 이용되는 함수로서 〈표 5.3〉와 같은 함수들이 지금까지 제안되고 있다. 〈표 5.3〉에서 fit는 스케일링 전에 적합도 값을 fit'는 스케일링 후의 적합도 값을 나타낸다. 선형 스케일링에서는 일차 함수가 사용된다. 여기서 매개 변수 a, b의 값은 평균 적합도가 원래의 값을 유지하면서 최고의 적합도가 평균 적합도의 몇배가 되도록 선택한다. 이 방법은 유용한 방법이지만 음수의 평가 값이 발생될 수 있다. 지수승 스케일링에서는 지수함수가 사용된다. 여기서 매개변수 k는 1에 가까운 값으로서 적합도 값의 크기를 조절하는 역할을 수행한다. 한 연구에 의하면 $k=1.005$ 일 때, 좋은 값을 얻었다고 보고하고 있다. 시그마 절단 방법은 선형 스케일링 방법을 개선하여 평가 값이 음수가 되는 것을 피하고 관련 정보를 사상(mapping)에 반영되도록 한 것이다. 여기서 사용되는 c는 작은 정수이며 afit는 평균 적합도값, σ는 개체 집단의 표준 편차를 의미한다. 이때, 음수의 평가치는 0으로 한다.

〈표 5.3〉 스케일링에 이용되는 함수

스케일링 방법	적합도
선형 스케일링	$fit' = a*fit + b$
지수승 스케일링	$fit' = fit^k$
시그마 절단	$fit' = fit - (afit - c*\sigma)$

■ 교배 및 돌연변이(crossover and mutation)

이 과정은 선택 과정의 다음 단계로서 재구성된 세대내의 개체에 교배 및 돌연변이를 적용하여 새로운 정보를 갖는 자손 개체군(offspring population)을 생성하는 단계이다.

(1) 교배(crossover) 과정

교배 과정은 선택된 두 개체가 부분적으로 서로 결합하여 새로운 개체를 만드는 과정을 말한다. 즉, 교배는 그림 4.5에 나타난 바와 같이 부호화 된 스트링으로 표현된 한 개체 내에서 랜덤하게 일부 비트열을 선택하여 그와 대응되는 다른 개체의 비트 열과 교환하는 것을 말한다. 이 과정에서는 먼저 매 세대마다 랜덤하게 범위 [0, 1]에서 부동 소수점 난수를 개체집단의 크기(pop_size)만큼 발생시켜서, 각각의 난수 값을 설정된 교배 확률 값(p_c)과 비교하여 그 값이 교차 확률 값 보다 작으면 교차의 대상으로 선정한다. 교차대상으로 선정된 개체들을 순서를 임의로 뒤섞은 다음 두개씩 짝을 짓는다. 그리고 각 쌍마다 개체의 크기(M)보다 작은 임의의 정수를 발생시켜서, 그 값이 나타내는 위치를 교배지점으로 선정한다. 그림 4.8의 경우 교배지점 P가 3이 된다. 따라서 두 개체의 각 유전자값 가운데에서 처음부터 세 번째까지는 원래의 값을 유지하고 네번째부터 끝까지는 두 개체의 값을 서로 바꾸어준다. 이렇게 함으로써 교배과정이 끝나게된다. 교배 확률 p_c 값이 너무 크면 새로운 개체가 개체집단에 빨리 나타나고 선택연산자가 개선시키는 것보다 더 빨리 성능이 좋은 개체가 무시되게된다. 반면에 이 값이 너무 작으면 탐색이 부진하게될 수 있다. 따라서, 최적 값 탐색에 유리하도록 탐색 성능을 고려하여 교배확률 값 p_c를 적절하게 설정해 줄 필요가 있다.

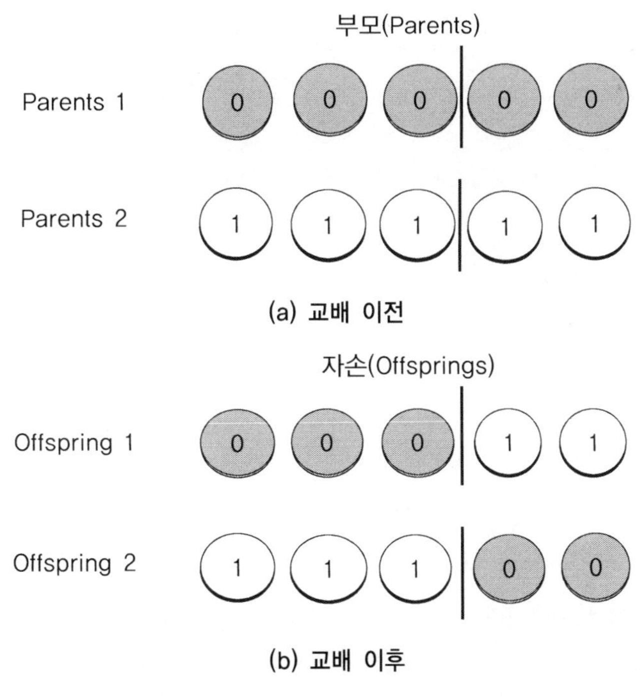

〈그림 5.8〉 SGA에서 교배(Crossover) 방법

앞에서 언급한 교배 방법은 1점 교배방법인데, 좀 더 복잡한 형태의 교배 방법으로서 2점 교배가 있다. 2점 교배방법은 교차 위치를 2군데 선정하여 각 부분 별로 교배하는 방법이다. 각 개체의 길이이내에서 난수를 두개를 발생시켜 교배 위치를 정하고, 〈그림 4.10〉에 나타난 바와 같이 교배 위치로 구분된 세 부분(머리 부분, 중간 부분, 꼬리 부분) 중 한 부분을 임의로 취하여 교배시키는 방법이다.

$$P_1 \{0\ 0\ 1\ 0\ |\ 1\ 1\ 0\ 1\ 0\ 0\ 1\ |\ 1\ 1\ 0\ 1\ 0\}$$
$$P_2 \{1\ 1\ 1\ 0\ |\ 0\ 0\ 1\ 1\ 1\ 0\ 1\ |\ 1\ 1\ 1\ 0\ 0\}$$

〈그림 5.9〉 2점 교배전의 부모 개체

$$O_1 \{1\ 1\ 1\ 0\ |\ 1\ 1\ 0\ 1\ 0\ 0\ 1\ |\ 1\ 1\ 0\ 1\ 0\}$$
$$O_2 \{0\ 0\ 1\ 0\ |\ 0\ 0\ 1\ 1\ 1\ 0\ 1\ |\ 1\ 1\ 1\ 0\ 0\}$$

(a) 머리 부분의 교배 실행

$$O_1 \{0\ 0\ 1\ 0\ |\ 0\ 0\ 1\ 1\ 1\ 0\ 1\ |\ 1\ 1\ 0\ 1\ 0\}$$
$$O_2 \{1\ 1\ 1\ 0\ |\ 1\ 1\ 0\ 1\ 0\ 0\ 1\ |\ 1\ 1\ 1\ 0\ 0\}$$

(b) 중간 부분의 교배 실행

$$O1 \{0\ 0\ 1\ 0\ |\ 1\ 1\ 0\ 1\ 0\ 0\ 1\ |\ 1\ 1\ 1\ 0\ 0\}$$
$$O2 \{1\ 1\ 1\ 0\ |\ 0\ 0\ 1\ 1\ 1\ 0\ 1\ |\ 1\ 1\ 0\ 1\ 0\}$$

(c) 꼬리 부분의 교배 실행

〈그림 5.10〉 2점 교배후의 자손 개체

(2) 돌연변이(mutation) 과정

교배과정이 끝나면 돌연변이 과정을 거치게 되는데 돌연변이 과정은 그림 4.4에 나타난 바와 같이 생물체의 돌연변이 효과처럼 개체내의 임의의 비트 또는 비트 열을 변환시키는 것을 말한다. 돌연변이는 모든 개체의 유전자들에서 동일한 확률로 발생할 수 있도록 한다. 이의 구체적인 방법을 기술하면 다음과 같다. 우선 개체 수(pop_size) × 개체 길(M) 번만큼 범위[0, 1] 에서 부동소수점 난수를 발생시키고, 각각의 난수 값을 설정된 돌연변이 확률 값(p_m)과 비교하여 그 값이 p_m 보다 작으면 해당 유전자의 값을 바꾸어준다. 이때 해당 유전자의 값이 0이면 1로, 그 값이 1이면 0으로 바꾸어준다. 〈그림 4.5〉에서는 부 모 개체의 네 번째 유전자가 위에 기술한 방식에 의해 돌연변이 대상으로 선정되었다. 이렇게 함으로써 돌연변이 과정이 끝나게 된다. 이제 돌연변이 과정까지 끝나면 개체집단은 완전히 새로운 개체들로 이루어지게 되고, 이 경우 새로운 세대로 한 세대 진화했다고 한다. 돌연변이 확률 값 p_m이 너무 작으면 임의의 주어진 위치가 전체 개체집단 내에서 유일한 값으로 수렴해서 영원히 머물러 있게 한다. 그러나 이 값이 크면 본질적으로 임의의 탐색을 한다. 따라서, 돌연변이 확률 값을 탐색에 유리하도록 적절하게 설정해 줄 필요가 있다. 일반적으로 돌연변이 확률 값을 교배확률 값보다 작게 설정하는 것이 전체적으로 탐색 성능의 향상을 가져온다.

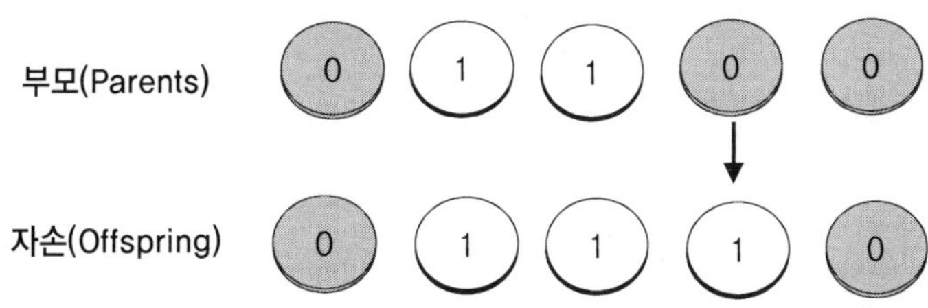

〈그림 5.11〉 SGA에서 돌연변이(Mutation) 방법

■ 평가 과정으로 복귀

이 단계에서는 위 과정을 통하여 형성된 새로운 세대에 대한 적합도를 평가하기 위해 평가 과정(단계 2)으로 돌아간다.

수치 최적화

본 절에서는 고전적 유전자 알고리즘을 수치 최적화에 적용한 예를 통해서 고전적 유전자 알고리즘(SGA)의 동작과정을 설명해 본다. SGA를 이용하여 식 (5.5)와 같은 함수의 최대 값을 구하는 문제를 풀어보자. 이때 x_1과 x_2의 범위는 각각 $-3.0 \leqq x_1 \leqq 12.1$과 $4.1 \leqq x_2 \leqq 5.8$이며, 각 변수에 대해서 요구되는 정밀도가 소숫점 이하 4자리라고 가정한다.

$$f(x_1,\ x_2) = 21.5 + x_1\sin(4\pi x_1) + x_2\sin(20\pi x_2) \tag{5.5}$$

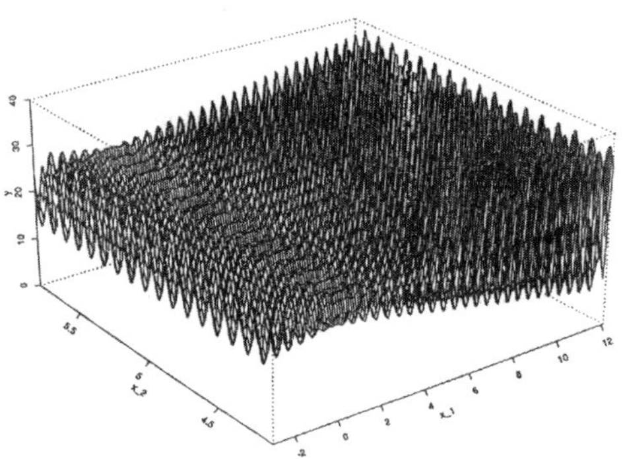

〈그림 5.12〉 함수 $f(x_1,\ x_2)$의 그래프

3.1 부호화 및 초기화

각 변수 x_i는 정의영역 $D_i = [a_i, \ b_i] \subseteq R$ 에서의 값을 가지고 정의되는 k개의 변수를 갖는 함수 $f(x_1, \ \cdots, \ x_k) : R^k {\rightarrow} R$를 최대화하는 하는 문제(모든 $x_i \in D_i$에 대하여 $f(x_1, \ \cdots, \ x_k) \ > \ 0$)를 SGA를 이용하여 해결한다고 하자.

이때, 변수의 값이 소숫점 이하 n째 자리까지의 정밀도를 요구한다고 가정한다고 할 때. 그러한 정밀도를 얻기 위해서는 각각의 정의 영역 D_i를 $(b_i - a_i)*10^n$개의 동일한 크기의 영역으로 나누어야 한다. $(b_i - a_i)*10^n \leq 2^{m_i} - 1$을 만족하는 가장 작은 정수 m_i라고 할 때, 각각의 변수 x_i를 길이가 m_i인 이진 스트링으로 표현하면 요구되는 정밀도를 얻을 수 있다. 그렇게 표현되었을 때, 각각의 변수 x_i의 값은 식 (5.6)을 통해 얻을 수 있다.

$$x_i = a_i + decimal(1001...101_2)*[(b_i - a_i)/(2^{m_i} - 1)] \qquad (5.6)$$

이제 변수 x_i는 길이 m_i인 이진 스트링으로 표현될 수 있으며, 변수 $x_1, \ \cdots, \ x_k$는 길이 $m = \sum_{i=1}^{k} m_i$의 이진 스트링을 갖는 염색체로 표현(부호화)할 수 있다. 여기서 처음 m_1의 비트들은 구간 $[a_1, \ b_1]$ 사이의 값으로 매핑되고, 다음 m_2의 비트들은 구간 $[a_2, \ b_2]$ 사이의 값으로 매핑되고, 마지막 m_k의 비트들은 구간 $[a_k, \ b_k]$ 사이의 값으로 매핑된다.

본 예제에서는 변수 x_1는 정의 영역의 길이가 15.1이고 요구되는 정밀도가 소수점 이하 4자리까지 이므로 그 영역을 15.1×10^4개의 동일한 크기로 나누어야 한다. 151,000 $< 2^{18}$이므로 염색체의 첫 번째 부분이 18비트를 가져야함을 알 수 있다. 변수 x_2는 정의 영역의 길이가 1.7이고 요구되는 정밀도가 소수점 이하 4자리까지 이므로 그 영역을 1.7×10^4개의 동일한 크기로 나누어야 함을 의미한다. 17,000 $< 2^{15}$이므로 염색체의 두 번째 부분이 15비트를 가져야함을 알 수 있다. 따라서 염색체의 총 길이 $m = 18 + 15 = 33$비트가 된다. 이러한 방법에 의해서 형성된 다음과 같은 하나의 염색체(개체)가 있다고 가정하자.

{0000 1100 1011 0100 0001 1100 0101 0000 1}

여기서, 처음 18 비트인 (0000 1100 1011 0100 00) 는 변수 x_1에 해당되며, 다음 15 비트인 (01 1100 0101 0000 1) 는 변수 x_2에 해당된다. 식 (5.6)을 이용하여 x_1 및 x_2의 실제 값을 계산하면,

$$x_1 = -3.0 + decimal(00\ 0011\ 0010\ 1101\ 0000) \times \frac{12.1 - (-3.0)}{2^{18} - 1}$$

$$= -3.0 + 13008 \times \frac{15.1}{262143} = -2.2507$$

$$x_2 = 4.1 + decimal(011\ 1000\ 1010\ 0001) \times \frac{5.8 - 4.1}{2^{15} - 1}$$

$$= 4.1 + 14497 \times \frac{1.7}{32767} = 4.852126$$

따라서, $\langle x_1,\ x_2 \rangle = \langle -2.2507,\ 4.852126 \rangle$가 되며 이 값을 함수 $f(x_1,\ x_2)$에 대입하여 이 개체의 적합도 값을 구하면 다음과 같다.

$$f(-2.2507, 4.852126) = 21.346355$$

함수 $f(x_1,\ x_2)$의 최적 값을 구하기 위해서 초기화과정을 통하여 20개의 개체(염색체)로 구성된 초기의 개체 집단(initial population)을 다음과 같이 만들어 낸다.

$$U_1(1) = \{100110100000001111111010011011111\}$$
$$U_2(1) = \{111000100100110111001010100011010\}$$
$$U_3(1) = \{000010000011001000001010111011101\}$$
$$U_4(1) = \{100011000101101001111000001110010\}$$
$$U_5(1) = \{000111011001010011010111111000101\}$$
$$U_6(1) = \{000101000010010101001010111111011\}$$
$$U_7(1) = \{001000100000110101111011011111011\}$$
$$U_8(1) = \{100001100001110100010110101100111\}$$
$$U_9(1) = \{010000000010110001011000000111110 0\}$$
$$U_{10}(1) = \{000001110001100000110100000111011\}$$
$$U_{11}(1) = \{011001111110111010110000110111100 0\}$$
$$U_{12}(1) = \{110100010111101101000101010000000\}$$
$$U_{13}(1) = \{111011111010001000110000001000110\}$$

$$U_{14}(1) = \{01001001100000101010011110010 1001\}$$
$$U_{15}(1) = \{0110101111110011110100011011 11101\}$$
$$U_{16}(1) = \{1100111100000111111000011010 01011\}$$
$$U_{17}(1) = \{1110111011011100001000111110 11110\}$$
$$U_{18}(1) = \{0111010000000011101001111101 01101\}$$
$$U_{19}(1) = \{0001010100111111111100001100 01100\}$$
$$U_{20}(1) = \{1011100101100111100110001011 11110\}$$

3.2 평가(evaluation)

각 염색체의 이진 비트열을 해독(decoding)하여, 변수 x_1, x_2의 값을 구하고 이를 목적 함수 $f(x_1,\ x_2)$에 대입하여 적합도 값(fitness value)를 계산함으로써 다음과 같이 염색체들을 평가한다. 이러한 평가 과정을 통하여 1세대에서는 염색체 U_{17}이 가장 좋은 염색체임을 알 수 있다.

$$fit(U_1,1) = f(6.084492, 5.652242) = 26.019600$$

$$fit(U_2,1) = f(10.348434, 4.380264) = 7.580015$$

$$fit(U_3,1) = f(-2.516603, 4.390381) = 19.526329$$

$$fit(U_4,1) = f(5.278638, 5.593460) = 17.406725$$

$$fit(U_5,1) = f(-1.255173, 4.734458) = 25.341160$$

$$fit(U_6,1) = f(-1.811725, 4.391937) = 18.100417$$

$$fit(U_7,1) = f(-0.991471, 5.680258) = 16.020812$$

$$fit(U_8,1) = f(4.910618, 4.703018) = 17.959701$$

$$fit(U_9,1) = f(0.795406, 5.381472) = 16.127799$$

$$fit(U_{10},1) = f(-2.554851, 4.793707) = 21.278435$$

$$fit(U_{11},1) = f(3.130078, 4.996097) = 23.410669$$

$$fit(U_{12},1) = f(9.356179, 4.239457) = 15.011619$$

$$fit(U_{13},1) = f(11.134646, 5.378671) = 27.316702$$

$$fit(U_{14},1) = f(1.335944, 5.151378) = 19.876924$$

$$fit(U_{15},1) = f(3.367514, 4.571343) = 13.696165$$

$$fit(U_{16},1) = f(9.211598, 4.993762) = 23.867227$$

$$\boldsymbol{fit(U_{17},1) = f(11.089025, 5.054515) = 30.060205}$$

$$fit(U_{18},1) = f(3.843020, 5.158226) = 15.414128$$

$$fit(U_{19},1) = f(-1.746635, 5.395584) = 20.095903$$

$$fit(U_{20},1) = f(7.935998, 4.757338) = 13.666916$$

3.3 선택(selection)

선택과정에서는 좋은 적합도 값을 가진 염색체에 대해서 선택될 확률을 높게 함으로써 다음 세대에 살아남을 가능성을 높이는데 그 방법으로서 룰렛 방법을 이용한다. 즉, 재생산을 위한 부모 개체를 룰렛 방법으로 선택하여 동일한 개수의 개체 집단을 재구성한다. 먼저 개체 집단의 총 적합도를 다음과 같이 계산한다.

$$Fit\_sum(1) = \sum_{i=1}^{pop-size} fit(U_i,1) = \sum_{i=1}^{20} fit(U_i,1) = 387.776822$$

룰렛 선택방법을 위하여 각 염색체가 선택될 확률 p_i 및 누적확률 q_i를 계산하면 다음과 같다.

$$p_1(1) = fit(U_1,1)/Fit\_sum(1) = 0.067099$$

$$p_2(1) = fit(U_2,1)/Fit\_sum(1) = 0.019547$$

$$p_3(1) = fit(U_3,1)/Fit\_sum(1) = 0.050355$$

$$p_4(1) = fit(U_4,1)/Fit\_sum(1) = 0.044889$$

$$p_5(1) = fit(U_5,1)/Fit\_sum(1) = 0.065350$$

$$p_6(1) = fit(U_6,1)/Fit\_sum(1) = 0.046677$$

$$p_7(1) = fit(U_7,1)/Fit\_sum(1) = 0.041315$$

$$p_8(1) = fit(U_8,1)/Fit\_sum(1) = 0.046315$$

$$p_9(1) = fit(U_9, 1)/Fit\_sum(1) = 0.041590$$

$$p_{10}(1) = fit(U_{10}, 1)/Fit\_sum(1) = 0.054873$$

$$p_{11}(1) = fit(U_{11}, 1)/Fit\_sum(1) = 0.060372$$

$$p_{12}(1) = fit(U_{12}, 1)/Fit\_sum(1) = 0.038712$$

$$p_{13}(1) = fit(U_{13}, 1)/Fit\_sum(1) = 0.070444$$

$$p_{14}(1) = fit(U_{14}, 1)/Fit\_sum(1) = 0.051257$$

$$p_{15}(1) = fit(U_{15}, 1)/Fit\_sum(1) = 0.035320$$

$$p_{16}(1) = fit(U_{16}, 1)/Fit\_sum(1) = 0.061549$$

$$p_{17}(1) = fit(U_{17}, 1)/Fit\_sum(1) = 0.077519$$

$$p_{18}(1) = fit(U_{18}, 1)/Fit\_sum(1) = 0.039750$$

$$p_{19}(1) = fit(U_{19}, 1)/Fit\_sum(1) = 0.051823$$

$$p_{20}(1) = fit(U_{20}, 1)/Fit\_sum(1) = 0.035244$$

$$q_1(1) = 0.067099$$

$$q_2(1) = 0.067099 + 0.019547 = 0.086646$$

$$q_3(1) = 0.086646 + 0.050355 = 0.137001$$

$$q_4(1) = 0.137001 + 0.044889 = 0.181890$$

$$q_5(1) = 0.181890 + 0.065350 = 0.247240$$

$$q_6(1) = 0.247240 + 0.046677 = 0.293917$$

$$q_7(1) = 0.293917 + 0.041315 = 0.335232$$

$$q_8(1) = 0.335232 + 0.046315 = 0.381547$$

$$q_9(1) = 0.381547 + 0.041590 = 0.423137$$

$$q_{10}(1) = 0.423137 + 0.054873 = 0.478010$$

$$q_{11}(1) = 0.478010 + 0.060372 = 0.538382$$

$$q_{12}(1) = 0.538382 + 0.038712 = 0.577094$$

$$q_{13}(1) = 0.577094 + 0.070444 = 0.647538$$

$$q_{14}(1) = 0.647538 + 0.051257 = 0.698795$$

$$q_{15}(1) = 0.698795 + 0.035320 = 0.734115$$

$$q_{16}(1) = 0.734115 + 0.061549 = 0.795664$$

$$q_{17}(1) = 0.795664 + 0.077519 = 0.873183$$

$$q_{18}(1) = 0.873183 + 0.039750 = 0.912933$$

$$q_{19}(1) = 0.912933 + 0.051823 = 0.964756$$

$$q_{20}(1) = 0.964756 + 0.035244 = 1.000000$$

이제 룰렛 선택을 위한 준비가 되어있는 상태이므로 범위 [0, 1] 사이의 임의의 수치 20개를 랜덤하게 발생시킨다. 발생된 난수 수열 r_i는 다음과 같다고 가정하자

```
0.495138  0.175742  0.308640  0.534531  0.947629
0.171737  0.722322  0.232431  0.485767  0.434720
0.837893  0.389646  0.287225  0.358072  0.973436
0.014391  0.745681  0.645472  0.707238  0.811338
```

첫 번째 난수인 $r_1 = 0.495138$ 는 $q_{10}(1)$ 보다 크고 $q_{11}(1)$보다 작으므로 $U_{11}(1)$이 부모 개체로서 선택되었음을 의미한다. 두 번째 난수인 $r_2 = 0.175742$는 $q_3(1)$ 보다 크고 $q_4(1)$보다 작으므로 $U_4(1)$이 부모 개체로서 선택되었음을 의미한다. 세 번째 난수인 $r_3 = 0.308640$ 는 $q_6(1)$ 보다 크고 $q_7(1)$보다 작으므로 $U_7(1)$이 부모 개체로서 선택되었음을 의미한다. 이와 같은 방법으로 재생산을 위해 선택된 새로운 개체 집단은 다음과 같다.

$$U_1{}'(1) = U_{11}(1) = \{01100111111011010110000110111000\}$$

$$U_2{}'(1) = U_4(1) = \{10001100010110100111100000111 0010\}$$

$$U_3{}'(1) = U_7(1) = \{00100010000011010111101101111011\}$$

$$U_4{}'(1) = U_{11}(1) = \{01100111111011010110000110111000\}$$

$$U_5{}'(1) = U_{19}(1) = \{00010101001111111110000110001100\}$$

$$U_6{}'(1) = U_4(1) = \{10001100010110100111100000111 0010\}$$

$$U_7{}'(1) = U_{15}(1) = \{01101011111100111010001101111101\}$$

$$U_8{}'(1) = U_5(1) = \{00011101100101001101011111000101\}$$

$$U_9{}'(1) = U_{11}(1) = \{01100111111011010110000110111000\}$$

$$U_{10}{}'(1) = U_{10}(1) = \{00000111100011000001101 0000111011\}$$

$$U_{11}{}'(1) = U_{17}(1) = \{11101110110111000010001111 1011110\}$$

$$U_{12}{}'(1) = U_9(1) = \{01000000010110001011000001111100\}$$

$$U_{13}{}'(1) = U_6(1) = \{00010100001001010100101011111011\}$$

$$U_{14}{}'(1) = U_8(1) = \{10000110000111010001011010110011\}$$

$$U_{15}{}'(1) = U_{20}(1) = \{10111001011001111001100010111110\}$$

$$U_{16}{}'(1) = U_1(1) = \{10011010000000111111010011011111\}$$

$$U_{17}{}'(1) = U_{16}(1) = \{11001111000001111110001101001011\}$$

$$U_{18}{}'(1) = U_{13}(1) = \{11101111101000100011000001000110\}$$

$$U_{19}{}'(1) = U_{15}(1) = \{01101011111100111101000110111101\}$$

$$U_{20}{}'(1) = U_{17}(1) = \{11101110110111000010001111011110\}$$

3.4 교배 및 돌연변이(crossover and mutation)

이 과정에서는 선택과정을 통해 재구성된 개체 집단에 대해서 교배 및 돌연변이를 적용하여 새로운 정보를 갖는 개체군을 생성한다. 본 예제에서는 교배확률 $p_c = 0.25$, 돌연변이 확률 $p_m = 0.01$로 설정하여 각 개체에 대해서 교배 및 돌연변이 연산을 행한다. 즉 전체 개체군의 25% 가량이 교배에 참가하고, 전체 개체군의 1% 가량이 교배에 참가된다.

■ 교배(crossover)

교배할 개체를 선택하기 위해서 범위 [0, 1]사이에서 20개의 난수 c_i를 발생시켜 만일 $c_i < 0.25$이면 그 개체를 교배 대상으로 선택한다. 발생된 난수 수열이 다음과 같다고 가정하자.

$c_1 = 0.623953$	$c_2 = 0.313283$	$c_3 = 0.725433$	$c_4 = 0.101531$
$c_5 = 0.276903$	$c_6 = 0.824107$	$c_7 = 0.011721$	$c_8 = 0.301143$
$c_9 = 0.506724$	$c_{10} = 0.858402$	$c_{11} = 0.539663$	$c_{12} = 0.969371$
$c_{13} = 0.206453$	$c_{14} = 0.774380$	$c_{15} = 0.743210$	$c_{16} = 0.688925$
$c_{17} = 0.326642$	$c_{18} = 0.433395$	$c_{19} = 0.107864$	$c_{20} = 0.926827$

이 수열을 통해 교배 대상으로 선택된 개체는 $U_4(1)'$, $U_7(1)'$, $U_{13}(1)'$, $U_{19}(1)'$임을 알 수 있다. 대상이 짝수 개이므로 쉽게 교배 쌍을 만들 수 있다. 만일 홀수 개인 경우 임의로 하나를 제거하든지 하나를 더 선택하여 짝수 개가 되도록 한다. 임의로 두개 씩 쌍을 만들어 교배연산을 행하는데 여기서는 $U_4(1)'$과 $U_7(1)'$, $U_{13}(1)'$과 $U_{19}(1)'$을 쌍으로 하여 교배시킨다. 1점 교배를 행한다고 할 때, 교배 위치를 정하기 위해 각 대상 개체에 대해서 범위 [1, 32] 사이에서 랜덤한 정수값 pos를 발생시킨다. 첫 번째 쌍에 대해서 $pos_1 = 10$, 두 번 째 쌍에 대해서 $pos_2 = 18$이 발생되었다고 가정하면 각 쌍은 교배 위치를 중심으로 우측의 비트열(굵은 글씨부분)을 서로 교환하여 다음과 같이 새로운 개체로 변화된다.

교배 이전($U_4'(1)$, $U_7'(1)$) :

$$U_4'(1) = \{0110011111 \mid \mathbf{10110101100001101111000}\}$$
$$U_7'(1) = \{0110101111 \mid \mathbf{11001111010001101111101}\}$$

교배 이후($U_4''(1)$, $U_7''(1)$) :

$$U_4''(1) = \{0110011111 \mid \mathbf{11001111010001101111101}\}$$
$$U_7''(1) = \{0110101111 \mid \mathbf{10110101100001101111000}\}$$

교배 이전($U_{13}'(1)$, $U_{19}'(1)$) :

$$U_{13}'(1) = \{000101000010010101 \mid \mathbf{001010111111011}\}$$
$$U_{19}'(1) = \{011010111111001111 \mid \mathbf{010001101111101}\}$$

교배 이후($U_{13}''(1)$, $U_{19}''(1)$) :

$$U_{13}''(1) = \{000101000010010101 \mid \mathbf{010001101111101}\}$$
$$U_{19}''(1) = \{011010111111001111 \mid \mathbf{001010111111011}\}$$

■ 돌연변이(mutation)

돌연변이 연산은 비트별로 행한다. 해당 비트가 0이면 1로 바꾸고 1이면 0로 바꾸는 방법으로 돌연변이 연산을 수행한다. 전체 개체군의 비트 수는 660 개(33* 20)이므로 p_m =0.01이므로 평균적으로 6.6개(660*0.01) 비트들이 돌연변이 연산에 참가된다고 볼 수 있다. 돌연변이 대상 비트들을 선택하기 위해서는 개체 군내의 모든 비트들에 대해서 범위 [0, 1]내에서 난수 m_i를 발생시킨다. 즉 660개의 난수를 발생시켜 만일 $m_i < 0.01$이면 그 비트를 돌연변이 대상으로 선택한다. 발생된 660개의 난수 수열 중에서 조건에 만족하는 (0.01보다 작은) 난수가 다음과 같이 5개 존재한다고 가정하자.

$$m_{78} = 0.003271$$
$$m_{248} = 0.005042$$
$$m_{415} = 0.008071$$
$$m_{427} = 0.001926$$
$$m_{637} = 0.002403$$

즉, 78번째, 248번째, 415번째, 427번째, 637번째 비트들이 돌연변이 대상 비트로 선택되었다. 이들 비트 위치를 개체 번호와 그 개체 내의 비트 위치로 변환하면 다음과 같다.

$$78 = 33 * 2 + 12 = 3번\ 개체의\ 12번째\ 비트$$
$$248 = 33 * 7 + 17 = 8번\ 개체의\ 17번째\ 비트$$
$$415 = 33 * 12 + 19 = 13번\ 개체의\ 19번째\ 비트$$
$$427 = 33 * 12 + 31 = 13번\ 개체의\ 31번째\ 비트$$
$$637 = 33 * 19 + 10 = 20번\ 개체의\ 10번째\ 비트$$

20개 개체 중 4개의 개체($U_3(1)'$, $U_8(1)'$, $U_{13}(1)'$, $U_{20}(1)'$)가 돌연변이 대상으로 선택된다. 해당 개체의 해당 비트에 대해서 돌연변이 연산을 수행하면 다음과 같은 새로운 개체가 생성된다.

$$U_3''(1) = \{001000100000110\underline{0}01111011011111011\}$$
$$U_8''(1) = \{000111011001010\underline{0}01010111111000101\}$$
$$U_{13}''(1) = \{0001010000100101\underline{0}110001101111\underline{0}01\}$$
$$U_{20}''(1) = \{11101110\underline{1}01011100001000\underline{1}1111011110\}$$

이와 같이 교배와 돌연변이를 거치면서 새로운 개체들이 생성되어 기존 개체를 대체한다. 그럼으로써 유전자 알고리즘의 1 사이클이 끝나게 되고 이렇게 형성된 개체들은 다음과 같이 다음 세대(2 세대)의 개체 집단을 형성한다. 이후 종료 조건(만족되는 최적해가 발견되거나 최대 세대수)에 이를 때까지 반복되는 과정을 거치면서 최적 해에 접근해 간다.

$$U_1(2) = \{0110011111101101011000011011111000\}$$
$$U_2(2) = \{1000110001011010011110000011110010\}$$
$$U_3(2) = \{0010001000001100011110110111111011\}$$
$$U_4(2) = \{0110011111110011110100011011111101\}$$
$$U_5(2) = \{0001010100111111111000011000110011100\}$$
$$U_6(2) = \{1000110001011010011110000011110010\}$$
$$U_7(2) = \{0110101111101101011000011011111000\}$$
$$U_8(2) = \{0001110110010100010101111110000101\}$$
$$U_9(2) = \{0110011111101101011000011011111000\}$$
$$U_{10}(2) = \{0000011110001100000110100000111011\}$$
$$U_{11}(2) = \{1110111011011100001000111110111110\}$$
$$U_{12}(2) = \{0100000001011000101100000011111100\}$$
$$U_{13}(2) = \{0001010000100101011100011011111001\}$$
$$U_{14}(2) = \{1000011000011101000101101011100111\}$$
$$U_{15}(2) = \{1011100101100111100110001011111110\}$$
$$U_{16}(2) = \{1001101000000011111110100110111111\}$$
$$U_{17}(2) = \{1100111000001111110000110100101011\}$$
$$U_{18}(2) = \{1110111110100010001100000010001100110\}$$
$$U_{19}(2) = \{0110101111100111100101011111110011\}$$
$$U_{20}(2) = \{1110111010101110000100011111011110\}$$

3.5 엘리트 과정

앞에서 언급한 SGA는 문제점을 내포하고 있다. 왜냐하면 진화를 거듭하면 할수록 각 세대에서 가장 좋은 적합도 값이 부모세대에 비해 좋아져야하는데 오히려 부모세대보다 더 나빠질 수도 있기 때문이다. 이러한 점 때문에 초기의 GA가 최적값 탐색기로서 사용되는데 어려움이 있었다. 다음에 이에 대한 한 예를 나타낸다.

$$f(x) = \pi * \sin(10\pi x) + 1.0 \qquad\qquad (5.7)$$

여기서 x값의 범위는 x∈[−1..2]로 한정한다. 이 예에서 해결하고자하는 과제는 이 범위 내에서 식 (5-7)의 최대 값을 찾는 것이다. 이 문제를 Holland가 제시한 고전적 유전자 알고리즘을 써서 풀면 결과가 〈표 5.4〉와 같이 된다. 이때 개체의 길이를 22비트가 되도록하고, 교차확률값을 0.25, 돌연변이 확률값을 0.01 그리고 개체집단의 크기를 50으로 하였다. 〈표 5.4〉에서 평가함수 값이 부모세대보다 열등한 경우에는 굵은 글씨체로 나타내었다.

이 표에서 볼 수 있듯이 세대를 거듭해서 진화할수록 각 세대의 최적값이 목표 값에 수렴하는 것이 아니고, 임의로 발산하는 것을 알 수 있다. 따라서 이러한 문제를 해결하기 위해서 돌연변이 과정이 끝나고 새로이 개체군을 평가한 다음에 엘리트과정을 삽입하여 준다. 이러한 엘리트 과정은 하나의 알고리즘 트릭이라고 볼 수 있다. 이 과정이 하는 일은, 각 세대마다 적합도 값이 가장 좋은 개체가 다음 세대에서 살아남을 확률을 1로 해주는 것이다. 다시 말해서 매 세대마다 가장 좋은 적합도 값을 갖는 개체를 기억하여둔다. 그리고 매 세대 돌연변이가 끝나고 새로이 만들어진 개체들의 적합도 값 가운데 가장 좋은 값을, 기억하고있던 이전 세대의 최적 값과 비교해서 그 값이 이전보다 좋아졌으면 이 새로운 값을 지금까지의 최적 값으로 기억하고 그렇지 않으면 이전에 기억되어있던 값을 계속해서 지금까지의 최적 값으로서 기억시킨다. 이와 같이 간단한 엘리트과정을 삽입시켜줌으로써 GA는 최적 값 탐색기법으로서 훌륭하게 동작하게 된다.

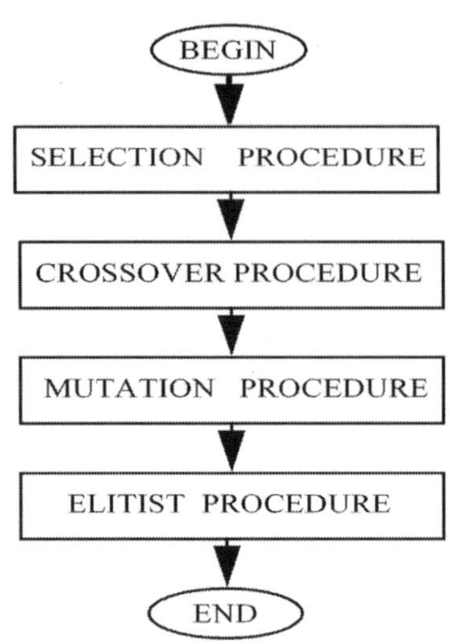

〈그림 5.13〉 엘리트과정이 포함된 GA 처리과정

〈표 5.4〉 식(5-7)에 대한 20세대동안의 진화결과

Generation No.	Evaluation function	Generation No.	Evaluation function
1	0.984762	11	*2.423274*
2	2.416651	12	*2.423274*
3	2.416651	13	*2.423274*
4	*2.416426*	14	*2.423274*
5	*2.416426*	15	2.564980
6	*2.416426*	16	2.564980
7	2.416483	17	2.564980
8	2.449356	18	*2.564958*
9	2.449356	19	*2.564958*
10	*2.449346*	20	2.625474

통상적으로 GA라고 하면 엘리트과정이 포함된 GA를 뜻한다. 오늘날 GA는 최적 값 탐색기로서 공학의 여러분야에서 보편적으로 쓰이고 있지만 초창기의 GA는 최적 값 탐색기로서 사용하기에는 부족한 점이 있었다. 그것은 GA는 전역적인 최적 값에의 수렴을 보장할 수 없다는 점이었다. 그러나 이러한 문제점은 엘리트 과정의 도입에 의해 간단히 해소되어 GA가 최적값 탐색기로서 오늘날과 같이 다방면에서 응용 가능하게 되었다.

3.6 프로그래밍

본 절에서는 고전적 유전알고리즘을 앞에서 언급한 수치최적화(예) $f(x_1, x_2)=21.5+x_1$ $\sin(4\pi x_1)+x_2\sin(20\pi x_2)$에 적용하여 문제의 최적 값을 구하는 프로그램 및 실행결과를 나타내었다(Turbo C++ 에서 실행하였음.). 유전연산자 실행에 있어서 전체 개체군의 25%가량이 교배에 참가하고 10%가량이 돌연변이에 참가하도록 하였다. 교배는 짝수개의 대상개체를 선택하여 두 개체끼리 1점 교배를 행하도록 하였고, 돌연변이는 비트별로 행하며 선택된 해당 비트를 반전시키도록 하였다. 엘리트 과정을 위하여 각 세대별로 가장 좋은 적합도 값(x_1, x_2 및 f 값)을 저장해놓도록 하였다. 유전알고리즘 프로그래밍을 위해서 33비트로 구성된 각 개체(염색체)를 16비트짜리 3개의 배열원소를 할당하여 표현하였다.

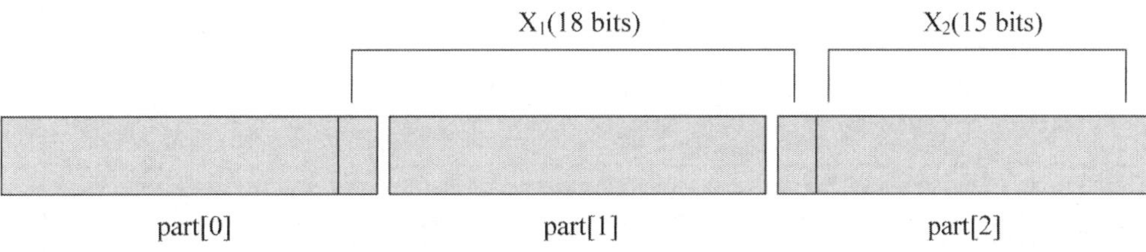


```
=================================================================================
#include<stdio.h>
#include<math.h>
#include<time.h>
#include<stdlib.h>
#define PI   M_PI    // M_PI=3.1415926535..... in <math.h>
#define GEN  200          //200세대까지 진화
#define POP_SIZE   20     //한 세대의 총 개체수는  20개
#define Pc   0.25           //교배 확률
#define Pm   0.1            //돌연변이 확률


void initial_population(void);  //초기개체집단생성
void get_x_value(int i) ;
void get_PQ(int i) ;
void evaluation(void);         //개체평가
void new_population(void);      //룰렛선택에 의한 새로운 객체생성
```

```c
void crossover(void);          //교배 실행
float rand_gen(void);          //실수형 난수발생기
void mutation(void);           //돌연변이 실행

// 각 염색체의 적합도값,  선택확률, 누적확률을 보유할 구조체 선언
//총 33비트가 필요하므로 int 형 3개를 통해 구현한다.

struct chromosome{
 unsigned int part[3];    // 각 개체의 비트 값 저장(33 비트만 사용)
 float fit_val;            // 각 개체의 적합도 값
 float P;                 //룰렛 선택법에 의한 선택확률
 float Q;                 //룰렛 선택법에 의한 누적확률
 } U[POP_SIZE];

double x1, x2, fit_sum;
double best_fit, best_x1, best_x2;  //엘리트과정에서 가장 좋은 적합도 보유
int loop, best_gen;


/*********************************************************************/
main( )
{
time_t t;
srand((unsigned) time(&t));  //시간에 따라 난수 발생을 조정

best_gen=0; best_fit=0;   best_x1=0;   best_x2=0;
initial_population(); //초기 개체집단생성
for(loop=1; loop<=GEN; loop++)  //정해진 세대수(200세대) 만큼 진화
  {
     evaluation( );   //개체평가
     new_population( ); //룰렛 선택법에 의한 새로운 개체집단 생성
     crossover( );   //교배 실행
     mutation( );   //돌연변이 실행
  }
  printf("\n 최적값(%3d 세대)=%f", best_gen, best_fit);
  printf("\n               x1=%f,  x2=%f\n", best_x1, best_x2);

return 0;
}
```

```c
/*******************************************************************/
 void initial_population(void)     //초기 개체집단 생성
 {
 int i, j;
 for(i=0; i<POP_SIZE; i++)
   for(j=0; j<=2; j++)          // 16 비트짜리 숫자 3개를 랜덤 발생
     U[i].part[j]=rand()%65536;


 }



/*******************************************************************/
void get_x_value(int i)     // x1,x2의 이진비트들을 변환해 실제 값을 구한다.
{
  int j;
  x1=0;   x2=0;
     // x1(18비트) = 첫 번째 변수의 최하위 비트(1비트)
     //              + 두번째 변수(16비트)+ 세번째 변수의 최상위 비트(1비트)
     // x2(15비트) = 세 번째 변수의 최상위 비트를 제외한 나머지 15 개 비트

     //첫번째 변수(U[i].part[0])가 홀수면 x1의 최상위 비트를 1로 인식
       if ( U[i].part[0]%2)      x1=pow(2,17);

     // 두 번째 변수(U[i].part[1])의 j-1번째 비트가 0인지 1인지 검사하여
     // 0이면 패스하고 1이면 십진수로 변환
     // 세 번째 변수(U[i].part[2])의  첫 번째 비트가 0인지 1인지 검사하여
     // 0이면 패스하고 1이면 x1을 하나 증가시킨다.



       for(j=16; j>0; j--)
         if( (1<<j-1) & U[i].part[1]  )
             x1=x1+pow(2,j);
         if( (1<<15) & U[i].part[2]  )
             x1++;


       x1=-3.0+x1*15.1/262143;  // x1의 실제 값
       // 세번째 변수(U[i].part[2])의 최상위 비트를 제외한
       // 나머지 15 개 비트를 십진수 변환
```

```c
        for(j=15; j>0; j--)
          if( (1<<j-1) &  U[i].part[2] )
              x2=x2+pow(2,j-1);


        x2=4.1+x2*1.7/32767;    // x₂의 실제 값
```
x_2의 실제 값

```c
}



/*****************************************************************/
void get_PQ(int i)    //  개체의 선택확률과 누적확률 P, Q를 구한다.
{
    U[i].P= U[i].fit_val/fit_sum;
     if(i=0)
        U[i].Q= U[i].P;
     else
       U[i].Q= U[i-1].Q + U[i].P ;

 }



/*****************************************************************/
void evaluation(void)    //개체 평가
 {

int i, j;

fit_sum=0;
if (loop==1)
 printf("\n=== Evaluation  result  of  first  generation  individuals
===\n");


for(i=0; i<POP_SIZE; i++)
 {

        // 10진수로 변환하여 x₁, x₂의 실제 값을 구한다.
        get_x_value(i) ;
```

```c
        // 주어진 함수 f(x1,x2)에 대입하여 각 염색체의 적합도 값을 계산
        U[i].fit_val=21.5+x1*sin(4*PI*x1)+x2*sin(20*PI*x2);

        if( loop==1 )   // 첫 번째 세대의 개체들을 출력해본다.
            printf(" x1=%f, x2=%f   U[%d].fit_val = %f \n" , x1, x2, i, U[i].fit_val);

        //엘리트과정(가장 좋은 적합도값을 저장해 놓음.)
        if(U[i].fit_val>=best_fit)
        {
                best_fit= U[i].fit_val;
                best_x1=x1;
                best_x2=x2;
                best_gen=loop;
                }

        fit_sum=fit_sum + U[i].fit_val; //총적합도를 계산
        get_PQ(i) ; // 선택확률(Pi)과 누적확률(Qi)을 구한다.
    }
}


/**************************************************************************/
void new_population(void)        //룰렛 선택법에 의한 새로운 개체집단 생성
{
    int i, j, k;
    float random_num;
    unsigned int temp[POP_SIZE][3];    //새로 선택된 개체를 임시저장위한 배열

    for(i=0; i<POP_SIZE; i++)
    {
        random_num=rand_gen();   //실수형 난수 발생시켜 random_class에 기억
        j = 0;
        while(random_num> U[j].Q) { //룰렛에 의해 선택될 개체선정
        j++;     //qj-1<r≤qj 인   j번째 개체 U[j]가 선택됨.
        }

        for(k=0; k<=2; k++)
            temp[i][k]= U[j].part[k]; //룰렛에 의해 선택된 개체를 임시로 저장

    }
```

```c
      for(i=0; i<POP_SIZE; i++)
         for(j=0; j<=2; j++)
            U[i].part[j]=temp[i][j];   //선택된 개체를 반환시켜 저장
}



/**********************************************************************/
void crossover(void)   //교배 실행
 {
 int select[POP_SIZE];   //선택된 개체의 주소기억
 unsigned int temp1, temp2;    //교배를 위해 임시저장할 변수
 int i, j, k, n, count=0, address=0, pos;
 float r;
 for(i=0; i<POP_SIZE; i++)
   {
   r = rand_gen();
   if( r < Pc )    //발생된 난수가 교배 확률에 포함된 경우 교배 실행
     {
         select[count]=i;   //교배에 참가할 개체의 주소기억
         count++;
     }
   }

 if(count%2)
     count--;    //교배할 개체를 짝수로 설정


 for(i=1; i<=count/2; i++)
 {
    pos=random(31)+1;   //교배가 시작될 비트의 주소

//j는 두 번째 변수인지 세 번째 변수인지를 기억하고,
//n은 실제로 교배가 일어날 비트자리
    if(pos<17)
      { j=1;    n=16-pos;  }
    else
      { j=2;    n=32-pos;  }
```

```
  while(j!=3)
   {
     for(k=n; k>=0; k--) {
        temp1=(  (1<<k) & U[select[address]].part[j]  );
           //교배할 첫 번째 개체의 해당위치 비트 값을 읽어온다.

        temp2=(  (1<<k) & U[select[address+1]].part[j]  );
           //교배할 두 번째 개체의 해당위치 비트 값을 읽어온다.


       if(temp1>temp2)
       // temp1이 temp2보다 크다면  첫 번째 개체의 해당위치 비트 값이 1이고,
       // 두 번째 개체의 해당위치 비트 값이 0임을 의미한다.
       // 교배를 실행하여 첫 번째 개체의 해당위치 비트 값이 0,
       // 두 번째 개체의 해당위치 비트 값이 1이 되도록 만든다.
        {
           U[select[address]].part[j] -= (unsigned int)pow(2,k);
           U[select[address+1]].part[j] += (unsigned int)pow(2,k);
        }

       //temp2가 큰 경우는 위의 경우와 반대로 실행한다.
        else if(temp1<temp2) {
           U[select[address]].part[j] +=(unsigned int)pow(2,k);
           U[select[address+1]].part[j] -=(unsigned int)pow(2,k);
        }

       //temp1과 temp2가 같은 경우는 교환할 필요가 없다.
        }   // end of for_2
        j++; n=15;
        }  // end of while
     address+=2;
   } // end of for_1
}


/*******************************************************************/
void mutation(void)    //돌연변이 실행
{
  int i, address1, address2, mu_bit;
  float r;
```

```c
for(i=0; i<POP_SIZE*33; i++)   //돌연변이를 위해 개체군의 비트수만큼 난수발생
 {
  r = rand_gen();
  if( r < Pm ) //발생된 난수가 돌연변이 확률에 포함된 경우 돌연변이 변환
   {
     address1=i/33;          //돌연변이시킬 1차주소 계산
     address2=i%33;          //돌연변이시킬 2차주소 계산
     mu_bit=address2;
     if(address2==0)      //각 개체의 첫 번째 비트가 선택되면 그 비트값 반전
       U[address1].part[0]++;

     else {  // 첫 번째 비트가 아닌 다른 것이 선택되면...
        address2=address2/18;
        address2++;
        mu_bit=(16*address2)-mu_bit;

        //비트반전을 위해 해당 위치의 비트를 XOR시킨다.
        U[address1].part[address2]^=(unsigned int)pow(2,mu_bit);
        }
    }
   }  // end of for
 }


/********************************************************************/
     float rand_gen(void) //실수형 난수발생기
{   //룰렛 선택위한  0 ~ 1 사이 난수발생
  unsigned int x;
  x=rand()%32768;
  return ((float)x/32768);
}
/********************************************************************/
```

```
■ (Inactive C:₩GENETIC₩GENETIC.EXE)
=== Evaluation result of first generation individuals ===
 x1=7.445574,  x2=5.058977      U[0].fit_val = 14.090922
 x1=-0.783700,  x2=4.379434      U[1].fit_val = 16.967342
 x1=-1.963853,  x2=4.762993      U[2].fit_val = 17.167606
 x1=5.217522,  x2=4.873760      U[3].fit_val = 18.711794
 x1=0.589881,  x2=5.308216      U[4].fit_val = 24.653389
 x1=7.691420,  x2=4.117173      U[5].fit_val = 30.293512
 x1=-2.779729,  x2=4.204749      U[6].fit_val = 21.721540
 x1=0.205905,  x2=5.528141      U[7].fit_val = 27.029169
 x1=-2.670170,  x2=4.273284      U[8].fit_val = 19.502964
 x1=-0.561931,  x2=5.585678      U[9].fit_val = 17.519436
 x1=-1.250277,  x2=4.761022      U[10].fit_val = 18.45584
 x1=7.415275,  x2=4.979080      U[11].fit_val = 10.197921
 x1=-0.419424,  x2=5.575768      U[12].fit_val = 15.57497
 x1=5.050707,  x2=5.088186      U[13].fit_val = 21.065447
 x1=0.080793,  x2=4.863747      U[14].fit_val = 17.870806
 x1=5.698961,  x2=4.470174      U[15].fit_val = 20.643404
 x1=5.951835,  x2=5.569439      U[16].fit_val = 12.880653
 x1=-0.020471,  x2=4.149599      U[17].fit_val = 21.60983
 x1=5.534219,  x2=5.445183      U[18].fit_val = 25.430216
 x1=8.235990,  x2=4.890933      U[19].fit_val = 20.304413

최적값(143 세대)=38.732876
            x1=11.628987,  x2=5.624277

◄ |  |
```

실행결과 화면(예)

스키마 이론

Holland가 제시한 GA의 이론적 배경은 해의 이진 스트링 표현과 스키마 정리(Schema theorem)에 근거하고 있다. 스키마는 염색체들 사이의 유사성을 나타낼 수 있는 하나의 전형(template)으로서 유전인자에 알파벳의 don't care 심볼(*)을 도입하여 만들어진다. 이 부호는 0 또는 1을 나타낸다.

4.1 스키마의 기본 개념

스키마는 이와 관련된 모든 스트링들(탐색공간의 부분집합)을 효과적으로 표현한다. GA는 M차원 비트 공간의 hyperplane들을 나타내는 스키마들을 다루는 알고리즘이라고 할 수 있다. 이제 길이가 10인 2진수로 된 스트링을 나타내는 식 (5.8)와 식 (5.9)을 생각한다.

$$\{0010100101\} \tag{5.8}$$
$$\{1011011100\} \tag{5.9}$$

스키마정리를 설명하기 위해 don't care 부호 *를 써서 위의 두 식은 식 (5.10)로 나타낼 수 있다.

$$\{*01****10*\} \tag{5.10}$$

식 (5.10)은 식 (5.8), 식 (5.9)을 포함하는 매우 많은 스트링을 대표한다. 이때 식

(5.9)을 스키마(Schema)라고 하는데 스키마 {1001110001}은 그냥 하나의 스트링 {1001110001}을 나타내고, 스키마 {**********}은 길이가 10인 모든 스트링을 나타낸다. 이와 같이 스키마는 개체가운데에서 유사성의 탐색을 가능하게 하는 하나의 전형(Template)라고 할 수 있다. 그래서 스키마는 *이외의 모든 위치에 있는 값들과 매칭되는 모든 스트링(이러한 스트링들을 hyperplane 또는 탐색공간의 부분 집합이라고 한다)을 나타내게 된다.

$$\{0101000110\} \hspace{4cm} (5.11)$$

식 (5.11)도 하나의 스키마가 되지만 이 경우는 오직 하나의 스트링밖에 나타낼 수 없는 특수한 경우가 된다. 그러나, 한 스트링 안에 있는 don't care부호의 갯수가 r이면, 이러한 스키마는 2^r개의 스트링과 매칭된다. 예를 들어서 스키마 {01***00*00}은 *가 4개이므로 다음과 같이 24(16)개의 스트링과 매칭된다.

{0100000000} {0100100000} {0101000000}
{0101100000} {0110000000} {0110100000}
{0111000000} {0111100000} {0100000100}
{0100100100} {0101000100} {0101100100}
{0110000100} {0110100100} {0111000100}
{0111100100}

반면에 길이가 m인 스트링은 2^m개의 스키마와 일치한다. 예를 들면 스트링 {10111}은 다음과 같이 2^5(32)개의 스키마와 일치한다.

{10111}

{*0111} {1*111} {10*11} {101*1} {1011*}

{**111} {1**11} {10**1} {101**}

{*0*11} {1*1*1} {10*1*} {*01*1} {1*11*}

{*011*}

{10***} {*01**} {**11*} {***11}

{1*1**} {1**1*} {1***1}

{*0*1*} {*0**1} {**1*1}

{1****} {*0***} {**1**} {***1*} {****1}

{*****}

이와 같이 스키마와 매칭되는 스트링들을 스키마의 인스턴스라고 한다. 예를 들어 스키마 (*1*1100100)은 2개의 *를 갖고 있으므로 다음과 같이 모두 4개(2^2)의 스키마 인스턴스를 갖는다.

{0101100100}, {0111100100}, {1101100100}, {1111100100}

앞의 예에서 식(5.10)는 6개의 don't care부호를 갖고있으므로 모두 $2^6 = 64$개의 스트링과 매칭이 됨을 알 수 있다. 즉 64개의 스키마 인스턴스가 존재한다. 스키마에서 0 또는 1의 값을 가진 유전자의 위치를 스키마의 고정위치라고 한다. 그리고 스키마 S의 차수는 O(s)로 나타낸다. 스키마의 차수가 뜻하는 바는 스키마 S안에 있는 non-don't care position의 개수 즉, 스키마안에 있는 고정위치의 갯수를 말하며 이는 전형의 전체길이에서 don't care 심볼(*)의 수를 뺀 값이다. 따라서 스키마의 차수는 스키마의 특별함을 정의한다. 예를 들면, 길이가 10인 세 개의 스키마를 가정하자.

$$S_1 = \{**00*110**\},$$
$$S_2 = \{****10**0*\},$$
$$S_3 = \{11001*0*01\},$$

이들의 차수는 다음과 같다.

$$O(S_1) = 5, \ O(S_2) = 3, \ O(S_3) = 8$$

이 된다.

여기서 S_3가 가장 차수가 높으며, 가장 구체적인 스키마임을 알 수 있다. 스키마 S의 길이는 $\delta(S)$로 나타내며, 첫 번째 고정 숫자와 마지막 고정 숫자 사이의 거리를 말한다. 스키마의 길이는 스키마에 포함되어 있는 정보의 밀집성을 정의한다. 식 (5-10)에서 스키마의 차수는 4가 되고 스키마의 길이는 7이 된다. 앞의 예에서 스키마 S_1, S_2, S_3의 길이는 다음과 같다.

$$\delta(S_1) = 8 - 3 = 5,$$
$$\delta(S_2) = 9 - 5 = 4,$$
$$\delta(S_3) = 10 - 1 = 9$$

이러한 스키마의 정의길이 개념은 교배연산에서 스키마의 생존확률을 정의하는데 유용하다.

4.2 스키마 정리(Schema Theorem)

전술한 바와 같이 유전자 알고리즘의 진화과정은 초기의 개체집단을 생성한 후에 (creation of P(0)) 다음의 네 가지 과정이 연속적으로 반복되는 단계들로 구성된다.

> P(t)의 평가(evaluation)
> P(t)로 부터 부모 개체를 선택(selection)
> P(t)의 재조합(manipulation)
> $t \leftarrow t + 1$ (moving to next generation)

t세대에서의 스키마 S의 적합도 $fit(s,t)$는 식 (5.12)으로 정의될 수 있다. 이때 Is는 스키마 S에 속하는 개체들의 인덱스 집합이고, $fit(i,t)$는 개체 i의 적합도, $N(s,t)$는 스키마 S의 인스턴스 개수를 나타낸다.

$$fit(s,t) = \frac{\sum_{i \in I_s} fit(i,t)}{N(s,t)} \tag{5.12}$$

선택에 의해 다음 세대에 복제되는 스키마 인스턴스의 수는 식 (5.13)로 정의 될 수 있다. 여기서 $afit(t)$는 t세대에서 모든 개체의 평균 적합도를 의미한다.

$$N(s,t+1) = \frac{\sum_{i \in I_s} fit(s,t)}{afit(t)} = \frac{fit(s,t)}{afit(t)} \cdot N(s,t) \tag{5.13}$$

교배 연산 및 돌연변이 연산에 의한 스키마 S의 파괴 확률 $p_{cd}(S)$ 및 $p_{md}(S)$는 식 (5.14), 식 (5.15)로 정의될 수 있다. 여기서 p_c는 교배 확률, p_m은 돌연변이 확률을 의미한다.

$$p_{cd}(S) = p_c \cdot \frac{\delta(s)}{m-1} \tag{5.14}$$

$$p_{md}(S) = 1 - (1 - p_m)^{o(s)} \cong p_m o(s) \ (\text{if } p_m \ll 1) \tag{5.15}$$

결과적으로 스키마 S의 생존확률 $p_s(S)$는 식 (5.16)에 의해서 정의될 수 있다.

$$p_s(S) = 1 - p_c \frac{\delta(s)}{m-1} - p_m o(s) \tag{5.16}$$

선택, 교배, 돌연변이 실행 결과 다음 세대에 살아남을 스키마 인스턴스의 수는 식 (5.17)으로 정의될 수 있는데, 이를 스키마 정리라 한다.

$$N(s,t+1) \geq N(s,t) \cdot \frac{fit(s,t)}{afit(s)} \cdot p_s(S) \ \text{에서}$$

$$N(s,t+1) \geq N(s,t) \cdot \frac{fit(s,t)}{afit(s)} \left(1 - p_c \frac{\delta(s)}{m-1} - p_m o(s)\right) \tag{5.17}$$

이러한 스키마의 정리에 의하면 길이($\delta(s)$)가 짧고, 차수($o(s)$)가 낮고, 평균값이상의 적합도 값을 갖는 스키마의 갯수는 지수적으로 증가함을 알 수 있다. 스키마의 정리는 몇 가지 제한적인 가정 하에서 유도된 것으로서 이에 의하면 교배과정에 의해서 기존의 스키마가 파괴될 가능성이 있다. 그러나 실험적인 결과에 의하면 교배연산자는 탐색 시에 유용함이 입증되고 있다. 즉 교배연산자가 결코 파괴적이지 않음을 나타낸다. 하지만 스키마이론은 GA에 있어서 전역 최적 값으로의 수렴을 보장하지 못하므로 이를 보상하기 위해서는 매 세대마다 선택과정 이전 또는 이후 발견된 최선의 해를 간직하고 있도록 하는 것이 필요하다. 즉, 엘리트과정에 의해 성능이 좋은 스키마가 교배 및 돌연변이에 의해 파괴되는 것을 방지할 수 있으며, 그럼으로써 GA는 최적 해에의 수렴이 보장될 수 있다.

4.3 빌딩블럭 가설(Building Block Hypothesis)

GA는 길이가 짧고, 차수가 낮으며, 성능이 우수한 스키마들의 결합에 의해 준 최적의 성능을 찾는다. 이러한 길이가 짧고 적합도가 높은 스키마들을 빌딩블록이라고 한다. 즉 높은 적합도를 가진 스트링들이 높은 적합도를 가진 빌딩블록들을 찾아내어 이들을 결합함으로써 만들어질 수 있다는 전제를 빌딩블록가설이라고 한다. 빌딩블록가설의 물리적인 의미는, GA는 교차 과정에서 정보의 교환을 위해 사용되는 길이가 짧고, 차수가 낮은 스키마에 의해서 탐색공간을 탐색한다는 것이다. 빌딩블록가설이 뜻하는 바는, 아이들이 집짓기를 할 때 작은 블록들을 여러개 쌓아서 큰 건물을 짓는 것과 같은 개념으로서, GA는 길이가 짧고, 차수가 낮으면서 성능이 좋은 스키마를 받아들여서 최적한 성능의 부근을 탐색한다는 것이다. 빌딩블록은 서로 결합(교차에 의한 결합을 뜻함)해서 보다 나은 스트링을 만든다. GA에 의한 최적의 스트링을 탐색하는 과정은 여러 스키마들 사이의 경쟁이라고 볼 수 있다. 최적의 스트링을 인스턴스로 갖는 스키마 S가 다른 스키마들에 비해 더욱 많은 자식을 복제하고 선택과정에서 살아남음으로써 개체집단에서 S의 인스턴스의 갯수가 늘어나는 과정으로 볼 수 있다. 따라서 최적의 해는 이러한 빌딩 블록들이 경쟁관계에서 이겨내어 결합함으로써 만들어질 수 있다는 전제를 빌딩블럭 가설이라 한다. 이러한 빌딩 블록 가설을 만족시키기 위해서는 다음의 두 조건을 만족해야 한다.

① 표현형이 근접한 개체는 유전형도 유사해야 한다.
② 유전자좌(locus)간에 간섭이 적어야 한다.

예를 들면 4비트의 이진수를 사용했을 경우 표현형 7과 8은 서로 근접하지만 유전형인 0111과 1000은 서로 큰 차이를 보인다. 이러한 것은 역위(inversion)의 연산자를 도입하지 않는 한 유전형인 0111에서 1000에 근접한 것을 찾기는 쉽지 않다. 따라서 이러한 경우에는 빌딩 블럭 가설을 만족하기 어렵게 된다.

진화 프로그램

순회 판매원 문제, 스케듈링 문제, 게임 문제, 네트웍 문제와 같은 논리적인 탐색 영역에 전통적인 유전자 알고리즘을 사용하는 것은 다소 무리가 따른다. 따라서, 이러한 문제의 최적해 탐색에는 보통 진화프로그램(Evolution Program)이라고 통칭되는 변형된 형태의 유전자 알고리즘을 사용한다.

5.1 기본 개념

진화 프로그램(EP)은 보다 더 광범위한 응용이 가능하도록 고전적 유전알고리즘(SGA)을 일반화한 개념으로 정의될 수 있다. 고전적 유전자 알고리즘이 고정된 길이의 이진 스트링을 사용하는 데 반해 진화 프로그램에서는 문제에 가까운 자연스런 표현을 사용한다. 또한, 고전적 유전자 알고리즘이 이진 교배와 돌연변이를 사용하는 반면에, 진화 프로그램은 다양한 유전 연산자 들을 사용한다. 성공적인 진화 프로그램을 만들기 위해서는 적절한 자료구조와 적절한 알고리즘이 사용되어져야 한다. 이러한 진화 프로그램은 다음과 같은 점에서 전통적인 유전자 알고리즘과 다르다.

① 개체의 표현에 있어서 Non-binary 스트링을 사용한다.
② 연산자는 문제에 적합한 지식과 결합하여 문제 성격에 맞게 정의된다.
③ 전통적 유전자 알고리즘을 변형하여 문제에 맞춘다.

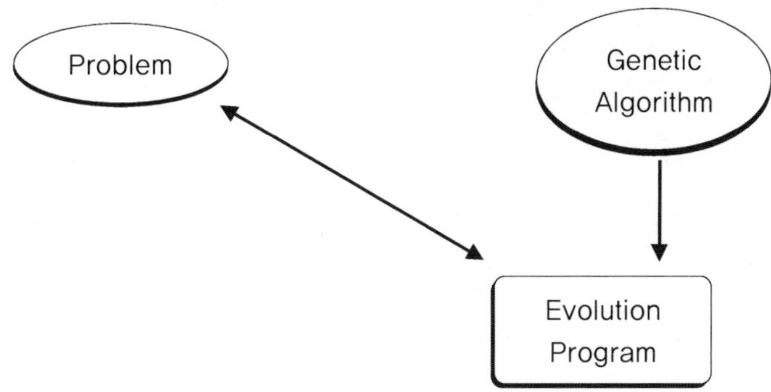

〈그림 5.14〉 진화 프로그램의 접근방식

진화 프로그램에서 각 개체집단(a population of individuals)을 다음과 같이 표현 할 수 있다.

$$P(t) = \{X_1^t,\ X_2^t,\ \ldots\ldots\ldots\ X_N^t\} \text{ for iteration t}$$

여기서, X_i^t는 문제에 대한 가능 해(potential solution)을 의미하며 이진 스트링(binary string)이 아니라 어떤 데이터 구조 S로 표현된다. 진화 프로그램의 전체 실행과정을 의사코드(pseudo language)로 표현하면 다음과 같다.

```
procedure Evolution_program
    begin
    t = 0 ;
    initialize P(t);
    evaluate P(t);
    while(not termination-condition) do
    begin
        evaluate p(t);
        select P(t) from p(t-1);
        manipulate P(t) using problem-specific operator;
        t = t+1;
    end; { while }
    end; { evolution program }
```

5.2 개체수 가변 진화방식

개체 집단의 크기는 유전자 알고리즘의 사용자가 결정해야 할 가장 중요한 요소 중 하나이며 많은 응용에서 탐색성능에 큰 영향을 미친다. 또한, 많은 유전자 알고리즘 응용에 있어서 개체집단의 크기는 초기에 설정된 크기로 고정되어 연산이 진행된다. 만일 개체 집단의 크기가 너무 작으면 유전자 알고리즘이 너무 빨리 수렴하며 통상적으로 좋은 결과를 낳지 못한다. 반대로 크기가 너무 큰 경우에는 유전자 알고리즘의 처리에 많은 시간이 소모되며, 소모되는 시간에 비해 향상되는 정도가 작다. 그 동안, 많은 연구자들이 유전자 알고리즘의 개체집단에 대해서 조사하였다. Goldberg는 최적 개체집단의 크기를 이론적으로 해석하였으며, 유전자 탐색에 대한 제어 매개 변수가 주는 영향에 대해 논하고 있다. 또한 Smith는 선택오차의 확률에 따라 개체 집단의 크기를 조정하는 알고리즘을 제안하였다. 개체수가 변화되는 유전자 알고리즘에서는 앞에서 언급한 바와 같이 룰렛과 같은 선택 방법을 따로 사용하지 않고 나이 및 수명이라는 개념을 도입하여 선택의 개념을 대신한다. 즉, 각 개체에 대해서 수명을 부여하고, 수명과 나이를 비교하여 전체 개체 집단의 크기를 매 세대마다 변화시킨다. 이러한 진화 방법은 변형된 진화 프로그램으로서 본래의 방식(개체수 고정 진화)과 구분하여 개체수 가변 진화방식이라 한다. 개체수 가변 진화방식에서 나이는 그 개체가 존재한 세대의 수를 의미하며, 수명은 각 개체의 적합도 값에 비례하여 부여되는 것으로서 유전자 알고리즘 전개 과정에서 그 개체가 존재할 수 있는 세대 수를 뜻한다. 이러한 방법은 다른 어떤 방법보다 더 "자연적인"것이데, 이는 나이가 드는 현상이 자연 순리에 부합되기 때문이다. 개체군 가변 진화방식에서는 시간 t에서 새로운 개체집단(보조 개체 집단)이 생성, 추가되어 전체 개체집단의 크기가 변화된다. 보조 개체집단의 크기는 원래의 개체 집단의 크기에 비례하여, 매 세대마다 새롭게 설정된다. 개체군 가변방식(이하 Modified EP라고 칭함)의 전체 실행과정을 의사코드(pseudo language)로 표현하면 다음과 같다.

```
procedure Modified EP
    begin
    t = 0;
    initialize P(t);
    evaluate P(t);
```

```
while(not termination-condition) do
begin
  t = t+1;
  age = age + 1;
  recombine P(t) ;
  evaluate P(t);
  removal of aged individuals from P(t);
end; { while }
end; { Modified EP procedure }
```

recombine P(t) 단계에서는 보조 개체군을 생성하여 원래의 개체군과 결합한다 전체 개체집단을 형성한다. 생성되는 보조 개체군(auxiliary population)의 크기는 원래의 개체군 크기와 비례해서 식 (5.18)과 같이 결정한다.

$$AuxPopSize(t) = PopSize * \rho \qquad\qquad (5.18)$$

비례상수 ρ는 보조개체군 생성 비율(auxiliary production ratio)로서 범위[0, 1]에서 정한다. ρ를 크게 하면 새로운 탐색이 증가되지만 연산 비용이 커지기 때문에 0.5 이하에서 탐색 성능을 고려하여 적당히 결정한다. 보조 개체군의 의미는 전개 과정에서 매 세대마다 수명보다 나이든 개체들이 제거되기 때문에 이를 보충하기 위해서 새로운 개체들을 생성하여 원래 개체군에 수혈해주는 개념이다. 전체 개체 집단내의 각 염색체는 그것의 적합도 값에 관계없이 같은 확률로서 전부 선택되며, 자손들은 현재 존재하는 개체에 유전 연산자를 적용하여 생성된다.

evaluate P(t) 단계에서는 새롭게 생성된 각 개체의 적합도를 평가하여 적합도 값에 비례하여 각 개체의 수명을 부여한다. 수명 값은 개체가 생성되어 소멸될 때까지 상수 값으로 유지된다. 이는 오래된 염색체들에 있어서 그 수명이 재 계산되지 않음을 뜻한다. 개체의 소멸은 그것의 나이(생존한 세대 수)가 수명(생존 가능 세대)을 넘을 때 일어난다. 물론 recombine 단계에서 유전자 조작에 의해서 변화된 개체는 적합도 평가를 거쳐서 새롭게 수명이 부여된다. 다시 말해서 개체의 수명은 그 개체가 개체 집단에 존재할 수 있는 세대수를 결정해주며, 수명이 다하면 그 개체는 자동적으로 개체군에서 제거되는 방식으로 소멸된다. 개체의 수명 값은 통상 해당 개체의 적합도 값에 비례하여 부여되는데, 1

보다 큰 상수 값을 부여하면 통상 해당 개체 집단의 크기는 지수 승으로 증가한다. 가변 개체군 진화방식에서는 선택과정이 따로 없기 때문에 수명 값을 상수로 부여하는 것은 알고리즘의 성능을 저하시킨다. 따라서 성능을 높이기 위해서는 좀 더 복잡한 형태의 수명 값 계산이 수행되어져야 한다. 수명 값 계산 방법은 평균 이상의 적합도 값을 가진 개체에 상대적으로 큰 값을 부여하며 현재 상황의 탐색에 맞도록 개체 집단의 크기를 조정한다. 현재까지 알려진 수명 값 계산 방법은 다음과 같이 세 가지 방법이 있다.

① 비례적 할당(proportional allocation)

룰렛 선택방식에서 힌트를 얻어서 만든 방식으로 특정 개체 u_i의 수명은 식 (5.19)에 의하여 MaxLT와 MinLT 사이에서 그 개체의 적합도에 비례하여 주어진다.

$$LifeTime(u_i) = \min\left(MinLT + \eta\frac{fit(i)}{AvgFit}, MaxLT\right) \qquad (5.19)$$

여기서 $MaxLT$와 $MinLT$는 존재할 수 있는 최대 수명과 최소 수명을 의미하며 $\eta = (MaxLT - MinLT)/2$로 주어진다. $AvgFit$는 평균 적합도를 의미한다.

② 선형 할당(linear allccation)

선형 할당방법에서 특정 개체 u_i의 수명은 식 (5.20)에 의하여 현재 존재하는 가장 큰 적합도에 비례하여 주어진다.

$$LifeTime(u_i) = MinLT + 2\eta \cdot \frac{fit(i) - AbsFitMin}{AbsFitMax - AbsFitMin} \qquad (5.20)$$

여기서 $AbsFitMax$와 $AbsFitMin$는 현재까지 나타난 최대 적합도와 최소 적합도를 의미한다.

③ 부선형 할당(bi-linear allocation)

부선형 할당 방법은 앞의 두 가지를 포용하는 방법으로서 특정 개체 u_i의 수명은 식 (5.21) 및 식 (5.22)에 의하여 구해진다. 이 방법의 아이디어는 최대의 적합도 부근에 존재하는 개체들의 수명을 가급적 차이가 나도록 하는 것이데, 이를 위해 평균 적합도에 관한 정보를 이용하고 또한 현재까지의 최대와 최소 적합도의 값을 활용한다.

$$\text{if } AvgFit \geq fit(i)$$
$$LifeTime(u_i) = MinLT + \eta \cdot \frac{fit(i) - MinFit}{AvgFit - MinFit} \qquad (5.21)$$

$$\text{if } AvgFit < fit(i)$$
$$LifeTime(u_i) = \frac{1}{2}(MinLT + MaxLT) + \eta \cdot \frac{fit(i) - AvgFit}{MaxFit - AvgFit} \qquad (5.22)$$

여기서, $MaxFit$와 $MinFit$는 현 개체집단에서의 최대 적합도와 최소 적합도를 의미한다.

removal of aged individuals 단계는 종래 방식(고정 개체군 방식)의 룰렛 선택과정을 대신하는 과정으로서 각 개체의 나이를 조사하여 그것의 수명보다 더 나이가 많은 개체는 전체 개체군에서 삭제하는 과정이다. 보조 개체군 생성 단계에서 이를 보충하여 새로운 개체가 생성된다.

이와 같이 개체수 가변진화 방식에서는 개체군 재조합 및 평가, 나이든 개체의 제거 과정을 종료조건에 이를 때까지 반복하여 수행함으로써 효과적으로 최적 값을 찾고자 하는 것이다.

5.3 제약(constraints) 조건을 다루는 방법

최적화 문제에서는 여러 가지 제약조건이 필연적으로 존재하게 되는데 이러한 제약 조건을 어떻게 처리하느냐 하는 것은 진화 프로그램을 응용하는데 있어서 중요한 사항 중에 하나이다. 초기 개체군 생성과정에서 제약 조건을 철저히 고려하여 개체를 생성하였다 하더라도 유전자 조작과정(교배 및 돌연변이)에서 제약 조건을 위반하는 부적합한 개체가 만들어질 수 있다. 이러한 경우, 제약조건을 위반한 개체를 처리하는 방법을 고려해야 하는데 가장 단순한 방법은 개체 검사 과정을 통해서 부적합한 개체로 판명되면 개체군에서 그 개체를 제거하는 방법이다. 그러나, 이러한 방법은 부적합한 개체가 많이 출현하는 경우에 개체집단의 크기가 줄어들어서 탐색 성능이 떨어지는 문제가 존재한다. 또 다른 방법으로는 적절한 복구(repair) 알고리즘을 통해 적합한 개체로 바꾸어 주는 방법 이 있다. 그러나 이러한 방법은 연산 비용이 증가되어서 전체적으로 탐색 실행시간이 늘어나는 단점이 있다. 일반적으로 많이 사용되는 방법은 제약조건을 위반한 개체에 대해서 벌점 (penalty)을 부과하는 방법이다.

생성된 개체 중 제약 조건의 위반 여부를 평가하여, 그 위반 정도에 따라 이들의 적합도를 깍아내리는 방식이다. 즉 제약 조건 위반에 대해 벌점을 부과하고 이 벌점을 적합도 평가함수에 반영함으로써 그 개체가 선택되어 자손을 낳을 확률을 낮추는 것이다. 제약 조건의 위반을 고려하여 벌점을 부여하는 경우 함수 $f(x_1, x_2, \cdots, x_p)$를 최적화하는 문제는 식 (5.23)과 같은 함수를 최적화하는 문제로 치환될 수 있다.

$$f(x_1, x_2, \cdots, x_p) + \epsilon \cdot \delta \sum_{i=0}^{p} \phi_i \qquad (5.23)$$

여기서, p는 제약 조건의 총수이고, δ는 벌점 상수이며, ϵ는 최대화 (maxima) 문제에서는 -1이 되고 최소화(minima) 문제에서는 $+1$이 된다. ϕ_i는 i번째 제약조건에 관련한 벌점을 의미한다.

유전자 알고리즘의 응용

6.1 응용 분야

유전자 알고리즘은 신경망 이론이나 퍼지이론과 마찬가지로 공학의 전분야, 수학을 포함한 자연 과학, 경영학을 포함한 사회과학 등 학문의 거의 전 분야에서 활발하게 응용되고 있다. 〈표 4.5〉는 현재까지 연구되어온 유전자 알고리즘의 응용 분야와 그 사례를 나타내고 있다. 유전자 알고리즘을 어떤 문제에 응용하고자 할 때, 반드시 고려해야 할 점은 다음과 같다.

① 문제에 대한 해 집합이 존재하는가?

유전알고리즘에 의한 해법은 진화방식을 이용하여 여러 개의 해집합 중에서 최적 해를 찾는 것이다. 수학의 방정식 문제처럼 오직 단일 해만이 존재하는 문제에서는 유전알고리즘의 이용이 부적합하다. 순회 판매원문제(TSP)나 Job 스케쥴링과 같은 문제에서는 문제를 만족하는 여러 개의 잠정 해들이 존재하는데, 그 중에서 최적의 해를 찾는 것이다. 따라서, 유전자 알고리즘을 문제에 응용하려면 그 문제는 해집합을 갖는 문제이어야 한다.

② 해의 적합도 평가법이 존재하는가?

유전자 알고리즘을 적용하려면 문제에 대한 다수의 잠정 해(potential solution)가 존재하고 각각의 해가 최적 해에 어느 정도 적합한가를 판단할 수 있는 명확한 적합도 평가법(평가식)이 필연적으로 존재해야만 한다. 만일 해의 적합도 평가법이 불명확하다면 최적 해를 얻어낼 수 없으며 많은 해 후보(candidate solution) 만이 존재할 뿐이다.

③ 해를 염색체로 표현할 수 있는가?

문제에 대한 잠정 해를 염색체 형태(유전자형)로 용이하게 표현할 수 있는지 여부가 유전자 알고리즘 적용의 큰 전제가 된다. 또한, 문제에 대한 잠정해를 염색체로 표현하는 엔코딩(부호화) 방법에 대한 연구가 필요하다. 해를 염색체형태로 표현할 때에는 다음과 같은 사항들이 중요하다.

- 해 후보는 모두 염색체로 표현할 수 있을 것
- 해 후보와 염색체는 1대 1로 매핑시킬 수 있을 것
- 부모의 형질을 교배에 의해 자식에게 적절하게 전달할 수 있을 것

〈표 5.5〉 유전자 알고리즘의 응용 분야 및 사례

응용 분야	응용 사례
최적화	수치적 함수의 최적화, 전력 송전망의 최적화, 항공기 승무원 배정 문제, 순회 판매원 문제, 그래프 분할 문제, 스케줄링 문제, 운송 문제, 배낭 문제, 경로 탐색문제 등
설 계	VLSI 회로 설계, 컴퓨터 통신망의 최적 설계, 엔진 노즐의 설계, 비행기 날개의 공기 역학적 설계, 디지털 필터 설계, 퍼지제어기 설계 등
인공지능	LISP 프로그램의 자동 생성, 문제 해결 규칙의 자동 습득, 신경망 합성 및 학습, 자연어 처리 등
시스템 분석/예측	시스템 동정, 환율변화 예측, 케이오틱 시계열의 예측, 재정 및 경제 분야의 분석 및 예측 등
제어 및 로보틱스	이동로봇의 경로 계획, 신경망 및 퍼지논리와 유전알고리즘의 결합에 의한 시스템 제어 등

6.2 배낭(knapsack) 문제에의 응용

본 절에서는 최적화 문제에 대한 응용으로서 단순하면서 효과가 큰 배낭(Knapsack)문제의 응용 예를 기술하고자 한다. 도둑이 배낭에 훔친 아이템을 담아갈 계획이고, 그 안에 넣은 아이템의 총 무게가 W이면 배낭은 찢어져서 도둑은 물건을 가지고 나갈 수 없게 된다. 이 도둑의 목표는 총 무게가 W를 초과할 수 없다는 제약 하에서 아이템들의 총 값어치가 최대가 되는 아이템의 집합을 구하는 것이다. 즉, 배낭문제란 〈그림 5.7〉에 나타난 바와 같은 배낭에 물건을 넣을 때, 제한 용량을 넘어서지 않는 범위에서 채워 넣는 방

법을 구하는(채워 넣는 화물을 결정) 것을 말하며, 특히 각 아이템이 분할될 수 없는 덩어리일 때 0/1 배낭문제라고 한다. 0/1 배낭 문제는 실생활에 많이 적용되는 문제로서 것으로서 여러 가지 응용 예가 존재한다.

- 일정 예산 내에서의 물자의 구입
- 종업원의 능력에 기초한 인사관리
- 금융거래 의사 결정 (일정한 자금을 사용하여 위험이 최소가 되도록 하는 주식, 채권 등으로의 투자법을 결정)
- 화물운송 시스템

이들은 "어떤 제약 조건을 만족하면서 가능한 많이 채워 넣는 조합을 구한다"고 하는 공통부분이 있다. 수식으로 표현하면, 0/1 배낭문제는 각 아이템의 값어치 p_i, 용량 제한 W에 대하여 식 (5.24)을 만족하면서 $P(x)$가 최대로 되도록 하는 x_i의 집합을 구하는 것이다.

$$\sum_{i=1}^{n} x_i \leq W \qquad\qquad (5.24)$$

$$P(x) = \sum x_i \cdot p_i \qquad\qquad (5.25)$$

이러한 0/1 배낭문제는 대표적인 NP-hard 문제로서 휴리스틱한 방법에 의해서 해를 구할 수 있다. 본 절에서는 〈그림 4.15〉와 같이 아이템이 모두 10개이고, 그 중에서 20kg을 넘지 않는 범위에서 가능한 한 좋은 아이템을 많이 배낭에 넣는 조합을 구하는 문제를 유전자 알고리즘을 이용하여 해결하는 방법에 대해서 기술하고자 한다.

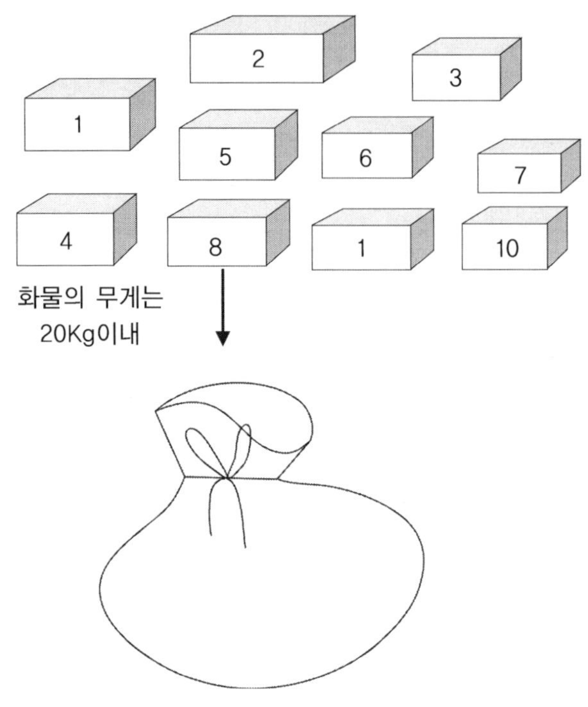

〈그림 5.15〉 배낭문제의 예

■ 염색체의 표현

0/1 배낭문제의 하나의 후보 해를 염색체로 표현하기 위해 염색체의 각 비트를 각 화물에 대응시키기로 한다. 즉, 어떤 비트가 1이면, 대응 하는 화물을 배낭에 넣고, 0이면 넣지 않는다. 화물은 모두 10개이기 때문에 각 염색체는 10비트 길이의 2진 부호로 표현된다. 예를 들면, 어떤 염색체를 1001100010이라고 했을 때, 값이 1인 비트는 좌측에서부터 헤아리면 1번째, 4번째, 5번째, 9번째이기 때문에 아이템 1, 아이템 4, 아이템 5, 아이템 9를 배낭에 넣은 것이 된다. 이 경우 전체 탐색공간의 크기는 2의 10승, 즉 약 1,000이 된다.

■ 적합도 평가

생성된 각 염색체의 적합도 값은 주어진 식 (5.25)에 의해 계산한다. 그러나, 생성된 염색체가 용량 한계를 초과하는 문제가 발생될 수 있다.즉, 식 (5.24)를 만족하지 못하는 부적합한 염색체가 필연적으로 발생하게 된다. 이런 경우에는 적절한 복구 알고리즘을 이용하여 이를 적합한 해로 변환하거나 식 (5.23)에서와 같이 벌점을 부과하는 방법으로 이를 처리하는 방법이 있다. 복구 알고리즘에서는 예를 들면 몇 개의 아이템을 배낭에서 제거함으로써 제약 조건을 처리하는 것이다. 벌점을 부과하는 방법에서는 각 염색체의 적합도를 평가할 때 제약 조건 위반 여부에 따라서 일정한 상수의 벌점 값을 부과하거나 위반 정도에 따라서 벌점 값을 다르게 부과한다. 즉, 적절한 벌점함수에 의하여 위반 정도가 크면 큰 벌점 값을 부과하고 위반 정도가 작으면 작은 벌점 값을 부과한다. 이후에 선택이나 교배, 돌연변이에 관해서는 앞 절에서 설명한 여러 가지 방법 중에서 적절한 방법을 선택하여 사용한다.

6.3 순회 경로 탐색(TSP)에의 응용

경로 탐색문제에 진화 프로그램을 적용한 대표적인 예는 순회 판매원 문제(TSP: Traveling Salesman Problem)로서 최적해 탐색의 대상으로 많이 사용되고 있다. TSP는 세일즈맨이 N개의 도시를 순회하며 물건을 판매한다고 할 때, 어떤 순서 조합으로 순회 경로를 만들 때 여행비용이 최소가 되는 가 하는 문제이다. TSP가 최적해 탐색의 대상으로서 많이 사용되고 있는 것은 문제의 성격이 비교적 논리적이고 간단하므로 OR(Operating Research)에서의 최소 비용 문제, 공정 최적화 스케듈링 문제 등과 같은 순서 조합을 갖는 문제로의 응용이 용이하기 때문이다. 이러한 연유로 TSP는 모든 논리적 시퀀스 문제의 모체라고도 불리며 TSP에서의 최적해 탐색은 최소 비용 여행을 달성하는 도시 순열(permutation)을 찾는 것을 말한다. TSP에서의 최적해 발견에 유전자 알고리즘을 적용하기 위해서는 그 문제의 적절한 표현 및 적합한 유전 연산자의 설계가 필수적이다.

최근까지TSP와 관련하여 인접 표현(adjacency representation), 서수적 표현(ordinal representation), 경로표현(path representation)과 같은 세 가지 벡터 표현법이 사용되어 왔으며, 이들 각각은 또한, 고유의 유전 연산자를 가지고 있다. 이에 따라, 본 절에서는 이들 각각의 표현 방식 및 사용되는 유전 연산자와 이를 이용한 순회 경로 탐색 적용 예에 관하여 기술한다.

■ 인접 표현 및 교배 방법

인접 표현 방법은 하나의 여행을 n개 도시의 리스트로 나타내며, 여기서 만일 여행이 도시 i로 부터 도시 j로 이어진다면 도시 j는 리스트의 i번째 위치에 있게 된다. 예를 들어 벡터 (2 4 8 3 9 7 1 5 6)는 다음과 같은 여행을 나타낸다.

$$1 - 2 - 4 - 3 - 8 - 5 - 9 - 6 - 7$$

각 여행은 단 하나의 인접 리스트 표현을 갖지만, 어떤 인접 리스트는 적법하지 않은 여행을 나타낼 수 있다. 예를 들어 벡터(2 4 8 1 9 3 5 7 6)의 경우에 1−2−4−1과 같은 불완전한 조기 순환 경로(circular path)를 갖는 부분적인 여행(sub_tour)을 포함하고 있다. 이러한 불완전한 경로를 방지하기 위해서, 인접 표현에서는 고전적인 형태의 교배 연산자가 사용되지 않는다. 인접 표현에서는 교배 후에 발생될 수 있는 불완전한 경로의 복구가 필요케 되며, 이를 위해 인접 표현 방식에서는 다음과 같은 세 가지 형태의 교배 알고리즘이 연구되어 사용되고 있다.

① 교대간선 교배

첫 번째 부모 P1으로부터 랜덤하게 하나의 간선(edge)을 선택하여, 이를 두번 째 부모 P2로 부터 선택한 적절한 간선(부분 순환을 만들지 않는 간선)과 교환하는 방법으로 하나의 자손을 만들며, 이러한 방법으로 부모들로부터 교대로 간선들을 선택하여 여행을 확장한다. 만일, 한 부모로부터의 새로운 간선이 현재의 부분적인 여행에 순환 경로를 만들면, 남아있는 간선들로부터 순환을 만들지 않는 새로운 간선을 랜덤하게 선택한다. 교대간선교배는 두 부모로부터 교대로 간선을 택하는 연산 자체 때문에 종종 좋은 여행을 망치는 단점이 존재한다.

② 부여행 부분 교배

하나의 부모로부터 랜덤한 길이를 갖는 부여행(sub_tour)을 선택한 다음, 다른 부모로부터 랜덤한 길이를 갖는 다른 부여행을 선택하는 방법으로 자손을 만들며, 부모로부터 교대로 간선들을 선택하여 여행을 확장한다. 이때, 한 부모로부터의 새로운 간선이 현재의 부분 여행에 순환을 만들면 남아 있는 간선들로부터 순환을 만들지 않는 새로운 간선을 랜덤하게 선택한다.

③ 휴리스틱 교배

자손 여행의 출발점으로 하나의 도시를 랜덤하게 선택한 뒤, 이 도시로 부터 출발하는 두 부모 모두의 두개 간선을 비교하여 보다 나은(짧은) 간선을 선택한다. 선택된 간선의 다른 끝에 있는 도시는 이 도시를 출발하는 두개 간선 중 짧은 것을 선택하는데 사용된다. 만일 어느 시점에서 새로운 간선이 순환을 이루는 불완전한 여행을 만들면, 순환을 이루지 않는 나머지 간선들로 부터 랜덤한 간선을 선택하여 여행을 확장한다. 이러한 경험적 교배는 두개의 가능한 간선들 중에서 더 나은 간선을 선택하는 휴리스틱을 이용하기 때문에 위의 두 가지 교배 방식 보다 훨씬 성능이 뛰어나다.

■ 서수적 표현 및 교배 방법

서수적 표현 방법은 하나의 여행을 n개 도시의 리스트로 나타내며, 여기서 리스트의 i 번째 원소는 i와 $n-i+1$ 사이의 한 수이다. 서수적 표현방법의 아이디어는 다음과 같다. 먼저, 도시들에 대해 정렬된 리스트 C가 있어서 이것이 서수적 표현 방법에 의한 리스트들의 기준점이 된다.

예를 들면, 이렇게 기준점으로 사용되는 정렬된 리스트가 단순히 C=(1 2 3 4 5 6 7 8)이라고 할 때, 하나의 여행 1-2-4-3-8-5-9-6-7은 다음과 같은 기준 리스트 L=(1 1 2 1 4 1 3 1 1)로 표현되며, 그 도출 과정은 다음과 같다.

① 리스트 L의 첫 번째 숫자가 1이므로 여행의 첫 번째 도시로서 일람표 C에서 첫 번째 도시(도시 1)를 취하고, 이것을 C에서 제거한다. 이때, 부분 여행은 1이 된다.

② 리스트 L의 두 번째 숫자가 1이므로 여행의 첫 번째 도시로서 일람표 C 에서 첫 번째 도시(도시 2)를 취한 후, 이를 C 에서 제거한다. 부분 여행은 1 - 2가 된다.

③ 리스트 L의 다음 숫자가 2이므로 여행의 다음(세 번째) 도시로서 일람표 C 에서 두 번째 도시(도시 4)를 취한 후, 이를 C에서 제거한다. 부분 여행은 1 - 2 - 4가 된다.

④ 리스트 L의 다음 숫자가 1이므로 여행의 다음 도시로서 일람표 C 에서 첫 번째 도시(도시 3)를 취한 후, 이를 C에서 제거한다. 부분 여행은 1 - 2 - 4 - 3이 된다.

⑤ 위와 같은 과정을 끝까지 반복하면 리스트 L에 의해 최종적으로 다음과 같은 여행

이 얻어진다.

$$1-2-4-3-8-5-9-6-7$$

이러한 서수적 표현 방법의 최대의 장점은 다른 방법과는 달리 고전적인 교배를 그대로 사용할 수 있다는 점이다. 예를 들면 부모 여행이 다음과 같을 때,

$$P_1 = (\ 1\ \ 1\ \ 2\ \ 1\ \mid\ 4\ \ 1\ \ 3\ \ 1\ \ 1\ )$$
$$P_2 = (\ 5\ \ 1\ \ 5\ \ 5\ \mid\ 5\ \ 3\ \ 3\ \ 2\ \ 1\ )$$

"│"위치를 교배 점으로 하여 고전적인 교배를 행하면 다음과 같은 자손 여행이 간단히 생성된다.

$$O_1 = (\ 1\ \ 1\ \ 2\ \ 1\ \mid\ 5\ \ 3\ \ 3\ \ 2\ \ 1\ )$$
$$O_2 = (\ 5\ \ 1\ \ 5\ \ 5\ \mid\ 4\ \ 1\ \ 3\ \ 1\ \ 1\ )$$

■ 경로 표현 및 교배 방법

경로 표현 방법은 경로를 그대로 리스트로 표현하는 방법으로서 여러 가지 표현 방법 중 가장 자연스런 방법이다. 예를 들면 여행 $3-1-7-6-9-4-8-2-5$은 단순히 (3 1 7 6 9 4 8 2 5)로 표현된다. 최근까지 경로 표현법을 위해 부분 사상 교배(PMX), 순서 교배(OX), 순환 교배(CX)와 같은 세 가지 종류의 교배가 많이 사용되고 있으며 이에 대한 사항을 대략적으로 기술하면 다음과 같다.

① PMX 교배

PMX는 Goldberg와 Lingle에 의해 제안된 방법으로서 한 부모의 여행에서 부분 열(subsequence)를 선택하고, 다른 부모에서는 최대로 많은 도시의 순서와 위치를 보존하여 자손을 생성한다. 한 여행의 부분 열은 교체(swap) 연산의 경계 역할을 하는 두개의 랜덤하게 선택된 절단점을 정함으로써 선택된다. 한 부모로부터 선택한 부분 열은 다른 부모로부터 선택한 적절한 간선(부분 순환을 만들지 않는 간선)과 교환되어 하나의 자손을 만들어진다. 예를 들어, 다음과 같은 두 부모 P_1과 P_2가 존재하고, P_1으로부터 4 5 6 7 이 선택된 경우,

$$P_1 = (\ 1 \quad 2 \quad 3 \quad \underline{4 \quad 5 \quad 6 \quad 7} \quad 8 \quad 9 \ )$$

$$P_2 = (\ 4 \quad 5 \quad 2 \quad \underline{1 \quad 8 \quad 7 \quad 6} \quad 9 \quad 3 \ )$$

이를 이와 대응되는 P2의 하위 열과 교환하면 자손은 다음과 같이 된다. 여기서 X는 아직 미정인 것을 의미한다.

$$O_1 = (\ X \quad X \quad X \quad 1 \quad 8 \quad 7 \quad 6 \quad X \quad X \ )$$

$$O_2 = (\ X \quad X \quad X \quad 4 \quad 5 \quad 6 \quad 7 \quad X \quad X \ )$$

P_1의 원소 중에서 1 8 7 6과 같은 것(충돌된 것)을 제외하고 충돌된 것은 상대편(P_2)의 대응 값으로 대치시키면 PMX를 통해 새로 생성된 자손 O_1, O_2는 다음과 같다.

$$O_1 = (\ 4 \quad 2 \quad 3 \quad 1 \quad 8 \quad 7 \quad 6 \quad 5 \quad 9 \ )$$

$$O_2 = (\ 1 \quad 8 \quad 2 \quad 4 \quad 5 \quad 6 \quad 7 \quad 9 \quad 3 \ )$$

② OX 교배

OX는 Davis에 의해 제안된 방법으로서 한 부모의 여행에서 부분 열을 선택하고, 다른 부모에서는 도시의 상대적 순서를 보존하여 자손을 만든다. 두개의 절단 점을 설정하여 절단 점간의 부분 열은 그대로 복사되고 두 번째 절단 점부터는 충돌을 회피하면서 다른 부모로부터 같은 순서로 도시를 복사한다.

예를 들어, 다음과 같은 두 부모 P_1과 P_2가 존재하고, P_1으로부터 4 5 6 7, P_2로부터 1 8 7 6이 선택된 경우,

$$P_1 = (\ 1 \quad 2 \quad 3 \quad \underline{4 \quad 5 \quad 6 \quad 7} \quad 8 \quad 9 \ )$$

$$P_2 = (\ 4 \quad 5 \quad 2 \quad \underline{1 \quad 8 \quad 7 \quad 6} \quad 9 \quad 3 \ )$$

이를 자손에 그대로 복사하면 두 자손은 다음과 같다.

$$O_1 = (\ X \quad X \quad X \quad 4 \quad 5 \quad 6 \quad 7 \quad X \quad X \ )$$

$$O_2 = (\ X \quad X \quad X \quad 1 \quad 8 \quad 7 \quad 6 \quad X \quad X \ )$$

O_1에 있어서 두 번째 절단 점 이후를 이와 대응되는 P_2의 것으로 대치하면 9 - 3 - 4

$-5-2-1-8-7-6$이 된다. 여가서, O_1과 충돌된 것 4, 5, 6, 7을 제외시키면 $9-3-2-1-8$이 된다. O_2에 대해서 마찬가지로 행하면 OX를 통해 새로 생성된 자손 O_1, O_2는 다음과 같다.

$$O_1 = (\ 2\quad 1\quad 8\quad 4\quad 8\quad 6\quad 7\quad 9\quad 3\ )$$
$$O_2 = (\ 3\quad 4\quad 5\quad 1\quad 8\quad 7\quad 6\quad 9\quad 2\ )$$

즉, OX 방식에서는 경로 표현에서 도시들의 위치 대신에 순서가 중요하다는 사실을 이용한다. 즉 두 개의 여행

$$3-9-4-5-2-1-8-6-7$$
$$5-2-1-8-6-7-3-9-4$$

는 본질적으로 같은 여행이 된다.

③ CX 교배

CX는 Oliver에 의해 제안된 방법으로서 부모 시퀀스에 있는 원소의 절대 위치를 유지시키는 방법으로서 부모 중 하나로부터 각 도시와 그 위치를 얻어 하나의 자손을 만든다. 예를 들어, 다음과 같은 두 부모 P_1과 P_2가 존재할 때,

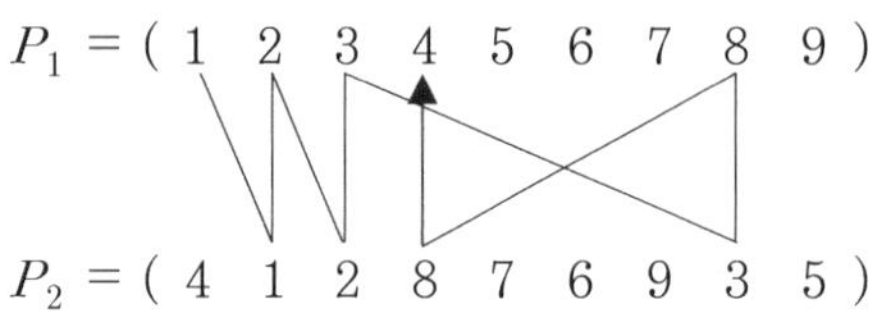

$$P_1 = (\ 1\quad 2\quad 3\quad 4\quad 5\quad 6\quad 7\quad 8\quad 9\ )$$
$$P_2 = (\ 4\quad 1\quad 2\quad 8\quad 7\quad 6\quad 9\quad 3\quad 5\ )$$

P_1과 P_2의 관계 속에서 순환적으로 선택하여 P_1의 자손 O_1을 얻으면 다음과 같다.

$$O_1 = (\ 1\quad 2\quad 3\quad 4\quad X\quad X\quad X\quad 8\quad X\ )$$

여기서 X라고 표시된 것들을 이와 대응되는 P_2의 원고들로 대치하면 다음과 같은 자손 O_1이 얻어진다.

$$O_1 = (\ 1\quad 2\quad 3\quad 4\quad 7\quad 6\quad 9\quad 8\quad 5\ )$$

마찬가지 방법으로 다른 자손 O_2를 구하면 다음과 같다.

$$O_2 = (\ 4\quad 1\quad 2\quad 8\quad 5\quad 6\quad 7\quad 3\quad 9\ )$$

■ 돌연변이 방법

순회 판매원 문제에 있어서 지금까지 연구된 일반적인 돌연변이 방법으로 다음과 같은 네 가지 방법이 존재한다.

① 역치(inversion)

역치 연산자는 염색체에서 두 개의 절단 점을 선택하여 이 점들 사이의 하위 열을 뒤집는다. 예를 들면, 절단 점이 "|"로 표시된 다음과 같은 여행에 있어서

$$T = (\ 1\quad 2\ |\ \mathbf{3}\quad \mathbf{4}\quad \mathbf{5}\quad \mathbf{6}\ |\ 7\quad 8\quad 9\ )$$

역치 연산자를 적용하면 다음과 같은 새로운 여행이 생성된다.

$$T' = (\ 1\quad 2\ |\ \mathbf{6}\quad \mathbf{5}\quad \mathbf{4}\quad \mathbf{3}\ |\ 7\quad 8\quad 9\ )$$

② 삽입(insertion)

삽입 연산자는 경로 염색체에서 하나의 도시를 선택하여 랜덤한 위치에 삽입한다. 예를 들면, 다음과 같은 여행에서

$$T = (\ 1\quad 2\quad 3\quad 4\quad 5\quad 6\ |\ 7\quad 8\quad 9\ )$$

도시2를 선택하여 "|"로 표시된 위치에 삽입하면 다음과 같은 새로운 여행이 생성된다.

$$T' = (\ 1\quad 3\quad 4\quad 5\quad 6\quad \mathbf{2}\quad 7\quad 8\quad 9\ )$$

③ 환치(replacement)

환치 연산자는 경로 염색체에서 하나의 하위 열을 선택하여 랜덤한 위치에 삽입한다. 예를 들면, "|"로 구분되는 하위 열을 갖는 다음과 같은 염색체에 있어서

$$T = (\ 1\quad 2\ |\ \mathbf{3}\quad \mathbf{4}\quad \mathbf{5}\ |\ 6\quad 7\quad 8\quad 9\ )$$

환치 연산자를 적용하여, 하위 열을 도시 7과 도시 8사이에 삽입하면 다음과 같은 새로운 여행이 생성된다.

$$T' = (1 \quad 2 \quad 6 \quad \mathbf{7} \mid 3 \quad 4 \quad 5 \mid \mathbf{8} \quad 9)$$

④ 상호교환(reciprocal exchange)

상호교환 연산자는 염색체에서 두 개를 랜덤하게 선택하여 상호교환(swap) 한다. 예를 들면, 다음과 같은 염색체에 있어서

$$T = (1 \quad 2 \quad 3 \quad 4 \quad \underline{5} \quad 6 \quad 7 \quad \underline{8} \quad 9)$$

환치 연산자를 적용하여, 하위 열을 도시6과 도시8을 상호교환 하면 다음과 같은 새로운 여행을 생성된다.

$$T' = (1 \quad 2 \quad 3 \quad 4 \quad \underline{8} \quad 6 \quad 7 \quad \underline{5} \quad 9)$$

■ 최적 순회경로 탐색(예)

세일즈맨이 널리 분포되어 있는 수십 개 도시를 순회하면서 자동차 정비를 행한다고 할 때, 또는 정치인이 수십 개 도시를 경유하면서 단기간의 선거 유세 전을 펼친다고 할 때, "시간 또는 비용이 최소로 드는 최적 순회 경로는 무엇일까?"하는 문제는 매우 흥미롭고 현실적인 문제이다. 본 절에서는 이러한 상황에서의 문제해결을 시험하기 위해 서로 연결되는 N개 도시에 대해서 알고리즘을 적용한 최적 순회 경로 탐색을 위한 방법에 대해서 간략히 기술하고자 한다(부록에서 10개 도시에 대한 TSP 탐색 프로그램 예를 보여 준다.)

(1) 탐색을 위한 데이터의 구조

유전자 알고리즘에 의한 탐색이 용이하도록 도시 간 순회경로 탐색을 위해 도시 및 경로 데이터의 구조를 다음과 같이 선언하여 사용한다.

① 도시 데이터 구조

본 최적 순회 경로 탐색(예)에서는 기본적으로 아래와 같은 도시 데이터 구조가 사용된다.

```
const
   MAX = { the maximum vlaue of citys};
type
   ToCity_type = record /*the type of adjaccncy city*/
          dist : integer; /*distance between FromCity and ToCity
   end{ToCity_type};
   city_type = record
     name : integer; /*logical name of city*/
     ToCity : array[0...MAX]of ToCity_type;
   end {city_type};
FromCity : array[0....MAX]of city_type;
```

② 경로 개체(염색체) 구조

본 절에서 기술하는 순회 경로 탐색(예)에서는 개체군 고정에 의한 방법과 개체군 가변에 의한 방법의 두 가지 방법에 의해서 최적 순회 경로를 탐색하였다. 따라서, 경로 염색체 구조는 알고리즘의 특성상, 이들 각각의 방법에 대해서 아래와 같이 다르게 선언하여 사용한다. 개체군 고정에 의한 방법에서의 염색체 구조는 다음과 같다.

```
 const
  POP_SIZE = [the number of populations};
  PATH_LENGTH = {the maximum value of cities}
type
  ROUTE_type = record
    cost : integer;
    fitness : interger;
    path : array[0..PATH_LENGTH]of integer;
end{ROUTE_type};

RoutePool_type = record
   name : integer;
   pselect : float;          /* probability of being selected */
   cumulpro : float;
   /* cumulative probability for Roulette wheel selection */
end{RoutePool_type};

ROUTE = array[0..POP_SIZE]of ROUTE_type;
```

```
RoutePool = array[0..POP_SIZE]of ROUTE_type;
               /* for route population */
shortestpath = array[0..PATH_LENGTH]of city_type;
                 /* for elite process */
CityPool : arry[0..MAX]of integer;
               /* for making initial city path */
```

개체군 가변에 의한 방법에서의 경로 개체구조는 다음과 같다.

```
const
  MAX_POPSIZE = {the maximum number of populations};
  PATH_LENGTH = {the maximum value of citys}
type
  ROUTE_type = record
     cost : integer;
     fitness : integer;
     age : integer; lifetime : float;
path : array[0.. PATH_LENGTH]of integer;
end {ROUTE_type};

ROUTE = array[0..MAX_POPSIZE]of ROUTE_type;
shortestPath = array[0..PATH_LENGTH]of city_type;
CityPool : array[0..MAX]of integer;
            /* for making initial city path */
```

(2) 초기 경로의 생성 방법

유전자 알고리즘을 이용한 방법에서는 문제에 적합한 초기해 집단을 생성하기 위한 적절한 초기 해 도출 방법이 전제되어야만 한다. 본 절에서는 다음과 같은 절차에 의거하여 최적 순회 경로 탐색을 위해서는 초기 순회경로 개체를 생성한다.

① 먼저, 선언된 배열 CityPool 에 대상 도시들을 입력해 놓는다.

CityPool[POOL_LENGTH] = {ORIGIN, 1, 2, 3, 4, 5, ...19}

여기서, ORIGIN은 순회 여행의 출발지이며 종착지인 도시를 말하며, 논리적 이름 0으로 설정되며 본 예제에서는 서울을 의미한다. POOL_LENGTH는 순회하는 도시 수를 의미하며 본 예제에서는 20이다.

② 임시 배열(TempPool)에 ORIGIN을 제외한 CityPool의 내용을 복사하며, ORIGIN을 경로개체 배열의 처음에 넣어둔다.

    TempPool[19] = {1, 2, 3, 4, 5, ...19}; path[0] = ORIGIN;

③ [0...POOL_LENGTH-1]의 범위 내에서 랜덤 정수를 발생시킨다.

    R = random(POOL_LENGTH-1)

④ 랜덤 정수 R에 해당되는 위치에 있는 임시 배열의 내용을 경로 배열 path에 넣는다. 만일, 발생된 랜덤 정수 R이 POOL_LENGTH-1과 같지 않은 경우에 한하여 임시 배열내의 마지막 원소를 R의 위치로 옮긴다. 또한, POOL_LENGTH를 1만큼 감소시키고 경로개체배열 인덱스(i)를 1만큼 증가시킨다.

    path[i] := TempPool[R]; /* i의 초기값은 1로 설정됨 */
    if R !=(POOL_LENGTH-1)
        TempPool[R] = TempPool[POOL_LENGTH-1];
    POOL_LENGTH = POOL_LENGTH-1; i = i + 1;

⑤ 3번, 4번의 과정을 POOL_LENGTH = 1이 될 때까지 계속 반복하여 하나의 랜덤한 순회경로 개체를 완성한다.
완성된 경로개체 예 : path(x) = {ORIGIN, 3, 1, 4, 8, ...5}

(3) 유전 연산자의 적용

유전연산자로서 앞 절에서 언급한 PMX 교배 연산자 및 역치 돌연변이 연산자를 사용하여 매 세대마다 새로운 경로 개체를 만들어 낸다.

유전자 프로그래밍

7.1 기본 개념

유전자 프로그래밍(GP)은 유전자 알고리즘(GA)의 유전자형을 구조적인 표현이 취급될 수 있도록 확장하여 프로그램의 생성과 학습, 추론, 개념형성 등에 적용하는 것을 목적으로 한다. GP의 기본적인 생각은 스텐포드 대학의 J. Koza로부터 제안되었다. 현재 Koza의 연구실에는 다수의 GP 연구자가 모여 활발히 연구하고 있으며, 이를 계기로 GP는 GA에 있어서 한 분야를 확립하고 있다. GA의 수법을 AI에 적용하여, 학습, 추론, 문제 해결을 실현하는 방식을 진화론적 학습(evolutionary learning)이라 부른다. 이것은 표현되는 지식을 변환하여, 자연도태(survival of the fittest)에 의하여 보다 적절한 해를 남기려고 하는 진화적인 학습방법이다. 진화론적 학습은 분류자 시스템(classifier system) 등으로 대표적인 GBML(Genetic - Based Machine Learning, GA와 같은 기계학습)과도 많은 공통점을 가진다. GP에서는 그래프구조(특히 나무구조)를 취급할 수 있도록 GA의 방법을 확장한다. 따라서 알고리즘의 기본적인 실행 방법은 GA와 동일하고 염색체의 구조만 다르다. 여기서 일반적으로 LISP의 기호적 표현방식(Symbolic Expression)이 나무구조로서 표현 가능하기 때문에 GP에서는 유전자로서 LISP 프로그램을 취급하는 경우가 많다. 일반적으로 유전자 프로그래밍으로 문제를 해결하기 위해서는 다음의 다섯 단계가 필요하다.

① 종단 기호 집합(terminal set)의 결정
② 함수의 집합 결정
③ 적합도 산정방법의 결정
④ 알고리즘의 파라미터 결정

⑤ 종료조건의 결정

GP는 로봇의 프로그램 생성, 게임의 프로그램, 화상이해, 인공지능에 관한 다양한 문제해결, 학습 등에 응용되어 그 유효성이 확립되고 있다.

7.2 유전 연산자

GP에서는 프로그램 진화를 위한 기본적인 유전 연산자로 다음의 세 가지를 주로 사용하며 그 외에도 문제에 따라 여러 가지 연산자가 이용된다(그림의 ○은 노드를 ∧는 가지를 나타낸다.)

■ 돌연변이

돌연변이는 임의의 노드를 선택하여 임의적으로 변경하는 방식으로 실현한다.

(OR(AND (DO D1)D0))

→ (OR (AND ((NOTD1) D1) D0)

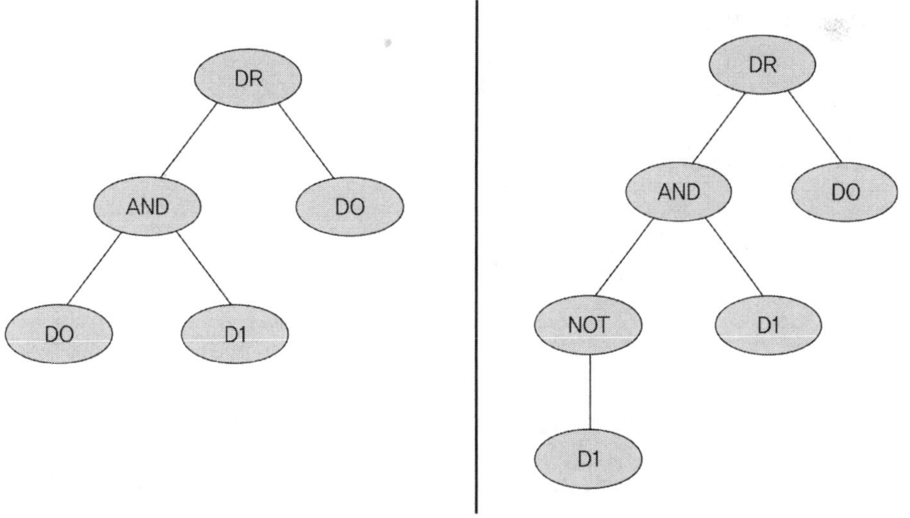

〈그림 5.16〉 돌연변이의 이전, 이후의 구조

■ 교 배

교배는 두 개의 나무(tree, 프로그램)를 선택해서 각각의 나무의 일부분을 서로 교환하는 방식으로 실현한다.

(OR (**NOT D1**) (AND D0 D1))

(OR (OR D1 (NOT D0) (**AND (NOT D10 (NOT D1)**)

→ (OR (**AND (NOT D0) (NOT D1)**) (AND D0 D1))

(OR (OR D1 (NOT D0)) (**NOT D1**))

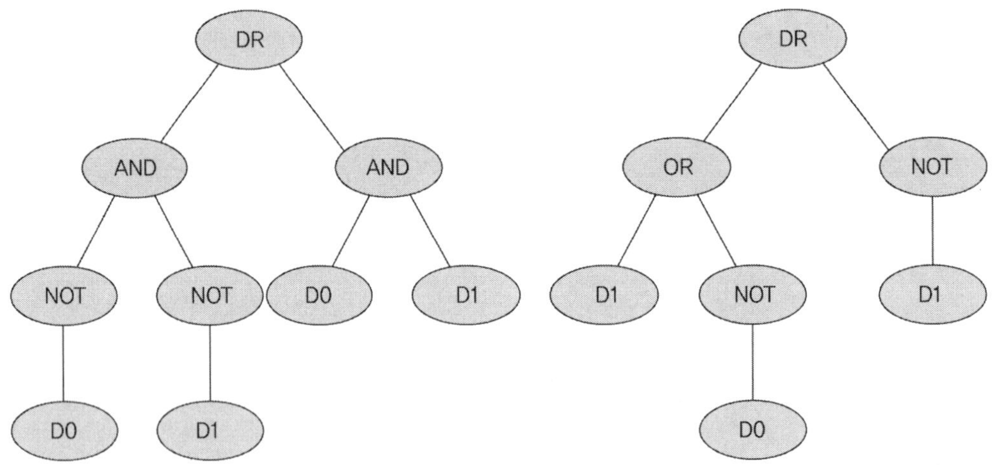

〈그림 5.17〉 교배 이전의 구조

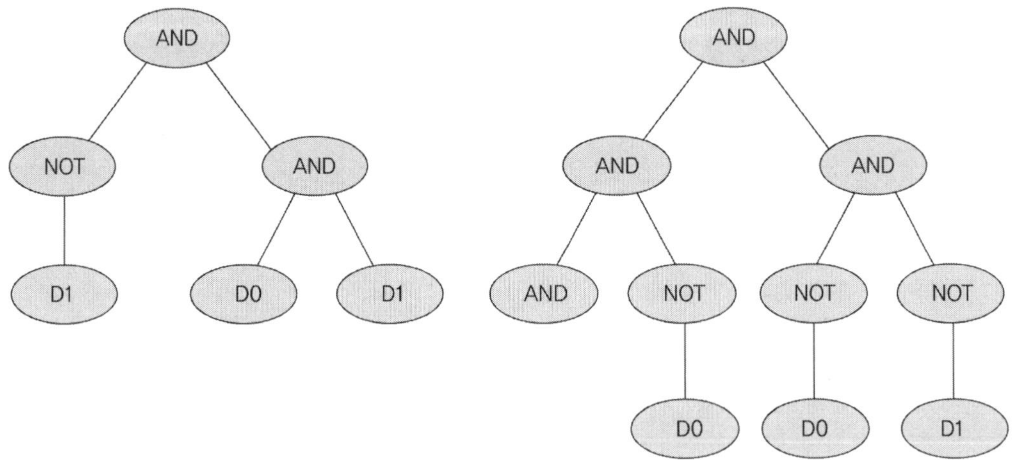

〈그림 5.18〉 교배 이후의 구조

■ 역 위

   돌연변이 방식의 일종으로 한 나무 내에서 임의의 노드를 택하여 그 노드의 자식 가지
의 위치를 서로 바꾼다.

$$(+(-A(\%BC)\ D)\ (*EF))$$
$$\rightarrow\ (+(-A(\%CB)\ D)\ (*EF))$$

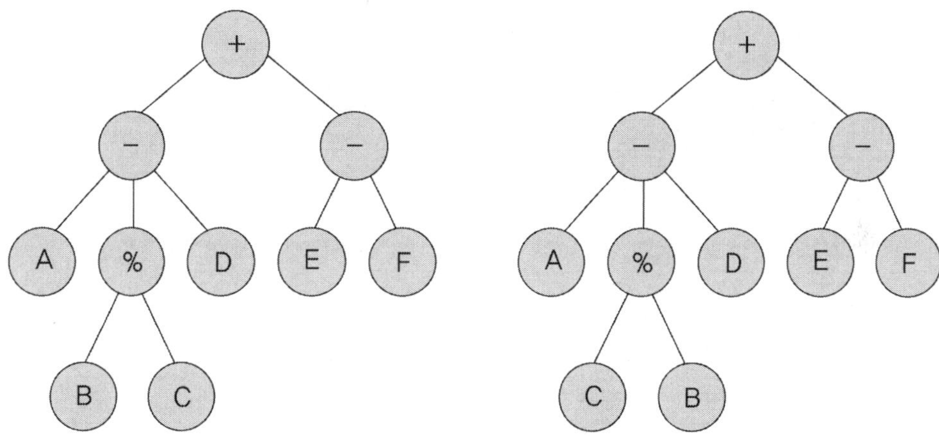

〈그림 5.19〉 역위 전 과 후의 구조

참고문헌

[1] Zbigniew Michalewicz, Genetic Algorithms + Data Structures = Evolution Programs, Berlin: Springer-Verlag,1992.

[2] John R. Koza, Genetic Programming : On the programming of Computers Means of Natural Selection, The MIT Press, 1993.

[3] David E. Goldberg, Genetic Algorithms in Search, Optimization,and Machine Learning, New York: Addison-Wesley Publishing Co.Inc.,1989.

[4] J.H. Holland, Adaptation in Natural and Arificial Systems, Univ. of Michigan Press, 1975.

[5] Sara Baase, Computer Algorithms : Introductions to Design and Analysis (2nd edition), Addison-Wesley Pubulishing Co., Inc. 1992.

[6] Zbigniew Michalewicz,Genetic Algorithms + Data Structures = Evolution Programs, Berlin: Springer-Verlag,1992.

[7] Goldberg, D.E., Optimal Initial Population Size for Binary-Coded Genetic Algorithms, TCGA Report No.85001, Tuscaloosa, University of Alabama, 1985.

[8] 김희승, 인공지능과 그 응용, 생능출판사, 1994.

[9] 공성곤외 4인, 유전자 알고리즘, 그린, 1996

[10] 정환묵 편저, 21세기를 지향한 지능정보시스템 원론, 21세기사, 1999.

[11] 조영임, 최신 인공지능, 학문사, 1999.

[12] 김성수, 모듈형 셀 생산시스템에 있어서 유전알고리즘에 기초한 스케쥴링 , 연세 대학교 대학원 박사학위 논문, 1996. 7.

[13] Gyoo Seok Choi, Jong Jin Park, Ki Sung Seo, "Driver-preference Optimal Route Search based on Genetic-Fuzzy Approaches", Proc. of 5th World Congress on ITS 98, 1998.10.

[14] Gyoo Seok Choi, Ki Sung Seo, "The Genetic Algorithm Based Route Finding Method for Aliternative Paths", Proc. of Conference on IEEE SMC 98, Vol 5., 1998.

[15] Grefenstette, J.J., Gopal, R., Rosmaita, B., and Van Gucht, D., "Genetic Algorithm for the TSP", Proc. of the First International Conference on Genetic Algorithms, 1985.

[16] Schaffer, J., Carunna, R., Eshelman, L., and Das, R., "A Study of Control Parameters Affecting Online Performance of Genetic Algorithms for Function Optimization", Proc. of the Third International Conference on Genetic Algorithms, 1989.

[17] Arabas, J., Michalewicz, Z., nad Mulawka, J., "GAVaPS – a Genetic Algorithm with Varing Population Size", Proc. of Evolutionary Computation Conference, part of the IEEE World Congress on Computational Intelligence, 1994.

[18] Oliver, I.M., Smith, D.J., and Holland, J.R.C., "A Study of Permutation Crossover Operators on the Traveling Salesman Problem", Proc. of The Second International Conference on Genetic Algorithms,, 1987.

하이브리드 지능시스템

Artificial Intelligence

하이브리드 지능시스템 개요

1.1 인간의 지능과 지능시스템 개요

인간은 지능을 가지며 이것은 크게 학습 능력과 의사 결정 능력으로 특징지어진다. 인간의 지능은 학습을 통해 발전하고 의사결정능력의 향상으로 이어지게 된다. 신생아는 자라면서 시각, 청각, 후각, 촉각, 미각의 감각 기관이 발달하게 되고 5가지 감각기관을 통해 입수된 정보를 학습을 통해 뇌에 저장하고 저장된 정보를 활용하여 새로운 상황이 주어졌을 때 의사결정을 한다. 충분한 학습을 통해 경험적 지식을 보유한 인간이 복잡하고 애매한 상황에서도 합리적인 판단을 한다는 것은 매우 중요한 동작이다. 기계는 주어진 반복적인 단순한 일에는 매우 효율적이다. 그러나 복잡하고 애매한 일에는 적합하지 않다.

인공지능시스템(Artificial Intelligence System)은 이러한 인간의 지능을 인위적으로 구현한 것으로 이를 구현하기 위해 인간의 학습과 의사결정 메커니즘에 대한 이해가 필요하다. 인간의 학습 능력을 인위적으로 구현할 수 있는 대표적인 방법으로는 신경회로망(Neural Networks)이 있으며 인간의 의사결정능력을 구현할 수 있는 방법으로는 퍼지이론이 있다. 또한 자연 진화 방식을 모방한 비선형 최적화 방법인 유전자 알고리즘(Genetic Algorithms) 또는 진화 프로그램(Evolution Programs)이 지능 시스템 구현을 위해 연구되고 응용되어왔다.

이러한 인간의 지능을 모방하는 인공지능 기법은 인간 친화적인(human friendly) 시스템의 자동화, 제품의 성능 향상 등 공학분야에 적용되기 시작하였고, 병의 진단 및 판정, 경영의사 결정 등의 사회과학 분야에까지 그 응용분야가 확대되고 있다.

1.2 지능시스템의 합성

앞에서 기술한 각각의 지능시스템은 장점과 단점이 있다. 따라서 지능시스템의 진보에 따라 요즘은 각 지능시스템을 단독으로 사용하기보다 신경회로망, 퍼지이론, 유전자 알고리즘을 합성한 하이브리드(hybrid) 지능시스템이 구현되고 있다. 즉, 하이브리드 지능시스템은 각각의 지능시스템의 장점을 합성하여 각 시스템의 단점을 보완함으로써 새로운 기능을 추가하거나 성능을 향상시킨다. 신경회로망과 퍼지이론을 결합하여 인간과 비슷한 학습과 의사결정을 가능케 하는 뉴로-퍼지 또는 퍼지-뉴로 기법이 개발되고 유전자 알고리즘(Genetic Algorithms)을 이용하여 신경회로망 및 퍼지시스템을 최적화하는 방법들이 연구되어 응용단계에 있다. 지능시스템의 합성에 의한 하이브리드 시스템은 다음과 같이 분류될 수 있다.

① **퍼지-뉴로 시스템(Fuzzy-Neuro system)**

퍼지시스템을 자동적으로 설계하기 위해 신경회로망을 사용.

② **뉴로-퍼지 시스템(Neuro-Fuzzy system)**

신경회로망의 자동적 설계를 위해 퍼지이론을 사용하거나 신경회로망의 일부에 퍼지이론을 사용.

③ **유전-퍼지 시스템(Genetic-Fuzzy system)**

퍼지시스템을 자동적으로 설계하기 위해 유전자 알고리즘을 사용.

④ **유전-뉴로 시스템(Genetic-Neuro system)**

신경회로망을 자동적으로 설계하기 위해 유전자 알고리즘을 사용.

이러한 하이브리드 시스템은 각 지능시스템이 가지는 장점들, 예를 들면, 신경회로망과 유전자 알고리즘의 학습 및 적응 능력, 퍼지시스템의 지식표현 및 추론 능력, 유전자 알고리즘의 전역 탐색을 통한 최적화 능력, 신경회로망과 퍼지시스템의 비선형성, 신경회로망의 함축적 데이터 처리 능력 등을 합성하여 고성능의 시스템 구현을 목표로 한다.

앞에서 (1) 퍼지-뉴로 시스템과 (2) 뉴로-퍼지 시스템의 구분은 어떤 시스템이 주가 되느냐 하는 것에 따른다. 예를 들어, 퍼지시스템의 설계를 위해 신경회로망이 쓰였다면 퍼지-뉴로 시스템으로 하고 신경회로망의 성능 향상에 퍼지이론이 사용된다면 뉴로-퍼지 시스템이 적당할 것이다. 그러나 엄밀히 말하자면 두 시스템의 구분은 모호하다. 〈표

6.1〉은 합성방식에 따라 두 시스템을 비교한 것이다.

<표 6.1〉 합성 방식에 따른 비교

시스템 분류	합성방식에 따른 특성
퍼지-뉴로 시스템	1) 신경회로망을 통한 퍼지추론 구조의 표현 2) 퍼지 규칙베이스 구성 및 학습 3) 소속함수의 생성 및 학습
뉴로-퍼지 시스템	1) 신경회로망의 일부기능에 퍼지이론을 사용 　(예, 퍼지뉴런의 사용) 2) 신경회로망 파라미터의 설계에 퍼지이론을 사용 　(예, 학습율의 튜닝) 3) 신경회로망의 출력을 퍼지추론에 이용

퍼지-뉴로 시스템

2.1 퍼지-뉴로 시스템의 개요

퍼지시스템은 퍼지규칙에 의한 지식표현 및 추론을 통해 인간의 의사결정능력을 구현할 수 있고 신경회로망은 학습능력을 구현할 수 있으므로 이 둘의 적절한 합성을 통해 학습을 통한 경험적 지식의 획득 및 의사결정능력의 향상이 가능한 지능시스템을 구현할 수 있다. 〈표 5.2〉는 퍼지이론과 신경회로망의 특징을 비교한 것이다.

퍼지이론과 신경회로망은 퍼지추론의 최소-최대(min-max) 연산이 신경회로망의 곱셈-덧셈(product-sum) 연산에 해당되며 또한 부분적 특성함수인 소속함수와 시그모이드 함수에 의해 시스템 전체의 복잡한 비선형성을 표현한다는 점에서 유사성을 가지고 퍼지이론이 논리구조를 취급하는 반면 신경회로망은 학습기능을 가지는 점에서 상호보완적이다. 정확하고 완벽한 지식이 얻어지는 시스템에는 종래의 지식베이스 시스템이 유리하지만 그 대상이 한정되어 있고, 정성적(qualitative) 표현이 허용된다면 퍼지이론이 더 효율적이다. 시스템의 데이터만 있는 경우에는 신경회로망을 통해 명확히 표시되지 않는 지식을 얻을 수 있다. 이와 같이 퍼지이론과 신경회로망은 상호 유사성이 내포되어 있고, 또한 보완관계의 측면이 있으므로 이것들을 합성한 하이브리드 시스템은 적용될 시스템이 비선형이고, 수식모델 및 논리적으로 명확히 표현하기 어려운 경우에 보다 효과적으로 사용된다.

〈표 6.2〉 퍼지이론과 신경회로망의 비교

비교특성	퍼지이론	신경회로망
지식표현	소속함수와 언어적 규칙에 의한 표현 (정성적 표현)	연결하중에 의한 분산 표현(함축적, 정량적 표현)
추 론	추론의 합성 규칙에 의한 추론	학습규칙에 의한 반복학습에 의한 함수 표현
기 능	• 지식의 언어적 표현 • 추론에 의한 의사결정 • 공간분류에 의한 비선형 함수 맵핑 • 언어적 또는 수치적 데이터의 처리	• 입·출력 데이터에 의한 특성 추출, • 최적화 기능 • 연상기억 및 패턴 분류 • 비선형 함수 맵핑
장 점	인간의 언어를 사용한 지식 표현이 가능하고 추론 연산이 간단함	학습을 통한 지식획득
단 점	학습 기능이 없음	학습 시간이 길고 모호한 지식표현

퍼지-뉴로 시스템은 퍼지추론의 구조를 신경회로망에 의해 표현하고 그 파라미터들을 학습하는 시스템으로 많은 사람에 의해 연구되어 왔다. 그 중에는 Takagi와 Hayashi 등 [1, 2]이 제안한 신경회로망 구동형 퍼지추론 시스템(NN driven fuzzy reasoning system)과 Hirokawa[3] 등의 퍼지뉴럴네트워크(Fuzzy neural network)가 있다. 또한 Nomura[4]는 최급강하법에 의한 퍼지추론의 동조 방법을 제안하였고 Jang[5]은 적응 뉴로-퍼지 시스템(Adaptive Neuro-fuzzy Inference System : ANFIS)을 제안하였다. 본 서에서는 마지막의 두 시스템을 자세히 살펴보도록 하자.

2.2 최급강하법에 의한 퍼지추론 동조 방법

이 방법은 퍼지추론 시스템을 동조하기 위해 신경회로망의 BP(역전파) 알고리즘에 사용되는 최급강하법(gradient descent method)을 사용한다. 퍼지추론 시스템에 사용되는 퍼지규칙이 다음과 같은 후반부가 실수인 Type 1의 형태라 하자. 이 때 사용되는 퍼지추론은 간략추론법이다.

Rule i : IF x_1 is A_{i1} and x_2 is A_{i2}, $\cdots$, x_m is A_{im} THEN y is c_i

여기서, A_{ij}는 퍼지집합, c_i는 실수, x_j는 전반부 변수, y는 후반부 변수이고 i(=1, …, n)는 규칙의 수, j(=1, …, m)는 전반부 변수의 수이다.

퍼지집합 A_{ij}는 퍼지규칙마다 독립적으로 설정되며, 간략 추론법에 의한 추론 결과는 식 (6.1)과 식 (6.2)에 의해 계산된다.

$$\omega_i = A_{i1}(x_1) \cdot A_{i2}(x_2) \cdot \ ... \ \cdot A_{im}(x_m) \tag{6.1}$$

$$\hat{y} = \frac{\displaystyle\sum_{i=1}^{n} w_i c_i}{\displaystyle\sum_{i=1}^{n} w_i} \tag{6.2}$$

전반부의 소속함수인 퍼지집합 A_{ij}는 〈그림 6.1〉과 같은 이등변 삼각형으로 하고 중심 값을 a_{ij}, 폭을 b_{ij}로 놓으면 식 (6.3)과 같다.

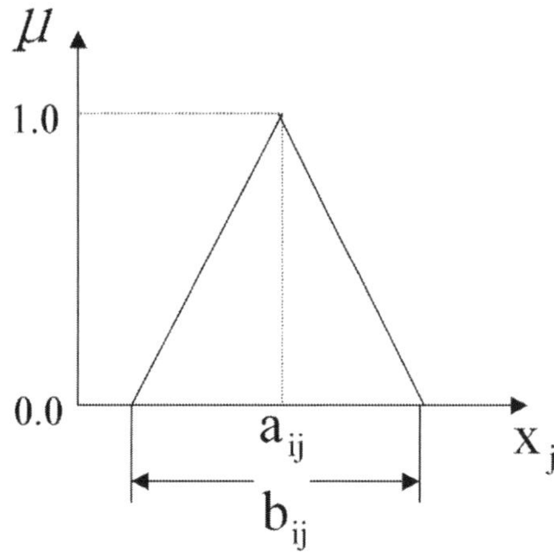

〈그림 6.1〉 소속함수의 형태

$$A_{ij}(x_j) = 1 - 2 \cdot \frac{|x_j - a_{ij}|}{b_{ij}} \left(a_{ij} - \frac{b_{ij}}{2} < x_j < a_{ij} + \frac{b_{ij}}{2}\right)$$
$$A_{ij}(x_j) = 0 \left(a_{ij} - \frac{b_{ij}}{2} > x_j \ \text{또는} \ x_j > a_{ij} + \frac{b_{ij}}{2}\right) \tag{6.3}$$

소속함수의 중심치 a_{ij}, 폭 b_{ij} 및 후반부의 실수치 c_i를 추론 규칙 동조를 위한 파라미터로 하면, 파라미터의 동조는 식 (6.4)의 평가함수 E를 최소화하는 방향으로 이루어진다.

$$E = \frac{(\hat{y} - y)}{2} \tag{6.4}$$

여기서, $\hat{y}$은 퍼지추론값이고 y는 목표 출력값이다.

따라서 평가함수 E를 최소화하는 파라미터 a_{ij}, b_{ij} 그리고 c_i의 변화량은 방향벡터 $-\partial E/\partial a_{ij}$, $-\partial E/\partial b_{ij}$, 그리고 $-\partial E/\partial c_i$로 나타내고 이는 식 (6.4)와 사슬법칙에 의해 식(6.5)~(6.7)로 표현할 수 있다.

$$\frac{\partial E}{\partial a_{ij}} = \frac{w_i}{\sum w_i} \cdot (\hat{y} - y) \cdot (c_i - \hat{y}) \cdot sgn(x_j - a_{ij}) \cdot \frac{2}{b_{ij} \cdot A_{ij}(x_j)} \tag{6.5}$$

$$\frac{\partial E}{\partial b_{ij}} = \frac{w_i}{\sum w_i} \cdot (\hat{y} - y) \cdot (c_i - \hat{y}) \cdot \frac{1 - A_{ij}(x_j)}{A_{ij}(x_j)} \cdot \frac{1}{b_{ij}} \tag{6.6}$$

$$\frac{\partial E}{\partial c_i} = \frac{w_i}{\sum w_i} \cdot (\hat{y} - y) \tag{6.7}$$

식 (6.5)에서 $x_j \neq a_{ij}$이며 sgn은 식 (6.8)과 같이 부호를 정의하는 함수이다.

$$\begin{aligned}
z < 0 \text{ 이면} \quad & sgn(z) = -1 \\
z = 0 \text{ 이면} \quad & sgn(z) = 0 \\
z > 0 \text{ 이면} \quad & sgn(z) = 1
\end{aligned} \tag{6.8}$$

따라서 식(6.5)~(6.7)을 각각 다음 식(6.9)~(6.11)에 대입함으로써 파라미터 a_{ij}, b_{ij} 그리고 c_i의 학습식을 구할 수 있다.

$$a_{ij}(t+1) = a_{ij}(t) - K_a(\partial E/\partial a_{ij}) \tag{6.9}$$

$$b_{ij}(t+1) = b_{ij}(t) - K_b(\partial E/\partial b_{ij}) \tag{6.10}$$

$$c_i(t+1) = c_i(t) - K_c(\partial E/\partial c_i) \qquad (6.11)$$

여기서 K_a, K_b 그리고 K_c는 각각 a_{ij}, b_{ij} 그리고 c_i의 학습율이다.

식 (6.5)에서 $x_j = a_{ij}$의 경우 평가함수 E는 a_{ij}로 미분가능하지 않다. 따라서 $x_j = a_{ij}$이면 식 (6.5)의 학습을 적용하지 못한다. 그러나 $x_j = a_{ij}$인 경우 a_{ij}를 식 (6.5)에 대입하면 그 결과값은 0이 되고 식 (6.9)를 계산하면 $a_{ij}(t+1) = a_{ij}(t)$가 되어 학습은 행해지지 않는다. 그러므로 어떤 경우에도 식 (6.5)의 적용이 가능하다.

이 방법에서 전반부 소속함수를 추론 규칙마다 독립적으로 설정하고 이것들에 따라 입력 데이터에 대한 적절한 추론 규칙을 동조하므로 자유도가 높은 동조가 가능하고 학습에 사용되지 않은 데이터에 대해서도 참값에 가까운 값을 출력할 수 있다.

2.3 적응 뉴로-퍼지시스템

적응 뉴로-퍼지 시스템(Adaptive Neuro-fuzzy Inference System : ANFIS)은 Jang에 의해 제안된 퍼지추론 시스템으로 퍼지모델링 및 제어시스템을 위한 퍼지-뉴로 시스템의 하나이다. ANFIS에 의해 〈그림 3.7〉에 나타나는 세 가지 형태의 퍼지추론 시스템을 모두 나타낼 수 있지만, 여기에서는 Takagi-Sugeno가 제시한 Type 3의 퍼지시스템을 동조하는 것을 설명한다. ANFIS는 후반부 파라미터 뿐 아니라 전반부 변수의 파라미터까지 온-라인으로 동조하고 모델링에 사용되는 데이터의 수가 많거나 퍼지규칙의 증가로 인해 동조되어야 할 파라미터의 수가 많아지는 경우에 효과적으로 사용된다.

2.3.1 적응 뉴로-퍼지 시스템의 구조

적응 뉴로-퍼지 시스템의 구조 예가 〈그림 6.2〉에 보인다.

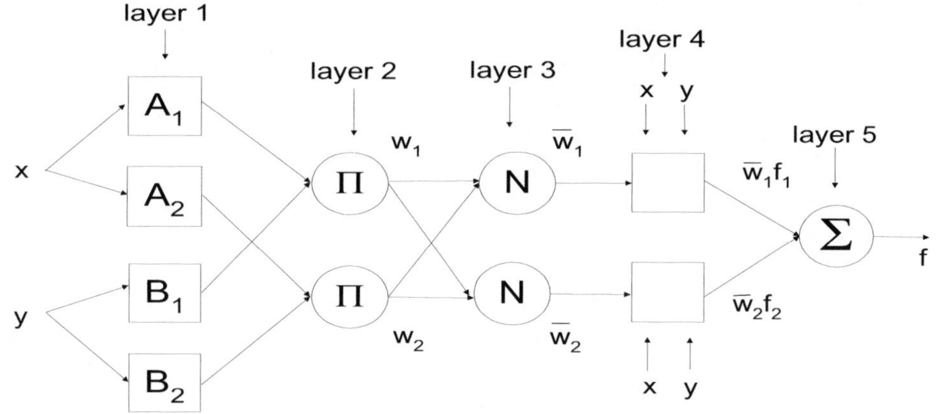

〈그림 6.2〉 적응 네트워크에 기초한 퍼지추론 시스템의 구조 예

여기서, 입력은 x, y이고 출력은 z이다. 여기에 포함된 퍼지규칙은 다음과 같은 Takagi-Sugeno 형의 두 개의 규칙이다.

$$
\begin{aligned}
&Rule\,1:\ If\,x\,is\,A_1\,and\,y\,is\,B_1 \\
&Then\ f_1 = p_1 x + q_1 y + r_1, \\
&Rule\,2:\ If\,x\,is\,A_2\,and\,y\,is\,B_2 \\
&Then\ f_2 = p_2 x + q_2 y + r_2,
\end{aligned}
\tag{6.12}
$$

ANFIS은 L개의 층을 가지고 k번째 층은 $\#(k)$개의 노드를 가졌다고 하면 k번째 층의 i번째 노드의 출력은 O_i^k로 표시된다. 이것의 출력 값은 이전 층에서 들어오는 입력신호와 각 노드가 가지는 파라미터에 의해 계산된다. 즉,

$$
O_i^k = F(O_1^{k-1},\ \cdots,\ O_{\#(k-1)}^{k-1},\ a,\ b,\ c,\ \cdots)
\tag{6.13}
$$

여기서, $a,\ b,\ c,\ \cdots$는 각 노드에 속한 파라미터들이다.

각 층의 각 노드에서 수행되는 연산은 다음과 같다.

Layer 1 이 층의 각 노드 i에 의한 출력은 식 (6.14)와 같다.

$$O_i^1 = \mu_{A_i}(x) \tag{6.14}$$

여기서, x는 노드 i의 입력, A_i는 퍼지언어변수이다.

O_i^1는 A_i의 소속함수 값으로 입력 x가 A_i를 만족하는 정도를 나타낸다. $\mu_{A_i}(x)$로는 최소값이 0이고 최대값이 1인, 식 (6.15)로 표현되는 종 모양의 소속함수를 사용한다.

$$\mu_{A_i}(x) = \cfrac{1}{1 + [(\cfrac{x - c_i}{a_i})^2]^{b_i}} \tag{6.15}$$

여기서, $\{a_i,\ b_i,\ c_i\}$는 파라미터 집합이다. 이러한 파라미터들을 조정함으로써 소속함수의 모양을 변경시킨다. 이것이 조정되어야할 전반부 파라미터이다. 각 파라미터는 일정한 물리적 의미를 지닌다. a는 너비의 절반을 의미하고 b는 a와 함께 소속함수 값이 0.5가 되는 점의 기울기 그리고 c는 소속함수의 중심값을 결정한다.

Layer 2 여기에 속한 각 노드는 입력되는 신호들을 곱해서 식 (6.16)과 같이 출력된다.

$$w_i = \mu_{A_i}(x) \times \mu_{B_i}(y) \ (i = 1,\ 2) \tag{6.16}$$

이것은 각 퍼지규칙의 전반부의 적합도를 계산하는 것을 의미한다.

Layer 3 이 층에 속한 각 노드 i는 i번째 규칙의 적합도에 대한 모든 규칙의 적합도의 합의 비를 식 (6.17)과 같이 계산한다.

$$\overline{w_i} = \frac{w_i}{w_1 + w_2} \quad (i = 1,\ 2) \tag{6.17}$$

즉, 각 노드의 출력은 규준화된 적합도가 된다.

Layer 4 이 층에 속한 각 노드 i의 출력은 식 (6.18)과 같다.

$$O_i^4 = \overline{w_i}\, f_i = \overline{w_i}\, (p_i x + q_i y + r_i) \tag{6.18}$$

여기서, $\overline{w_i}$는 Layer 3의 출력이고 $\{p_i,\ q_i,\ r_i\}$는 동조되어야 할 파라미터 집합이다. 이 층에 속한 파라미터들이 후반부 파라미터이다.

Layer 5 이 층의 노드는 모든 입력 신호를 합하여 전체 퍼지모델 출력을 식 (6.19)와 같이 계산한다.

$$O_i^5 = \hat{y} = \sum_i \overline{w_i}\, f_i = \frac{\sum_i w_i f_i}{\sum_i w_i} \tag{6.19}$$

2.3.2 학습 알고리즘

ANFIS의 각 파라미터들을 동조하기위해, gradient에 기초한 학습방법인 오차역전파 (error back-propagation) 방법과 최소자승법을 합성하여 사용한다. 이러한 하이브리드 학습 알고리즘의 전방향 패스에서 각 노드의 출력 신호는 층 4까지 계산되고 전반부 변수가 고정된 상태에서 후반부 변수가 최소자승법에 의해 동정된다. 후방향 패스에서는 오차율이 출력노드에서 입력노드까지 역으로 전달되고 전반부 변수가 gradient descent에 의해 조정된다. 〈표 6.3〉이 이 과정을 나타내고 있다.

〈표 6.3〉 하이브리드 학습 알고리즘의 구성

	전방향 패스	후방향 패스
전건부 변수	고 정	gradient descent
후건부 변수	최소자승법	고 정
전달되는 신호	노드 출력	오차율

전반부 변수의 동정을 위한 오차역전파 알고리즘은 다음과 같다. P개의 입·출력 데이터 쌍이 주어진 경우, p번째 데이타 쌍의 오차평가함수는 다음 식 (6.20)과 같다.

$$E_p = \sum_{m=1}^{\#(L)} (T_{m,p} - O_{m,p}^L)^2 \tag{6.20}$$

여기서, $T_{m,p}$는 p번째 목표출력값의 m번째 요소이고 $O_{m,p}^L$는 네트웤 출력벡터의 m번째 요소이다. 그러므로, 전체적인 오차평가함수는 $E = \sum_{p=1}^{P} E_p$ 이다.

학습은 파라미터 공간에서 E에 대한 gradient descent를 구현함으로써 얻어진다. 먼저 p번째 학습데이타와 각 노드 출력 O에 대한 오차율 $\dfrac{\partial E_p}{\partial O}$ 를 계산한다. 출력 노드 O_i^L에 대한 오차율은 식 (6.20)으로부터 쉽게 계산될 수 있다.

$$\frac{\partial E_p}{\partial O_{i,p}^L} = -2(T_{i,p} - O_{i,p}^L) \tag{6.21}$$

중간 층의 각 노드 O_i^k의 경우, 오차율은 다음과 같이 사슬법칙에 의해 얻을 수 있다.

$$\frac{\partial E_p}{\partial O_{i,p}^k} = \sum_{m=1}^{\#(k+1)} \frac{\partial E_p}{\partial O_{m,p}^{k+1}} \frac{\partial O_{m,p}^{k+1}}{\partial O_{i,p}^k} \tag{6.22}$$

여기서, $1 \leq k \leq L-1$. 이제 주어진 적응 네트웤의 파라미터 α에 대해, 다음 식 (6.23)과 같은 변화율을 얻을 수 있다.

$$\frac{\partial E_p}{\partial \alpha} = \sum_{O^* \in S} \frac{\partial E_p}{\partial O^*} \frac{\partial O^*}{\partial \alpha} \qquad (6.23)$$

여기서, S는 α에 의해 출력이 영향받는 노드의 집합이다. 그러면, α에 대한 전체오차 함수 E의 미분값은

$$\frac{\partial E}{\partial \alpha} = \sum_{p=1}^{P} \frac{\partial E_p}{\partial \alpha} \qquad (6.24)$$

따라서, 파라미터 α에 대한 변화량은

$$\Delta \alpha = - \eta \frac{\partial E}{\partial \alpha} \qquad (6.25)$$

여기서, η는 학습율이다. 그러므로 새로운 파라미터α는 다음과 같이 주어진다.

$$\alpha_{n+1} = \alpha_n + \Delta \alpha \qquad (6.26)$$

후반부 파라미터를 구하기 위한 최소자승법은 식 (3.3)에 대해 A의 최소자승추정값 (least squares estimate:LSE), A^*를 구하는 것이다. 데이터가 많거나, 식 (3.4)의 행렬 $X^T X$가 해가 없는 경우로 인해, 여기서는 최소자승법의 순차 형태를 사용한다.

$$A_{i+1} = A_i + P_{i+1} x_{i+1} (y_{i+1}^T - x_{i+1}^T A_i)$$
$$P_{i+1} = [P_i - \frac{P_i \, x_{i+1} \, x_{i+1}^T \, P_i}{1 + x_{i+1}^T \, P_i \, x_{i+1}}], \quad i = 0, 1, \cdots, P-1 \qquad (6.27)$$

동특성이 변하는 시스템을 동정하고 적응제어시스템을 구성하는 온-라인 모델링의 경우, 매 시점마다 한 쌍의 입-출력 데이터가 주어지므로 전반부 파라미터를 동정하기위해 식 (6.24)를 사용하지 않고 식 (6.23)을 사용한다. 후반부 파라미터는 식 (3.6)의 순환 최소자승법을 이용한다.

2.3.3 적응 뉴로-퍼지 시스템을 이용한 비선형 함수 근사화

적응 뉴로-퍼지 시스템(ANFIS)을 이용하여 다음과 같은 함수를 근사화하는 퍼지시스템을 구하보자.

$$y(x) = 0.6\sin(\pi x) + 0.3\sin(3\pi x) + 0.1\sin(5\pi x) \qquad (6.28)$$

이를 위해 먼저 [−1, 1] 구간 안에서 일정한 간격으로 x를 결정하고 이 값을 위 식에 대입하여 학습용 데이터와 평가용 데이터를 다음 표와 같이 구한다.

구 분 / 갯 수	학습용 데이터		평가용 데이터	
	x	y	x	y
1	−1.00	0.0000	−0.96	−0.2444
2	−0.92	−0.4497	−0.88	−0.5874
3	−0.84	−0.6472	−0.80	−0.6380
4	−0.76	−0.5831	−0.72	−0.5117
5	−0.68	−0.4491	−0.64	−0.4095
6	−0.60	−0.3943	−0.56	−0.3949
7	−0.52	−0.3992	−0.48	−0.3992
8	−0.44	−0.3949	−0.40	−0.3943
9	−0.36	−0.4095	−0.32	−0.4491
10	−0.28	−0.5117	−0.24	−0.5831
11	−0.20	−0.6380	−0.16	−0.6472
12	−0.12	−0.5874	−0.08	−0.4497
13	−0.04	−0.2444	0	0
14	0.04	0.2444	0.08	0.4497
15	0.12	0.5874	0.16	0.6472
16	0.20	0.6380	0.24	0.5831
17	0.28	0.5117	0.32	0.4491
18	0.36	0.4095	0.40	0.3943
19	0.44	0.3949	0.48	0.3992
20	0.52	0.3992	0.56	0.3949
21	0.60	0.3943	0.64	0.4095
22	0.68	0.4491	0.72	0.5117
23	0.76	0.5831	0.80	0.6380
24	0.84	0.6472	0.88	0.5874
25	0.92	0.4497	0.96	0.2444
26	1.00	0.0000		

얻어진 데이터를 이용하여 퍼지시스템을 구하기 위해 ANFIS의 초기형태를 구한다. 식 (6.15)로 표현되는 종 모양의 소속함수를 가지는 5개의 퍼지변수를 다음 그림과 같이 설정하자. 그러면 ANFIS는 5개의 규칙을 가지는 퍼지시스템이 된다.

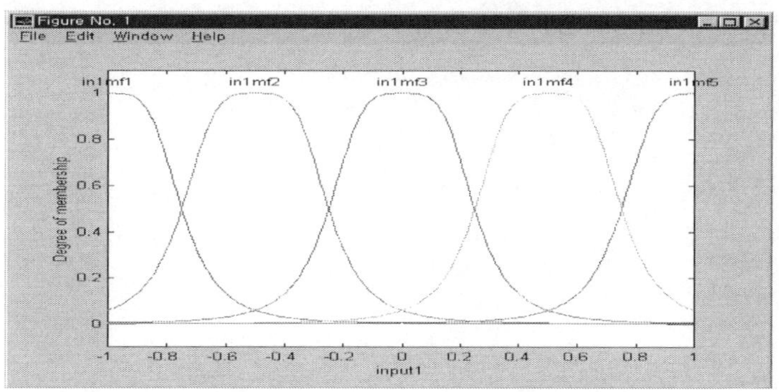

앞 절에서 기술한 학습규칙에 의해 학습을 수행한 후 소속함수의 학습된 결과와 오차의 변화는 다음 그림과 같다. ANFIS에 의한 수렴속도가 일반적인 BP 알고리즘에 의한 신경회로망의 수렴속도보다 훨씬 빠른 것을 볼 수 있다.

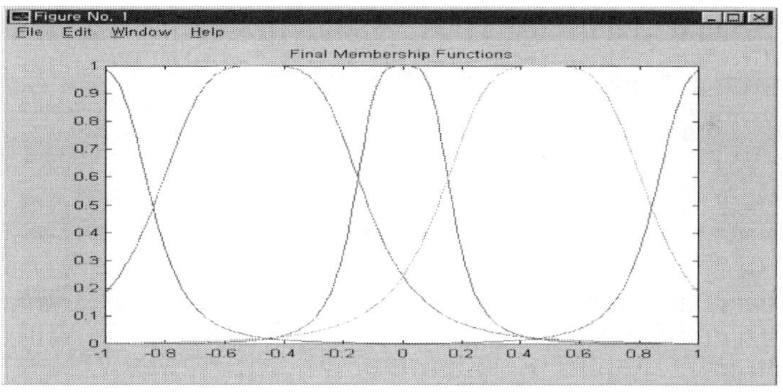

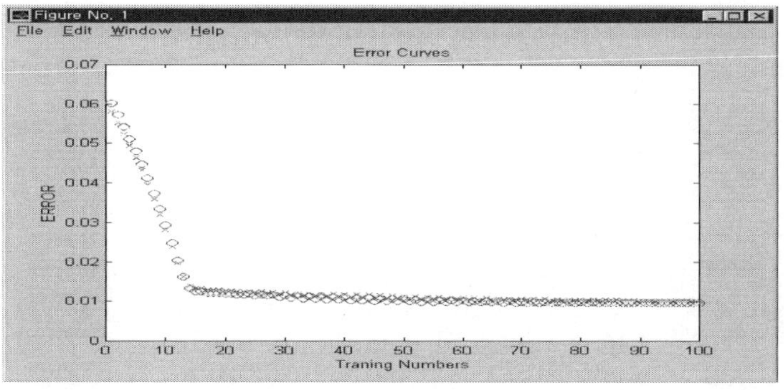

학습된 전반부 소속함수와 후반부 파라미터는 표에 나타내었다.

구 분 규 칙	전반부 파라미터			후반부 파라미터	
	a_i	b_i	c_i	p_i	q_i
1	0.24	1.99	−1.08	−7.17	−7.14
2	0.36	2.0	−0.48	−0.24	−0.40
3	0.17	1.98	0.0	7.36	0.0
4	0.36	2.0	0.48	−0.24	0.40
5	0.24	1.99	1.08	−7.17	7.14

ANFIS에 의한 퍼지규칙은 다음과 같은 Takagi-Sugeno 형의 Type 3 형태로서 위 표의 파라미터에 의해 구성된다.

$$\text{Rule}\,i:\; If\,x\,is\,A_i \quad Then\;\; y_i = p_i x + q_i$$

여기서, A_i는 식(6.15)로 표현되는 종 모양의 소속함수이다.

다음 그림은 ANFIS에 의해 학습된 퍼지시스템의 출력과 학습용 데이터 및 평가용 데이터를 비교한 결과이다. 학습된 퍼지시스템이 앞에서 주어진 함수를 매우 우수하게 근사화하는 것을 볼 수 있다. 여기서 퍼지시스템의 출력은 실선으로, 학습용 데이터는 o, 평가용 데이터는 x로 나타내었다.

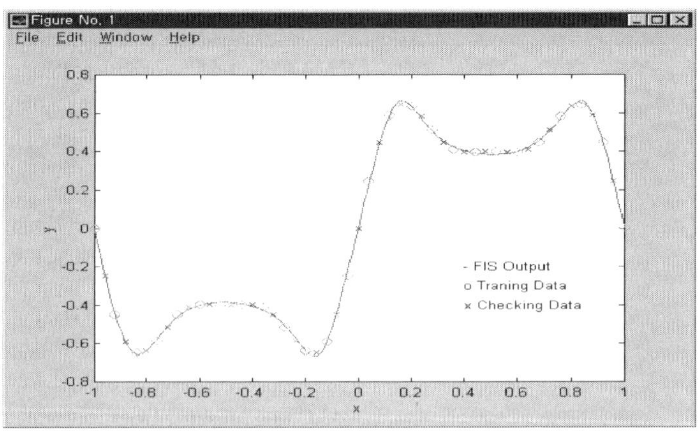

뉴로-퍼지 시스템

뉴로-퍼지 시스템(Neuro-Fuzzy system)은 앞에서 기술한 것과 같이 신경회로망을 자동적으로 설계하기 위해 퍼지이론을 사용하거나 신경회로망의 일부에 퍼지이론을 사용한 시스템으로, 두 시스템의 합성을 통해 학습을 통한 경험적 지식의 획득 및 의사결정능력이 향상된 고성능의 지능시스템이다. 지금까지 뉴로-퍼지 시스템에 대한 많은 연구가 이루어져 왔는데 본 서에서는 그 중에서 신경회로망의 학습율을 자동으로 조정하기 위해 퍼지시스템을 사용하는 경우[6]를 기술한다.

3.1 퍼지시스템을 이용한 신경회로망의 조정

일반적인 역전파(Back Propagation) 알고리즘은 잘 알려진 신경회로망 학습 법칙으로 많은 기능을 수행한다. 그러나 BP 알고리즘에 의한 신경회로망의 학습은 대부분의 경우 매우 많은 시간을 필요로 한다. 학습 시간을 단축하기 위해 모멘텀 항을 삽입하는 등의 여러 가지 방법이 있으나 기대에 미치지 못하고 있다. 이는 학습율이 고정된 값을 가지기 때문으로 학습율은 일반적으로 작은 값을 가지는데 이로 인해 학습은 매우 느리게 된다. 학습율을 크게 할 경우 오버슈팅(overshooting)이 발생되어 최적의 목표값에 도달하지 못하는 문제가 발생하기 쉽다.

3.1.1 학습율의 자동 조정을 위한 퍼지시스템

신경회로망의 학습율은 대부분 신경회로망 전문가의 지식이나 경험에 의해 결정된다. 퍼지시스템은 이러한 전문가의 지식이나 경험을 효과적으로 나타낼 수 있고 컴퓨터에 간단히 이식(encode)할 수 있다. BP 알고리즘은 식 (6.29)와 같은 신경회로망의 출력(o_{pj})과 목표 출력패턴(t_{pj})과의 자승오차의 합을 최소화하기 위해 식 (6.30)의 학습 규칙을 사용한다.

$$E_p = \frac{1}{2} \sum (t_{pj} - o_{pj})^2 \qquad (6.29)$$

$$w_{ji}(t+1) = w_{ji}(t) - \eta(t)\left(\frac{\partial E_p}{\partial w_{ji}}\right) \qquad (6.30)$$

여기서, $\eta(t)$는 현 시점의 학습율이다.

학습율은 식 (6.29)의 오차 E_p와 학습 시간(training time)에 의해 조정될 수 있는데 간단한 예를 보자.

① 오차 Ep가 크면 학습율 $\eta(t)$를 크게 하고, 오차 Ep가 작으면 $\eta(t)$를 작게 한다.
② 학습 시간이 매우 작으면 학습 속도를 증진시키기 위해 학습율 $\eta(t)$를 크게 하고, 학습 시간이 매우 길면 수렴성을 증가시키기 위해 학습율 $\eta(t)$를 작게 한다.

이러한 지식을 이용하여 학습율을 조정하기 위한 퍼지규칙이 표 6.4에 나타난다.

〈표 6.4〉 학습율 조정을 위한 퍼지규칙

		학습 오차			
		Very Small	Small	Big	Very Big
학습 시간	Short	Small	Large	Very Large	Very Large
	Medium	Very Small	Small	Large	Very Large
	Long	Very Small	Small	Large	Large

3.1.2 뉴로-퍼지 시스템에 의한 학습 예

앞 절에서 기술한 뉴로-퍼지 시스템의 예로서 제 4 부의 예 4.6을 다시 고려하자. 예 4.6에 주어진 입력패턴 벡터 P와 출력패턴 벡터 T로 나타나는 함수를 근사화하기 위해 예와 동일한 구조의 신경회로망을 뉴로-퍼지 시스템을 이용하여 학습한다.

신경회로망은 입력과 출력이 각각 한 개이므로 입력층과 출력층은 1개의 노드로 구성되고 은닉층은 5개의 노드로 구성된다. 은닉층의 활성화 함수로는 〈그림 4.2(c)〉의 시그모이드 함수를 사용하고 출력층은 〈그림 4.2(a)〉의 선형함수를 사용한다. 학습 오차의 목표값은 0.02로 하였다. 다음 표와 그림은 학습에 따른 학습율과 자승오차의 합의 변화를 나타내고, 마지막 그림은 학습이 종료된 후에 입력 패턴에 대한 신경회로망의 출력과 목표(target) 출력 패턴을 비교한 것이다. 이 결과와 예 4.6의 결과를 통해 학습율이 고정된 일반적인 BP 알고리즘은 목표 오차값을 달성하기위해 8000회 정도의 학습회수가 필요한 반면, 학습율을 퍼지시스템에 의해 조정하는 뉴로-퍼지시스템은 81회 정도의 학습으로도 목표 오차보다 작은 값으로 수렴하는 것을 볼 수 있다.

학습횟수	학습율	오차
0	0.01	30.0
20	0.015	4.0
40	0.039	2.94
60	0.102	1.25
80	0.272	0.02
81	0.285	0.017

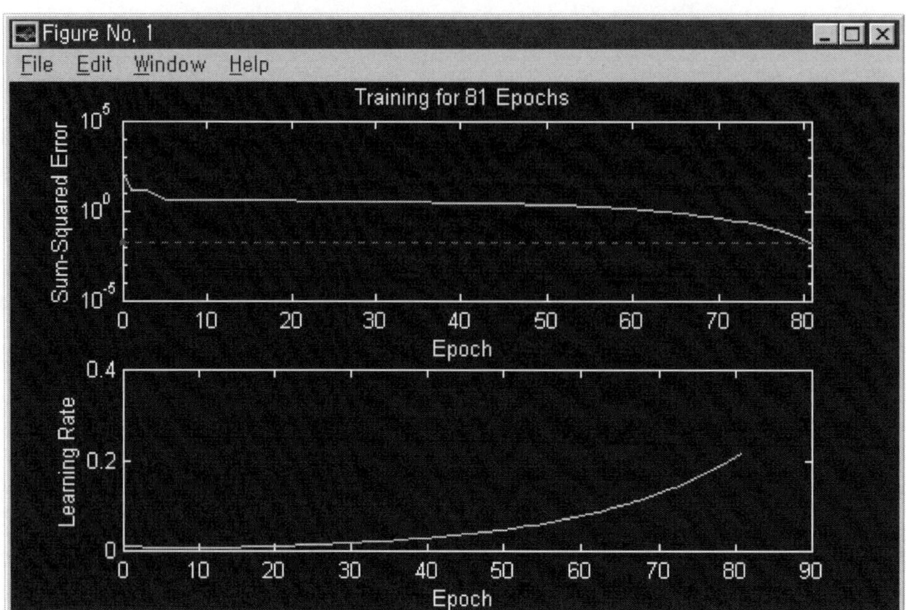

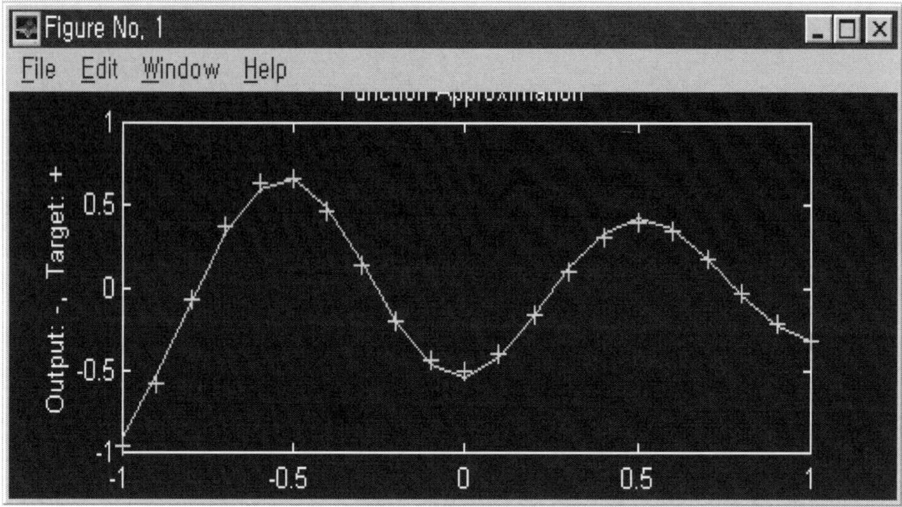

유전-퍼지 시스템

유전-퍼지 시스템(Genetic-Fuzzy system)은 퍼지시스템을 자동적으로 설계하기 위해 유전자 알고리즘과 퍼지시스템을 합성한 하이브리드 지능시스템으로 유전자 알고리즘의 전역 탐색을 통해 최적의 퍼지시스템 구축을 목표로 한다.

제5부에서 기술되었듯이 유전자 알고리즘은 자연 도태와 유전적 성질에 기초한 탐색 알고리즘으로 복잡한 최적화 문제에 뛰어난 성능을 가진다. 자연 도태에서 각 개체는 재생산을 위한 기회를 얻기 위해 경쟁하고 돌연변이에 의해 각 개체에 새로운 형질이 도입된다. 유전자 알고리즘은 탐색공간의 여러 점(points)을 동시에 탐색하고 여러 개의 해를 동시에 얻으므로 국부 최소값(local optima)에 빠지지 않고 최적값(global optimum)에 이를 수 있다. 이러한 유전자 알고리즘의 특성을 이용하여 비선형 시스템인 퍼지시스템을 최적화 하는 방법들이 많이 연구되고 있다. 여기서는 이러한 방법 중 하나로써 유전알고리즘을 이용한 퍼지규칙 및 소속함수의 최적화방법에 대해서 기술한다.

유전자 알고리즘을 이용하여 문제를 푸는 경우, 각 개체는 풀고자 하는 문제의 해에 관련된 정보를 가지며 이는 일련의 비트, 정수, 혹은 실수 스트링으로 표현된다. 이러한 스트링은 염색체(chromosome)라고 불려진다.

유전자 알고리즘에 의해 퍼지시스템을 설계하고 최적화하는 것은 퍼지시스템의 구성요소 중 규칙이나 입-출력변수의 소속함수를 적절히 0과1의 스트링(비트 스트링 표현의 경우) 즉, 염색체로 코딩하는 것이 필요하다. 예를 들어 〈그림 6.3〉과 같은 삼각형의 소속함수를 스트링으로 정의한다고 하자. 삼각형의 소속함수를 정의하기 위해서는 3개의 점이 필요하다. 이러한 매개변수는 쉽게 이진 스트링으로 나타낼 수 있다. 이 때 이진 스트링을 나타내기 위해 몇 개의 비트를 사용할 것인가가 문제가 된다. 많은 수의 비트를 사용하면 분해능(resolution)은 커지지만 전체 파라미터를 나타내기 위해서 많은 메모리를 필요로 하고 효율적인 탐색이 어렵다. 8 비트가 사용된다면 삼각형의 소속함수 하나를 나타내는 데는 24 비트가 필요하다. 이러한 매개변수들은 하나의 염색체 안에 연속해서 코딩된다. 코딩된 스트링 값은 미리 정해진 범위 안에서 다음의 식에 의해 실제 값으로 맵핑된다.

$$x = x_{\min} + \frac{b}{(2^m - 1)}(x_{\max} - x_{\min}) \tag{6.31}$$

여기서, $x_{\max}$와 $x_{\min}$는 매개변수의 최대값과 최소값, m은 비트수, b는 m비트에 의한 값을 의미한다.

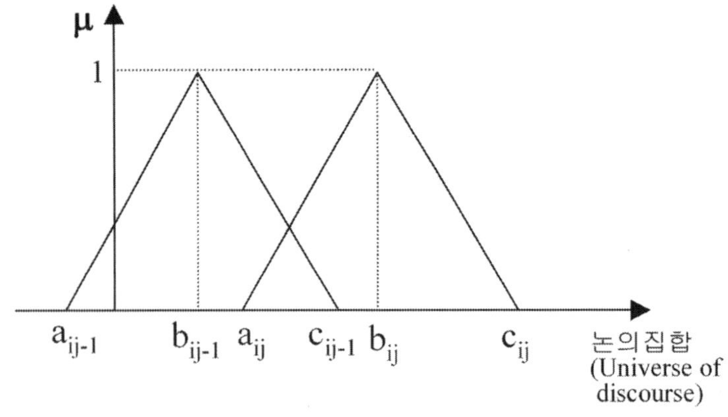

〈그림 6.3〉 삼각형 소속함수

퍼지시스템의 규칙과 소속함수의 매개변수를 최적하기 위해, n입력 1출력의 MISO 퍼지시스템을 고려하자. i번째($1 \leq i \leq n$) 입력변수의 소속함수 개수(분할 수)가 m_i개, 각 소속함수를 나타내는데 필요한 매개변수의 수가 p_i개라 하고, 출력변수의 소속함수 개수가 m_o개, 소속함수의 매개변수 수가 p_o개라 하자. i번째 입력변수와 출력변수의 소속함수에 사용되는 염색체의 길이는 각각 $m_i \times p_i$, $m_o \times p_o$가 된다. 또한 규칙을 나타내기 위한 스트링은 각 규칙의 결론부의 퍼지변수를 해당되는 값으로 코딩한다. 출력변수의 퍼지변수가 {NB, NM, NS, ZO, PS, PM, PB}로 구성된다면 각 퍼지변수가 {1, 2, 3, 4, 5, 6, 7}에 대응되도록 코딩한다. 이 때 비트나 정수 또는 실수 스트링을 사용할 수 있다. 규칙을 위한 스트링의 길이는 $\prod_{i=1}^{n} m_i$ 이다. 따라서 염색체 스트링의 전체 길이는 식 (6.32)와 같으며 구조는 〈그림 6.4〉와 같다.

$$\text{염색체}(C_j) \text{ 길이} = \sum_{i=1}^{n} m_i p_i + m_o p_o + \prod_{i=1}^{n} m_i \qquad (6.32)$$

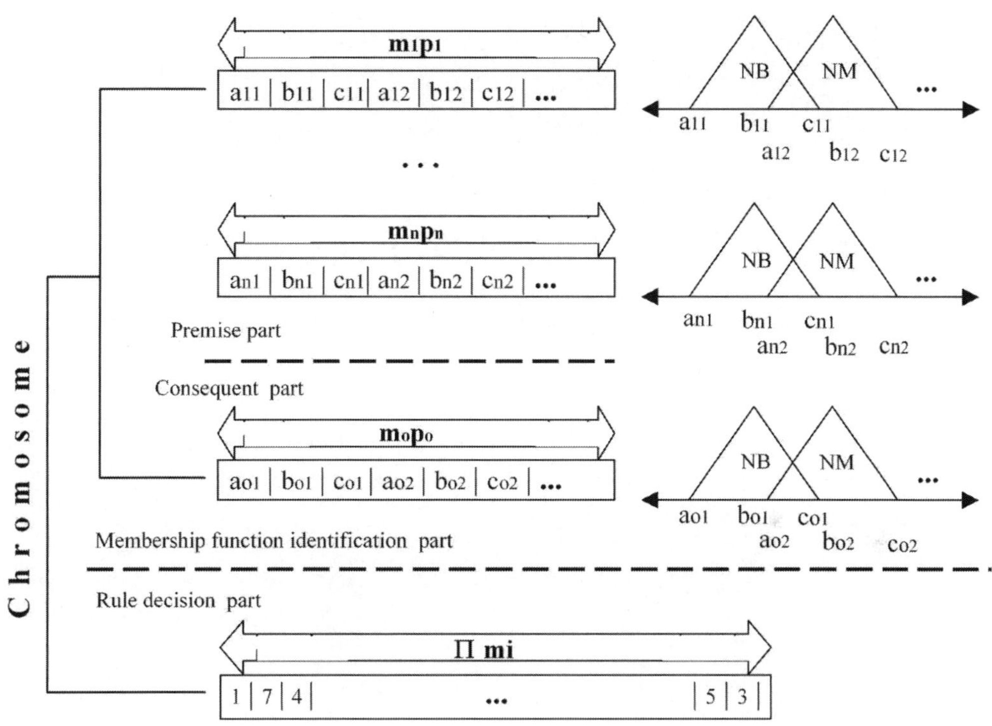

〈그림 6.4〉 퍼지규칙 및 소속함수의 최적화를 위한 염색체의 구조

이러한 염색체로 표현되는 개체들의 모임을 개체군(population)이라 하고 k번째 탐색에서 개체군은 다음과 같이 주어진다.

$$P(k) = \{ C_j(k) \mid j = 1, \ 2, \ \cdots, \ s \} \qquad (6.33)$$

여기서, s는 개체의 개수이다.

이 개체군을 세대(generation)라고 하며 유전자 알고리즘은 이 세대에 대해 동작한다. 진화는 k시점의 세대에서 k+1시점의 세대로 가면서 발생한다.

각 개체가 풀고자 하는 문제에 얼마나 적합한지는 적합도 함수(fitness function)에 의해 평가되며 이 적합도 함수에 따라 집단 내에서 그 개체의 생존 여부가 결정된다. 따라서 대상 시스템에 적절한 적합도 함수를 설정하는 것이 중요하다. 일반적으로 적합도 함수는 풀고자 하는 문제에 관련된 비용함수(cost function)에 의해 결정되며 주로 비용 함수의 지수나 역수 형태를 취한다. 퍼지시스템 설계를 위한 비용함수(cost function)로는 대상 시스템이 비선형 시스템의 모델링인 경우 식 (6.34)와 같은 모델 오차를 최소화하는 것을 목적으로 한다.

$$E = \frac{1}{n}\sum_{i=1}^{n}(y_i - y_i^*)^2 \tag{6.34}$$

여기서, n은 입/출력 데이터 쌍의 수, y_i는 레퍼런스 출력, y_i^*는 퍼지모델 출력이다.

대상 시스템이 제어 시스템인 경우는 식 (6.35)의 절대오차 시간곱 적분(Integral of Time multiplied by the Absolute Error : ITAE)이나 식 (6.36)을 사용한다.

$$\overline{J} = \int_0^T t\,|e(t)|\,dt \tag{6.35}$$

여기서, $e(t)$는 플랜트 오차이다.

$$\overline{J} = w_1(t_r - t_r^*)^2 + w_2(M_p - M_p^*)^2 + w_3(t_s - t_s^*)^2 \tag{6.36}$$

여기서, t_r, M_p, t_s 는 각각 상승시간(rise time), 백분율 오버슈트(percent overshoot), 정정시간(settling time)이고 $w_i > 0$, $i = 1,\ 2,\ 3$은 가중치(weighting factor)이다.

가중치 값을 조정함으로써 다양한 기준에 대한 퍼지제어 시스템의 설계가 가능하다. 적합도 함수는 앞에서 정의된 비용함수의 역수를 취한 다음 식을 사용한다.

$$J = \frac{1}{J + \epsilon} \tag{6.37}$$

여기서 $\epsilon > 0$는 작은 양수이다.

유전-뉴로 시스템

유전-뉴로 시스템(Genetic-Neuro system)은 신경회로망을 자동적으로 설계하기 위해 유전자 알고리즘과 신경회로망을 합성한 하이브리드 지능시스템으로 최적의 신경회로망 구축을 목표로 한다. 신경망은 여러 가지 응용분야에서 많이 사용되고 있으며, 성능 개선을 위해 많이 연구되고 있다. 응용분야의 특성에 적절한 신경망을 설계하기 위해서는 우선 신경망의 구조를 결정해야 하며, 또한 각 노드와 링크를 구성하는 함수 및 하중치를 적절한 학습 알고리즘을 사용하여 동정해야 한다. 최급강하법(gradient descent)을 이용한 학습 알고리즘 즉, 신경망 파라미터를 오차 함수의 기울기에 따라 오차를 줄이는 방향으로 변경시키는 학습 알고리즘은 그들이 최적화하는 신경망의 노드 숫자와 그들의 연결과 같은 토폴로지(Topology)를 학습하는 것에는 부적절하다. 이와 같이 파라미터 동정에는 여러 가지 알고리즘이 제안되고 있으나, 신경망의 구조는 대부분 경험에 의한 시행착오를 통해 결정된다. 이러한 방식은 연산량의 증가와 비효율 등의 문제를 가지고 있다.

유전자 알고리즘은 해결하고자 하는 문제에 대한 가능한 해들을 정해진 형태의 자료구조로 표현한 다음 이들을 점차적으로 변형함으로써 점점 더 좋은 해들을 만들어내게 된다. 이러한 알고리즘은 주어진 문제의 해가 될 가능성이 있는 것들에 대한 표현을 적절히 하는 것과 그에 적합한 연산자를 정의하는 것에 의해 그 성능이 직접적으로 결정된다. 신경망 역시 이러한 접근 방식을 통하여 설계할 수 있으며, 최근 유전자 알고리즘 등을 사용하여 여러 가지 문제해결에 적합한 신경망을 설계하는 데 있어 만족할만한 결과가 얻어졌다. 본 서에서는 이러한 방법 중 하나의 방법에 대해 기술한다.

5.1 신경망의 구조 및 파라미터 동정

신경망의 동정은 크게 두 가지 종류로 구분된다. 하나는 신경망의 구조와 파라미터를 분리하여 구조만을 적절한 알고리즘에 의해 결정한 다음 오차 역전파 알고리즘 등의 방법을 통해 최소의 학습오차를 갖는 파라미터를 결정하는 방법이고, 다른 방법은 신경망의 구조와 파라미터를 하나의 인자로 정의한 다음 최적화 기법을 통하여 동시에 동정하는 방식이다. 본 서에서는 구조와 파라미터를 동시에 동정하기 위해 후자의 방법을 사용한다. 신경망을 유전자 알고리즘에 적합하게 표현하기 위해 하나의 인자는 신경망의 구조, 연결 하중치, 기울기 및 바이어스와 같은 염색체를 적절히 코딩하는 것으로 구성되며 각각의 연산에 적합한 돌연변이 연산자를 정의한다.

■ 신경망의 표현

고려되는 신경망은 〈그림 6.5〉와 같은 하나의 은닉층을 갖는 순방향 신경망이다. 신경망은 최대값과 최소값에 의해 정규화된 데이터를 학습한다. 은닉층 뉴런 및 출력층 뉴런은 각각 식 (6.38), 식 (6.39)와 같은 함수 특성을 가지며, 각 뉴런의 출력은 식 (6.40), 식 (6.41)와 같다. 이때 H_j 및 O_k는 각각 은닉층 및 출력층 뉴런의 시그모이드 함수의 기울기이며 $W_{IH_{ij}}$는 I번째 입력층 뉴런과 j번째 은닉층 뉴런간의 연결하중치, $W_{HO_{jk}}$는 I번째 은닉층 뉴런과 k번째 출력층 뉴런간의 연결하중치, 그리고 B_{Hj}, B_{Ok}는 각각 은닉층 뉴런과 출력층 뉴런에서의 바이어스 값을 나타낸다.

$$S_{Hj}(x) = \frac{1}{1 + \exp(-H_j x)} \tag{6.38}$$

$$S_{Ok}(x) = \frac{1}{1 + \exp(-O_k x)} \tag{6.39}$$

$$H_j = S_{Hj}\left(\sum_{i=1}^{in} X_i W_{IHij} + B_{Hj}\right) \tag{6.40}$$

$$Y_k = S_{Ok}\left(\sum_{j=1}^{hid} N_j W_{HOjk} + \sum_{i=0}^{in} X_i W_{IOik} + B_{Ok}\right) \tag{6.41}$$

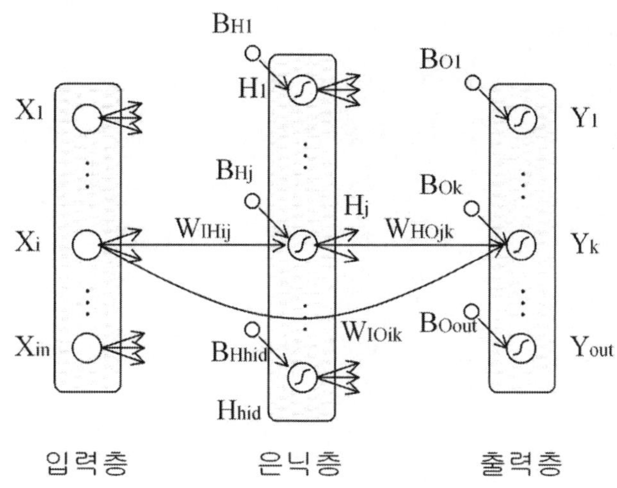

〈그림 6.5〉 신경망의 구조

　유전자 알고리즘을 구성하는 하나의 개체는 입력–은닉층, 은닉–출력층, 입력–출력층의 연결상태 및 연결하중값, 은닉층과 출력층 각 뉴런의 시그모이드 함수 기울기 및 바이어스 등과 같이 신경망을 구성하는 모든 정보를 가지도록 〈그림 6.6〉과 같이 구성된다. 코딩될 파라미터의 특성에 의해 연결정보는 0, 또는 1의 이진 스트링으로 구성되며, 나머지 유전인자는 실수형 스트링으로 구성된다. L_{IH}, L_{IO}, L_{HO} 및 W_{IH}, W_{IO}, W_{HO}는 각각 입력–은닉층, 입력–출력층 및 은닉–출력층 노드의 연결상태와 하중치 정보를 0, 또는 1과 실수형 값으로 나타내며, B_H, B_O 및 S_H, S_O는 각각 은닉층 노드와 출력층 노드의 바이어스 값 및 시그모이드 함수의 기울기를 나타낸다.

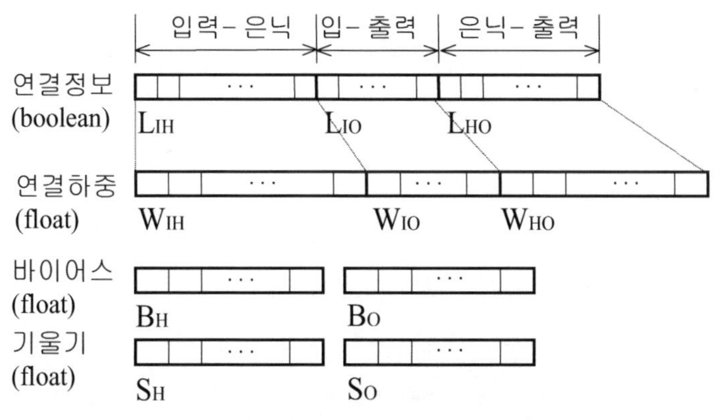

〈그림 6.6〉 각 개체의 염색체 구성

연결 정보의 경우 연결하중값과는 달리 1 또는 0으로 각 노드의 연결 상태를 나타내며, 이들은 각각 두 노드가 연결되어 있거나 또는 연결되어 있지 않은 상태를 의미한다. 입력층 노드 두 개, 은닉층 노드 두 개 및 출력층 노드가 하나인 신경망의 예(그림 6.7(a))에서, 입력층 뉴런과 은닉층 뉴런간의 링크 중 L_{IH00}, L_{IH01}과 L_{IH11}만 연결되었으므로 신경망 구조 배열 중 L_{IH}의 00, 01, 11은 True, 그리고 입력층 노드와 출력층 노드간의 연결은 없으므로 L_{IO00} L_{IO10}는 False가 되며, 은닉층 뉴런과 출력층 뉴런간의 연결 L_{HO00}, L_{HO10} 역시 연결되어 있으므로 True가 된다. 따라서 연결정보의 표현은 〈그림 6.7(b)〉와 같이 11010011이 된다.

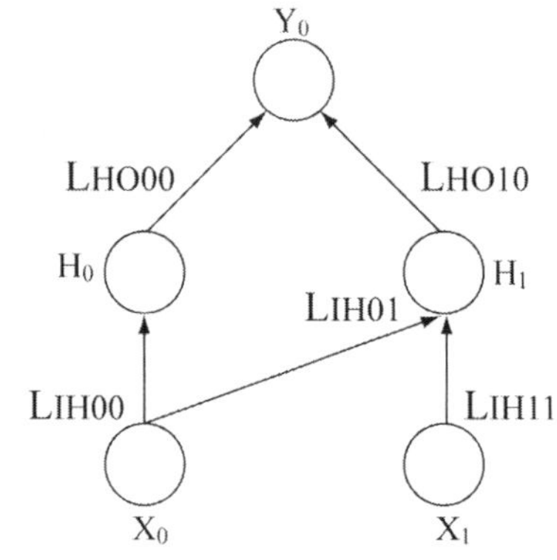

(a) 간단한 신경망의 구조

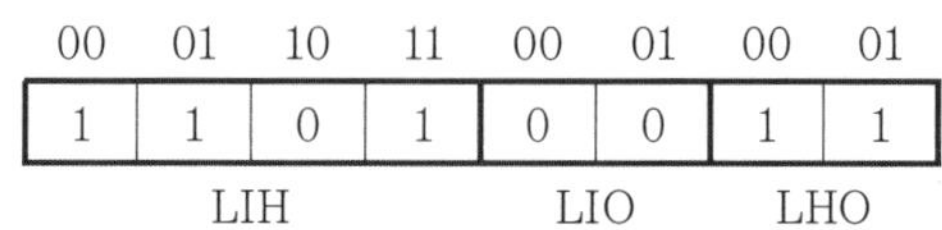

(b) 연결정보 유전인자의 값

(그림 6.7) 신경망 구조의 표현

■ 초기세대의 생성

초기세대는 미리 결정된 짝수개의 개체를 발생시키게 된다. 각각의 개체는 하나의 신경망의 구조, 하중치, 시그모이드 함수의 기울기 및 바이어스를 가지며, 입력층 및 출력층 뉴런의 수는 학습하고자 할 데이터에 의해 결정된다. 최대 P_{max}개의 초기세대를 가정하였으며 은닉층 뉴런의 수는 최대 H_{max}개로 결정된다. 초기 세대의 신경망들의 구조 및 파라미터들은 랜덤하게 발생된다. 각 노드들을 연결하는 링크는 P_{link}의 확률에 의해 연결이 결정되며, 각 하중치는 [-1,1], 시그모이드 함수의 기울기는 [0.1, 1.5], 바이어스는 [-1,1]의 범위 내에서 〈그림 6.8〉와 같이 생성된다.

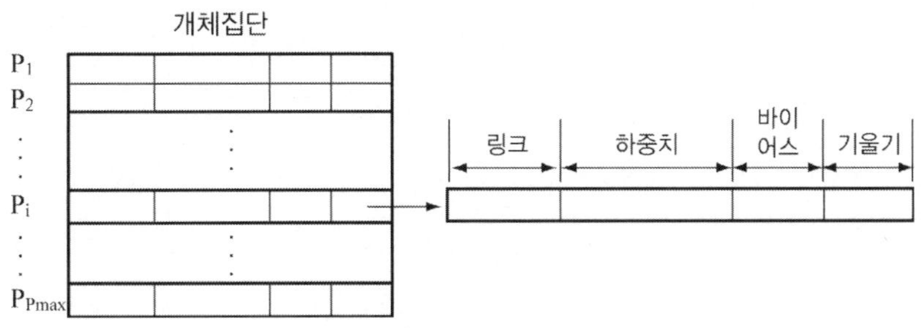

〈그림 6.8〉 개체집단과 하나의 개체의 구성

■ 돌연변이 연산

돌연변이 연산은 최적의 성능을 얻어내기 위해 유전자 형에 적합하게 정의되어야 한다. 하나의 개체는 연결하중값, 바이어스 및 시그모이드 함수의 기울기와 같은 실수형태의 인자와, 노드의 연결 상태를 나타내는 논리치 형태의 인자로 구성되어 있으므로 결국 돌연변이 연산은 이들의 형태에 맞게 두 가지로 정의된다.

① 링크의 돌연변이 연산

링크의 돌연변이 연산에 의해 링크의 생성 또는 링크의 제거가 발생될 수 있다. 링크의 돌연변이는 확률 M_l에 의해 발생된다. 링크가 새로 생성된 경우, 초기 연결하중값은 0으로 결정되며, 이 경우 돌연변이 이전 신경망과는 적합도 면에서는 완전히 동일한 결과를 가진다. 연결하중값을 제외한, 연결에 의해 추가되는 뉴런의 바이어스 및 시그모이드 함수의 기울기는 그 뉴런이 신경망의 다른 부분과 연결되어 있을 가능성도 있으므로 이전의 값을 그대로 유지하여야 한다. 결국 돌연변이에 의해 새로 생성된 링크를 갖는 신경망은 다음 세대에서도 살아남을 확률이 크다. 링크의 돌연변이 연산의 기본 알고리즘은 다음과 같다.

```
do
    if generate a random probability and is smaller than M_l then
        if previously connected link exists then
            Link_ij = False
    else
            w_ij = 0
            Link_ij = True
        endif
    endif
while visit every link of every node
```

② 링크생성/삭제를 통한 노드생성/삭제

노드의 추가, 삭제는 그 자체로는 정의되어 있지 않으며, 링크의 추가, 삭제를 통하여 구현된다. 신경망에서, 입력, 출력중 한쪽이 존재하지 않는 노드, 또는 둘 다 연결되어 있지 않는 노드는 그 노드에 관한 정보는 유전인자 내에 존재하나 논리적으로는 신경망으로부터 제거된다. 또한, 한 노드의 입력, 또는 출력 중 한 쪽만 존재할 때 링크 생성 돌연변이에 의해 존재하지 않는 다른쪽 링크가 생성된다면 그 노드는 다시 신경망에 추가된다.

〈그림 6.9(a)〉에서, 은닉층 노드 H_j는 두 개의 링크 L_{IHIJ}, L_{HOjk}에 의해 입력, 출력이 정의된다. 이때, 은닉층 노드의 입력링크 L_{IHjk}가 돌연변이 연산에 의해 연결이 끊어진 경우, 노드 H_j의 출력은 시그모이드 함수와 바이어스 만으로 결정되는 다음과 같은 상수이다.

$$H_j = S_{Hj}(B_{Hj}) \tag{6.42}$$

은닉층 노드 H_j는 바이어스 B_{OK}와 함께 상수값으로 출력노드 Y_k에 작용하며, 따라서 새로운 바이어스 B_{OK}^*를 식 (6.43)과 같이 정의하면 은닉층 노드 H_j는 신경망으로부터 완전히 분리된다.

$$B_{OK}^* = B_{OH} + S_{Hj}(B_{Hj}) \tag{6.43}$$

〈그림 6.9(b)〉에서는 은닉층 노드 H_j의 출력측 링크가 돌연변이 연산에 의해 끊어지는 경우이며, 이 경우 은닉층 노드 H_j는 신경망으로부터 완전히 제거된다.

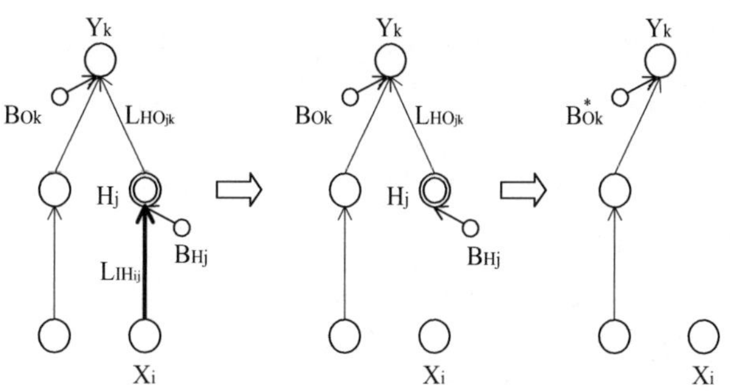

(a) 돌연변이에 의한 바이어스로의 변환

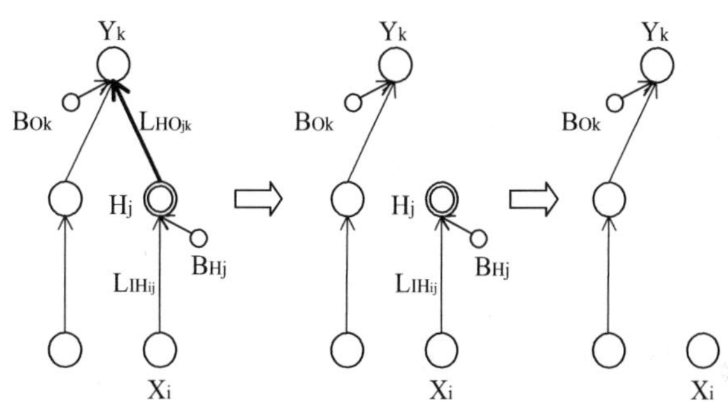

(b) 돌연변이에 의한 노드의 제거

〈그림 6.9〉 노드의 추가, 삭제 돌연변이

③ 하중치의 돌연변이

초기 세대의 하중치는 제한된 구간 내에서 발생되었으나, 알고리즘 수행시 링크의 하중치가 가질 수 있는 값에 대한 제약은 없다. 자손 세대의 하중치는 부모의 값에 가우시안 노이즈를 통한 교란으로 생성된다. W_{ij}를 노드 i와 노드 j간의 연결의 하중치라 할 때, 식 (6.44)와 같이 돌연변이 과정을 수행할 수 있다. 이때, W_d는 미리 설정된 상수이며, $N(0, W_d)$는 가우시안 랜덤 변수이다.

$$W_{ij}^* = W_{ij} + N(0, W_d) \tag{6.44}$$

④ 시그모이드 함수 기울기 및 바이어스의 돌연변이

초기 세대의 함수 기울기 및 바이어스 역시 미리 설정된 구간 내에서 발생되었으나, 알고리즘 수행시 이들 값이 가질 수 있는 범위의 제약은 없다. S_i, O_i를 각각 노드 i의 시그모이드 함수의 기울기, 바이어스라고 할 때 식 (6.45)와 같이 다음 세대의 기울기와 바이어스를 계산할 수 있다. 이때, S_d, O_d는 미리 설정된 상수이며, $N(0, S_d)$, $N(0, O_d)$는 각각 분산 β, γ를 가지는 가우시안 랜덤 변수이다.

$$
\begin{aligned}
S_i^* &= S_i + N(0, S_d) \\
O_i^* &= O_i + N(0, O_d)
\end{aligned}
\qquad (6.45)
$$

■ 생성된 신경망의 평가

신경망을 주어진 작업에 맞게 동정하는데 있어서 필요한 것은 각 개체의 적합도 함수 값이다. 만약, 주어진 학습 집합에서, 신경망의 출력을 y^*라고 할 때 각 개체의 학습오차 E_p는 식 (6.46)과 같이 정의한다.

$$
E_p = \frac{1}{N} \sum_{i=0}^{N-1} (y_i - y_i^*)^2 \qquad (6.46)
$$

이때, N : 학습 데이터 갯수, y_i : 실제 데이터 출력 y_i^* : 학습데이터출력

만약, 신경망을 구성하는 노드의 개수가 많고 연결이 복잡하게 구성되어 있다면 신경망 생성비용이 많이 들며 학습시간이 길게 된다. 따라서 신경망의 구조는 가능할수록 단순하게 구성되는 것이 더 좋은 결과를 가질 수가 있다. 이러한 개념을 적합도 계산시에 반영하기 위해 신경망을 구성하는 은닉층 뉴런의 개수를 나타내는 N_H로 벌점 함수를 부여여 신경망의 적합도를 계산한다. 학습오차 E_p를 가지는 신경망의 적합도 Fit는 식 (6.47)과 같이 결정될 수 있다. 이때 α는 미리 결정된 상수이다.

$$
Fit = \frac{1}{(1 + \alpha \log(N_H + 1)) E_p} \qquad (6.47)
$$

5.2 유전-뉴로 시스템에 의한 비선형 함수 근사화

앞에서 기술된 알고리즘을 식 (6.48)의 비선형 함수 근사화를 위한 신경망 설계에 적용해보자. 각 데이터를 학습할 때 최적의 신경망 구조 및 학습오차, 실제값 및 출력값의 결과, 각 세대별로 개체의 최소적합도의 변화에 대한 결과를 구한다.

$$y = (1 + x_1^{-2} + x_2^{-1.5})^2, \ 1 \leq x_1, \ x_2 \leq 5 \qquad (6.48)$$

유전-뉴로 시스템을 통한 신경망 생성 알고리즘에 식 (6.48)에 의해 생성된 50개의 데이터 쌍을 학습 데이터로 사용하였다. 생성에 사용된 파라미터는 최대 은닉층 뉴런 수 H_{max} 12개, 반복횟수 2,000번, 초기세대 200개체, 초기 세대의 신경망 뉴런 연결확률 $P_{link} = 0.3$, 파라미터 돌연변이 발생확률 $M_l = 0.1$, 연결 돌연변이 발생확률 $M_w = 0.1$, 적합도 상수 $\alpha = 0.05$이다. 알고리즘에 의해 생성된 최적의 신경망 구조를 〈그림 6.10〉, 그리고 진화가 진행되면서 각 세대가 반복됨에 따라, 각 세대별로 식 (6.46)에 의한 최소의 학습오차를 갖는 개체의 학습오차와 은닉층 뉴런 수들 중 초기 300세대 까지의 결과를 〈그림 6.11〉와 〈그림 6.12〉에 나타내었다. 2,000세대 후 생성된 최적의 신경망에서 최소 학습 오차는 0.05197이며, 그 때의 은닉층 뉴런 수는 2개이다. 학습데이터의 출력과 생성된 신경망에 의한 출력을 〈그림 6.13〉에 나타내었다. 모델 오차를 최소로 하는 개체는

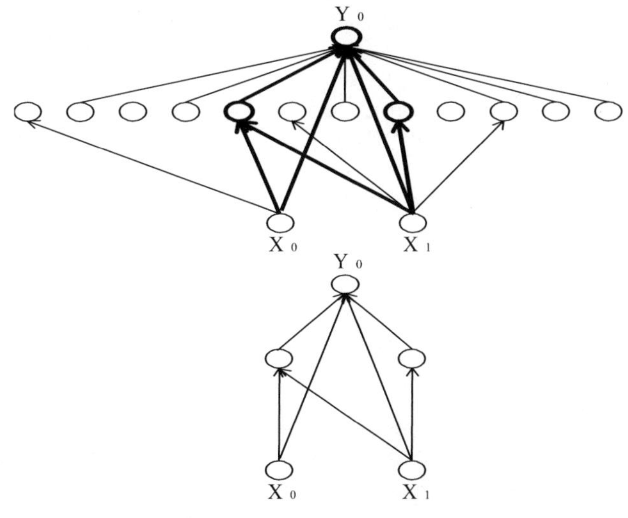

〈그림 6.10〉 생성된 신경망 구조

약 40세대 후 결정되었으나(그림 6.11), 그 개체의 은닉층 수는 구조 돌연변이가 계속 진행됨에 따라 약 100세대 까지는 그 구조가 계속 변한 다음 100세대 이후에서 최소 은닉층 개수가 결정되었다(그림 6.12). 결국 40세대에서 100세대동안 진화가 계속됨에 따라 신경망의 기능에 큰 영향을 미치지 않는 은닉층 노드의 제거가 수행되었다.

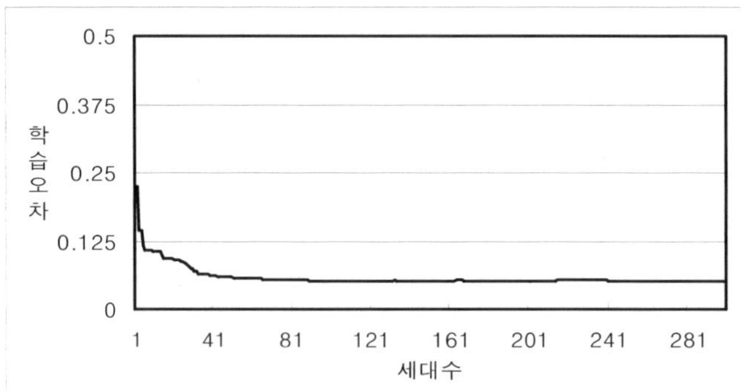

〈그림 6.11〉 진화에 따른 오차 변화

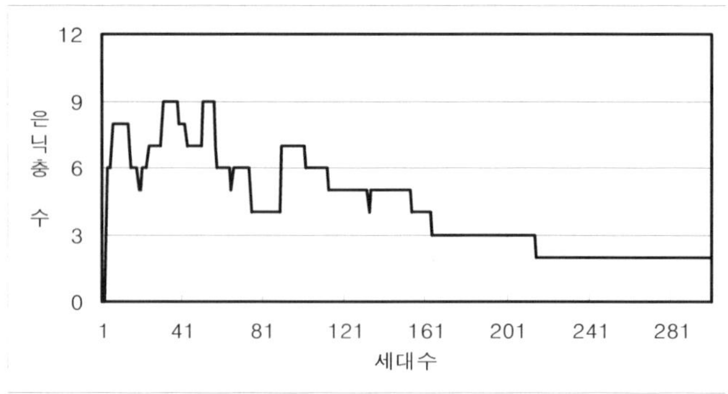

〈그림 6.12〉 최적 은닉층 수의 변화

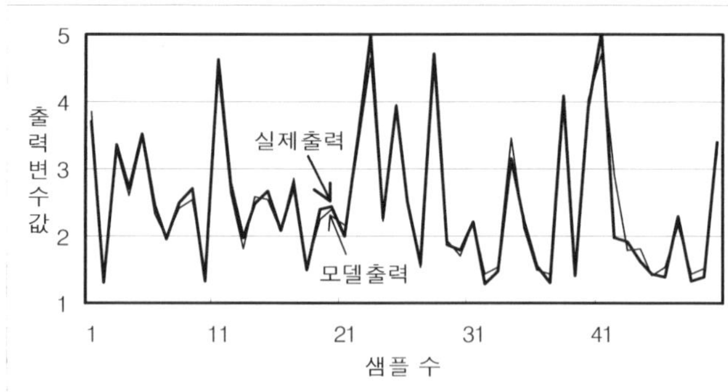

〈그림 6.13〉 실제 데이터 출력 및 모델 출력

참고문헌

[1] H. Takagi and I. Hayashi, "NN-driven Fuzzy Reasoning", Int. J. of Approximate Reasoning, Vol.5, No.3, pp.191~212, 1991.

[2] H. Takagi, N. Suzuki, T. Kouda and Y. Kojima, "Neural networks Designed on Approximate Reasoning Architecture and Their Applications", IEEE trans. Neural Networks, Vol.3, No.5, pp.752~760, 1992.

[3] Shinichi Horikawa, Takeshi Furuhashi, and Yoshiki Uchigawa, "On Fuzzy Modeling Using Fuzzy Neural Networks with the Back Propagation Algorithm", IEEE trans. Neural Networks, Vol.3, No.5, pp.801~806, 1992.

[4] H. Nomura and Wakami, "A Self-tuning Method of Fuzzy Control by Descent Methods", 4th IFSA '91, pp.155~159, 1991.

[5] J. S. R. Jang, "ANFIS: Adaptive-Network-Based Fuzzy Inference System", IEEE Transactions on systems, man and cybernetics, vol. 23, no. 3, 199

[6] H. Y. Xu, G. Z. Wang and C. B. Baird, "A Fuzzy Neural Networks Technique with Fast Back Propagation Learning", IEEE, pp.214~219, 1992.

[7] 강신준, 고택범, 우천희, 이덕규, 우광방, "진화 프로그래밍 기법을 이용한 신경망의 자동설계에 관한 연구", 제어·자동화·시스템 공학회 논문지, 제5권 제3호, pp.281~287, 1999.

[8] L.C. Jain, R.K. Jain, 하이브이드 지능 시스템, 도서출판 그린, 1999.

[9] E. Vonk, L.C. Jain, R.P. Johnson, 진화 연산 신경망 구조, 도서출판 그린, 1999.

[10] 정호선, 여진경 역, 뉴로·퍼지·카오스 -신세대 아날로그 컴퓨팅 입문-, 대광서림, 1993.

[11] H. Nomura, I. Hayashi, N. Wakami, "A Self-tuning method of fuzzy reasoning by method of the steepest descent and its application to moving obstacle avoidance", 6th Fuzzy System Symposium, Tokyo, pp.423~426, Sep 1990.

[12] Howard Demuth, Mark Beale, *Neural Network TOOLBOX*, The Math Works Inc., 1993.

[13] J.S. Roger Jang, *Fuzzy Logic Toolbox*, The Math Works Inc., 1995.

[14] H. Akahori, and S. Kondo, "Self-tuning Method of Fuzzy Reasoning by Optimization technique and its Application to vehicle control", 5th Fuzzy System Symposium. pp.77~81, June, 1989

[15] 박종진, 최규석, "퍼지모델과 유전알고리즘을 이용한 쓰레기 소각로의 최적 운전 보조소프트웨어개발", 퍼지 및 지능시스템학회 춘계학술대회 논문집, 제1권, 1998.6.

[16] Gyoo Seok Choi, Jong Jin Park, Ki Sung Seo, "Driver-preference Optimal Route Search based on Genetic-Fuzzy Approaches", Proc. of 5th World Congress on ITS 98, 1998.

[17] J.H. Holland, Adaptation in Natural and Arificial Systems, Univ. of Michigan Press, 1975.

[18] H. Heider and T. Drabe "Fuzzy system Design with a Cascaded Genetic Algorithm", in *Proc. 1997 IEEE Int. Intermag '97 Magnetics Conference*, pp.585~588

[19] D. B. Fogel, *Evolutionary Computation: Toward a New Philosophy of Machine Intelligence*, Piscataway, NJ:IEEE Press, 1995

부 록

[프로그램]

- 1. N-여왕 문제
- 2. 퍼지프로그램
- 3. 신경회로망(BP 알고리즘)
- 4. 기본적 유전자 알고리즘(Simple Genetic Algorithm)
- 5. TSP 해를 위한 유전자 알고리즘

Artificial Intelligence

프로그램

1. N-여왕 문제

```c
#include <stdio.h>
#include <malloc.h>
#include <math.h>
void queens(int i, int n, int col[]);     // n개 여왕말 알고리즘
void printqueen(int n, int col[]);        // n개 여왕말의 위치 출력
int promising(int i, int col[]);     // 유망한지 검사하는 함수

int main()
{
    int i;
    int n;
    int* col;

    printf("How many Columns or Rows?\n> ");
    scanf("%d", &n);
    getchar();
    // 여왕말이 해당행의 몇번째 열에 있는지 저장
    col = (int*) malloc(sizeof(int)*n);
    // 루트 노드(0)부터 탐색을 시작
    queens(0, n, col);
    free(col);
    return 0;
}
void queens(int i, int n, int col[])
{
```

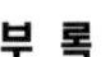

```c
    int j;
    if (promising(i, col)) // 유망한가?
        if (i == n) // n개의 여왕말 위치를 찾았나?
            printqueen(n, col); // 여왕말 위치 출력
        else
 for(j = 1; j <= n; j++) {      // (i+1)번째 행에 있는 여왕말을
            col[i+1] = j;               // n개의 열에 놓을 수 있는지 각각
            queens(i+1, n, col);     // 검사한다.
        }
}
void printqueen(int n, int col[])    //  결과 값을 출력
{
    int j, k;
    printf("    |");             // 상단 열의 갯수 출력 부분
    for(j = 1; j <= n; j++)
        printf("%3d |", j);
    printf("\n");

    for(j = 0; j <= n; j++)    // 행을 나누는 선 출력
        printf("----+");
    printf("\n");

    for(j = 1; j <= n; j++) {
        printf("%3d |", j);    // 행의 번호
        for(k = 1; k < col[j]; k++) {
            if( ((k+j)%2) )
                printf("▨▨|");    // 여왕말이 없는 칸
            else
                printf("    |");    // 여왕말이 없는 칸
}
        printf("QUEE|");        // 여왕말
        for(k = col[j]; k <n; k++)
            if( !((k+j)%2) )
                printf("▨▨|");
            else
 printf("QUEE|");
        for(k = col[j]; k <n; k++)
            if( !((k+j)%2) )
                printf("▨▨|");
```

```c
        else
            printf("    |");
      printf("\n");
      for(k = 0; k <= n; k++)    // 행을 나누는 선 출력
          printf("----+");
      printf("\n");
   }
   printf("\n");
   printf("Press ENTER to continue");
   getchar();
}
int promising(int i, int col[])
{
   int k;
   int Switch;
   k = 1;
   Switch = 1;
   while( k < i && Switch) {
      if(col[i] == col[k] || abs(col[i] - col[k]) == i-k)
          Switch = 0;
      k++;
   }
   return Switch;
}
```

2. 퍼지프로그램

다음 프로그램은 아래와 같은 퍼지규칙을 가지는 퍼지시스템을 이산형으로 구현함.

	Bad	Normal	Good
Big	Very Bad	Bad	Normal
Medium	Bad	Normal	Good
Small	Normal	Good	Very Good

S=Surrounding Scenery of Route
D=Difficulty Degree Driving

멤버쉽 함수는 아래 그림과 같이 정의됨

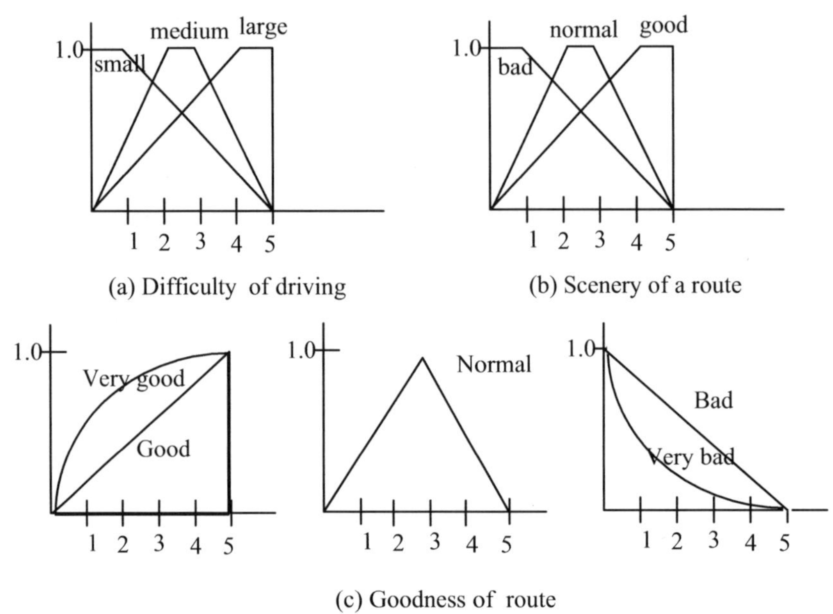


```c
#include <stdio.h>
#include <math.h>

float VG[51];          /* 각 소속함수를 이산형으로 정의하기위한 배열 */
float G[51];
float N[51];
float B[51];
float VB[51];

void main(void)
    {
        float D,S;
        int pref_D,pref_S;
        float value;
        float Fuzzy(float,float);
        void makemembership();

        /*printf*/
        printf("\nEnter your preference for Difficulty degree of driving\n");
```

```c
        printf("Don't care=1\n");
        printf("Not important=2\n");
        printf("Normal=3\n");
        printf("Important=4\n");
        printf("Very important=5\n");
        printf("Press number indicating your preference:");
        scanf("%d",&pref_D);

        printf("\n\n& Senery of route.\n");
      printf("Don't care=1\n");
        printf("Not important=2\n");
        printf("Normal=3\n");
        printf("Important=4\n");
        printf("Very important=5\n");
        printf("Press number indicating your preference:");
        scanf("%d",&pref_S);

        printf("D=");
        scanf("%f",&D);
        printf("\nS=");
        scanf("%f",&S);
/*      D=5; S=3; */


/* *******************************************
가중치를 곱하기위한 루틴 퍼지와 직접 관련 없음 */

        if(pref_D==1)
          D=D*0.2;
        else if(pref_D==2)
          D=D*0.4;
        else if(pref_D==3)
          D=D*0.6;
        else if(pref_D==4)
          D=D*0.8;

        if(pref_S==1)
          S=S*0.2;
        else if(pref_S==2)
          S=S*0.4;
```

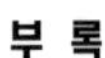

```c
        else if(pref_S==3)
          S=S*0.6;
        else if(pref_S==4)
          S=S*0.8;


/*********************************************/

/* 이산 입력 값을 가지고 퍼지추론 */

        value=Fuzzy(D,S);
        printf("\nFuzzy value is %f\n",value);


    }

void makemembership()
  {
    int i;
    float X;

      i=0;
      X=0;
      while(X<=5.) {
        VG[i]=sqrt(1./5.*X);
        i++;
        X+=0.1;
      }

      i=0;
      X=0;
      while(X<=5.) {
        G[i]=1./5.*X;
        i++;
        X+=0.1;
      }

      i=0;
      X=0;
      while(X<=2.5) {
        N[i]=1./2.5*X;
```

```c
       i++;
       X+=0.1;
     }


     while(X<=5){
       N[i]=-1./2.5*(X-5);
       i++;
       X+=0.1;
     }

   i=0;
    X=0;
    while(X<=5) {
      B[i]=-1./5.*(X-5);
      i++;
      X+=0.1;
    }

   i=0;
    X=0;
    while(X<=5) {
      VB[i]=(-1./5.*(X-5))*(-1./5.*(X-5));
      i++;
      X+=0.1;
    }

  }

float Fuzzy(float D, float S)
    {
       int i,j,k;
       float Rule_mem[10];
       float D_mem[4];
       float S_mem[4];

/*     void MemofD_Func();
       void MemofS_Func();
       float Reasoning();    */
```

```c
        void MemofD_Func(float *,float);
        void MemofS_Func(float *,float);
        float Reasoning(float *);
        float value;

        MemofD_Func(D_mem,D);
        MemofS_Func(S_mem,S);

        /* Find min value between two membership values */
        for(i=0,k=1;i<3;i++)
           for(j=0;j<3;j++,k++)
             if(D_mem[i+1]>=S_mem[j+1])
                Rule_mem[k]=S_mem[j+1];
             else
                Rule_mem[k]=D_mem[i+1];

        value=Reasoning(Rule_mem);

        return(value);

    }


void MemofD_Func(float D_mem[4],float D)
    {
        /* Evaluate membership value in case of Difficulty is Small */
        if(D<=1) {
          D_mem[1]=1;  }
        else if(1<D && D<=5){
          D_mem[1]=-1./4.*(D-5.);  }
        else  {
          D_mem[1]=0;  }

        /* Evaluate membership value in case of Difficulty is Med */
        if(0<=D && D<=2) {
          D_mem[2]=1./2.*D;   }
        else if(2<D && D<=3){
          D_mem[2]=1;    }
        else if(3<D && D<=5) {
```

```c
        D_mem[2]=-1./2.*(D-5);  }
    else      {
      D_mem[2]=0;  }


    /* Evaluate membership value in case of Difficulty is Large */
    if(0<=D && D<4)
      D_mem[3]=1./4.*D;
    else if(D>=4)
      D_mem[3]=1.;
    else
      D_mem[3]=0;


  }


void MemofS_Func(float S_mem[4],float S)
    {

        /* Evaluate membership value in case of S is Good */
        if(0<=S && S<4)
          S_mem[1]=1./4.*S;
        else if(S>=4)
          S_mem[1]=1.;
        else
          S_mem[1]=0;

        /* Evaluate membership value in case of S is Normal */
        if(0.<= S && S<=2.)
          S_mem[2]=1./2.*S;
        else if(2<S && S<=3)
          S_mem[2]=1;
        else if(3<S && S<=5)
          S_mem[2]=-1./2.*(S-5);
        else
          S_mem[2]=0;


        /* Evaluate membership value in case of S is Bad */
```

```c
        if(S<=1.)
          S_mem[3]=1;
        else if(1.<S && S<5.)
          S_mem[3]=-1./4.*(S-5.);
        else
          S_mem[3]=0;

    }

float Reasoning(float Rule_mem[10])
    {
    int i,flag,rule_no;
    float max_mem;
    float value;
    float VeryGood(float);
    float Good(float);
    float Normal(float);
    float Bad(float);
    float VeryBad(float);


    /* Find maximum membership value */
    max_mem=Rule_mem[1];
    rule_no=1;

    for(i=2;i<=9;i++)
        if(max_mem<Rule_mem[i]){
          max_mem=Rule_mem[i];
          rule_no=i;
        }

    /* Check if there are two or more same maximum mem values */
    flag=0;
    for(i=1;i<=9;i++)
        if(max_mem==Rule_mem[i])
          flag++;

    if(flag>1) {
```

```c
    printf("There are same max mem values");
    exit(0);
  }


/* Defuzzification by Mean of Maxima method to find output */

switch(rule_no){
  case 1:
      value=VeryGood(max_mem);
      break;
  case 2:
      value=Good(max_mem);
      break;
  case 3:
      value=Normal(max_mem);
      break;
  case 4:
      value=Good(max_mem);
      break;
  case 5:
      value=Normal(max_mem);
      break;
  case 6:
      value=Bad(max_mem);
      break;
  case 7:
      value=Normal(max_mem);
      break;
  case 8:
      value=Bad(max_mem);
      break;
  case 9:
      value=VeryBad(max_mem);
      break;
  }


return(value);


}
```

```c
float VeryGood(float max_mem)
   {
       float X,del_X;
       float X_sum ;
       float value;

       X=5*max_mem*max_mem;

       if(X<5) {
        del_X=(5.-X)/10.;
         X_sum=X;

         while(X<=5)
            {
             X+=del_X;
             X_sum+=X;
            }

         value=X_sum/11.;
       }
       else
        value=X;

       return(value);

   }

float Good(float max_mem)
   {
       float X,del_X;
       float X_sum ;
       float value;

       X=5*max_mem;

       if(X<5) {
         del_X=(5.-X)/10.;
         X_sum=X;
```

```
      while(X<=5)
        {
         X+=del_X;
         X_sum+=X;
        }

     value=X_sum/11.;
    }
    else
     value=X;

    return(value);

  }

float Normal(float max_mem)
   {
      float X1,X2,del_X;
      float X_sum;
      float value;

      X1=2.5*max_mem;
      X2=-2.5*max_mem+5;

      if(X1!=X2){

        del_X=(X2-X1)/10.;
        X_sum=X1;

        while(X1<=X2)
          {
           X1+=del_X;
           X_sum+=X1;
          }

        value=X_sum/11.;
      }
      else
        value=X1;
```

```
        return(value);

     }

float Bad(float max_mem)
   {
        float X,del_X;
        float X_sum ;
        float value;

        X=-5*max_mem+5.;

        if(X>0){
          del_X=X/10.;
          X_sum=X;

          while(X>=0)
             {
               X-=del_X;
               X_sum+=X;
             }

          value=X_sum/11.;
        }
        else
          value=0;

        return(value);

     }

float VeryBad(float max_mem)
   {
        float X,del_X;
        float X_sum ;
        float value;

        X=-5*sqrt(max_mem)+5.;
```

```c
    if(X>0){
      del_X=X/10.;
      X_sum=X;

      while(X>=0)
        {
          X-=del_X;
          X_sum+=X;
        }

      value=X_sum/11.;
    }
    else
      value=0;

    return(value);

  }
```

3. 신경회로망(BP 알고리즘)

```c
#include <stdio.h>
#include <stdlib.h>
#include <math.h>
#include <dos.h>


#define  n_pattern   148    /* No. of total pattern vectors, i.e., Data */
#define  n_input     9      /* No. of input unit */
#define  n_hidden    3      /* No. of hidden unit */
#define  n_output    3      /* No. of output unit */


#define  eta_w       0.15     /* 연결하중의 학습율 */
#define  eta_th      0.15      /* 임계값의 학습율 */
#define  alpha_w     0.2      /* 연결하중의 모멘텀계수 */
#define  alpha_th    0.2     /* 임계값의 모멘텀계수 */
#define  n_iter      11        /* 학습 횟수 */
```

```c
#define  a           1.          /* 활성 함수의 기울기 */

static float  wh[n_hidden][n_input],wh_p[n_hidden][n_input],
              wo[n_output][n_hidden],wo_p[n_output][n_hidden],
              thh[n_hidden],thh_p[n_hidden],tho[n_output],
              tho_p[n_output],delwh[n_hidden][n_input],
              delwo[n_output][n_hidden],
              delthh[n_hidden],deltho[n_output],delo[n_output],
              delh[n_hidden];

static float  hidunit[n_hidden],outunit[n_output],
              neth[n_hidden],neto[n_output],del[n_hidden];

main()
{

 int    i;
 static float  input_data[2][n_pattern];
 float  tem1,tem2;
 FILE   *fp;
 void   Neural_Identifier();

 if((fp=fopen("a:\\jenkin_1.dat","rt"))==NULL){        /* 데이타 파일 열기 */
   printf("file open error\n");
   exit(0);

  }

 for(i=0;i<n_pattern;i++){

   fscanf(fp,"%f %f",&tem1,&tem2);

   input_data[0][i] = tem1;
   input_data[1][i] = tem2;

  }

   fclose(fp);
```

```
    Neural_Identifier(input_data);

}

void Neural_Identifier(input)

float  input[2][n_pattern];
{

    static float  inpat[n_input], outpat[n_output];
                                     /* 입력패턴과 출력패턴을 가지는 배열 */

    static float  error_me[n_output], error[n_output];

       int  i,j,k,m,iter;



    for(j=0; j<n_output; j++)
      for(i=0; i<n_hidden; i++) {
        wo[j][i]=(random(100)*0.0001-0.005);
        delwo[j][i] = 0.0;
      }

    for(i=0; i<n_hidden; i++)
        for(j=0; j<n_input; j++) {
            wh[i][j]=(random(100)*0.0001-0.005);
            delwh[i][j] = 0.0;
        }

    for(i=0; i<n_hidden; i++) {
        thh[i] = 0.0;
        delthh[i] = 0.0;
    }

    for(i=0; i<n_output; i++) {
      tho[i] = 0.0;
      deltho[i] = 0.0;
    }
```

```c
for(iter=1; iter <= n_iter; iter++) {

   for(i=0;i<n_output;i++)
      error_me[i] = 0.;


   /* inpat[]와 outpat[]를 input_data [][]로 부터 적절히 생성해야함 */


      /*** FEEDFORWARD ***/

      /* Calculate the outputs of hidden units */

      for(j=0; j<n_hidden; j++) {

         neth[j]=0;

         for(i=0; i<n_input; i++)
            neth[j] += wh[j][i]*inpat[i];

         neth[j] += thh[j];
         hidunit[j] = 1. / ( 1.+exp(-neth[j]*a));
      }

      /* Calculate the outputs of output units */

      for(i=0;i<n_output;i++)
      neto[i]=0.;

      for(j=0;j<n_output;j++)
         for(i=0; i<n_hidden; i++) {
            neto[j] += wo[j][i]*hidunit[i];

            neto[j] += tho[j];
            outunit[j] = neto[j];

         }

      for(i=0;i<n_output;i++)
```

```
    error_me[i] += pow(outpat[i]-outunit[i],2);

    /* 전체 오차 계산 시스템에 따라 적절히 수정 */

if(m==n_pattern-(2*NN+NN-1)-1)
  for(i=0;i<n_output;i++)
    error[i]=error_me[i]/(n_pattern-(2*NN));

if(m==n_pattern-(2*NN+NN-1)-1 /*&& ((iter%100)==0)*/) {
  printf("\n\n*** %dth Iteration ***",iter);
  for(i=0;i<n_output;i++)
    printf("\nERROR[%d] is %f",i, error[i]);
}

/*** FEEDBACK ***/

/* Caculate the learning error on output layer */

for(j=0;j<n_output;j++)
  delo[j]=outpat[j]-outunit[j];

/* Update the weights and threshold on output layer */

/* Calculate the delwo */

for(j=0;j<n_output;j++)
  for(i=0; i<n_hidden; i++) {
    wo_p[j][i] = wo[j][i];
    delwo[j][i]=eta_w*delo[j]*hidunit[i]+alpha_w*delwo[j][i];

    /* update the weight */
    wo[j][i] = wo_p[j][i]+delwo[j][i];
  }

/* Calculate the deltho and update tho */

for(j=0;j<n_output;j++){
  tho_p[j] = tho[j];
  deltho[j] = eta_th*delo[j] + alpha_th*deltho[j];
```

```c
            tho[j] = tho_p[j] + deltho[j];
        }

        /* Update the weights and threshold on hidden layer */

        for(i=0;i<n_hidden;i++){
            del[i]=0;
            for(j=0;j<n_output;j++)
                del[i] +=delo[j]*wo_p[j][i];
        }

        for(j=0; j<n_hidden; j++)
            delh[j] = a*hidunit[j]*(1-hidunit[j])*del[j];

        /* Calculate the delwh */

        for(j=0; j<n_hidden; j++)
            for(i=0; i<n_input; i++) {

                wh_p[j][i] = wh[j][i];
                delwh[j][i] = eta_w*delh[j]*inpat[i] + alpha_w*delwh[j][i];
                /* update the weight */
                wh[j][i] = wh_p[j][i]+delwh[j][i];
            }

        /* Calculate the delthh and update thh */

        for(j=0; j<n_hidden; j++) {
            thh_p[j] = thh[j];
            delthh[j] = eta_th*delh[j] + alpha_th*delthh[j];
            thh[j] = thh_p[j]+delthh[j];
        }

    }   /* End of Pattern */

  }      /* End of Iteration Loop */
}
```

4. 기본적 유전자 알고리즘(Simple Genetic Algorithm)

```c
#include <stdio.h>
#include <math.h>
#include <conio.h>

#define  c          2
#define  m          2.0
#define  MaxParms 7        /* No. of parameter + 1     */
#define  MaxString 61      /* (string length of no. of parameter) + 1 */
#define  MaxPop    31      /* (2* no. of parameter) +1 */

#define  DATA_NUM  296     /* the number of data vectors : N-q  */
#define  n_data    292     /* DATA_NUM - q                 */
#define  n         292     /* DATA_NUM - q                 */
#define  n_input   2
#define  n_output  1
#define  d         3

typedef enum {False=0, True} Boolean;        /* ALLele = bit position */
typedef Boolean chromosome[MaxString];       /* String of bits */
typedef struct {
            chromosome chrom;          /* Genotype = bit string */
            float     x[MaxParms]; /* Phenotype = unsigned inetger */
            float     fitness;        /* Objective function value */
            int       parent1, parent2, xsite; /* Parents & crossover point */
            } Individual;

typedef Individual  population[MaxPop];

typedef struct {                      /* parameters of parameter */
            int   lparm;       /* length of parameters */
            float maxparm, minparm, parameter;  /* parameter & range */
            } parmparm;

typedef parmparm  parmspecs[MaxParms];

population oldpop, newpop;            /* Two non-overlapping populations */
```

```c
parmspecs  parms;
int        popsize, lchrom, gen, maxgen, max_i;

static int     nmutation, ncross, nparms, jrand;  /* jrand: current random */
float      avg, max, min, E1, E2;
float      oldrand[56+1];              /* array of 55 random numbers */
float      min_E1, min_E2, x[n_data+1][n_input], y[n_data+1][n_output];
float      ad_p[4][MaxParms+1];
int        n_para, n_bits;
float      pcross=0.6, pmutation=0.033, sumfitness;
                                    /* p: probability, n: number */

float vil[c+1][d+1],uik[c+1][n+1];
float xkl[n+1][d+1], dik[c+1][n+1],nuik[c+1][n+1];

double objfunc();

float product(x1, x2)
   float x1;
   float x2;
{
    float pr;
   pr = x1*x2;
   return(pr);
} /* end of product  */


void read_D()
{
  int  i;
  FILE  *fp;
  float u_t[DATA_NUM], y_t[DATA_NUM];
  float ut, yt;

      printf("\n");
      if((fp=fopen("box.dat","rt"))==NULL){
          printf("File open error-> jenkin_1.dat\n");
          exit(0);
      }
```

```c
      i=0;
      while(fscanf(fp,"%f %f \n",&ut,&yt)!=EOF){
        u_t[i] = ut;
        y_t[i] = yt;
        i++;
      }
      fclose(fp);
      for(i=0;i<n_data;i++){
        x[i][0] = u_t[i];       /* x[i][0] = u(t-4) */
        x[i][1] = y_t[i+3];   /* x[i][1] = y(t-1) */
        y[i][0] = y_t[i+4];         /* y[i][0] = y(t)   */
        printf(" %d  %f %f %f \n",i,x[i][0],x[i][1],y[i][0]);
      }
}

/* x**y */
double power(xx,yy)
   float xx;
   int yy;
{
   float tmp, t, tt;
       if( xx == 0.0 )
               return(1.0);
       else { if( xx < 0.0)
                      tmp = -xx;
                   else tmp = xx;

                   tt=log(tmp);
                   t = exp(yy*tt);
                   return(t); }
}

/* Decode string as unsigned binary integer-true=1, false=0 */
/* A single chromosome is decoded starting at lower-order bit 1 */

float decode(chrom, lbits)
  chromosome chrom;
  int lbits;
{
```

```c
  int j;
  float accum=0.0, powerof2=1.0;

  for(j=1; j<=lbits; j++) {
        if (chrom[j]==True) accum+=powerof2;
        powerof2 *= 2.0;
  }
    return accum;
}


/* Extract a substring from a full string */

void extract_parm(chromfrom, chromto, jposition, lchrom, lparm)
  chromosome   chromfrom, chromto;
  int   jposition, lchrom, lparm;
{
  int  j, jtarget;
        j = 1;
        jtarget = jposition + lparm - 1;
        if(jtarget>lchrom) jtarget = lchrom;   /* Clamp if excessive */
        else {
                while(jposition<=jtarget){
                        chromto[j] = chromfrom[jposition];
                        jposition++;
                        j++;
                }
        }
}


/* Map an unsigned binary integer(x) to the range [minparm, maxparm] */

float map_parm(x, maxparm, minparm, fullscale)
  float  x, maxparm, minparm, fullscale;
{
  float map_parm;
        map_parm = minparm + (maxparm - minparm)/fullscale*x;
        return(map_parm);
}
```

```c
/* decode_parm coordinates the decoding of all nparms parameters */

void decode_parms(nparms, lchrom, chrom, parms)
 int   nparms, lchrom;
 chromosome  chrom;
 parmspecs   parms;
{
 int  j, jposition;
 chromosome  chromtemp;   /* tempoary string buffer */

        j = 1;             /* parameter counter */
        jposition = 1;     /* string position counter */
        do {
           if(parms[j].lparm > 0) {
               extract_parm(chrom, chromtemp, jposition, lchrom, parms[j].lparm);
               parms[j].parameter = map_parm(decode(chromtemp,parms[j].lparm),
                        parms[j].maxparm,parms[j].minparm,
                        power(2.0,parms[j].lparm)-1.0);
           }
           else  parms[j].parameter = 0.0;
           jposition += parms[j].lparm;
           j++;
        } while(j<=nparms);
}

void statistics(pop)
 population pop;
{
 int j;

 sumfitness = min = max = pop[1].fitness;
 max_i=1;
 min_E1=1.0/pop[1].fitness;
 for(j=2; j<=popsize; j++) {
        sumfitness += pop[j].fitness;
        if(pop[j].fitness > max) {
                max=pop[j].fitness;
                max_i=j;
        }
```

```c
        if(pop[j].fitness < min) min=pop[j].fitness;
        if((1.0/pop[j].fitness)<min_E1){
             min_E1=1.0/pop[j].fitness;
        }
  }
  avg = sumfitness/popsize;
}


void initdata()
{
   char ch;
   int  i,j,k;

/* Good GA performance requires the choice of a high crossover probability,
   a low mutation probability( inversely proportional to the population
   size) and a moderate population size */

   printf("\n\n**** SGA Data Entry and Initialization ****\n");

   n_para = 6 ;
   n_bits = 10;

   printf("\nEnter the number of strings in parameters ->\t");

   printf("\nEnter no. of parameters ->\t"); /*scanf("%d",&nparms);*/
             nparms=n_para;
   for(j=1;j<=nparms;j++)
         parms[j].lparm = n_bits;
   printf("\nEnter the Population Size ->\t");/* scanf("%d",&popsize);*/
             popsize=30;
   printf("\nEnter max. generations ->\t"); /*scanf("%d",&maxgen);*/
             maxgen=10000;
   printf("\nEnter chromosome length ->\t"); /*scanf("%d",&lchrom);*/
             lchrom=n_para*n_bits;

   printf("\nEnter crossover probability ->\t"); /*scanf("%f",&pcross);*/
          pcross=0.6;
   printf("\nEnter mutation probability ->\t"); /*scanf("%f",&pmutation);*/
          pmutation=0.033;
```

```c
printf("\nEnter minparm & maxparm of parameters ->");

 parms[1].minparm = -2.716, parms[1].maxparm =  2.834;
 parms[4].minparm = -2.716, parms[4].maxparm =  2.834;
 parms[2].minparm = 45.599998, parms[2].maxparm =  60.5;
 parms[3].minparm = 45.599998, parms[3].maxparm =  60.5;
 parms[5].minparm = 45.599998, parms[5].maxparm =  60.5;
 parms[6].minparm = 45.599998, parms[6].maxparm =  60.5;

   randomize();
   nmutation=ncross=0.0;
}

void initreport()
{
 int i;

   printf("\n\n #### SGA parameters ####\n");

   printf("Population Size -> %d\n",popsize);
   printf("Chromosome length -> %d\n",lchrom);
   printf("Maximum # of generations -> %d\n",maxgen);
   printf("No. of parameters -> %d\n", nparms);
   printf("Crossover probability -> %f\n",pcross);
   printf("Mutation probability -> %f\n",pmutation);

   printf("\n ### Initial Generation Statistics ###\n");
   printf("Generation[%d]_P%d\n",gen,max_i);
/* writechrom(oldpop[i].chrom,lchrom);  */
   for(i=1;i<=nparms;i++) printf("%7.3f ",oldpop[max_i].x[i]);
   printf("\n E = %7.3f\n",min_E1);
   printf("Maximun -> %7.3f\t Minimum -> %7.3f\t Average -> %7.3f\n",max,min,avg);
   printf("Sum of fitness -> %7.3f\n\n\n\n",sumfitness);
}


/* Retrieve a new batch of pseudorandom numbers */
/* Create next batch of 55 random numbers */

void advance_random()
```

```c
{
  int   j1;
  float new_random;

  for(j1=1; j1<=24; j1++) {
        new_random = oldrand[j1] - oldrand[j1+31];
        if(new_random < 0.0) new_random += 1.0;
        oldrand[j1]=new_random;
  }

  for(j1=25; j1<=55; j1++) {
        new_random = oldrand[j1] - oldrand[j1-24];
        if(new_random < 0.0) new_random += 1.0;
        oldrand[j1]=new_random;
  }
}

/* Initialize random number generator */
/* Get random off and runin */

void warmup_random(random_seed)
        float random_seed;
{
  int  j1, ii;
  float new_random, prev_random;

  oldrand[55] = random_seed;
  new_random = 1.0e-9;
  prev_random = random_seed;

  for(j1=1; j1<=54; j1++) {
        ii = (21*j1) % 55;
        oldrand[ii]=new_random;
        new_random = prev_random - new_random;
        if(new_random < 0.0)  new_random+=1.0;
        prev_random=oldrand[ii];
        /*
        printf("j1 -> %d, ii -> %d, prev_r -> %f, new_r -> %f\n",j1,ii,
              prev_random,new_random);
```

```c
        if(j1%10 ==0) getch();
        */
  }
  advance_random();  advance_random();  advance_random();
  jrand=0;
}


/* Return a single pseudorandom real value between 0.0 and 1.0. */
/* Fetch a single random number bet. 0.0 and 1.0-Subtractive Method */
/* See Knuth, D. (1969), V.2 for details */

float g_random()
{
  jrand++;
  if(jrand > 55) { jrand=1; advance_random(); }
  return oldrand[jrand];
}


/* Return result of a simulated biased coin toss( true = head) */

Boolean g_flip(probability)
  float probability;
{
  float tmp_random;
  if(probability == 1.0) return True;
      else return (g_random() <= probability);
}

void initpop()
{
  int j, j1;
  for(j=1; j<=popsize; j++) {
        for(j1=1; j1<=lchrom; j1++) {
           oldpop[j].chrom[j1]=g_flip(0.5);
        }

        decode_parms(nparms,lchrom,oldpop[j].chrom,parms);
        for(j1=1;j1<=nparms;j1++) oldpop[j].x[j1]=parms[j1].parameter;
        oldpop[j].fitness=objfunc();
```

```
              oldpop[j].parent1 = oldpop[j].parent2 = oldpop[j].xsite = 0.0;
    }
}

void initialize()
{
  read_D();
  initdata();    /* read data */
  initpop();     /* initialize a random population */
  statistics(oldpop); /* calculate a initial population statistics */
  initreport();  /* print out initial report */
}

writechrom(chrom, lchrom)
  chromosome chrom;
  int        lchrom;
{
  int        j;
  for(j=lchrom; j>=1; j--)
    if(chrom[j]) printf("1"); else printf("0");
  printf("\t");
}

void report(gen)
  int  gen;
{
  int i;

      printf("\nG%d_P%d \n",gen,max_i);

      for(i=1;i<=nparms;i++) {
      printf("%10.4f ", newpop[max_i].x[i]);
      if((i%3) == 0 )  printf("\n");
                      }
      printf("Maximum -> %7.3f\t Minimum -> %7.3f\t Average ->
            %7.3f\n",max,min,avg);
      printf("Sum of fitness -> %8.3f",sumfitness);
      printf("\n &&& Fitness = %f\n",newpop[max_i].fitness);
}
```

```c
/* Reproduction is implemented as a linear search through a roulette
wheel with slots weighted in proportional to string fitness value. /*
/* Select a single individiual via roulette wheel selection */

select(popsize, sumfitness, pop)
   int        popsize;
   float      sumfitness;
   population pop;
{
   float      rand, partsum; /* rand contained location where the wheel has landed */
   int        j;

   partsum = 0.0; j = 0;
   rand = g_random() * sumfitness; /* Wheel point calc. uses random number [0,1] */
   do {
        j++;
        partsum += pop[j].fitness;
      } while((partsum < rand) && (j != popsize));
   return j;
}


/* Single bit point mutation, mutate an allele */

Boolean mutation(alleleval, pmutation, nmutation)
   Boolean alleleval;
   float   pmutation;
   int     nmutation;
{
   Boolean         mutate;

   mutate = g_flip(pmutation);
   if(mutate) {
        nmutation++;
        return !alleleval;
   }
   else  return alleleval;
}


/* Single piont crossover: Cross 2 parent strings, places in 2 child strings */
```

```c
void crossover(parent1, parent2, child1, child2, lchrom, ncross, nmutation,
                     jcross, pcross, pmutation)
 chromosome parent1, parent2, child1, child2;
 int       lchrom, ncross, nmutation, jcross;
 float     pcross, pmutation;
{
 int       j;

 if(g_flip(pcross)) { /* toss a coin, head true, with probability pcross */
        jcross = rnd(1,lchrom-1); /* crossing site is selected */
        ncross++;            /* no crossing: crossover site is lchrom */
 }
 else   jcross = lchrom;  /* otherwise set cross site to force mutation */

 for(j=1; j<=jcross; j++) {
     child1[j] = mutation(parent1[j], pmutation, nmutation);
     child2[j] = mutation(parent2[j], pmutation, nmutation);
 }
 if(jcross != lchrom) {
    for(j=jcross+1; j<=lchrom; j++) {
        child1[j] = mutation(parent2[j], pmutation, nmutation);
        child2[j] = mutation(parent1[j], pmutation, nmutation);
    }
 }
}

/* Create a new generation through select, crossover, and mutation */
/* Note: generation assumes an even-numbered popsize */

void generation()
{
 int  j1, j=1, mate1, mate2, jcross;

 do {
     mate1 = select(popsize, sumfitness, oldpop); /* pick pairs of mates */
     mate2 = select(popsize, sumfitness, oldpop);

     /* Crossover and mutation-mutation embedded within crossover */
     crossover(oldpop[mate1].chrom, oldpop[mate2].chrom,
```

```c
                newpop[j].chrom, newpop[j+1].chrom,lchrom,
                ncross, nmutation, jcross, pcross, pmutation);

/* Decode string, evaluate fitness, & record parentage date on both children */

    decode_parms(nparms,lchrom,newpop[j].chrom,parms);
     for(j1=1;j1<=nparms;j1++) newpop[j].x[j1]=parms[j1].parameter;
        newpop[j].fitness=objfunc();
        newpop[j].parent1 = mate1;
        newpop[j].parent2 = mate2;
        newpop[j].xsite = jcross;


    /* newpop[j+1] */

    decode_parms(nparms,lchrom,newpop[j+1].chrom,parms);
     for(j1=1;j1<=nparms;j1++) newpop[j+1].x[j1]=parms[j1].parameter;
        newpop[j+1].fitness=objfunc();
        newpop[j+1].parent1 = mate1;
        newpop[j+1].parent2 = mate2;
        newpop[j+1].xsite = jcross;


     j+=2;
  } while(j <= popsize);

  for(j1=1;j1<=nparms;j1++)
    newpop[popsize].x[j1] = oldpop[max_i].x[j1];
    newpop[popsize].fitness = oldpop[max_i].fitness;
    newpop[popsize].parent1 = oldpop[max_i].parent1;
    newpop[popsize].parent2 = oldpop[max_i].parent2;
    newpop[popsize].xsite = oldpop[max_i].xsite;
}

/* Returns an integer selected uniformly and pseudorandomly between
upper and lower limits */

rnd(low, high)
  int low, high;
{
   int i;
```

```c
    if(low>high) i=low;
        else {
                i = floor(g_random()*(high-low+1) +low);
                if(i>high) i=high;
                }
        return i;
}


/* Get user-specified random seed and initializes random */


randomize()
{
  float randomseed;
  do {
      printf("\nEnter the random seed[0.0-1.0] ->\t");
      /*scanf("%f",&randomseed);*/
          randomseed=0.1;
    } while((randomseed<0.0) || (randomseed>1.0));
  warmup_random(randomseed);
}


new_to_old()
{
 int i,j;

  for(i=1;i<=popsize;i++){
        for(j=1;j<=nparms;j++)
           oldpop[i].x[j]=newpop[i].x[j];
           oldpop[i].fitness=newpop[i].fitness;
           oldpop[i].parent1=newpop[i].parent1;
           oldpop[i].parent2=newpop[i].parent2;
           oldpop[i].xsite=newpop[i].xsite;
      for(j=1; j<=MaxString; j++) oldpop[i].chrom[j]=newpop[i].chrom[j];
  }
}


/* The procedure prescale takes the average, maximum, and minimum raw
fitness values, called umax, uavg, and umin, and calculates linear scaling
coefficients a and b for linear scaling */
```

```c
prescale(umax, uavg, umin, pa, pb)
   float umax, uavg, umin, *pa, *pb;
{
   float fmultiple, delta;

     fmultiple = 2.0;                 /* fitness multiple(Cmult) is 2 */
     if(umin>((fmultiple*uavg-umax)/(fmultiple-1.0))) {  /* non-negative test */
         delta = umax - umin;                         /* normal scaling */
         *pa = (fmultiple-1.0)*uavg/delta;
         *pb = uavg*(umax - fmultiple*uavg)/delta;
     }
     else {                         /* scale as much as possible */
         delta = uavg - umin;
         *pa = uavg/delta;
         *pb = -umin*uavg/delta;
     }
}

/* Scale an objective function value */

float scale(u,ua,ub)
  float u, ua, ub;
{
   float scale;

     scale = ua*u + ub;
     return(scale);
}

/* Scale entire population */

scalepop(pop)
   population pop;
{
  int j;
  float a, b; /* slope and intercept for linear equation */
  float fitness;

     prescale(max,avg,min,&a,&b); /* get slope and intercept for function */
```

```c
      sumfitness = 0.0;
      for(j=1;j<=popsize;j++){
          fitness = scale(pop[j].fitness,a,b);
          sumfitness += fitness;
      }
}


adjust()
{
  float t_min, t_max;
  int i,j;

    for(i=1;i<=nparms;i++){
       if((ad_p[1][i]<=ad_p[2][i]) && (ad_p[2][i]<=ad_p[3][i]))
                    t_min=ad_p[1][i], t_max=ad_p[3][i];
       else if((ad_p[1][i]<=ad_p[3][i]) && (ad_p[3][i]<=ad_p[2][i]))
                    t_min=ad_p[1][i], t_max=ad_p[2][i];
       else if((ad_p[2][i]<=ad_p[1][i]) && (ad_p[1][i]<=ad_p[3][i]))
                    t_min=ad_p[2][i], t_max=ad_p[3][i];
       else if((ad_p[2][i]<=ad_p[3][i]) && (ad_p[3][i]<=ad_p[1][i]))
                    t_min=ad_p[2][i], t_max=ad_p[1][i];
       else if((ad_p[3][i]<=ad_p[1][i]) && (ad_p[1][i]<=ad_p[2][i]))
                    t_min=ad_p[3][i], t_max=ad_p[2][i];
       else if((ad_p[3][i]<=ad_p[2][i]) && (ad_p[2][i]<=ad_p[1][i]))
                    t_min=ad_p[3][i], t_max=ad_p[1][i];
       parms[i].minparm = t_min, parms[i].maxparm = t_max;
    }
}


main() {
  int i,j;
  FILE *fp;

        gen=0; /* generation counter */

        initialize();

        do {
```

```c
                gen++;
                generation();
                statistics(newpop);
/*              record();                    */

/*              if((gen%50)==0) adjust();  */

                if((gen%10)==0)
                    report(gen);

                scalepop(newpop);
                new_to_old();

        } while(gen < maxgen);

}

double objfunc()
{

        float temp1,temp2,temp3,temp4,minimum,max_ut,max_yt;
        int  i,k,l,iksum,t;
        float Jm,Old_Jm,Jm_error;
        double S;

        for(t=1;t<=n;t++)          {
           xkl[t][1] = x[t-1][0];
           xkl[t][2] = x[t-1][1];
           xkl[t][3] = y[t-1][0]; }

    if(gen == 1 ) {
        for(i=1;i<=c;i++)               /* initialize uik */
                for(k=1;k<=n;k++)
                        uik[i][k] = (1./c);
                }

        vil[1][1] =parms[1].parameter;
        vil[1][2] =parms[2].parameter;
        vil[1][3] =parms[3].parameter;
```

```c
vil[2][1] =parms[4].parameter;
vil[2][2] =parms[5].parameter;
vil[2][3] =parms[6].parameter;

for(i=1;i<=c;i++){              /* calculate distance(dik) */
   for(k=1;k<=n;k++){
       temp3 = 0.0;
       for(l=1;l<=d;l++)
               temp3 = temp3 + pow(xkl[k][l]-vil[i][l],2.0);
       dik[i][k] = sqrt(temp3);
                                        }
                              }

Jm=0;                          /* calculation of Jm  */
for(k=1;k<=n;k++){
   for(i=1;i<=c;i++)
        Jm = Jm + pow(uik[i][k],m)*pow(dik[i][k],2.0);
                      }

for(k=1;k<=n;k++){             /* calculation of new uik  */
   iksum = 0;
   for(i=1;i<=c;i++)
       if(dik[i][k] != 0.0) iksum++;
   if(iksum == c){
        temp2=0.0;
        for(i=1;i<=c;i++){
                temp2 += pow(dik[i][k],2./(m-1.));
        }
   if(temp2 == 0.0){
     printf("\n ----> temp2 is 0 !!!");
     getch();      }
        for(i=1;i<=c;i++){
                temp1 = pow(dik[i][k],2./(m-1.));
                nuik[i][k] = 1.0/(temp1/temp2);
        }
   if((temp1/temp2) == 0.0){
     printf("\n ----> temp1/temp2 is 0 !!!");
     getch();      }
        temp1=0.0;
```

```c
              for(i=1;i<=c;i++){
                   temp1 += nuik[i][k];
              }
              for(i=1;i<=c;i++){
                   temp2 = nuik[i][k]/temp1;
                   nuik[i][k] = temp2;
              }
     if(temp1 == 0.0){
       printf("\n ----> temp1 is 0 !!!");
       getch();      }
     }
     else {
          for(i=1;i<=c;i++){
                   if(dik[i][k] == 0.0) nuik[i][k] = 1.0;
                   else nuik[i][k] = 0.0;
                                             }
                   }
}

for(i=1;i<=c;i++)               /* change of new uik  */
       for(k=1;k<=n;k++)
         uik[i][k] = nuik[i][k];

for(i=1;i<=c;i++){              /* calculation of vector center  */
       temp1=0.0;
       for(k=1;k<=n;k++)
         temp1 += pow(uik[i][k],(float)m);
   for(l=1;l<=d;l++){
        temp2 = 0;
        for(k=1;k<=n;k++)
             temp2 += pow(uik[i][k],(float)m)*xkl[k][l];
        vil[i][l] = temp2/temp1;
                             }
                       }

Old_Jm = Jm;                    /* difference of Jm  */
Jm = 0.0;
for(k=1;k<=n;k++){
       for(i=1;i<=c;i++)
```

```c
                        Jm += pow(uik[i][k],(float)m)*pow(dik[i][k],2.0);
                                            }
            Jm_error = fabs(Old_Jm-Jm);

/* printf("Value of Energy Function = %e  Jm_error = %e\n",Jm,Jm_error);  */
/*

        temp3 = 0.0;
        for(l=1;l<=d;l++)
                        temp3 = temp3 + pow(vil[1][l]-vil[2][l],2.0);
        temp4 = sqrt(temp3);
        minimum = temp4;

      for(i=1;i<c;i++){
              for(k=i+1;k<=c;k++){
              temp3 = 0.0;
              for(l=1;l<=d;l++)
                        temp3 = temp3 + pow(vil[i][l]-vil[k][l],2.0);
              temp4 = sqrt(temp3);
              if(minimum > temp4)
                              minimum = temp4;
                                    }
                              }

      S =(double)Jm/(double)(n*pow(minimum,2.0));    */

    E1 = 1.0 /(1.0 + Jm);

    if(E1 == 0.0) {
       printf("\n E1 == 0.0 ");
       getch();     }

       return(E1);

}      /* END OF CLUSTER INPREMISE */
```

5. TSP 해를 위한 유전자 알고리즘

```c
/************************************************************
 *                                                          *
 *      OPTIMAL PATH SEARCH In R_TSP  (HEADER)              *
 *      (Using Evolution Program with Roulette Selection)   *
 *                                                          *
 ************************************************************/

#include<stdio.h>
#include<stdlib.h>
#include<time.h>
#include<alloc.h>
#include<conio.h>
#include <assert.h>
#include <mem.h>
#include <string.h>
#include <graphics.h>
#include <math.h>
#include <dos.h>

#define TRUE     1
#define FALSE    0
#define YES      1
#define NO       0

#define FF       -1          // normally indicate the end of a path

#define ORIGIN              0
#define MAX_CITY            9
#define MAX                 MAX_CITY+1
#define POOL_LENGTH         MAX
#define PATH_LENGTH         MAX+1
#define MAX_GENERATION      10
#define POP_SIZE            50   // population size

#define DELTA1              1 // for mutation scope of a path
#define DELTA2              1 // for minimum mutation scope of a path
```

```c
#define ALPHA                   1  // to allow pselect in the worst path
#define MAXIMUM                 9999
#define MINIMUM                 0
#define   CopyPath(x,y)   memcpy( y, x, sizeof(int) * (PATH_LENGTH))
#define   DynamicAllocation

float pcross;               // probability of crossover
float pmutation;            // probability of mutation
float sumfitness;           // sum of all fitnesses in population
float cumulsum;             // cumulative sum of pselect

int origin;
int cp1,cp2;                // crossover point
int RouteId;
float prandom;
int top,shortest_cost, avg_shortcost, sum_shortcost;
int max_routecost, min_routecost;
int crosscount, mutcount, genercount;
int gcount, repeatcnt;
int terminat_condition;
float avg_fitness;


typedef struct {
            int t_time;
            int dist;
            } ToCity_type;

typedef struct {
            ToCity_type ToCity[MAX];
        } city_type;

city_type FromCity[MAX];

typedef struct RoutePool_tag {
    int name;
    float pselect;      // probability of being selected
    float cumulpro;     // cumulative probability for Roulette wheel
} RoutePool_type;
```

```
typedef struct ROUTE_tag {
        int cost;
        int fitness;
        int path[PATH_LENGTH];
} ROUTE_type;

RoutePool_type RoutePool[POP_SIZE];

#ifndef DynamicAllocation
 ROUTE_type ROUTE[POP_SIZE];
#else
 ROUTE_type *ROUTE;
#endif

static int shortest_path[PATH_LENGTH];
static int temp_path1[PATH_LENGTH];
static int temp_path2[PATH_LENGTH];



/*=================================================
   make cost table between two cities
 =================================================*/

static int CityPool[POOL_LENGTH] = {ORIGIN,1,2,3,4,5,6,7,8,9};
static int CityPool1[POOL_LENGTH] = {1,2,3,4,5,6,7,8,9};

static int  CityDist[10][10] ={  {0,10,20,30,40,50,60,70,80,90},
                                 {10,0,10,20,30,40,50,60,70,80},
                                 {20,10,0,10,20,30,40,50,60,70},
                                 {30,20,10,0,10,20,30,40,50,60},
                                 {40,30,20,10,0,10,20,30,40,50},
                                 {50,40,30,20,10,0,10,20,30,40},
                                 {60,50,40,30,20,10,0,10,20,30},
                                 {70,60,50,40,30,20,10,0,10,20},
                                 {80,70,60,50,40,30,20,10,0,10},
                                 {90,80,70,60,50,40,30,20,10,0},
                                 };
```

```c
/***********************************************
 *                                             *
 *  CityGraphMaking()                          *
 *    make city_topology graph FromCity[0]     *
 *                                             *
 ***********************************************/

CityGraphMaking()
{
      int i,j;
      for (i = 0; i <= MAX_CITY ;i++)
       {
        for (j = 0; j <= MAX_CITY ;j++)
        FromCity[i].ToCity[j].dist = CityDist[i][j];
        }
}

/***********************************************
 *    evaluate(path)                           *
 *      get the entire cost of a path          *
 ***********************************************/

evaluate(int *path)
{
      int sum = 0;
      int i,x,y;
      int pcost;

      for(i = 0; path[i+1] != FF; i++)
        {
          x = path[i];
           y = path[i+1];
          sum += CityDist[x][y];
        }

       x=path[i];    y=ORIGIN;
       pcost = CityDist[x][y];
       sum += pcost;
      return(sum);
}
```

```c
/**********************************************
 * CityPathMaking(path)                       *
 *                                            *
 *    make a TSP path                         *
 **********************************************/
CityPathMaking(int *path)
{
        int i,r;
        int len = POOL_LENGTH-1;
        int start;
        static int TempPool[POOL_LENGTH];
        path[0] = ORIGIN;
        CopyPath(CityPool1,TempPool);
        start = TempPool[0];
        for (i=1; len > 0; i++)
        {
          r = random(len);
          path[i] = TempPool[r];
          if ( r != (len - 1) )
          TempPool[r] = TempPool[len-1];
          len = len - 1;
          }
        path[i] = FF;
}
/**********************************************
 *    GetMax(rpool)                           *
 *    get a max routecost                     *
 **********************************************/

GetMax(RoutePool_type *rpool)
{
  int loop1,maxcost;
  int rname;
  maxcost = MINIMUM;

  for (loop1 = 0; loop1 <POP_SIZE; loop1++)
   {

        rname = rpool[loop1].name;
```

```c
            if (maxcost < ROUTE[rname].cost )
              maxcost =  ROUTE[rname].cost;
     }

   return(maxcost);
}


/************************************************
 *    GetCumulpro()                            *
 *    get a cumulative cost_sum of route       *
 *    for roulette wheel                       *
 ***********************************************/

GetCumulpro()
{
  int loop1;
  int rname;
  sumfitness=0.0;
  cumulsum = 0.0;

  max_routecost = GetMax(RoutePool);
  for(loop1 = 0; loop1<POP_SIZE; loop1++)
   {
        rname = RoutePool[loop1].name;
        ROUTE[rname].fitness = max_routecost - ROUTE[rname].cost + ALPHA;
        sumfitness = sumfitness + float(ROUTE[rname].fitness);
    };

  for(loop1 = 0; loop1< POP_SIZE; loop1++)
   {
        rname = RoutePool[loop1].name;
        RoutePool[loop1].pselect  = float(ROUTE[rname].fitness/sumfitness);
        cumulsum = cumulsum + RoutePool[loop1].pselect;
        RoutePool[loop1].cumulpro = cumulsum;
   }
}
```

```c
/***********************************************
 *    Roulette()                               *
 *    spin a roulette for selecting parents    *
 *                                             *
 ***********************************************/

Roulette()
{
        int rname,rid;
        int i,Exit=0;
        float f_random;
        f_random = random(1999)/2000.0;

        for ( i=0; !Exit && i < POP_SIZE;i++ )
          {
                if (RoutePool[i].cumulpro > f_random)
                 Exit = 1;
          }

        rid = RoutePool[i-1].name;
        return (rid);
}


/***********************************************
 *    ParentsSelect()                          *
 *    select parents for reproduction          *
 *                                             *
 ***********************************************/

ParentsSelect()
{
   int loop1,i;
   int rname;
   rname = Roulette();
   for (i=0,loop1 = 0; loop1 <POP_SIZE; loop1++)
      {
        rname = Roulette();
        RoutePool[i++].name = rname;
      }
}
```

```c
/***************************************************
 *  xrandom(small, large)                          *
 *                                                 *
 *  generate random number                         *
 *  between DELTA1 and path length - DELTA1        *
 ***************************************************/

xrandom(int *small, int *large)
{
        int x1,x2,dx;
        int a,b,tempd;
        x1= DELTA1;    /* for scope of random number  [delta .. leng-delta] */
        x2= POOL_LENGTH-DELTA1;
        dx= x2-x1;
        do      /* random scope [x1..x1+dx]  */
         {
          a= random(dx + 1) + x1;
          b= random(dx + 1) + x1;
          tempd = abs(b-a);
         } while( tempd <= DELTA2 );

        if ( b > a )
         {
          *small =a;
          *large =b;
         }

        else
         {
          *small =b;
          *large =a;
         }
}


/***********************************************
 *    PMXCrossover(path1,path2)                *
 *                                             *
 *    crossover two paths each other           *
 ***********************************************/
```

```c
/*==========================================*/
int Get1Conflict(int p)
{
        int i,q;
        int Exit = 0;
        for (i = 0; temp_path1[i] != FF && !Exit; i++)
         {
           if (p == temp_path1[i])
             {
               q = temp_path2[i];
               Exit = 1;
             }
         }
        if (Exit == 0)
           q = -1;
        return(q);
}


/*==========================================*/
int Get2Conflict(int p)
{
        int i,q;
        int Exit = 0;
        for (i = 0; temp_path2[i] != FF && !Exit; i++)
         {
           if (p == temp_path2[i])
             {
             p = temp_path1[i];
             Exit = 1;
             }
         }
        if (Exit == 0)
           q = -1;
        return(q);
}
/*==========================================*/
PMXCrossover(int *path1,int *path2)
{
        int i,j;
        int x,y;
```

```c
int p,pp,psave;
xrandom(&cp1,&cp2);
/* execute exchange in a section [cp1..cp2]  between two paths */

for (y=0, x = cp1; x <= cp2; )
  temp_path1[y++] = path2[x++];
temp_path1[y] = FF;

for (y=0, x = cp1; x <= cp2; )
  temp_path2[y++] = path1[x++];
temp_path2[y] = FF;

for (x = 0, y = cp1; temp_path1[x] != FF;  )
  path1[y++] = temp_path1[x++];

for (x = 0, y = cp1; temp_path2[x] != FF;  )
  path2[y++] = temp_path2[x++];

/* check conflict and replace it mapping city (path1) */
 for (i=0; i < cp1; i++)
  {
    for (j = 0; temp_path1[j] != FF; j++)
        {
          if (path1[i] == temp_path1[j])
           {
             p = temp_path2[j];
            while ( p >= 0 )
              {
                 psave = p;
                 pp = Get1Conflict(p);
                 p = pp;
              }
             path1[i] = psave;
           }
        }
  }
for (i=cp2+1; path1[i] != FF; i++)
  {
    for (j = 0; temp_path1[j] != FF; j++)
        {
```

```c
            if (path1[i] == temp_path1[j])
             {
              p = temp_path2[j];
              while ( p >= 0 )
               {
                  psave = p;
                  pp = Get1Conflict(p);
                  p = pp;
               } // end of while
              path1[i] = psave;
            } // end of if
         }
     }


/* check conflict and replace it mapping city  (path2) */
for (i=0; i < cp1; i++)
 {
   for (j = 0; temp_path2[j] != FF; j++)
        {
           if (path2[i] == temp_path2[j])
            {
             p = temp_path1[j];
             while ( p >= 0 )
              {
                  psave = p;
                  pp = Get2Conflict(p);
                  p = pp;
              }
             path2[i] = psave;
            } // end of if
        }
 }


for (i=cp2+1;  path2[i] != FF; i++)
 {
   for (j = 0; temp_path2[j] != FF; j++)
        {
           if (path2[i] == temp_path2[j])
            {
             p = temp_path1[j];
```

```
            while ( p >= 0 )
                {
                    psave = p;
                    pp = Get2Conflict(p);
                    p = pp;
                }
                path2[i] = psave;
            }
        }
    }
}   // end of PMX crossover




/***********************************************
 *                                             *
 *   UpdateShortest(cost,path)                 *
 *                                             *
 *   Update shortest path                      *
 ***********************************************/

UpdateShortest(int rna, int cost, int *path)
{
  if (cost < shortest_cost)
   {
       shortest_cost = cost;
      CopyPath(path, shortest_path);
       gcount = genercount;
   }
}




/***********************************************
 *   GlobalCrossover(rna1,  rna2)              *
 *                                             *
 *   crossover between two routes entirely     *
 ***********************************************/

GlobalCrossover(int rna1, int rna2)
// int rna1, rna2 :  route names
```

```
{
        int tcost1, tcost2;
        int ran;
     if (rna1 == rna2)
        goto END;

     PMXCrossover(ROUTE[rna1].path,ROUTE[rna2].path);
     tcost1 = evaluate(ROUTE[rna1].path);
     UpdateShortest(rna1,tcost1,ROUTE[rna1].path);
     ROUTE[rna1].cost = tcost1;

     tcost2 = evaluate(ROUTE[rna2].path);
     UpdateShortest(rna2,tcost2,ROUTE[rna2].path);
     ROUTE[rna2].cost = tcost2;
END:
}



/***********************************************
 *   CrossoverExecute()                        *
 *                                             *
 *   execute crossover about all ROUTEs        *
 ***********************************************/
CrossoverExecute()
{
   int loop1, flag = 0;
   int rname1, rname2;
   int i;

   for(loop1 = 0 ;loop1< POP_SIZE; loop1++)
   {
       prandom = random(101)/100.0;

       if ( prandom < pcross )
         {
           if( flag == 0)
               {
                   rname1 = RoutePool[loop1].name;
                   flag++;
               }
```

```
            else
                {
                    rname2 = RoutePool[loop1].name;
                    flag = 0;
                    GlobalCrossover( rname1, rname2);
                } // end of else
        } // end of if
    } // end of for
}  // end of crossover


/***********************************************
 *    InvMutation(path, rid)                   *
 *                                             *
 *    do inversion mutation the part           *
 *    of a path                                *
 ***********************************************/
InvMutation(int *path)
{
    int x,y;
    int mp1,mp2; /* for determining mutation section in [mp1..mp2] */
    static int temp_path[PATH_LENGTH];
    int i;

    xrandom(&mp1, &mp2);
    /* generate random number in [delta1..len-delta1] */

    /* move from path_back to temp[] */
    for (y=0, x=mp1;  x <mp2+1;    )
      temp_path[y++] = path[x++];

    for (x=mp1; y>0;  )
      path[x++] = temp_path[--y];
}
/***********************************************
 *    MutationExecute()                        *
 *    execute mutatation about all ROUTEs      *
 *                                             *
 ***********************************************/
```

```
MutationExecute()
{
  int loop2;
  int rname;

  for(loop2 = 0 ;loop2< POP_SIZE; loop2++)
  {
    prandom = random(100)/100.0;
    if ( prandom < pmutation )
    {
        rname = RoutePool[loop2].name;
        InvMutation(ROUTE[rname].path);
        ROUTE[rname].cost = evaluate(ROUTE[rname].path);
        UpdateShortest(rname,ROUTE[rname].cost,ROUTE[rname].path);
    }
  } //  end of for
} // end of mutation


/***********************************************
 *   MakeInitial_Population()                  *
 *                                             *
 ***********************************************/
MakeInitial_Population()
{
 int RouteId;
 int tmp1,loop1;
 int i;
 int len;
 // initialize parameters and path
 for (loop1=0; loop1 <POP_SIZE; loop1++)
  {
        ROUTE[loop1].cost = 0;
        ROUTE[loop1].fitness = 0;
        for (i = 0; i <PATH_LENGTH; i++)
          ROUTE[loop1].path[i] = FF;
        RoutePool[loop1].name = FF;
        RoutePool[loop1].pselect = 0.0;
        RoutePool[loop1].cumulpro = 0.0;
  } // end of for
```

```
   min_routecost = MAXIMUM;
   // make initial population
   for(i=0,RouteId = 0;RouteId <POP_SIZE; RouteId++)
        {
         CityPathMaking(ROUTE[RouteId].path);
         RoutePool[i++].name = RouteId;
         tmp1 = evaluate(ROUTE[RouteId].path );
         ROUTE[RouteId].cost = tmp1;
         if (tmp1 < min_routecost)
         {
           top = RouteId;
           min_routecost = tmp1;
         }
        } // end of for

        // for elite process
        UpdateShortest(top, min_routecost, ROUTE[top].path);
} // end of making initial population


/***********************************************
 *  TopInput(route)                            *
 *  for elite process                          *
 *                                             *
 ***********************************************/
TopInput(route)
 ROUTE_type *route;
{
  CopyPath(shortest_path, route[0].path);
  route[0].cost = shortest_cost;
  RoutePool[0].name = 0;
}



/***********************************************
 *  Display Result Data in Screen             *
 *  : shortest path, shortest cost            *
 ***********************************************/
```

```c
DisplayPath(int *path,int rid)
{
   int i;
   printf("\nPath[%d] : ",rid);
   for(i=0; path[i] != FF; i++)
    {
        if(i%10==0 && i != 0)
           printf("\n");
        printf("%3d",path[i]);
    }
}



DisplayShortestInScreen()
{
        int i,cnt;
        cnt = repeatcnt-1;
        gotoxy(40,1+6*cnt);
        textattr(YELLOW);
        cprintf("It was found in %d generation",gcount);

        // shortest path contents display
        gotoxy(1,1+6*cnt);
        cprintf(" Shortest Path in %d'th GA trial ", repeatcnt);
        gotoxy(2,3+6*cnt);
        for(i=0; i<PATH_LENGTH-1; i++)
           cprintf("%d --> ",shortest_path[i]);
        cprintf("%d ", origin);
        cprintf(" ( cost:%dkm )",shortest_cost);
}


/****************************************************************
 *                                                              *
 *    OPTIMUM PATH SEARCH In R_TSP (MAIN)                        *
 *      (Using Evolution Program with Roulette Selection)        *
 *                                                              *
 ****************************************************************/
```

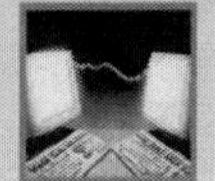

부 록

```c
main()
{

        repeatcnt=1;
        sum_shortcost = 0;
        avg_shortcost = 0;
        pcross = 0.8;
        pmutation = 0.3;
        clrscr();


        origin = ORIGIN;
        CityGraphMaking();


BEGIN:
#ifdef  DynamicAllocation
//      printf("Mem1 : %ld, %ld\n", coreleft(), farcoreleft());
        ROUTE = (ROUTE_type *)malloc(sizeof(ROUTE_type) * POP_SIZE);
        assert( ROUTE != NULL );
#endif

        genercount = 1;
        shortest_cost = MAXIMUM;
        terminat_condition = FALSE;
        textattr(WHITE);
        MakeInitial_Population();
        genercount++;

        while( terminat_condition != TRUE )
         {
         randomize();
          GetCumulpro();
          ParentsSelect();

          CrossoverExecute();
          MutationExecute();
          TopInput(ROUTE);
          if ( genercount > MAX_GENERATION )
             terminat_condition = TRUE;
          genercount++;
```

```c
        } // end of while

        DisplayShortestInScreen();

#ifdef  DynamicAllocation
        free( ROUTE );
#endif

  repeatcnt++;
  getch();

  if (repeatcnt <4)                 // for repeating the simulation
        goto BEGIN;

}  // end of main


/******************************************************************
 *                                                                *
 *      OPTIMAL PATH SEARCH In V_TSP (HEADER)                     *
 *      ( Using Evolution Program with Variable Population Size ) *
 *                                                                *
 ******************************************************************/
// R_TSP 프로그램과 동일한 함수 부분에 대한 기술은 생략함.

#include<stdio.h>
#include<stdlib.h>
#include<time.h>
#include<alloc.h>
#include<conio.h>
#include <assert.h>
#include <mem.h>
#include <string.h>
#include <graphics.h>
#include <math.h>
#include <dos.h>


#define TRUE      1
```

```c
#define FALSE     0
#define YES       1
#define NO        0
#define FF       -1    // normally indicate the end of a path

#define ORIGIN                   0
#define MAX_CITY                 9
#define MAX                      MAX_CITY+1
#define POOL_LENGTH              MAX
#define PATH_LENGTH              MAX+1
#define MAX_GENERATION           20
#define INITIAL_POP              30    // initial population size
#define AUX_RATE                 0.3
#define AUX_POP                  INITIAL_POP * AUX_RATE
#define MAX_POP                  100 // maximum population size
#define DELTA1                   2    // for mutation scope of a path
#define DELTA2                   1    // for minimum mutation scope of a path
#define ALPHA                    1    // to allow pselect in the worst path
#define MAX_LT                   4.0
#define MIN_LT                   1.0
#define C1                       (MAX_LT - MIN_LT)/2
#define MAXIMUM                  9999
#define MINIMUM                  0
#define    CopyPath(x,y)     memcpy( y, x, sizeof(int) * (PATH_LENGTH))
#define    DynamicAllocation

float pcross;                       // probability of crossover
float pmutation;                    // probability of mutation
float sumfitness;                   // sum of all fitnesses in population
int origin;
int pop_size;
int cp1,cp2;  /* crossover point */
int RouteId;
float prandom;
int top,shortest_cost, avg_shortcost, sum_shortcost;
int max_routecost,min_routecost;
int crosscount, mutcount,genercount;
int gcount,repeatcnt;
int terminat_condition;
```

```c
float avg_fitness;

typedef struct {
                int t_time;
                int dist;
        } ToCity_type;

typedef struct {
            ToCity_type ToCity[MAX];
        } city_type;

city_type FromCity[MAX];

typedef struct ROUTE_tag {
    int cost;
    int fitness;
    float age;
    float lifetime;
    int path[PATH_LENGTH];
} ROUTE_type;
#ifndef DynamicAllocation
 ROUTE_type ROUTE[MAX_POP];
#else
 ROUTE_type *ROUTE;
#endif

static int shortest_path[PATH_LENGTH];
static int temp_path1[PATH_LENGTH];
static int temp_path2[PATH_LENGTH];


/***********************************************
 *   GlobalCrossover(rna1,  rna2)            *
 *   crossover between two routes entirely    *
 *                                            *
 ********************************************/


GlobalCrossover(int rna1, int rna2)
 // rna1, rna2 : route names
{
```

```c
          int tcost1, tcost2;
          int ran;
        PMXCrossover(ROUTE[rna1].path,ROUTE[rna2].path);
        tcost1 = evaluate(ROUTE[rna1].path);
        UpdateShortest(tcost1,ROUTE[rna1].path);
         ROUTE[rna1].cost = tcost1;
         ROUTE[rna1].age = 0.0;
         tcost2 = evaluate(ROUTE[rna2].path);
         UpdateShortest(tcost2,ROUTE[rna2].path);
          ROUTE[rna2].cost = tcost2;
          ROUTE[rna2].age = 0.0;
}


/***********************************************
 *      MutationExecute()                      *
 *      execute mutatation about all ROUTEs    *
 *                                             *
 ***********************************************/

MutationExecute()
{
  int loop2;
  for(loop2 = 0 ;loop2< pop_size; loop2++)
      {
         prandom = random(100)/100.0;
         if ( prandom < pmutation )
         {
           InvMutation(ROUTE[loop2].path);
           ROUTE[loop2].cost = evaluate(ROUTE[loop2].path);
           UpdateShortest(ROUTE[loop2].cost,ROUTE[loop2].path);
           ROUTE[loop2].age = 0.0;
         }
      }   // end of for
}


/***********************************************
 *                                             *
```

```
 *    MakeInitial_Population()                        *
 *                                                    *
 ****************************************************/


MakeInitial_Population()
{
 int RouteId;
 int tmp1,loop1;
 int i;
 int len;

  for (loop1=0; loop1 <MAX_POP; loop1++)
    {
        ROUTE[loop1].age = MAX_LT;
        ROUTE[loop1].lifetime = 0.0;
        ROUTE[loop1].fitness = 0;
        ROUTE[loop1].cost = 0;

        for (i = 0; i <PATH_LENGTH; i++)
          ROUTE[loop1].path[i] = -1;
    }
 min_routecost = MAXIMUM;
 for(RouteId = 0;RouteId <INITIAL_POP; RouteId++)
    {
      CityPathMaking(ROUTE[RouteId].path);
      tmp1 = evaluate(ROUTE[RouteId].path );
      ROUTE[RouteId].cost = tmp1;
      ROUTE[RouteId].age = 0.0;
      if (tmp1 < min_routecost)
        {
          top = RouteId;
          min_routecost = tmp1;
        }
    }

UpdateShortest(min_routecost,ROUTE[top].path);
pop_size = INITIAL_POP;
}
```

```c
/**********************************************
 * GenerationAuxiliary()                      *
 *   make auxillary routes                    *
 *                                            *
 **********************************************/


GenerationAuxiliary()
{
 int RouteId;
 int tmp1,limit;
 int i,loop1;

  limit = int (AUX_POP);
  min_routecost = MAXIMUM;
  for( RouteId = pop_size; RouteId <pop_size + limit && RouteId < MAX_POP ;
       RouteId++)
       {
          CityPathMaking(ROUTE[RouteId].path);
          tmp1 = evaluate( ROUTE[RouteId].path );
          ROUTE[RouteId].cost = tmp1;
          ROUTE[RouteId].age = 0.0;
          if (tmp1 < min_routecost)
           {
             top = RouteId;
             min_routecost = tmp1;
           }
       }

  UpdateShortest(min_routecost,ROUTE[top].path);
  pop_size = RouteId;
}


/**********************************************
 *  DelOldAge(route)                          *
 *    delete routes whose age is more then    *
 *    its lifetime in the pool                *
 *                                            *
 **********************************************/
```

```c
DelOldAge(ROUTE_type *route)
{
  int x1, x2,temp;
  int poplength = pop_size;
  int loop1, loop2, j;

  static int index[MAX];
  int cnt=0;
  for(loop1 = 0, loop2 = 0;loop1 < pop_size; loop1++)
  {
     if( route[loop1].age > route[loop1].lifetime)
       {
          index[loop2++] = loop1;
          cnt++;
       }
  } // end of for

  index[loop2] = -1;
  if( loop2 > 0 )
   {
      x1 = index[0];
      for( j = 1, x2 = x1+1;  x2 < pop_size; )
      {
         while( x2 == index[j] && index[j] >= 0)
          {
             j++;
             x2++;
             poplength--;
          }
         memcpy( & route[x1++] , & route[x2++], sizeof( ROUTE_type) );
      }
      pop_size = poplength -1;
   } // end of if
}


/***********************************************
 *  TopInput(route)                            *
 *                                             *
 ***********************************************/
```

부 록

```
TopInput(ROUTE_type *route)
{
   CopyPath(shortest_path,route[0].path);
   route[0].cost = shortest_cost;
   route[0].age = 0.0;
}



/************************************************
 *   GiveLifetime(route)                        *
 *                                              *
 *    endow a route with the life time          *
 *    in evaluation of its fitness value         *
 ***********************************************/

GiveLifetime(ROUTE_type *route)
{
  float tmp;
  int loop1;
  sumfitness=0.0;
  max_routecost = MINIMUM;



  for (loop1 = 0; loop1 <pop_size; loop1++)
   {
         if (max_routecost < route[loop1].cost )
           max_routecost =  route[loop1].cost;
   }

  for(loop1 = 0; loop1<pop_size; loop1++)
   {
        route[loop1].fitness = max_routecost - route[loop1].cost + ALPHA;
        sumfitness = sumfitness + route[loop1].fitness;
   }

  avg_fitness = (float)(sumfitness/pop_size);
  for (loop1=0; loop1 < pop_size; loop1++)
   {
    if (route[loop1].age == 0.0)
```

```
        {
            tmp = MIN_LT + C1* route[loop1].fitness/avg_fitness;
            if ( tmp < MAX_LT )
               route[loop1].lifetime = tmp;
            else
               route[loop1].lifetime = MAX_LT;
      } // end of if
   } // end of for
} // end of procedure


/******************************************************************
 *                                                                *
 *      OPTIMAL PATH SEARCH In V_TSP (MAIN)                       *
 *      ( Using Evolution Program with Variable Population Size )  *
 *                                                                *
 ******************************************************************/

main()
{
        int loop1,a,b;   clrscr();
        repeatcnt=1;
        sum_shortcost = 0;
        avg_shortcost = 0;
        pcross = 0.8;
        pmutation = 0.3;
        origin = ORIGIN;

        CityGraphMaking();

BEGIN:
#ifdef DynamicAllocation
      //printf("Mem1 : %ld, %ld\n", coreleft(), farcoreleft());
      ROUTE = (ROUTE_type *)malloc(sizeof(ROUTE_type) * MAX_POP);
      assert( ROUTE != NULL );
#endif
        genercount = 1;
        shortest_cost = MAXIMUM;
        pop_size = INITIAL_POP;
```

```c
        terminat_condition = FALSE;
        randomize();
        textattr(WHITE);

        MakeInitial_Population();
        genercount++;

        while( terminat_condition != TRUE )
         {
            randomize();
            GenerationAuxiliary();
            CrossoverExecute();
            MutationExecute();
            TopInput(ROUTE);
            GiveLifetime(ROUTE);

            for (loop1=0; loop1 <pop_size; loop1++)
              ROUTE[loop1].age = ROUTE[loop1].age + 1.0;

            DelOldAge(ROUTE);
            if ( genercount > MAX_GENERATION )
              terminat_condition = TRUE;
            genercount++;
          } // end of while

        DisplayShortestInScreen();

#ifdef DynamicAllocation
        free( ROUTE );
#endif
        repeatcnt++;
        getch();

        if (repeatcnt <4)          // for repeating the simulation
          goto BEGIN;

} // end of main
```

찾아보기

501

인공지능시스템

1판 1쇄 발행 2008년 8월 30일
1판 3쇄 발행 2020년 9월 10일
저   자 최규석 · 박종진
발 행 인 이범만
발 행 처 **21세기사** (제406-00015호)
　　　　　경기도 파주시 산남로 72-16(10882)
　　　　　Tel. 031-942-7861　　Fax. 031-942-7864
　　　　　E-mail : 21cbook@naver.com
　　　　　Home-page : www.21cbook.co.kr
　　　　　ISBN 978-89-8468-258-0

정가 25,000원